国防科技图书出版基金

空间目标在轨软接触技术

On–Orbit Soft Contact
Technology of Space Target

董正宏　王珏　杨帆　褚明　耿文东

叶新　王超　张树才　著

国防工业出版社

·北京·

图书在版编目(CIP)数据

空间目标在轨软接触技术/董正宏等著. —北京:国防工业出版社,2017.9
ISBN 978-7-118-11419-5

Ⅰ.①空… Ⅱ.①董… Ⅲ.①空间探测器—目标探测—研究 Ⅳ.①V476

中国版本图书馆 CIP 数据核字(2017)第 231627 号

※

国防工业出版社出版发行

(北京市海淀区紫竹院南路 23 号 邮政编码 100048)
腾飞印务有限公司印刷
新华书店经售

*

开本 710×1000 1/16 印张 26¼ 字数 462 千字
2017 年 9 月第 1 版第 1 次印刷 印数 1—2000 册 定价 138.00 元

(本书如有印装错误,我社负责调换)

国防书店:(010)88540777　　　发行邮购:(010)88540776
发行传真:(010)88540755　　　发行业务:(010)88540717

致 读 者

本书由中央军委装备发展部**国防科技图书出版基金**资助出版。

为了促进国防科技和武器装备发展,加强社会主义物质文明和精神文明建设,培养优秀科技人才,确保国防科技优秀图书的出版,原国防科工委于 1988 年初决定每年拨出专款,设立国防科技图书出版基金,成立评审委员会,扶持、审定出版国防科技优秀图书。这是一项具有深远意义的创举。

国防科技图书出版基金资助的对象是:

1. 在国防科学技术领域中,学术水平高,内容有创见,在学科上居领先地位的基础科学理论图书;在工程技术理论方面有突破的应用科学专著。

2. 学术思想新颖,内容具体、实用,对国防科技和武器装备发展具有较大推动作用的专著;密切结合国防现代化和武器装备现代化需要的高新技术内容的专著。

3. 有重要发展前景和有重大开拓使用价值,密切结合国防现代化和武器装备现代化需要的新工艺、新材料内容的专著。

4. 填补目前我国科技领域空白并具有军事应用前景的薄弱学科和边缘学科的科技图书。

国防科技图书出版基金评审委员会在中央军委装备发展部的领导下开展工作,负责掌握出版基金的使用方向,评审受理的图书选题,决定资助的图书选题和资助金额,以及决定中断或取消资助等。经评审给予资助的图书,由中央军委装备发展部国防工业出版社出版发行。

国防科技和武器装备发展已经取得了举世瞩目的成就,国防科技图书承担着记载和弘扬这些成就,积累和传播科技知识的使命。开展好评审工作,使有限的基金发挥出巨大的效能,需要不断地摸索、认真地总结和及时地改进,更需要国防科技和武器装备建设战线广大科技工作者、专家、教授,以及社会各界朋友的热情支持。

让我们携起手来,为祖国昌盛、科技腾飞、出版繁荣而共同奋斗!

国防科技图书出版基金

评审委员会

前　言

随着空间技术的快速发展,空间在轨维修与保障已成为国际战略竞争新的制高点。世界主要大国纷纷制定空间发展战略,大力推进航天技术的发展与革新,为争夺空间优势展开激烈的竞争。在空间体系结构变革的牵引下,空间感知、轨道机动和在轨操作维护能力等已成为空间技术研究领域的重点发展方向。其中,空间目标在轨接触是在轨操作的前提和基本环节,是实施在轨维修、在轨装配、在轨碎片清除等空间任务的基础,其技术研究已得到美俄等航天大国高度关注,深化该领域的研究将对推动空间系统体系变革具有重要作用。

当前,美俄等航天大国对于在轨接触技术领域的研究,主要集中在对专用对接机构、空间机械臂、绳系终端、飞网、电磁连接等领域开展理论和技术试验研究。上述研究成果基本可以分为三大类:一是专用机构接触技术,成熟度较高,但只适用于与合作目标进行对接,接触方式单一;二是空间机械臂技术(以美国"轨道快车"项目为代表),要求两个航天器相对位姿保持精度高,接触时不能存在大扰动,适用于合作目标;三是各种非直接接触新技术,例如,绳系终端和飞网技术(以 ESA"Roger"项目为代表),利用柔性绳索结构的飞网捕获空间目标航天器,该技术通常只适用于在轨失效航天器或空间碎片,对空间目标具有一定破坏性。再如,空间电磁操控技术(以华盛顿大学的"在轨自主服务卫星"为代表),利用安装在航天器上的电磁装置(产生电磁力大小及方向)来控制目标航天器,该技术只适用于合作目标,对非合作目标不适用。

从在轨服务未来应用需求来看,更需要提供一种能够同时兼顾合作/非合作目标的在轨接触技术,非合作目标可能是处于在轨工作的各种航天器,也可能是失效卫星或空间碎片。换言之,就是要提供一种具备在空间目标处于各种工作状态下的在轨接触新技术。目前来看,上述第三类技术主要侧重于非接触式在轨目标操控,应用范畴较为单一,尚不能支撑上述需求,该技术不是本书讨论重点。上述第一类和第二类技术属于直接接触式操控技术,是目前空间操控领域主要研究和应用的技术,尽管存在很多技术局限,但其应用形式有其更大的发展空间,是研究未来在轨接触新技术的基础。

面向未来在轨服务需求,对第一、二类技术存在的局限分析如下:在该两类技术研究中,主航天器通常采用单/多刚性机构(如空间机械臂)对空间目标实施在轨接触操作,其接触形式通常采用单/多刚体机构对接耦合,这类在轨操作方式本书中称为"硬接触技术"。该技术对空间目标操作条件非常苛刻,操控方法和手段稍有不当,将引发主航天器和空间目标翻滚失控,直接导致在轨操作任务失败,甚至彻底毁坏。在轨硬接触技术存在的根本问题是:主航天器所携带的空间接触装置通常是由单刚杆(如专用对接机构)或多刚性臂杆级联(空间机械臂)构造而成,利用该类刚性机构实施空间目标接触操作时,必须要求对空间目标相对位姿保持高精度稳定,且需要关闭主航天器姿轨控制系统(在轨操控接触过程中,姿轨控制系统通常需要关闭,这是为了避免接触过程中的扰动量引发主航天器单独实施姿态稳定控制,进而影响操控接触机构的路径规划系统正常工作),正是由于此时姿轨控制系统已关闭,无法实施姿态调整,才要求主航天器和空间目标在轨接触的瞬间及整个接触过程不能出现任何异常的位姿扰动(如空间目标产生较大的碰撞动量、空间摄动等)。否则,将在空间目标接触部位产生较大的碰撞动量,该动量将通过硬接触机构(多刚性或单刚杆)直接传递至主航天器本体,致使主航天器本体发生运动速度突变。当前在轨操作硬接触技术带来的一系列苛刻操作条件,极大地限制了在轨操作能力的提升和对空间目标的应用范围。

要解决在轨硬接触技术存在的问题,就需要提出一种新的概念和技术方法,实现刚性接触碰撞动量"软传递"的问题,突破制约现有在轨操作的技术瓶颈,提升在轨操作的应用能力。这种概念和思路,本书将其定义为"在轨软接触技术"。本书作者认为:空间目标在轨软接触技术将是未来航天操控最重要的发展方向之一。未来航天器一旦携带软接触机构,即可以对空间合作/非合作目标开展在轨接触操作,而且这种操作一方面将减缓对相对位姿测量、相对位姿保持等苛刻条件的约束;另一方面将使得主航天器和空间目标在姿轨控制系统正常工作的条件下(目前只能在姿控系统关闭状态下才能开展空间目标接触)实施在轨接触操控。以上两个方面能力的提升对于拓展在轨操作实际应用意义非常重大,尤其是对开展非合作目标(无论空间非合作目标是处于工作还是失效失控条件下)接触操控更具有现实意义。

本书提出"空间目标在轨软接触技术概念"的核心思想是:在对空间目标实施操作接触过程中,针对硬接触技术存在的接触碰撞动量瞬间作用于主航天器本体(阶跃式传递),导致主航天器本体在短时间内难以对消干扰量,进而引发主航天器本体姿态控制失效等问题,首次提出了在主航天器与空间目标之间构建碰撞动量"软传递"的理念,通过研究论证"碰撞动量软传递"的机理,构建软接触机构模型和刚柔复合控制方法,实现了阶跃式碰撞动量向谐波式动量传递的转换,且在谐波式传递动量向主航天器本体传递过程中,其谐波幅值、相位和收敛时间等关键参数均可按照所设计的期望函数进行过程控制(该函数是以主航天器本体姿态控制系统工作边界条件为约束),进而可在主航天器本体姿控系统关闭(或开启)的条件下,能够实现接触碰撞动量的可控缓冲与卸载。该技术的研究与突破一方面可大幅减缓在轨操作对相对姿态测量、相对位姿保持等苛刻条件的约束;另一方面可拓展对各种复杂空间目标状态下在轨操作应用能力,尤其适用于对复杂状态下非合作空间目标(如处于工作状态下的非合作空间目标、失效空间目标等)的在轨接触操控。基于上述分析,以在轨软接触为核心的操控技术将成为未来新型空间操作类装备发展的必然趋势。

本书内容的主线是:围绕新型在轨操作类装备发展需求,立足未来空间在轨操作技术发展方向,针对未来复杂状态下空间目标(如姿轨控制系统处于工作状态下合作/非合作空间目标、带有大残余线/角动量的失效空间目标)如何实现接触与快速稳定控制问题,首次建立了在轨操作软接触的技术概念,用一种全新的视角阐述了主航天器与空间目标之间碰撞动量"软传递"的理论、技术和方法。以此为切入点,系统地开展了在轨软接触技术概念、机理模型、软接触机构运动学/动力学以及刚柔复合控制方法等研究,并对其关键技术开展了数字仿真试验、基于大型气浮式微失重平台的动力学控制试验,最后部分核心技术通过了相关在轨型号的等效试验验证,试验结果佐证了本书阐述的概念、模型以及控制方法的前沿性、科学性和正确性。

本书主要章节分为五大篇,其中:第一篇主要由董正宏副教授撰写;第二篇主要由董正宏、王超、王珏、张树才、褚明撰写;第三篇主要由王超、褚明、王珏、杨帆等撰写;第四篇主要由董正宏、褚明、王珏、杨帆、王超等撰写;第五篇主要由董正宏、褚明、叶新、王珏、张树才、杨帆等撰写。

本书的所有研究成果得益于国家 863 计划资助(六年连续支持)和科技创新工程(四年连续支持)资助,所论述的理论方法和应用,均通过了所构建的数值仿真系统、基于大型气浮式微失重平台试验验证系统,以及相关在轨型号的等效比对试验验证,因此,研究成果对于开展空间非合作目标(无论该空间目标是处于工作还是失效失控条件)接触操控更具有现实的支撑价值。同时,也将为在轨维修、在轨装配、在轨维护、在轨碎片清除等接触操控领域的研究提供新理论和新方法,为建设新一代空间操作类装备奠定先期技术基础。

著　者

2017 年 3 月

目　　录

第一篇　在轨软接触技术概念与机理

第二篇 在轨软接触模型运动学与动力学方程

第三篇　在轨软接触机构路径规划方法

第四篇　在轨软接触机构刚柔复合控制方法

第五篇 在轨软接触技术验证

Contents

Canto 2　Dynamic and Kinetic Equations of Space Object On – Orbit Soft Capture Model

Canto 3　Path Plan Method of On – Orbit Soft Capture Mechanism for Space Targets

Canto 4　Rigid – Flexible Compound Control Method for Space Object On – Orbit Soft Capture Mechanism

Canto 5　Space Target On – Orbit Soft Capture Technique Verification

第一篇 在轨软接触技术概念与机理

第1章 绪 论

1.1 引 言

自苏联于 1957 年成功发射第一颗人造卫星,人类就开始了对太空的探索。近半个世纪以来,人类已累计向太空发射了近 7000 颗各种类型的卫星,空间技术已经发展得较为成熟。但每年发射的卫星均有不能成功入轨的案例,而在入轨成功后的 30 天内,又有很多卫星因为各种故障而失效。一个典型的例子是我国于 2006 年发射的鑫诺二号卫星,虽然卫星成功入轨,并且各分系统均运行良好,但由于太阳帆板和天线未能顺利展开,导致卫星无法正常工作。另外,太空环境复杂多变,卫星随时都有可能因为元件老化、失效或燃料耗尽而无法正常工作,发射替代卫星会带来巨大的成本。为了尽可能节约成本并挽回损失,各航天大国纷纷研究在轨维修、在轨保障等延长卫星工作寿命的在轨服务(On – Orbit Servicing, OOS)技术。

在轨服务是指通过人、机械臂或共同完成的在轨维修、在轨保障和服务等空间任务。一般而言,在轨服务的任务主要分为三大类:①在轨装配,即在航天系统正常工作之前,将各种部件组装成一个航天器;②在轨维护,即在航天系统正常工作之后,对航天器的组件进行定期维修和保养,以延长航天器的寿命和提升其性能;③服务,即保障航天系统的在轨转移、轨道清理以及消耗品的在轨补给等后勤工作。

通过对在轨服务的任务进行分析可知,机械臂在执行在轨服务任务时,必须实现对目标卫星的在轨捕获技术。当前在轨捕获技术的主要方式为主卫星航天器对目标卫星采用刚性部件直接接触(硬接触)的在轨捕获技术,其捕获条件非常苛刻,稍有操控不当将引发两星之间的接触碰撞,直接导致空间捕获任务失败,甚至航天器彻底毁坏。因此利用刚性机构执行在轨捕获任务具有很高的风险。空间在轨捕获硬接触技术极大地限制了空间捕获能力的提升和空间操作的应用范围。

美国于 2005 年发射的航天器(Demonstration of Autonomous Rendezvous Technology, DART)就是空间硬接触带来危害的一个典型例子,如图 1.1 所示。航天器在入轨后的第二天开始对美国的一颗通信卫星进行交会操作,在此过程中,由于 DART 航天器发生了故障,与目标卫星发生了接触碰撞,碰撞产生的脉冲式动量将目标卫星的轨道高度提高了 3km 左右,随后任务失败。

图 1.1 DART 航天器

虽然 DART 航天器在轨自主交会试验以失败而告终,但这一失败案例意外地验证了在轨卫星的硬接触碰撞技术,即 DART 航天器将目标卫星撞击到更高的轨道上。因此,鉴于空间机械臂在轨操作时存在的苛刻边界条件,很可能出现末端执行器与目标卫星发生碰撞,造成任务的失败。

针对当前空间硬接触技术所存在的局限性,本书围绕新型在轨操作类装备发展需求,立足未来空间在轨操作技术发展方向,针对未来复杂状态下空间目标

（如姿轨控制系统处于工作状态下合作/非合作空间目标、带有大残余线/角动量的失效空间目标）如何实现接触与快速稳定控制问题,首次建立了在轨操作软接触的技术概念,用一种全新的视角阐述了主航天器与空间目标之间碰撞动量"软传递"的理论、技术和方法。以此为切入点,系统地开展了在轨软接触技术概念、机理模型、软接触机构运动学/动力学以及刚柔复合控制方法等研究,并对其关键技术开展了数字仿真实验、基于气浮式微失重平台动力学控制试验,最后部分核心技术通过了相关在轨型号的等效试验验证,试验结果佐证了本书阐述的概念、模型以及控制方法的前沿性、科学性和正确性。探索为在轨维修、在轨装配、在轨维护、在轨碎片清除等接触操控领域的研究提供新理论和新方法,为建设新一代空间操作类装备奠定先期技术基础。

1.2　在轨接触技术进展

当前,发展以空间接触操作技术为基础的新型航天装备已经形成共识,空间接触操作技术及其操作机构已经成为航天技术的一个重要研究领域,是空间在轨服务的关键技术,也是未来航天装备的主要发展方向。

1.2.1　在轨接触技术试验现状

自 1966 年 3 月 16 日,美国"双子星座"8 飞船与"阿金纳"号火箭实现世界上首次在航天员参与下的空间手控操作,至今已有 40 年历史,全世界在轨成功实现空间操作已有 300 多次,主要是美国、苏联/俄罗斯、日本等国及欧洲航天局等。从空间在轨操作次数来看,俄罗斯应居首位,从当前空间操作技术成熟程度和技术水平来看,美国应居首位。

1.2.1.1　有人参与在轨接触操作试验现状

对有人参与或主导的空间在轨操作技术研究与实践已有数十年的历史。美国曾投入大量经费重点发展航天飞机计划,用来支持空间在轨操作,并且也多次使用"挑战者"号、"哥伦比亚"号等航天飞机执行在轨修理、回收、释放、重展开等在轨操作任务,航天员多次实施出舱操作。自 1984 年起,空间在轨操作已从概念研究转向现实操作,重要的空间在轨操作事件有:

（1）美国使用航天飞机对 Solar Maximum Mission(SMM)卫星实施在轨捕获和修复。此次任务的主要目的是测试航天飞机在轨服务的应用能力。1984 年 4 月 10 日,航天飞机("挑战者"号)利用遥控系统和机械臂捕获 SMM 卫星,并于次日修复了该卫星的姿态控制系统,更换了一些电子元件箱和一个碟形卫星天线。SMM 卫星就成为人类历史上第一个利用航天飞机进行在轨捕获、维修的空

3

间飞行器。

（2）SYNCOM IV-3通信卫星在轨取回、修理和重新在轨释放。1985年4月，美国利用航天飞机在轨释放SYNCOM IV-3通信卫星，发射后该卫星未能正常启动，为此航天飞机与其交汇伴飞，并由两名航天员对其进行手动启动，但未能取得成功。1985年8—9月，航天飞机再次与其交汇并由两名航天员手动取回载荷舱，为其重新安装新的电池和启动装置，并将卫星再次在轨释放，卫星成功启动。

（3）美国应用航天飞机捕获并回收了在轨失效的Intelsat 6/F3通信卫星。1991年5月，首次使用三名航天员手动将卫星取回至载荷舱，并重新安装火箭发动机，而后成功将其在轨释放。目前，接受空间操作服务最多的对象是国际空间站，它成功地开展了大量、广泛、持续的空间在轨操作活动。由于国际空间站对于任何运载工具而言体积和重量都过于庞大，因此只能进行空间在轨装配，且国际空间站非常昂贵，必须依赖空间在轨操作服务。另外，一些非常昂贵的空间系统如"哈勃"太空望远镜等也都非常依赖空间在轨操作服务。

目前，执行空间在轨操作任务的工具主要是航天员、航天飞机和一些空间机械臂等辅助机械设备。但在长期的研究与应用中发现，有人参与的这种服务方式存在着诸多弊端，如航天员必须参与其中，提高了用于在轨操作服务的航天器运行成本，再者，航天员的频频太空行走也给人员的生命安全带来了极大威胁。因此，传统的在轨操作服务只能用于成本很高或价值极大的在轨航天器，如前述的国际空间站、"哈勃"太空望远镜等，难以实现普及。特别是"挑战者"号、"哥伦比亚"号航天飞机的失事不仅使人类的航天事业蒙受巨大损失，而且严重打击了有人在轨操作服务技术的发展。此外，未来太空的军事化也决定了大型的、高造价载人航天器难以在复杂、危险和瞬息万变的空间战场环境中生存，也就更难以实施在轨操作服务行为。基于多种因素，自主在轨服务技术应运而生。

1.2.1.2　空间自主在轨接触操作试验现状

空间自主在轨服务是利用智能空间操作飞行器，自主完成空间在轨操作任务。自主在轨操作任务相比于有人在轨操作服务，它具有以下优点：

一是自主完成服务任务，避免了人的参与，降低了空间操作航天器的成本，也避免了航天员太空操作的危险；二是航天器自主完成测轨、测控等许多工作，可节省大量的人力、物力；三是在轨操作航天器自主运行减少了天地间的交互，使航天器不易受到干扰和攻击，从而增强了其在轨运行的隐蔽性，提高了其在复杂空间环境中的生存能力,以及战时对目标攻击的突然性;四是自主在轨操作服务能够快速处理突发事件,及时排除目标故障,从而提高了航天器在轨服务的效率。

空间自主在轨操作技术在各个方面都表现出强有力的适应性,并且其具有成本低廉、军事利用价值高等特点,引起了航天界的极大关注。美国于 20 世纪末、21 世纪初开始了空间自主在轨操作技术的研究与试验,并于近年加大了研究力度,主要的研究计划有实验卫星系统(XSS)和"轨道快车"(Orbital Express)计划等。它们都是利用小型自主航天器实现快速、机动、隐蔽的在轨操作任务,这样不仅可以有效地降低维护成本和运行风险,而且可以在未来复杂战场环境中发挥重要作用。

1. 日本 ETS - Ⅶ项目

1997 年,日本 ETS - Ⅶ 科学实验卫星升空,完成了空间机械手漂浮物体抓取、模拟更换 ORU 和燃料补给、视觉监测、目标卫星操作与捕获等试验任务。ETS - Ⅶ 的试验分为基本试验和扩展试验。其基本试验内容包括机器人系统在轨性能评估、协调控制试验、遥操作试验和卫星在轨服务试验(包括视觉监测、燃料补给和模拟更换 ORU 操作、目标卫星操作等)。扩展试验包括自由飘浮目标卫星捕获试验和与其他研究所或大学联合进行的机器人试验等。ETS - Ⅶ 积累了宝贵的空间机器人操作和在轨服务经验,对我国空间机器人的发展是一个很好的借鉴。ETS - Ⅶ 中的目标是合作目标,有精心设计的捕获装置和手柄、视觉光标、信号反射器、GPS 等,目标卫星运动情况完全已知。

2. 美国自主交会 DART 项目

美国航空航天局(NASA)于 2004 年 4 月 15 日发射了 DART 航天器系统,以测试其与飞船自动对接有关的技术。DART 航天器的任务是接近地球上空 760km 处美国军方一退役实验通信卫星。在接近和离开目标的 24h 的任务过程中,DART 航天器将完成靠近、退后、绕飞等一系列预设动作。试验过程中,由于 DART 与目标航天器发生碰撞,在轨试验任务提前结束。

3. "轨道快车"项目

美国国防高级研究计划局(DARPA)的"轨道快车"项目同样也是进行自主服务卫星样机的研制和试验。"轨道快车"卫星是美国以太空防御为目的而开发的一种太空维修技术验证卫星,它旨在试验在轨卫星的"自我维护、自我保养、自我生存"的能力,其主要特点如下:①卫星总重不到 1t,具有"快速进入太空"的能力;②具备很强的机动变轨能力,可以通过轨道机动进入其他卫星的运行轨道;③卫星具有高度自动化的空间操作装置,初步具有替代航天员在太空完成太空维修作业的能力。

该项目实现了在轨加注燃料,更换电池板、蓄电池、动量轮或其他零部件,具有很强的自主性,而且还可保证两星交会相对速度为0,以避免因交会时猛烈的撞击而损坏军用及商业卫星上一些脆弱或昂贵的设备及太阳帆板。

1.2.2 在轨接触领域技术进展

在轨捕获技术是指主航天器对目标航天器实施抓捕的技术。该技术的发展首先得益于航天器的专用对接技术。航天器的专用对接方式可以看作一种对合作目标的在轨捕获技术,接下来首先介绍专用对接方式,然后分别对刚性臂杆捕获方式、飞爪和飞网捕获方式、空间电磁对接方式进行综述。

1.2.2.1 专用对接机构及其接触技术

1966年3月16日,美国"双子星座"8号与"阿金纳"号火箭实现世界上首次在航天员参与下的空间手控交会对接,其对接机构主要有德国宇航中心开发的类杆锥式空间对接机构(图1.2(a)),以及美国和苏联研究的小型异体同构对接机构等(图1.2(b))。

 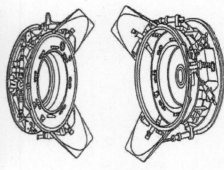

(a) 杆锥式空间对接机构   (b) 异体同构对接机构

图1.2 空间专用对接方式

严格意义上,上述抓捕航天器与目标航天器之间具有严格的任务、构型、接口匹配性要求,仅适用于对合作目标进行抓捕,属于合作目标的在轨捕获范畴,尚不能对非合作目标进行在轨捕获。但这种对接方式促进了制导、导航与控制等技术的发展,为接下来的在轨捕获技术奠定了基础。

1.2.2.2 刚性多臂杆机构及其接触技术

空间刚性臂杆捕获装置除了用于完成在轨操作、实现组件在飞行器间转移,也可参与在轨对接与分离。利用空间刚性臂杆捕获装置进行空间操作是一个非常复杂的过程,包含了一系列地面和在轨操作任务。在其最终与目标卫星对接过程中,主航天器逐步逼近目标航天器并通过路径规划操作实施刚性臂杆近距离接触目标航天器。

1984 年美国首次以航天飞机为平台,利用空间机械臂系统(Shuttle Remote Manipulator System,SRMS)成功捕获并回收了发生故障的"太阳峰年"卫星,在迄今为止的 60 多次使用中,SRMS 的表现可谓完美无缺,尤其在 1993 年执行"哈勃"太空望远镜的修理任务中以及在 1998 年美国"团结"号节点舱与俄罗斯"曙光"号功能舱对接任务中都取得了巨大的成功,如图 1.3 所示。

(a) 加拿大臂吊装"哈勃"望远镜 　　　　　　(b) 加拿大臂辅助对接操作

图 1.3　加拿大臂完成在轨操作任务

世界各航天大国于 20 世纪末、21 世纪初开始对刚性臂杆捕获方式进行研究与试验,并于近年加大了研究力度,主要的研究项目有美国的"轨道快车"计划和 FREND (Front – end Robotics Enabling Near – term Demonstration),日本的 ETS – VII (Engineering Test Satellite – VII, ETS – VII),以及德国的 TECSAS (Technology Satellite for Demonstration and Verification of Space System),如图 1.4 所示。它们都是利用在卫星上搭载刚性臂杆,来实现对目标卫星的在轨操作和捕获试验。

该刚性臂杆捕获方式具有以下几个特点:①可以自主完成任务,降低了空间操作航天器的成本,避免了航天员太空操作的危险;②通过末端抓捕装置,可以实现与目标航天器的刚性固连;③在机械臂捕获过程中,需要实现精确的航天器和机械臂的运动规划及控制;④对非合作目标进行操作存在很大的局限性。

1.2.2.3　绳系和飞网机构及其接触技术

欧洲航天局的"地球同步轨道清理机器人"(Robotic geostationary orbit restorer,Roger),主要开展两方面的应用研究:①对于地球同步轨道上的失效卫星和较大的空间碎片,利用飞网抓捕机构将其拖到"坟墓"轨道;②对于未进入正常轨道的地球同步卫星,利用飞爪将其送入预定轨道,如图 1.5 所示。

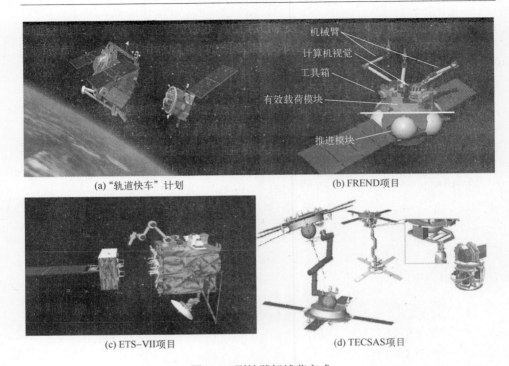

(a) "轨道快车"计划　　　　　　　　　　(b) FREND项目

机械臂
计算机视觉
工具箱
有效载荷模块
推进模块

(c) ETS–VII项目　　　　　　　　　　(d) TECSAS项目

图1.4　刚性臂杆捕获方式

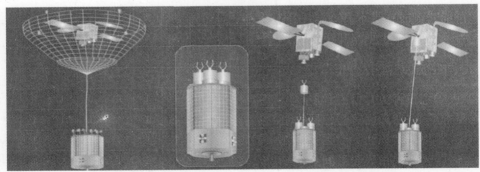

(a) 空间飞网机器人　　　　　　　　　　(b) 空间飞爪机器人

图1.5　ESA"Roger"项目空间捕获装置

利用飞网捕获方式可实现一些特殊操作:①对难以分辨或者数量庞大的目标进行捕获,如空间碎片;②由于结构尺寸较大,可以对目标进行具有容错性的捕获;③可以利用飞网孔径对捕获目标进行筛选和过滤;④可以对接触时冲击力进行缓冲,保护目标卫星。

1.2.2.4　电磁机构及其接触技术

空间电磁对接采用航天器上太阳帆板提供的电能作用于电磁线圈,使其产生电磁力,通过线圈电流的连续可逆控制改变电磁力大小及方向,从而实现航天器对接任务。华盛顿大学航空宇航学院的"在轨自主服务卫星(On Orbit Autonomous Serving,OASiS)"项目中研究了空间电磁对接的技术,如图 1.6 所示。该项目有两颗卫星,一颗提供服务,称为 DSS(Demonstration Servicing Satellite),另一颗接受服务,称为 DMS(Demonstration Modular Satellite),在达到自主对接阶段的范围 0 ~ 1m 后,电磁对接装置提供对接时的引力和分离时的斥力。

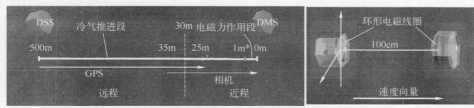

图 1.6　空间电磁操作装置("OASiS"项目中航天器电磁力对接)

空间电磁对接的优点有:①不消耗推进剂,也不产生燃烧产物,不会对航天器表面的光学镜头等敏感器件产生影响;②电流的连续及可逆控制为空间电磁对接提供了一种更精细的控制方式,使得柔性空间对接得以实现;③电磁对接装置结构简单,不带有如喷气储箱之类的晃动部件,可靠性高;④具有较高性价比,较适合小卫星使用等。

1.2.3　在轨接触空间机器人技术进展

尽管在轨软接触概念较为新颖,但空间机器人技术经过二十多年的发展,理论发展已经较为成熟,在轨软接触概念的相关研究可以在空间机器人技术的基础上开展。下面对空间机器人技术的相关研究成果进行综述。

空间机器人由主航天器和至少一个机械臂组成,它携带推力器,可以代替航天员完成空间在轨服务任务。空间机器人与地面机器人的一个显著区别是,其基座本体是不固定的,这里根据基座本体的受控状态,可以将空间机器人的工作模式分为两类:

(1)自由飞行空间机器人。当空间机器人基座本体的姿态受控时,即为自由飞行工作模式,其执行机构一般选择推力器或反作用飞轮。由于反作用飞轮的控制力矩一般较小,因此当基座本体受到姿态扰动较大时,通常采用推力器来控制基座姿态。

(2)自由漂浮空间机器人。当空间机器人基座本体的位置和姿态均不受控

9

时,即为自由漂浮工作模式,基座在机械臂的反作用下自由运动。当空间机器人系统不受到任何外力和外力矩时,系统的线动量和角动量守恒。另外,在对目标卫星进行在轨捕获过程中,空间机器人系统的姿控系统是需要关闭的,即让系统处于自由漂浮状态,这主要是为了避免姿控系统的突然点火造成机械臂的末端与目标卫星发生碰撞。

1.2.3.1 空间机器人建模方法的研究现状

由于空间机器人的基座本体处于自由漂浮或自由飞行状态,当整个系统不受到外力或外力矩的扰动时,系统满足角动量守恒定律。Nakamura 和 Mukherjee 对角动量守恒方程采用微分方法进行推导,证明该方程的不可积分性为非完整约束。这就使得基座与机械臂之间存在动力学耦合关系,机械臂的运动会对基座产生反作用力和力矩,导致基座的位置和姿态发生变化。空间机器人在完成在轨服务任务的过程中,需要精确控制机械臂末端执行器的位置和姿态,而这种精确控制依赖于对空间机器人的正确建模。因此,建立空间机器人在微重力环境中的运动学和动力学模型具有非常重要的意义。

1. 空间机器人运动学建模

在空间机器人运动学建模方面,目前已经有几种典型的运动学建模方法。Vafa 和 Dubowsky 提出了利用虚拟机械臂(Virtual Manipulator, VM)的概念来对自由漂浮空间机器人运动学进行建模。VM 的运动学建模方法,把空间机器人转化为类似于地面机器人,从而简化空间机器人的运算。与地面机器人相似,VM 有固定的起始点,称为虚拟地面(Virtual Ground, VG),一般选在整个空间机器人系统质心,其末端可选择机械臂上的任意点,一般选择末端执行器,但 VM 是虚构出来的,不能被真实建造出来。通过这种建模方法,可以大量简化关于工作空间等运动学方面的计算。

Umetani 和 Yoshida 从线动量守恒方程与角动量守恒方程出发,将空间机器人系统的各运动学参数进行符号计算,推导出了反映系统运动学特性的广义雅可比矩阵(Generalized Jacobian Matrix, GJM)。当前,广义雅可比矩阵是空间机器人运动学建模、路径规划方面十分重要的建模方法。广义雅可比矩阵的局限性为该矩阵存在动力学奇异性,当采用广义雅可比矩阵对空间机器人进行路径规划时,需要求解广义雅可比矩阵的逆矩阵,当该矩阵奇异时,会导致奇异点附近的关节速度无限大,从而偏离规划的路径方向。

Saha 将整个空间机器人系统的动量矩方程表示为任意一点的速度函数(Primary Body, PB),结合系统的动量定理和动能定理,建立整个系统的运动学模型,当 PB 点的位置选择在基座本体的质心处时,系统的运动学方程即为广义雅可比矩阵方程。

2. 空间机器人动力学建模

空间机器人属于多体系统,对多体系统进行动力学建模的常用方法主要有拉格朗日方程(Lagrange)、牛顿－欧拉方程(Newton－Euler)和凯恩方程(Kane)。其中,拉格朗日方程的概念清晰,易于理解,在逆动力学建模方面有着广泛的应用。但该方法的缺点是在计算过程中存在二阶微分计算,在对其进行动力学控制时,会造成很大的工作量。牛顿－欧拉方程是动力学建模方面非常经典的方法,该方法在计算过程中不会存在微分计算,但当机械臂的连杆数目较多时,计算较为复杂。凯恩方程利用偏角速度和偏速度的概念,对空间机器人系统进行动力学建模,在计算过程中需要进行求导操作,具有很高的效率。特别是计算机技术飞速发展,带来了各种符号计算软件的出现,对于求解连杆数目较多的空间机器人动力学方程提供了便利。梁斌等提出动力学等价机械臂(Dynamic Equivalent Manipulator, DEM)的建模方法,该方法可以将空间机器人转换为地面机器人,类似于虚拟机械臂的运动学建模方法,但不同的是 DEM 可以被实际建造出来。Gu 和 Xu 用基座的六个自由度与机械臂的广义变量组成了增广变量,使用此建模方法可以保证动力学方程中的惯性矩阵线性化,便于对其进行动力学控制。

从上述研究进展来看,空间机器人系统的运动学和动力学建模方法均较为成熟,可以在此基础上,对在轨软接触机构的基本理论进行分析研究。

1.2.3.2　空间机器人路径规划方法研究现状

空间机器人完成在轨服务任务的前提是规划出合适的路径,因为基座与机械臂之间存在动力学耦合关系,机械臂的运动会对基座产生反作用力和力矩,导致基座的位置和姿态发生改变,而基座位置和姿态的改变又会对机械臂的末端执行器造成扰动。因此,相比于地面机器人,空间机器人的路径规划更加复杂。

空间机器人路径规划算法根据规划空间的不同可以分为笛卡儿空间路径规划算法和关节空间路径规划算法。笛卡儿路径规划主要是规划出使空间机器人能够从起始点沿给定的轨迹到达终止点的关节序列,它可以分为直线路径规划、圆弧路径规划以及视觉引导下的自主路径规划。关节空间规划主要是规划出使空间机器人能够从初始关节角到达期望关节角的关节序列,根据规划目的的不同可以分为规避奇异点的路径规划和姿态调整路径规划研究。规避奇异点的路径规划主要是根据广义雅可比矩阵提前预测奇异点来调整关节运动轨迹。姿态调整路径规划主要是考虑到基座本体对地三轴稳定的姿态保持要求,需要机械臂在路径规划的过程中对基座本体造成的扰动最小;或者出于节省推进剂的目的,利用机械臂末端的运动来调整基座本体的姿态。

E. Papadopoulos 提出一种点到点的笛卡儿路径规划算法,主要是在路径无关工作空间找到一个过渡点 C,使机械臂末端执行器先从 A 运动到 C,然后调整基座姿态,从 C 运动到 B。Xiangrong Xu 和 Yaobin Chen 将笛卡儿路径分为若干段,对每个中间点采用逆运动学来计算机械臂关节角序列,最后采用插值算法对关节角进行处理。S. Pandey 和 S. Agrawal 提出了采用正弦函数对关节角进行参数化的 Mode Summation 方法对自由漂浮空间机器人系统的末端轨迹进行规划,对于空间机器人的末端连续路径规划,不能采用地面机器人的位置级逆运动学的规划方法,只能采用速度级逆运动学的规划方法,即采用广义雅可比矩阵来进行规划,如哈尔滨工业大学的徐文福基于广义雅可比矩阵,实现了空间机器人末端的笛卡儿连续路径规划。Paul 在关节坐标系下建立机械臂末端的速度和加速度值,并用二次插值算法对路径进行平滑处理,从而规划机械臂末端的运动路径。Taylor 对 Paul 提出的方法进行改进,采用四元数来描述末端的姿态。Yeonghwa Chang 等对关节轨迹进行递推计算,提出了实时路径规划方法,可以得到近似的笛卡儿路径。

Z. Vafa 提出了周期运动法和扰动图法来实现姿态调整的路径规划算法。周期运动法主要通过关节的运动来调整基座的姿态,但该方法存在的问题是忽略了二阶系统的非线性特点。Nakamura 和 Mukherjee 在不忽略二阶系统非线性的前提下,采用 Lyapunov 函数对空间机器人末端的路径进行规划,结果表明,该方法可以同时调整关节角和基座姿态,但该方法的缺点是规划出的关节角序列不平衡,且系统不稳定。Dubowskys 和 Torres 采用 EDM 方法(Enhanced Disturbance Map)来计算空间机械臂的路径,方法的具体思想是计算不同条件下机械臂对基座姿态扰动最小的路径,但该仿真算例仅为两自由度的机械臂。对于多自由度机械臂,EDM 的计算量较大。Yoshida 等提出了按零反作用(对基座姿态不造成任何干扰)机动来规划机械臂末端的路径,但对于冗余机械臂来说,这样的路径是非常有限的。

Yoshida 提出利用多臂补偿的思想来尽量减少对基座本体的扰动,具体方法是使一个臂沿着预先规划的路径,其他机械臂来对基座的扰动进行补偿。该方法效果较好。但需要配备较多的机械臂,并且增大了计算的复杂度。Panfeng Huang 也提出了类似的多臂补偿的思想,文中设计了一个双臂机器人,仿真结果表明这种方法对基座的姿态扰动较小,但存在同样的局限性。K. Yamada 提出采用变分法来规划机械臂的关节序列。T. Suzuki 和 Y. Nakamura 提出螺旋运动路径规划方法。该方法可以让基座的姿态按照需要进行调整,并且机械臂的末端位置和姿态可以规划到可达空间中的任意点。E. Papadopoulos 对平面两自由度机械臂进行路径规划,可同时使基座姿态和机械臂末端位置均达到期望的状态,但文中的算例较为简单,对于多自由度机械臂来说,计算量较大。

丁希仑等对自由漂浮的空间机器人的动力学奇异性进行分析,基于李雅普诺夫(Lyapunov)函数对空间机器人规避奇异点的控制算法进行研究,并通过仿真实例进行仿真验证。徐文福采用速度级逆运动学方程,提出了基座姿态无扰动的末端位置(或姿态)的连续规划方法,以及基座姿态调整的末端位置(或姿态)的连续规划方法,但该方法没有考虑到奇异点的影响。张福海等提出了一种"无扰向量合成算法",可以保证机械臂末端达到目标点的同时不对基座的姿态造成扰动。Panfeng Huang 针对路径规划过程中存在的各种限制条件,如关节角、关节角速度以及控制力矩等限制,采用遗传算法对建模参数进行寻优操作,并验证该方法的可行性和鲁棒性。

通过文献的综述可知,目前国内外针对路径规划的研究对象主要是自由漂浮模式下的空间机器人,对于自由飞行模式下的空间机器人,特别是反作用飞轮参与时的空间机器人则少有研究。其研究的内容方面主要是对机械臂末端连续位姿的笛卡儿路径规划、基座姿态调整的路径规划以及规避奇异点的路径规划,而对于空间机器人在路径规划过程中的优化控制算法则少有研究,如针对同一条路径的时间最优控制算法等相关研究。

1.2.3.3　空间机器人在轨捕获控制技术研究现状

根据 1.2.2 节中关于在轨捕获方式研究现状可知,空间机器人在对目标卫星进行在轨捕获操作时,由于苛刻的边界条件,不可避免地会同机械臂的末端执行机构发生接触碰撞,碰撞力(力矩)不仅会引起空间机器人基座本体的姿态变化,而且有可能会对空间机器人和目标卫星造成损坏,如前面对 DART 航天器进行的综述。

K. Yoshida 等提出了利用阻抗控制算法来捕获空间非合作目标,通过研究卫星在轨接触时的碰撞动力学,对空间在轨捕获非合作目标卫星的操作过程进行动力学建模,在捕获非合作目标后采用阻抗控制算法进行控制,以减少对基座本体的姿态扰动。Nenchev 等对空间机器人受到外力冲击后的运动控制进行研究,提出了基座姿态零扰动的控制算法,仿真结果表明,基座姿态的变化量可以忽略不计,说明该算法的控制效果很好,但文献中的算例较为简单。Nakanishi 和 K. Yoshida 等在对阻抗控制算法研究的基础上,对该控制算法进行扩展研究,在空间机器人捕获目标卫星的过程中,采用该算法保证末端执行器与目标卫星持续接触,以减少目标卫星与基座本体的相对姿态变化。Saburo 和 Takuya 等通过在空间机器人的末端执行机构上安装软垫类型的缓冲器,从而实现对碰撞的角动量进行吸能的目的,文献中通过数学仿真验证了该方法的可行性和有效性。Satoko 和 Roberto 等同样采用阻抗控制算法,对自由漂浮模式下空间机器人在轨抓取质量特性参数未知的失稳卫星进行研究,并做了大量仿真进行验证。Matsumoto 等对在轨服务类航天器 Hyper – OSV 在轨抓取不同卫星的策略进行分类研究。D. Dimitrov 对空间机器人在轨抓取目标卫星过程中的动量交换进行研究,提出对抓取目标后的组合体采用偏置动量方法进行控制,文中结果表明,该方法可以较好地减少对基座的冲击。Aghili 针对空间机器人在轨抓取动力学参数未知的旋转目标(非合作目标)进行研究,通过建立相关的动力学模型,找到末端执行机构对目标卫星的最优接触点,并提出一种控制算法来使目标卫星保持稳定。Aghili 在最大消旋阻尼力限制的条件下,根据庞特里亚金极大值原理,推导了一种用来稳定抓捕后的整个空间机械臂系统的时间最优控制算法,并通过仿真实例进行验证。Tomohisa 和 Satoko 等同样提出了一种时间最优控制算法,针对空间机器人抓取目标卫星过程中的稳定控制,假设空间机器人的各关节角序列沿着特定的路径,在反作用飞轮的最大控制力矩的限制下,推导出时间最优的控制律。

Panfeng Huang 针对空间机器人的动力学建模、在轨抓取目标卫星以及相关的算法进行了大量的研究,在目标卫星质量特性参数未知的情况下,设计了自适应滑模控制律,通过仿真算例验证该控制算法的鲁棒性和可行性。Panfeng Huang 对空间两星在轨操作时的碰撞动力学进行研究,以接触碰撞力的极小值为期望函数,提出了空间机器人的轨迹优化算法。Panfeng Huang 将人工智能方法应用在空间目标的在轨捕获中,主要是采用神经网络和卡尔曼滤波的方法对空间机器人的轨迹进行跟踪并对目标卫星进行控制,取得很好的效果。Panfeng Huang 采用平衡控制方法对多臂自由漂浮空间机器人的在轨捕获操作过程进行研究,具体方法是让一个臂进行操作,同时利用其他臂杆对受到的扰动进行补偿,该方法类似于路径规划时的多臂补偿算法。Panfeng Huang 采用遗传算法对空间机器人的构型进行优化,以最小碰撞力为期望函数,并对其可行性进行仿真验证。

魏承等提出利用"动态抓取域"来对空间机器人在轨抓取漂浮目标时进行控制,具体思想为基于滑模控制来实现对目标卫星的接触式硬抓取及碰撞式软抓取,结果表明:硬抓取时关节变化较小,空间机器人的臂杆保持刚性特点,末端为持续接触;而软抓取时臂杆采用随动耗能,关节变化较大,但对基座姿态的扰动冲击较小。魏承等对"动态抓取域"的算法进行扩展,在控制算法中应用关节的主动阻尼控制,从仿真结果的分析上,接触碰撞对空间机器人的基座冲击明显消除,仅在结束前存在小幅振动。丛佩超等提出空间机器人在执行抓捕任务前对机械臂的构型进行规划,即让规划后的机械臂系统的质心经过碰撞力的矢量方向,则可以保证碰撞力对于空间机械臂系统的角动量为零。其意义是尽可能减小接触碰撞力对基座本体的扰动,而不是与其他学者一样去研究碰撞后的控制算法。

从上述研究现状可知,目前大部分研究成果主要集中在空间机器人抓捕目标卫星后的控制算法的研究上,即采用阻尼控制等算法使失稳卫星与基座本体保持姿态相对稳定,或者采用优化算法对机械臂的构型进行规划,使接触碰撞时目标卫星对空间机器人系统的干扰最小。但对于空间机器人在接触碰撞后的缓冲控制研究则相对较少,而这项技术的研究对于解决在轨捕获技术存在的局限性具有重要的作用。

1.3 现有技术差距分析与发展需求

1.3.1 技术差距分析

从上面综述可以看出,当前世界各航天大国高度重视有关在轨捕获新技术研究,正投入巨资进行研发工作,开展在轨捕获的关键技术演示验证,其在轨捕获方式如表 1.1 所列。

表 1.1 空间接触类型

空间接触方式	测量方式	能量来源	接触类型	接触距离
专用对接机构	位置和姿态	推进剂	刚性连接	小于 1m
刚性多臂杆	位置和姿态	电能	刚性连接	数米
绳系终端	位置和姿态	电能、推进剂	柔性连接	从数十千米到几十米
飞网	位置	电能、火药/弹性能	柔性连接	数十米
电磁连接	位置和姿态	电能	刚性连接	小于 1.5m

根据表 1.1 所列,对不同的空间目标接触方式特点分析如下:

(1) 专用对接机构接触方式。自首次交会对接成功以来,采用专用机构进行对接已成为一项基本的在轨服务技术,发展时间较长,成熟度较高,并且形成刚性连接,其缺点是只能适用于与合作目标进行对接,并且消耗推进剂。

(2) 刚性臂杆接触方式。基于刚性臂杆的在轨操作可以自主完成任务,避免了人的参与,降低了空间操作航天器的成本,避免了航天员太空操作的危险,并可以实现机械连接固化,属于硬接触范畴,其缺点:对接触操作条件要求较高,容易产生碰撞安全性等问题;仅限于对合作目标进行操作,非合作目标通常没有专门设计用于刚性臂杆的对接部件;目标航天器可能存在的转动速度也会给刚性臂杆操作造成困难。

（3）绳系终端接触方式。利用绳索或飞网这样的柔性机构来完成在轨操作，解决了利用刚性机械臂进行在轨操作时存在的碰撞安全性问题，克服了操作条件苛刻等局限性，具有很好的发展前景。但这种新兴的操作技术由于具有较大的柔性，接触后两星呈柔性连接，仍然具有相对速度，因此该技术只适用于对空间碎片以及废弃卫星进行处理，对于在轨服务技术中的在轨补给、装配和维护等技术则不适用。

（4）电磁连接接触方式。利用电磁连接的方式来进行在轨操作，不消耗推进剂，电流的连续及可逆控制为空间电磁对接提供了一种更精细的控制方式，使得柔性空间对接得以实现。其缺点首先是稳定性，该方式是通过电磁力来实现对目标卫星的接触，是否能产生稳定的电磁力尚不确定，另外，其技术的局限性较高，仅适用于对小卫星进行操作，对于质量较大的卫星以及非合作目标则不适用。

1.3.2　软接触技术发展需求

上述空间操作技术存在以下边界约束条件：一方面要求相对位姿测量、位姿跟踪及位姿保持满足高精度要求；另一方面要求主星和目标航天器在空间接触的瞬间及接触过程不能出现任何异常的位姿扰动（如空间摄动、姿控系统启动）。否则，会出现两星之间的碰撞动能不对称传递，致使两星运动速度发生突变，直接导致空间操作任务失败。这些苛刻的操作条件极大地限制了空间操作能力的提升和操作技术的发展。

本书提出的空间操作软接触技术，能够实现对两星接触过程中碰撞力的缓冲与卸载，使接触过程柔顺化，解决两类卫星接触过程中带来的能量冲击和扰动问题，降低了当前空间操作硬接触带来的各种风险，拓展了空间操作的应用性和实战性。

要实现本书提出的空间操作软接触技术，还存在如下差距：国内尚未针对空间操作软接触的技术领域开展研究工作，也未见国外公开报道该领域的相关研究情况。因此，开展在轨软接触技术研究具有很强的探索性和创新性。需要在在轨软接触概念、机理、模型等方面开展系统的理论研究；在软接触概念样机设计、关节刚柔复合控制、卫星一体化协同操作等方面开展关键技术研究。

1.4　在轨软接触技术的研究价值和意义

随着空间技术的快速发展，利用空间、控制空间日益成为国际战略竞争新的制高点。世界主要国家纷纷制定空间发展战略,大力发展天基武器系统和军事航天力量,为争夺空间优势展开激烈的竞争。

在美军新一代作战体系中,空间保障已经成为确保行动自由战略目标的关键战场之一。在美国新国家航天政策提出的六大目标中,有两项与国家空间保障有关,明确提出要保障己方空间行动自由,并且遏制敌方利用空间,以绝对优势控制空间。在我国成功进行外层空间试验后,美国军方显著加快了发展空间保障能力的步伐。一是及时推出了最新空间作战条令,明确提出为了保护美国的空间优势,大力发展空间保障装备力量;二是以"轨道快车"计划为标志,美国正在大力发展在轨维修保障技术。在近期开展的"施里弗"-4 空间作战演习中,美军以 2025 年空间对抗为背景,重点研究了保护、扩大、维修和替换空间系统的方法、技术与战术,以对付对卫星日益增加的威胁,确保卫星安全。

空间维修与保障的主要使命是在太空中实施各种空间操作,增强对空间战场的控制能力与保障能力,为空间装备有效运用和作战效能发挥奠定基础。空间操作是空间维修与保障的基本手段,空间接触技术则是空间操作的基本环节,在轨软接触技术是解决当前空间接触技术发展问题的核心,是实现空间装备在轨维修与保障得以广泛应用的基础,是未来空间操作技术发展的必然方向。因此,应该大力发展在轨软接触等空间操作核心技术,研制新型操作类航天装备,利用各种操作手段实现特种作战或勤务行动,适应未来新型航天装备发展趋势。归纳起来,发展新型空间操作类(具备软接触能力)航天装备有以下两个方面需求:

(1) 全面提高在轨航天器"空间应急保障"的迫切需求。未来空间保障迫切需要对各类在轨卫星提供在轨维修和保障能力,进一步提高卫星作战能力和应用性能,延长卫星寿命。主要体现在:①在轨卫星燃料消耗完之后,能够通过加注来对燃料为己方航天器提供在轨燃料加注,增加在轨卫星的工作寿命;②当地面通过技术改进得到更高性能的星上部件时,空间操作装备可携带高性能的部件对在轨卫星进行升级,增强在轨卫星的性能;③当在轨卫星出现故障时,可以使用空间操作装备对卫星进行故障检测和维修,可避免卫星由于出现故障而废弃,确保在轨卫星的正常运行。

(2) 实施空间目标"在轨精细侦察"的迫切需求。未来空间目标侦察需要更精细的在轨侦察方式和更灵活的探测手段,以便获取空间目标多维、精细的特征信息。未来新型空间装备利用携带的各种新型传感器或电子设备,采用在轨软接触环绕巡逻方式,对目标卫星实施全方位、近距离灵活侦察和感知,获取敌方空间目标的三维形状、电子频谱等特征信息,为空间目标信息获取和态势感知提供支持。

因此,开展在轨软接触关键技术的研究,对于建设与发展新型空间装备具有重要意义。

第 2 章　在轨软接触技术概念

在轨捕获可引发主航天器与空间目标之间产生能量传递,从能量传递过程是否受控的角度来分析,传统的在轨硬接触技术属于碰撞能量不可控的被动式碰撞,主航天器极易被瞬间引入的碰撞能量干扰,若该碰撞能量引起主航天器的姿态突变量超出姿轨控制系统的调节范围,则极易导致主航天器翻滚失控。基于此物理现象,本章提出一种全新的概念:若能在碰撞能量传递的路径中引入某种能量可控的主动环节,使碰撞能量的传递规律按照人为规划的期望规律进行传递,则能使碰撞能量以最优的传递效果确保主航天器免受不必要的干扰或损害。

2.1　在轨软接触技术的概念内涵

2.1.1　概念背景分析

从在轨服务未来应用需求来看,更需要提供一种能够同时兼顾合作/非合作目标的在轨接触技术,非合作目标可能是处于在轨工作的各种航天器,也可能是失效卫星或空间碎片。换言之,就是要提供一种具备在空间目标处于各种工作状态下的在轨接触新技术。目前来看,直接接触式操控技术是目前空间操控领域主要研究和应用的技术,尽管存在很多技术局限,但其应用形式有其更大的发展空间,是研究未来在轨接触新技术的重要方向。

面向未来在轨服务需求,在典型航天接触操控技术研究中,主航天器通常采用单刚性/多刚性机构(如空间机械臂)对空间目标实施在轨接触操作,其接触形式通常采用单刚性/多刚体机构对接耦合,这类在轨操作方式本书中称为"硬接触技术"。该技术对空间目标操作条件非常苛刻,操控方法和手段稍有不当,将引发主航天器和空间目标翻滚失控,直接导致在轨操作任务失败,甚至彻底毁坏。在轨硬接触技术存在的根本问题是:主航天器所携带的空间接触装置通常是由单刚杆(如专用对接机构)或多刚性臂杆级联(空间机械臂)构造而成,利用该类刚性机构实施空间目标接触操作时,必须要求对空间目标相对位姿保持高精度稳定,且需要关闭主航天器姿轨控制系统(在轨操控接触过程中,姿轨控制系统通常需要关闭,这是为了避免接触过程中的扰动量引发主航天器单独实施

18

姿态稳定控制,进而影响操控接触机构的路径规划系统正常工作),正是由于此时姿轨控制系统已关闭,无法实施姿态调整,才要求主航天器和空间目标在轨接触的瞬间和整个接触过程不能出现任何异常的位姿扰动(如空间目标产生较大的碰撞动量、空间摄动等)。当前在轨操作硬接触技术带来的一系列苛刻操作条件,极大地限制了在轨操作能力的提升和对空间目标的应用范围。

要解决在轨硬接触技术存在的问题,需要提出一种新概念和技术方法,实现刚性接触碰撞动量"软传递"的问题,突破制约现有在轨操作的技术瓶颈,提升在轨操作的应用能力。这种概念和思路,本书将其定义为"在轨软接触技术"。本书作者认为:空间目标在轨软接触技术将是未来航天操控最重要的发展方向之一。未来航天器一旦携带软接触机构,即可以对空间合作/非合作目标开展在轨接触操作,而且这种操作一方面将减缓对相对位姿测量、相对位姿保持等苛刻条件的约束;另一方面将使得主航天器和空间目标在姿轨控制系统正常工作的条件下(目前只能在姿控系统关闭状态下才能开展空间目标接触)实施在轨接触操控。以上两个方面能力的提升对于拓展在轨操作实际应用意义非常重大,尤其是对开展非合作目标(无论是空间非合作目标还是处于工作或失效失控条件下)接触操控更具有现实意义。

2.1.2　概念内涵

鉴于现有空间操作硬接触技术存在的技术瓶颈,提出了一种在轨软接触的技术概念:针对在主卫星与目标卫星硬接触过程中,存在碰撞动量通过接触臂杆瞬间作用于主卫星(脉冲式传递)平台,导致主卫星平台难以短时间内抵消耦合干扰动量,引发主卫星平台控制失效等问题,运用主卫星与目标卫星之间能量"可控传递"理念,通过设计刚柔复合接触机构及其刚柔复合控制方法,实现脉冲式碰撞动量向谐波式可控动量传递模式的转化,且将可控传递动量的谐波幅值、相位和收敛时间均约束在主卫星平台控制系统正常工作边界条件内,实现对两星碰撞动量的可控缓冲与卸载,进而达到对各类目标卫星的平稳接触操控。

2.1.3　核心思想

本书提出"空间目标在轨软接触技术概念"的核心思想是:在对空间目标实施操作接触过程中,针对硬接触技术存在的接触碰撞动量瞬间作用于主航天器本体(阶跃式传递),导致主航天器本体在短时间内难以对消干扰量,进而引发主航天器本体姿态控制失效等问题,首次提出了在主航天器与空间目标之间构建碰撞动量"软传递"的理念,通过研究论证"碰撞动量软传递"的机理,构建软接触机构模型和刚柔复合控制方法,实现了阶跃式碰撞动量向谐波式动量传递的转换,且在谐波式传递动量向主航天器本体传递过程中,其谐波幅值、相位和收敛时间等关键参数均可按照所设计的期望函数进行过程控制(该函数是以主航天器本体姿态控制系统工作边界条件为约束),进而可在主航天器本体姿控系统关闭(或开启)的条件下,能够实现接触碰撞动量的可控缓冲与卸载。该技术的研究与突破,一方面可大幅减缓在轨操作对相对姿态测量、相对位姿保持等苛刻条件的约束;另一方面可拓展对各种复杂空间目标状态下在轨操作应用能力,尤其适用于对复杂状态下非合作空间目标(如处于工作状态下的非合作空间目标、失效空间目标等)的在轨接触操控。基于上述分析,以在轨软接触为核心的操控技术将成为未来新型空间操作类装备发展的必然趋势。

2.2　在轨软接触概念情景构设与行为分析

需求分析的主要目的是为在轨软接触机构的概念设计提供理论和分析支持,具体而言,它是通过对设计对象可能完成的工作任务以及各个层面的细节特征的分析得到在不同工作情景下的敏感需求要素。通过对目标设计系统典型工作状态下的约束条件分析可以得到针对不同工作任务应有不同的考虑重点。用质量功能展开方法得到了满足工作需求的目标设计系统应该具备的技术特性,同时还通过权重累加分析得到了不同技术特性的相对重要性。

2.2.1　需求的情境因素

在轨软接触机构(简称系统)在空间执行任务的过程中存在着多方面的不确定性,具体而言包括操作(或控制)方式、工作的内外部环境(包括协作环境)、所执行的具体任务以及完成任务所需要的系统各个部分(或子系统)。

需求的情境可以简要定义为在何种条件下由谁操作系统的哪些部分完成什么任务,图2.1所示为系统四个方面的情景需求关系示意图。使用情境可以定义为影响到主要工作任务性能输出的关联因素,所有的任务是通过操作者直接或者间接作用于系统来执行,而任务的复杂性、不确定性、精度等特点又影响到操作方式,

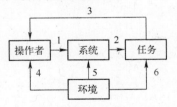

图2.1　需求情境因素关系

内外部环境因素会直接影响到操作者、系统和任务,这几个方面的需求情境因素叠加后最终会影响到产品系统以及各个子系统(模块)。

操作使用情境因素是指操作者可能会通过哪些方式进行操作以完成特定的任务,结合空间机械手的任务形式,确定了如表2.1所列的7个操作需求情境因

20

素:CC1 表示所有的操作由系统自动完成;CC2 表示卫星基座本体中会有操作人员控制机械手的相关操作;CC3 表示在由地面的工作人员对机械手进行遥操作;CC4 表示由于目标范围较大,识别目标的工作由操作人员完成,而其余任务则由软接触机构自动完成;CC5 表示由操作者输入软接触机构的末端路径轨迹,而余下工作由软接触机构自动完成;CC6 表示任务由操作人员和软接触机构协同完成;CC7 表示任务需要两个或者多个操作人员协同完成工作。

表 2.1　使用操作需求情境因素

编　号	定　义
CC1	自动完成
CC2	在飞行器中操作
CC3	在地面操作
CC4	识别目标由使用者完成
CC5	操作者输入末端轨迹
CC6	人机协作操作完成
CC7	人人协作操作完成

系统需求情境更加侧重于在完成不同任务的过程中哪些子系统(或部件)参与任务的执行,且需求对功能的影响也是通过系统体现出来的。因此,将系统的主要组成部分加以罗列更多的是为了分析敏感情境因素的需要,具体如表 2.2 所列。

表 2.2　系统需求情境因素

编　号	定　义
PC1	软接触机构(底座、主臂、肘关节、腕关节、末端执行器)
PC2	机械传动装置(联轴器、变速器、制动器、离合器)
PC3	能量消耗和转化装置(阻尼器、弹簧、发电机)
PC4	传感系统(传感器、反馈装置、变送器)
PC5	动力系统(电动机、流体传动)
PC6	摄像头
PC7	照明
PC8	电缆
PC9	隔热材料
PC10	辅助工作装置
PC11	辅助固定装置
PC12	卫星基座本体

环境情境因素是系统完成特定任务时的内外环境条件,包括用户正常使用产品的环境因素以及影响产品功能输出的内外环境条件,如表2.3所列。

表2.3　环境需求情境因素

编　号	定　义
EC1	抓捕合作目标卫星
EC2	抓捕失效卫星
EC3	抓捕敌方在轨工作卫星
EC4	对方卫星干扰
EC5	太空垃圾等障碍物
EC6	抓捕对象障碍(阻碍软接触机构)
EC7	高能粒子
EC8	黑暗
EC9	高温
EC10	低温

任务情境表示了系统在完成设定工作任务时所体现出来的工作特性,包括是否需要辅助系统,完成任务的频率、周期、成功率等,如表2.4所列。对在轨软接触机构来说,整体的工作空间、局部的工作幅度等也是重要的任务需求指标,同时,任务的特殊性会导致产品任务产生传导影响,如抓捕目标对象后会产生碰撞力导致软接触机构形变,抓捕对象对软接触机构产生冲量使得卫星基座本体的位姿发生较大改变等。

表2.4　任务需求情境因素

编　号	定　义
TC1	软接触机构独立完成任务
TC2	需要其他装置辅助完成
TC3	任务的出现频率高(低)
TC4	任务的周期长(短)
TC5	任务的成功率高(低)
TC6	工作空间大
TC7	工作幅度宽

（续）

编　号	定　义
TC8	需要高灵活度
TC9	工作精度高
TC10	抓捕目标对象和软接触机构接触后缓冲
TC11	软接触机构和抓捕对象接触后形变
TC12	软接触机构和抓捕对象接触后共振
TC13	抓捕对象后影响卫星基座本体位姿
TC14	卫星基座本体和软接触机构的协同控制

　　空间操控形式主要包括侦察、抓捕、带载以及空间操作所涉及的对接、固定、拆卸等动作，根据所罗列的四个方面的情境需求要素对这几种操控形式进行关联情境因素分析，并且侧重于使用者、环境和任务，分析在特定的条件下哪些情境因素比较敏感。图 2.2 是侦察需求情境因素关系图，图 2.3 是抓捕瞬间需求情境因素关系图，图 2.4 是带载(含位姿调整)需求情境因素关系图，图 2.5 是对接/拆卸/固定需求情境因素关系图。

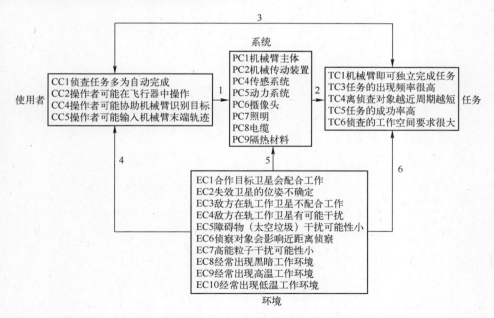

图 2.2　侦察需求情境因素关系图

23

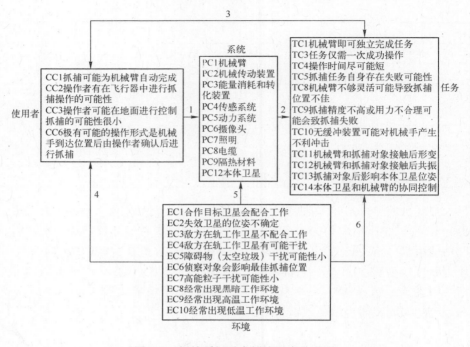

图 2.3 抓捕瞬间需求情境因素关系图

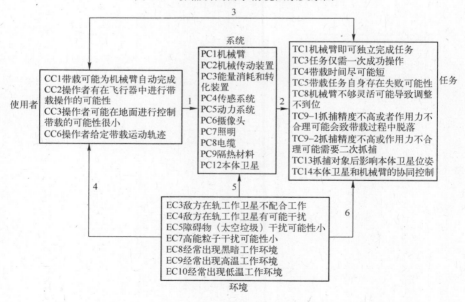

图 2.4 带载(含位姿调整)需求情境因素关系图

24

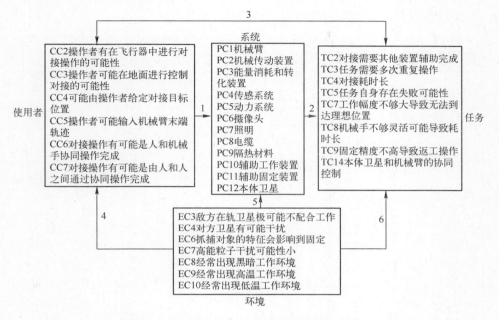

图 2.5　对接/拆卸/固定需求情境因素关系图

2.2.2　需求情境因素的敏感性分析

结合上述需求情境因素的分析结果,进一步分析其中情境需求因素敏感性。情境需求因素的敏感性是指在特定的情境因素下相关操控需求出现的可能性大小,表 2.5 将情境需求因素出现的频率按照从小到大分为五级,并分别对不同等级的因素进行了定义。

表 2.5　情境因素发生的可能性等级划分

等　级	出 现 频 率	可能性特征	定　义
A	极少出现	近乎为零	发生的可能性很少
B	很少出现	极低可能性	功能失效中的次要因素
C	偶然出现	低可能性	与个别功能失效直接相关
D	有时出现	中可能性	与部分的功能失效直接相关
E	经常出现	高可能性	与大部分的功能失效直接相关

如前所述,在对不同任务及任务不同的阶段敏感因素进一步分析后,敏感性对系统功能的影响如表 2.6 所列。这些影响结果可以按照严重程度从低到高,定义为四个级别,如表 2.7 所列。其中,最高级别的影响是该情境因素不但使得

25

功能失效,而且与预定实现的功能完全相反。

表 2.6　敏感情境因素对功能产生的不利后果

编　　号	对功能可能产生的不利后果
PE1	摄像头无法清晰拍摄
PE2	无法(准确)到达预定位置
PE3	软接触机构无法绕过障碍
PE4	软接触机构损坏/软接触机构超负荷
PE5	摄像头无法正常拍摄
PE6	机械精度降低/电动机过热
PE7	机械传动卡死
PE8	能源补给不足
PE9	出现侦察盲区
PE10	软接触机构抓捕失效
PE11	捕捉对象逃脱
PE12	软接触机构无法抓捕目标
PE13	软接触机构抓捕不稳
PE15	对软接触机构或卫星基座本体产生破坏性影响
PE16	软接触机构姿态调整不到位
PE17	二次抓捕导致目标丢失
PE18	带载时间过长
PE19	对接延迟
PE20	抓捕对象无法对接/固定
PE21	接触目标难度大
PE22	软接触机构失稳
PE23	卫星基座本体和软接触机构姿态剧烈波动
PE24	卫星基座本体、软接触机构及带载对象局部不稳
PE25	抓捕对象对接/固定难度大

表 2.7　敏感情境因素的对功能影响的等级定义

情境变化对产品功能影响程度	影响程度定义
a级(部分缺失)	该情境的变化使产品的部分功能缺失
b级(临界状态)	该情境的变化程度与产品的功能丧失成正比
c级(功能失效)	该情境变化可以导致产品功能失效
d级(完全相反)	该情境变化可以导致产品的功能实现与正常完全相反

　　将软接触机构在执行不同任务过程中敏感情境因素进行提取,对敏感情境因素、敏感情境因素出现的可能性、该敏感情境因素产生的可能后果以及该后果的影响程度级别进行汇总分析,从而得到该情境在需求分析阶段所有可能的敏

感性要素,如表2.8 所列。

表2.8 情境因素的敏感性度分析

	情境因素分析				情境影响程度分析				
	用户情境 CC	环境情境 EC	产品情境 PC	任务情境 TC	敏感因素编号	影响功能敏感情境因素	出现的可能性	可能后果	影响程度级别
侦察	CC1 CC2 CC4 CC5	EC1 EC2 EC3 EC4 EC5 EC6 EC7 EC8 EC9 EC10	PC1 PC2 PC4 PC5 PC6 PC7 PC8 PC9	TC1 TC3 TC4 TC5 TC6	1 2 3 4 5 6 7 8 9 10	EC3 EC4 EC5 EC6 EC7 EC8 EC9 EC10 TC3 TC6	E B A D E E D D E E	PE1 PE2 PE3 PE9 PE4 PE5 PE6 PE7 PE8 PE9	b a c b c c b a c b
抓捕	CC1 CC2 CC3 CC6	EC1 EC2 EC3 EC6 EC7 EC8 EC9 EC10	PC1 PC2 PC3 PC4 PC5 PC6 PC7 PC8 PC9 PC12	TC1 TC3 TC4 TC5 TC6 TC7 TC8 TC9 TC10 TC11 TC12 TC13 TC14	11 12 13 14 15 16 17 18 19 20 21 22 23 24 25 26 27	CC3 EC2 EC3 EC4 EC6 EC7 EC8 EC9 EC10 TC5 TC8 TC9 TC10 TC11 TC12 TC13 TC14	C E C D C A E D D C C A E E C E E	PE10 PE21 PE11 PE10 PE13 PE4 PE5 PE6 PE7 PE12 PE13 PE14 PE15 PE2 PE22 PE15 PE23	c b c c b c b b a c b c d b d d b
带载（含调整位姿）	CC1 CC2 CC3 CC6	EC1 EC3 EC4 EC5 EC7 EC8 EC9 EC10	PC1 PC2 PC4 PC5 PC6 PC7 PC8 PC9 PC12	TC1 TC3 TC4 TC5 TC8 TC9 TC13 TC14	28 29 30 31 32 33 34 35 36 37 38 39	EC3 EC4 EC7 EC8 EC9 EC10 TC5 TC8 TC9-1 TC9-2 TC13 TC14	C D A E D D A A A A E E	PE15 PE11 PE4 PE5 PE6 PE7 PE18 PE16 PE10 PE17 PE24 PE24	d d c b b a b a d d b b

（续）

	情境因素分析				情境影响程度分析				
	用户情境 CC	环境情境 EC	产品情境 PC	任务情境 TC	敏感因素编号	影响功能敏感情境因素	出现的可能性	可能后果	影响程度级别
对接拆卸固定	CC2 CC3 CC4 CC5 CC6 CC7	EC1 EC3 EC4 EC6 EC7 EC8 EC9 EC10	PC1 PC2 PC4 PC5 PC6 PC7 PC8 PC9 PC10 PC11 PC12	TC2 TC3 TC4 TC5 TC7 TC8 TC9 TC14	40 41 42 43 44 45 46 47 48 49 50 51 52 53	CC3 EC3 EC4 EC7 EC8 EC9 EC10 TC3 TC4 TC5 TC7 TC8 TC9 TC14	C C D A E D D E D A A B C E	PE19 PE15 PE11 PE4 PE5 PE6 PE7 PE8 PE8 PE20 PE20 PE8 PE8 PE25	a d d c b b a a a d d a a b

根据情境因素发生的可能性和对功能的影响程度进行排序，可通过图 2.6 所示的敏感性分布图来表示情境因素对功能的影响。图 2.6 中右上角所示区域表示对主要功能产生不利的影响，包括软接触机构多自由度设置和分配、卫星基座本体与软接触机构的协同控制、碰撞瞬间的能量传递和转化机理、碰撞后系统质心的变化对控制的影响，以及软接触机构可靠性设计因素等，这些均为软接触

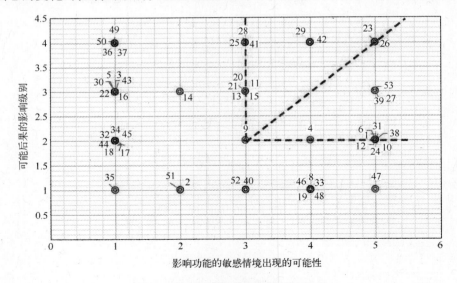

图 2.6　需求情境因素的敏感性分布

技术应用设计中的核心问题。因此,与之相对应的情境需求要素应该在系统设计过程中予以重点考虑。

需求情境因素敏感性分析的主要结论是:在抓捕空间目标过程中,空间目标一定会与软接触机构末端发生接触碰撞,动量守恒使得抓捕机构整体的动量和质心发生变化,若无碰撞动量缓冲与控制装置,将导致对软接触机构卫星基座本体控制系统产生严重干扰。因此,软接触机构与其本体之间的协同动量控制策略设计显得非常重要。

2.2.3　软接触行为分解及约束条件分析

按照空间操控任务需求,在轨软接触机构的操作动作可分为侦察、抓捕、带载运动及对指定目标的对接、固定、拆卸和装配等,为了更加清晰地描述在轨软接触机构在捕获空间目标过程中的状态和特点,对具体任务的典型动作进行分解描述。

2.2.3.1　空间目标接触前行为分析

在太空失重环境中,在轨软接触机构的运动将对卫星基座产生影响,故软接触机构应具有缓冲装置或能量卸载装置,以减小对卫星基座的影响,如图 2.7 所示。

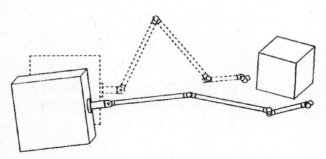

图 2.7　软接触机构运动对卫星基座的影响

按照软接触机构运动的距离分类,软接触行为可以分为中远距离和近距离运动。通常,近距离运动会给软接触机构带来较大影响,如空间目标的不规则外形、天线等都可能成为软接触机构操控运动过程中的障碍,操控距离短、运动时间快通常会对卫星基座产生较大的干扰动量。

当软接触机构距离空间目标较远时,通常软接触机构运动范围较大、运动时间较长,产生的干扰动量相对较小,如图 2.8(a)所示。当软接触机构距空间目标较近时,受工作空间限制,如空间目标形状不规则或有突出的障碍物(太阳能电池板、通信天线等),对软接触机构的躲避避障和操控灵活度也会有更高的要求,如图 2.8(b)、图 2.8(c)所示。

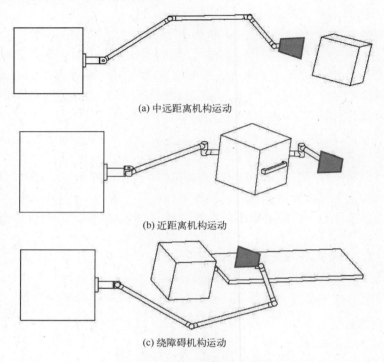

(a) 中远距离机构运动

(b) 近距离机构运动

(c) 绕障碍机构运动

图 2.8　典型机构动作示意图

2.2.3.2　空间目标接触瞬间行为分析

在软接触机构末端与目标卫星发生接触碰撞瞬间,由于动量守恒,碰撞动量会通过软接触机构传到卫星基座本体,对卫星基座控制系统产生影响。因此,软接触机构需要利用碰撞动量缓冲和卸载装置实现干扰量最小化,如图 2.9 所示。

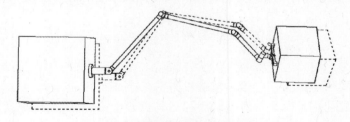

图 2.9　碰撞瞬间对卫星基座本体的影响

按照空间目标的运动状态,软接触行为可分为无相对运动抓捕、仅受冲撞作用抓捕、仅受旋转作用抓捕、受目标卫星冲撞和旋转作用抓捕。目标卫星的不同运动状态对软接触机构抓捕要求不同,以下为四种抓捕操作的详细分析。

（1）无相对运动抓捕。当目标卫星与卫星基座本体保持相对静止时，软接触机构可直接伸出，利用末端的抓捕机构对准抓取点实施目标抓捕。由于软接触机构运动，需要软接触机构与卫星基座本体协同控制，保持稳定，如图 2.10(a)所示。

（2）仅受直线冲撞作用抓捕。当空间目标以一定速度相对卫星基座本体运动时，软接触机构需要及时调整位置和姿态，使末端抓捕机构对准抓取点。此外，还需软接触机构具有轴向缓冲和能量卸载装置，消耗接触后目标卫星的残余动量，如图 2.10(b)所示。

（3）仅受旋转作用抓捕。当空间目标以一定速度旋转，且与卫星基座本体保持相对位置静止时，软接触机构上还应具有角动方向的缓冲和能量卸载装置，如图 2.10(c)所示。

（4）受空间目标直线冲撞和旋转作用抓捕。此种情况对失效卫星或空间碎片极为常见，对软接触机构的捕获要求也极高。除了上述的需求，对其灵活性、稳定性要求更高，如图 2.10(d)所示。

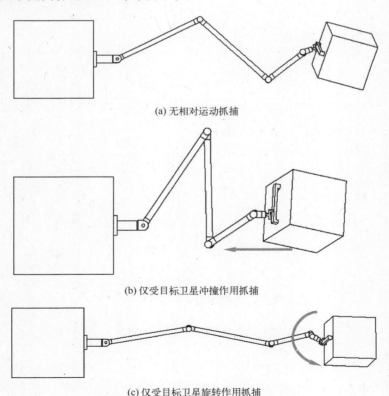

(a) 无相对运动抓捕

(b) 仅受目标卫星冲撞作用抓捕

(c) 仅受目标卫星旋转作用抓捕

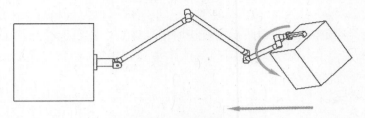

(d) 受目标卫星冲撞和旋转作用抓捕

图 2.10　抓捕任务典型状态动作示意图

2.2.3.3　空间目标接触后行为分析

按照带载时目标卫星的相对位置,软接触行为可分为软接触机构不收起带载和软接触机构收起带载。

软接触机构不收起带载:当抓捕过程完成后,通过软接触机构对目标卫星进行带载。在该模式下,大系统质心将远离卫星基座本体,卫星基座控制系统参数需要重置,软接触机构应具有与卫星基座本体一体协同控制能力和较强的带载稳定控制能力,如图 2.11(a)所示。

软接触机构收起带载:在软接触机构收起过程中,需要缓冲和能量卸载装置。收起后,系统质心靠近卫星基座本体,控制系统需要调整,如图 2.11(b)所

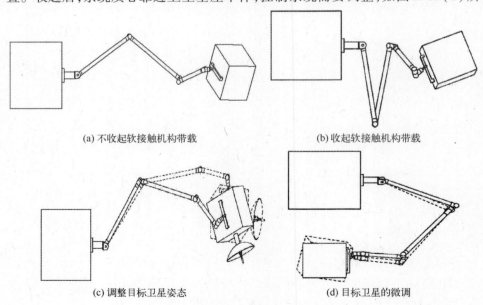

(a) 不收起软接触机构带载　　　　　　　(b) 收起软接触机构带载

(c) 调整目标卫星姿态　　　　　　　(d) 目标卫星的微调

图 2.11　带载任务典型状态动作示意图

示。通常还存在软接触机构带载实施空间目标位姿调整操控需求,此模式需要软接触机构与卫星基座实施精确协同控制,执行时间相对较长,如图 2.11(c)、图 2.11(d)所示。

2.2.3.4　软接触机构行为约束综合分析

根据软接触机构典型工作状态,可分析出软接触机构各种行为较为重要的约束指标,用于指导软接触机构技术概念研究。在概念方案阶段提出了 14 项约束指标,针对不同的工作状态约束指标进行评价,如表 2.9 所列。在侦察任务中,灵活度、控制复杂度和规避障碍等能力是需要重点考虑的约束指标。在抓捕任务中,稳定性和协同控制则是主要的约束指标。在带载任务中,稳定性、控制复杂程度和规避障碍能力等则是主要约束指标。

表 2.9　不同任务状态约束性指标评价

行为	工作状态图号	灵活度	控制复杂度	稳定性	协同控制	缓冲性能要求	能量卸载要求	软接触机构力量	覆盖目标区域	运动幅度	能源消耗	使用频率	执行时间	失败率	躲障碍能力
侦察	2.9(a)	1	1	2	2	0	1	0	1	0	1	0	3	1	2
	2.9(b)	2	2	2	2	0	1	0	2	2	1	0	3	1	2
	2.9(c)	3	3	2	2	0	1	0	3	3	1	0	3	2	3
抓捕	2.10(a)	1	1	3	3	0	0	1	1	1	1	1	1	1	2
	2.10(b)	2	2	3	3	1	1	2	2	2	2	2	2	2	2
	2.10(c)	2	2	3	3	1	1	2	2	2	2	2	2	2	2
	2.10(d)	3	3	3	3	3	3	3	3	3	3	3	3	3	3
带载	2.11(a)	0	3	0	3	0	0	1	0	1	0	1	3	1	2
	2.11(b)	1	3	1	3	1	1	2	1	2	1	2	3	1	2
	2.11(c)	2	1	3	3	1	1	2	1	2	1	1	1	1	3
	2.11(d)	2	1	3	3	1	1	2	1	2	1	1	1	1	3
任务评级说明:约束指标对不同工作状态的要求由高到低分别为 3、2、1、0															

2.2.4　软接触技术特性分析与综合评价

根据敏感需求情境因素和典型工作状态时的强约束性指标,应用质量功能展开方法对需求、系统技术特征,以及技术先进性等进行综合评价,所得到结果如表 2.10 所列。下面对该表的各个部分进行解释说明。

表2.10 需求评价和技术先进性评价表

◎正相关　●逆相关

技术需求（最终产品特性）顾客需求	重要等级	接触前路径规划功能	控制策略	控制程序	机械臂节点数量	单节臂节长度	基座和臂杆协同控制	操作者臂机协同控制	润滑系统	能源供给系统	抗干扰系统	机械臂材料	照明系统或红外系统	传感器数量	传感器精度	自动故障控制系统	缓冲控制系统	能量存储及转化系统	位姿调整	电动机功率及数量	机械臂自由度	机械臂效率	识别系统（雷达）	机械臂传动系统	接触路径规划系统	SRMS	CANADARM	ETS-VII	目标设计系统
操作简单	5	7	9	9	3	3	9	9													7			3	7	3	3	4	4
控制精确、稳定	5	7	9	7	9	9	7	9									7		9	9	7	5	3	9	7	4	3	4	4
机械臂灵活性高	5	9	7	5	9	9	7	9	9								9		9	9	9		9	9	5	4	4	5	5
工作空间大	5	3	5	5	7	7	3	5										7	7	7	5			5	5	2	3	3	3
能降低振动冲击	3				5	3	1	5	9			5				1	9			3	9	1		3	9	4	4	3	3
机械臂承载能力强	4	9	9	5	7	9	3	9			9	9	9	9			7	9	7	7	7	9			7	4	4	4	4
人机交互方便	4	5			9					9	9		9	9		9		9	7		9				9	5	5	4	3
系统稳定性好 防干扰能力强	4	3	9	9	3	3		5		5	9	9	9		7	9	5	9	3	3	3		9	5	9	4	4	4	3
能适应低温工作环境	4								1	9	9	9													7	2	3	4	4
维修方便	3				7	7			5			1		7	7	9	5		5	5	5					2	3	2	3
抓捕瞬间对机械臂及卫星本体影响最小	5				3	3	3	9							5		9		3	3	3			5	9	3	3	3	4
容易发现故障	3			5									7	9		9			9	9	5	1	9	7	5	3	4	2	4
机械臂位姿的稳定	5	5	9		3	5		9				1			5				9	5	3			7	9	4	4	2	4
可有效识别、标定障碍物	4	7									9		7	7	5			9					9	4	7	4	4	3	4
理想技术特征评分累计值		241	198	151	253	199	270	311	88	54	92	117	106	63	104	93	306	126	310	88	288	55	54	178	275				
SRMS		3	3	4	4	3	4	3	3	5	4	5	4	5	7	3	5	3	4	9	4	4	3	4	4	0.65	0.62	0.68	0.76
CANADARM		4	4	4	4	4	4	4	5	5	5	5	4	4	4	4	4	3	4	9	3	4	3	4	2	0.70			
ETS-VII		4	4	4	4	4	4	4	5	5	5	5	4	4	4	4	4	3	4	9	3	4	3	4	5	0.69			
目标设计系统		4	4	4	4	4	4	4	5	5	5	5	4	4	4	4	4	3	4	9	3	4	3	4	5	0.80			
重要程度T_d		241	198	151	253	199	270	311	88	54	92	117	106	63	104	93	306	126	310	88	288	55	54	178	275				
相对重要程度		7.0%	5.8%	4.4%	7.4%	5.8%	7.9%	9.1%	1.0%	1.6%	2.7%	3.4%	3.1%	1.8%	2.4%	2.7%	8.9%	3.7%	9.0%	2.6%	8.4%	1.6%	1.6%	5.2%	8.0%				
重要程度排序参数		57	45	32	56	46	57	68	21	18	23	29	28	18	26	28	69	32	69	23	65	15	13	43	63				

需求评估：技术竞争能力估计值 T_i

技术评估

2.2.4.1　需求和系统特征的对应关系确定

需求分析的主要任务是得到与需求相对应的系统特性,并且通过子系统或模块体现出来,系统特性本质上就是抽象需求在工程领域的具象表达,并表现为系统的结构和性能。以软接触机构灵活度需求为例,它由软接触机构的自由度及分布、关节数、单节臂杆的尺寸等共同决定。碰撞缓冲控制需求可以通过缓冲控制、能量存储及转化子系统来实现。以此方法可将全部需求转化为相对应的产品特性。同时,就某一个需求而言,可能会有多个产品特性与之相对应。如要满足"控制精确稳定"这个需求,需要考虑的系统特性有多个,包括控制策略、控制程序、软接触机构的自由度、操作者与软接触机构协同控制、润滑系统等。当出现同一个需求对应多个系统特性的情况时,就会出现同一个系统特性对应多个不同的需求的情况。

需求与系统特性之间的关系可以用关系矩阵来描述,需求与产品特性之间的匹配关系按照强弱用从 9 到 1 之间的奇数来表示,1、3、5、7、9 这 5 个关系逐级增强。如果需求与系统特性没有关系时则不作任何记录。例如:软接触机构灵活性高这个需求,与它有关系的产品特性包括控制策略、控制程序、软接触机构节点数、软接触机构自由度、润滑系统、机械效率等。其中:软接触机构自由度与灵活性属于强相关,用 9 表示;与机械效率属于中等关系,用 5 表示;与目标识别系统之间的关系较弱,用 3 表示;与能源系统没有关系,不作任何记录。当所有需求与所有产品特性都逐一分析之后,便形成了需求与系统特性之间的关系矩阵。

2.2.4.2　系统特征间的相关性分析

系统特征是按照需求提出来的,以此所提出的系统特性之间还可能存在着某一关系,此部分可用"正相关"与"负相关"描述。"正相关"表示两个产品特性之间是相互增强的关系,"负相关"则表示产品特性之间是削弱关系。例如,在轨软接触机构的节点数量与软接触机构的单节臂杆长度两个产品特性之间就是负相关的关系。在软接触机构总长度一定的情况下,节点数越多,单节臂杆的长度越短;软接触机构自由度与软接触机构节点数两个产品特性之间是正相关的关系,即节点数量越多,自由度越多。以此类推。通过此评价方法,可以得到系统相关的"相关性矩阵"。

2.2.4.3　需求综合符合程度评估

将系统设计目标与各项需求要素进行匹配程度评价,用 1~5 进行打分,5分代表完全符合该需求。将每套设计方案对各项需求指标进行加权评价后,进行归一化处理得到其需求综合符合程度值,该值大小反映了设计方案的竞争力大小。分值最高的即为系统设计目标。

2.2.4.4 技术先进性评估

在技术评估环节,每一项技术特性与相应需求的加权累加和即为系统设计目标的单项技术参数评分,即关系等级与优先等级乘积之和。加权累加和大小体现出了所对应技术特征的重要程度高低,如缓冲控制系统的累计权重306,占总权重8.9%,故它是所有技术特性中最重要的。

如果所设计的技术方案完全满足各个单项技术参数,则为最理想的方案,实际上,各个设计方案受制于设计资源,通常只能部分满足。按照满足的程度用1~5进行打分,5分代表完全符合。

第3章 在轨软接触技术机理

在轨软接触技术概念的核心思想是使空间碰撞能量柔性可控,而对该技术机理的研究则需要结合具体在轨操作任务需求及其关键要素展开全面论证。

3.1 软接触技术机理要素框架建立

首先,在轨软接触机构需要具备基本的路径规划能力,可以精确地将末端执行器从初始位姿规划到期望位姿,这就需要机构在路径规划的过程中,具备类似于传统空间多体系统的刚性特征;其次,在轨软接触机构需要解决与空间目标接触碰撞时的脉冲式传递问题,将脉冲式传递转化为谐波式传递方式,在接触过程中对碰撞动量进行缓冲和卸载,使接触过程柔顺化,解决两类卫星接触过程中带来的能量冲击和扰动问题,实现两星平稳接触。对在轨软接触机构的机理要素分析如表3.1所列。

表3.1　在轨软接触机构的机理要素分析

能力需求领域	能力需求研究范畴	机 理 要 素
空间目标接触前软接触机构能力	在轨软接触机构路径规划能力	工作空间
		灵活度
		控制复杂度
空间目标接触瞬间软接触机构能力	在轨软接触机构缓冲控制能力	减少干扰动量
		协同控制能力
空间目标接触稳定后软接触机构能力	在轨软接触机构携带空间目标的路径规划能力	工作空间
		灵活度
		控制复杂度

如表3.1所列,在轨软接触机构执行在轨服务任务应具备三个基本能力:①空间目标接触前的路径规划能力;②空间目标接触瞬间的缓冲控制能力;③空间目标接触稳定后的带载路径规划能力。归纳来说,①和③属于路径规划的研究范畴,②属于碰撞动量缓冲控制的研究范畴。在轨软接触机构在进行路径规

划过程中：首先，需要具备一定的工作空间能力，能够保证软接触机构对目标卫星的六个表面进行保障操作；其次，需要具备一定的灵活度能力，能够保证软接触机构以多种构型对目标卫星进行操作，以满足某些在轨服务任务对软接触机构特定构型的需求；最后，在轨软接触机构路径规划过程应具有较低的控制复杂度，以保证控制过程的稳定性。当在轨软接触机构与目标卫星发生接触后：首先需要将脉冲式动量传递方式转化为谐波式动量传递方式，减少卫星平台受到的干扰动量；其次需要具备一定的协同控制能力，保证卫星平台受到的干扰动量可以限制在姿控系统的工作范围之内。

根据表 3.1 中分析的在轨软接触机构两类能力需求：首先，对于路径规划需求中的工作空间、灵活度等关键能力，深入开展支撑上述能力要素的在轨软接触机构臂杆与传动单元模型的研究；其次，对于空间目标接触过程中的缓冲控制能力的需求，深入开展软接触柔性阻尼单元模型的研究。因此，所建立的软接触机构概念模型要素框架必须包含臂杆的概念模型、刚性传动单元、柔性阻尼单元等关键要素模型，其基本要素框架如图 3.1 所示。

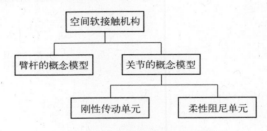

图 3.1　在轨软接触机理要素框架

3.2　软接触技术机理要素的联合求解

对 3.1 节中的软接触机理要素工作空间、灵活度、控制复杂度以及协同控制等四个要素联合求交，即可获得软接触机构机理综合技术要素。

3.2.1　并行联合求解方法

以空间操控的特征参数为基础，归纳出在轨软接触机构长度、灵活度、控制复杂度以及对卫星基座本体干扰最小耦合动量的四个关键机理要素，对四个机理要素交集的求解，既可以通过并行方式（或权重平均方式）联合进行，也可以通过串行方式进行。并行联合求解的思路和方法如图 3.2 所示。

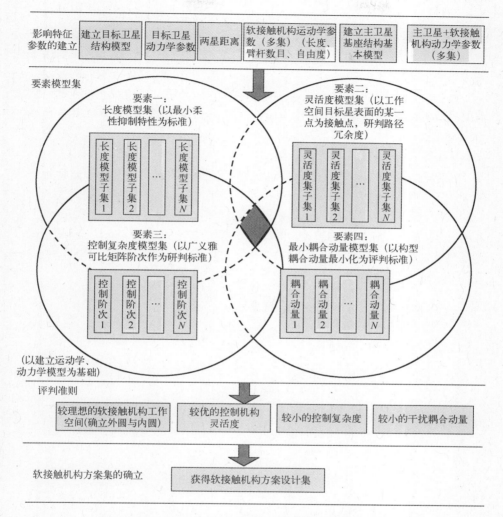

图 3.2　基于并行方法的软接触机理要素联合求解关系

3.2.2　串行联合求解方法

串行求解的思路和方法如图 3.3 所示。首先,在建立在轨软接触的工作空间与机构长度模型集基础上,构建软接触机构的灵活度模型集;其次,在上述基础上,建立对应的以雅可比矩阵阶次为标准的控制复杂度模型集;最后,从上述三个机理要素集串行求解的模型集基础上,选取出对卫星基座本体干扰耦合量最小的模型集,即为串行的软接触机构机理要素串行求解最优解。

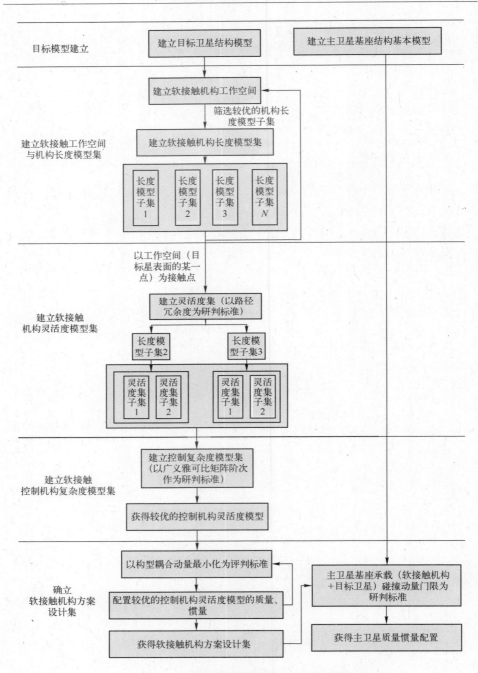

图 3.3 基于串行方法的软接触机理要素联合求解关系

3.3 软接触技术机理判别准则建立

针对在轨服务存在的维修保障需求,以故障星作为在轨接触的目标卫星开展在轨软接触机构约束参数的设计研究。需要建立机构运动路径规划和接触动量控制两个基本设计准则。

3.3.1 机构运动路径规划准则

影响在轨软接触机构路径规划的机理要素主要有:工作空间、灵活度和控制复杂度,如表 3.2 所列。其中,臂杆概念模型主要决定工作空间和灵活度,对其产生约束的参数主要有:臂杆尺寸、关节数和关节自由度。而刚性传动单元与控制的复杂度紧密相关,主要约束参数有臂杆关节数和关节自由度等。由表 3.2 中可知,上述三个机理要素之间存在紧密的约束耦合关系,即约束参数越大,臂杆的工作空间和灵活度特性越好,但控制复杂度就会呈现非线性增长。因此,必须考虑软接触机构的综合特性,以确定适合的约束参数。

表 3.2 机构路径规划设计准则

能力需求	概念模型	机理要素	设 计 准 则	关键约束参数	各参数设计耦合关系
路径规划能力需求	臂杆概念模型	工作空间	以所操控的空间目标运动学参量特征为约束(主要包括目标卫星结构、大小尺寸、主卫星平台与目标卫星相对距离,期望的操控空间),建立从在轨软接触系统质心到软接触机构末端(软接触机构完全伸展状态下)为半径的工作空间,所设计臂杆概念模型的可达空间(可达边界的上下限)能够覆盖空间目标六个表面上的任意接触点	臂杆尺寸	↑
				臂杆关节数	↑
				关节的自由度	↑
		灵活度	以空间目标表面上任意接触点的半球形矢量空间开展在轨软接触机构可达路径冗余度分析,要求所设计的臂杆概念模型对于空间目标表面任意接触点具备较高的路径规划灵活度	臂杆尺寸	↑
				臂杆关节数	↑
				关节的自由度	↑
	关节概念模型(刚性传动单元)	路径规划控制复杂度	以臂杆关节数和关节自由度等特征参量所建立的路径规划广义雅可比矩阵阶次作为控制复杂度的衡量标准,所建立的软接触机构关节概念模型应该具有较低的控制复杂度	臂杆关节数	↓
				关节自由度	↓
备注	↑表示满足单项功能需求时,该设计参数的值越大越好;↓表示满足单项功能需求时,该设计参数的值越小越好				

3.3.2　接触动量控制准则

影响在轨软接触机构碰撞动量控制能力的机理要素主要有:以卫星平台受到的干扰动量,以及关节与卫星基座本体协同动量缓冲及卸载能力。同样,约束参数也存在一定的耦合关系。因此,必须考虑软接触机构的综合特性,以确定适合的约束参数,如表3.3所列。

综上所述,决定在轨软接触机构的路径规划和接触动量控制的多约束机理要素之间存在较复杂的耦合关系,必须综合平衡机构的各项能力指标来确定适合的约束要素。

表 3.3　接触动量控制设计准则

能力需求	概念模型	机理要素	设　计　准　则	关键约束参数		各参数设计耦合关系
接触动量控制	关节概念模型(柔性阻尼单元)	减少干扰动量	以空间目标动力学参量特征(主要包括空间目标的质量、惯量、线动量、角动量等)和主卫星动力学参量特征(主要包括主卫星基座质量、惯量,软接触机构质量、惯量)为约束,以主卫星平台所能够承载目标卫星碰撞动量区间(线碰撞动量区间、角碰撞动量区间)为基准,所设计的关节概念模型中的柔性阻尼单元,能够减少卫星平台受到的空间目标所产生的线、角耦合碰撞动量	可控阻尼的类型	三轴正交旋转阻尼系统	↑
					直线阻尼系统	↑
				可控阻尼的分布与数量	臂杆关节数	↑
					关节自由度	↑
		协同控制能力	以实现干扰动量由脉冲式传递向谐波式可控传递的转换为约束能力,所设计的多类型、多节点柔性可控阻尼系统能够实现协同动量缓冲与控制。协同控制系统应具备较适中的控制复杂度	非线性系统控制模型的输入/输出信号种类	三轴正交旋转阻尼系统	↓
					直线阻尼系统	↓
				非线性系统控制模型的输入/输出信号数目	臂杆关节数	↓
					关节自由度	↓
备注		(↑表示满足单项功能需求时,该设计参数的值越大越好;↓表示满足单项功能需求时,该设计参数的值越小越好)				

3.4　软接触技术机理仿真验证与评价

3.4.1　路径规划仿真验证

以单关节概念模型为例,验证在轨软接触机构路径规划的机理功能。将在轨软接触机构的三维概念机理模型导入动力学软件中进行仿真分析,则技术概念示意图如图3.4所示。

图3.4　在轨软接触机构的关节传动过程

由图3.4可知,齿轮传动机构在电动机驱动下,通过连杆轴带动臂杆可完成某个平面空间大范围的刚性运动。同样,驱动另一个正交电动机,同样会产生类似正交空间的运动,这里不再赘述。

图3.5给出了单关节概念模型的路径规划效果。由图3.5可知,由于所设计的关节角最大转动范围为 −100°∼100°,故所规划的路径为一个大圆弧,同样,对另一个正交电动机施加驱动力矩,会产生类似运动。

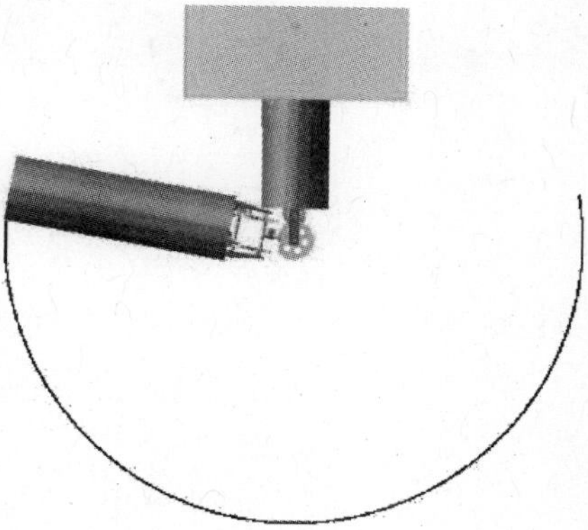

图3.5　单关节概念模型的路径规划效果示意图

3.4.2　动量控制仿真验证

以单关节概念模型为例,在动力学分析软件中分别对轴向和三个角动方向(旋转方向)动量缓冲控制机理功能进行仿真验证,并与刚性碰撞情况下在轨软接触机构进行比对分析。

3.4.2.1 直线柔性阻尼单元

利用动力学仿真软件,分别对刚性模式和柔性模式下的空间目标接触碰撞进行技术机理验证,所获得的轴线方向直线柔性阻尼单元碰撞动量缓冲控制效果如图 3.6 所示。

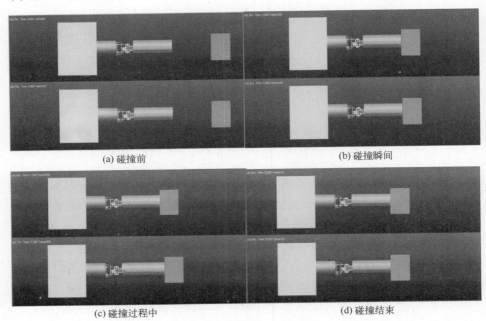

(a) 碰撞前   (b) 碰撞瞬间

(c) 碰撞过程中   (d) 碰撞结束

图 3.6 沿轴向方向碰撞的两种模式比对

在图 3.6 中,图 3.6(a)中分别为刚性模式(上方)和柔性模式(下方)时的在轨软接触机构,刚性模式与柔性模式的区别在于,刚性机理模型中的关节没有采用柔性动量可控阻尼单元。给空间目标施加轴向的碰撞加速度,图 3.6(b)中显示为空间目标撞上软接触机构末端的瞬间。由图 3.6(c)碰撞动量缓冲过程可知,在直线阻尼器的缓冲作用下,柔性关节外壳和内壁之间发生相对运动,说明其中的弹性元件和阻尼元件起到了缓冲碰撞力的作用。

对卫星平台质心处受到的轴线方向的线加速度变化进行分析,结果如图 3.7 所示。

从图 3.7 中可以看出,虚线为刚性模式下卫星基座本体所受干扰量的变化曲线,该曲线在 5.0s 时峰值达到 -0.324m/s^2,实线表示柔性模式下直线阻尼器的线加速度变化曲线,该曲线表示软接触机构末端在受到碰撞后,将脉冲式动量曲线转化为谐波式振荡曲线,其峰值为 -0.0508m/s^2,在大约 17s 后曲线收敛为

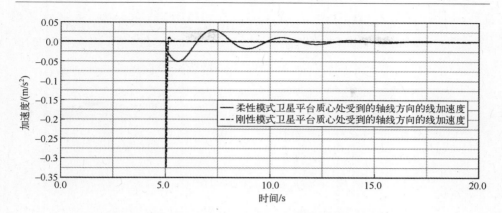

图 3.7   卫星基座质心处沿轴向方向的线加速度变化曲线

零。说明柔性模式下直线阻尼器可以起到轴向方向的缓冲碰撞作用。

3.4.2.2   旋转柔性阻尼单元

利用动力学仿真软件,分别对刚性模式和柔性模式下的空间目标接触碰撞进行技术机理验证,所获得的绕轴向方向旋转阻尼器动量缓冲效果如图 3.8 所示。

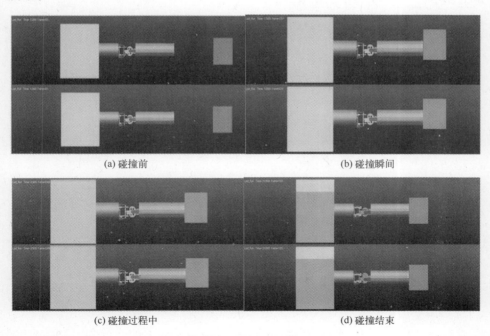

(a) 碰撞前   (b) 碰撞瞬间

(c) 碰撞过程中   (d) 碰撞结束

图 3.8   绕轴向碰撞的两种模式比对

与图3.6分析类似,给空间目标施加轴向方向的线加速度和绕轴向方向旋转的角加速度,分别对两种模式机构的末端进行碰撞仿真分析。两种模式下卫星基座本体质心绕Z方向的角加速度曲线如图3.9所示。

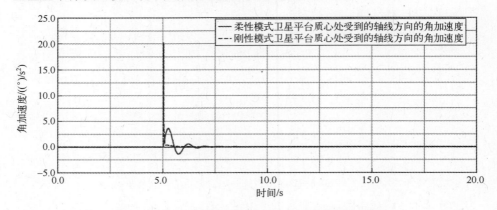

图3.9 卫星基座本体质心绕Z方向的角加速度曲线

由图3.9可知,由于空间目标自身带有角加速度,在5.0s时与软接触机构末端执行器发生碰撞,对卫星基座本体质心处产生绕轴向方向的力矩。在刚性模式下,其力矩表现为脉冲式响应,峰值达到20.1m/s^2。在柔性模式下,由于旋转阻尼器的缓冲作用,将脉冲式动量曲线转化为谐波振荡曲线,其峰值为3.2m/s^2,并在7.1s时曲线收敛为零,说明旋转阻尼器起到了绕轴向方向的缓冲作用。

为了验证俯仰(偏摆)方向旋转阻尼器的缓冲机理,在动力学分析软件中进行仿真验证,结果如图3.10所示。

由于该旋转阻尼器主要是为了控制缓冲俯仰方向(或偏摆方向)的碰撞力矩,这里仅对其俯仰方向的动量缓冲效果进行分析。设空间目标对软接触机构末端执行器进行斜线式接触碰撞,两种模式对卫星基座本体产生的干扰角动量特性参数如图3.11所示。图3.11所示为卫星基座本体质心绕X方向的角加速度曲线。

在图3.11中,在刚性模式下(未采用旋转阻尼器),其干扰加速度表现为脉冲式响应,卫星基座本体受到的干扰峰值达到61.2m/s^2。在柔性模式下(采用旋转阻尼器),卫星基座本体受到的干扰加速度为谐波式响应,其峰值为7.6m/s^2,并在16s后将曲线收敛为零。说明旋转阻尼器很好地缓冲了绕X方向的碰撞力矩,可以达到预期目的。

(a) 碰撞前　　　　　　　　　　　　　　　　　　(b) 碰撞瞬间

(c) 碰撞过程中　　　　　　　　　　　　　　　　(d) 碰撞结束

图 3.10　绕俯仰方向碰撞的两种模式比对图

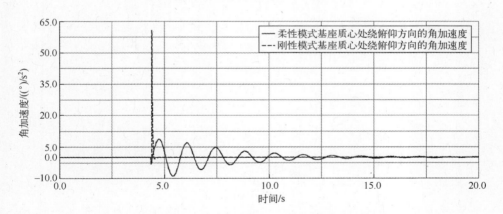

图 3.11　卫星基座本体质心绕 X 方向的角加速度曲线

第4章 在轨软接触机理模型
参数的定义与求解

在轨软接触技术机理模型的构建是在基于串联型多杆机构的基础上,通过在各传动关节内设计合理的柔性可控阻尼单元实现的。因此,确立串联型多杆机构的模型参数是设计在轨软接触机理模型的基本环节。

4.1 工作空间求解

根据表3.2、表3.3设计准则及关键约束参数之间的耦合关系,重点对软接触机构路径规划有关的工作空间、灵活度、控制复杂度等约束要素的参数进行定义。从表3.23中可以看出,动量缓冲控制功能涉及的约束参数包括可控阻尼的类型(角动量可控阻尼和线动量可控阻尼)及其相关参数的选择。对参数定义的基本原则考虑如下:①考虑到动量可控传递复杂度伴随可控阻尼的类型与数目的增长成非对称的大幅增加,难以适用于未来工程应用;②通过对单关节动量可控机理仿真验证可知,每关节中只要具备三个正交角动(旋转)阻尼系统和一个线动(直线)阻尼单元,即能够满足对多维碰撞动量的可控传递能力的要求。因此,对该约束参数的优化这里将不再探讨。

4.1.1 构型模型求解

在轨软接触机构与传统的在轨硬接触机构类似,也是由关节、臂杆和卫星平台组成。假定在轨航天器处于自由漂浮模式下,在轨软接触机构每个关节都是正交关节,且分别具有俯仰和偏摆两个方向的自由度,其运动学参数的表述如图4.1所示。

图4.1中:$\sum_I$为惯性坐标系;C_g为整个系统的质心,C_0为基座的质心,C_i为每个连杆的质心;r_i为每个连杆质心在惯性坐标系中的位置矢量,r_0为基座质心的位置矢量,r_n为第n个连杆质心的位置矢量;a_i为从J_i指向C_i的位置矢量;b_i为从C_i指向J_{i+1}的位置矢量,b_0为卫星基座本体质心到关节1的位置矢量;p_i为J_i的位置矢量,p_e为软接触机构末端的位置矢量;ρ_i为第i个连杆质心在系统质心坐标系中的位置矢量,ρ_0为基座质心与系统质心的相对位置矢量,ρ_n为第n个连杆质心与系统质心的相对位置矢量。

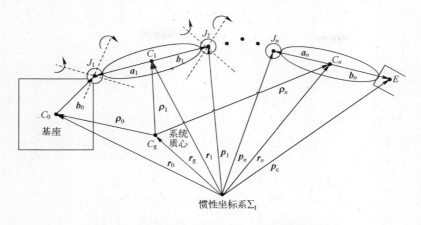

图 4.1 在轨软接触机构的运动学参数描述

为了便于正交关节的运动学解算,将在轨软接触关节看成由两个单自由度的关节与一个长度为 0 的虚拟连杆连接而成,如图 4.2 所示。

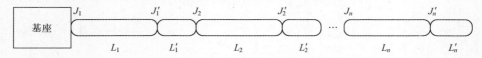

图 4.2 软接触机构的等价模型

图 4.2 中,J_i 和 J_i' 分别表示俯仰和偏摆方向的单自由度关节;L_i 表示第 i 个连杆,L_i' 表示长度为 0 的连杆。通过臂杆虚拟等价,可以将具有 n 个连杆($2n$ 个自由度)的软接触机构等价为 $2n$ 个连杆($2n$ 个自由度)的传统空间机械臂并对其进行运动学特性分析。根据线动量和角动量守恒定律建立的关节角速度、末端执行器线速度及角速度的广义雅可比矩阵为

$$\begin{bmatrix} v_e \\ \omega_e \end{bmatrix} = \boldsymbol{J}^* \dot{\boldsymbol{q}} \tag{4.1}$$

式中:v_e、ω_e 分别为惯性系下的在轨软接触机构末端的线速度和角速度;$\dot{\boldsymbol{q}} = [\dot{q}_1, \dot{q}_2, \cdots, \dot{q}_n]$,为各关节的角速度;$\boldsymbol{J}^*$ 为广义雅可比矩阵,其表达式为

$$\boldsymbol{J}^* = \begin{bmatrix} -J_{11} D^{-1} D_q + J_{12} \\ -D^{-1} D_q + J_{22} \end{bmatrix} \tag{4.2}$$

式中:J_{11}、J_{12}、J_{22}、D、D_q 的详细计算方法可参考文献[15]。

4.1.2 工作空间定义

根据目前国内外学者的相关研究可知:空间机械臂的工作空间是一个以系

49

统质心为圆点、一定长度为半径的圆球。其工作空间的半径长度为

$$R = \| \sum_{i=0}^{N} v'_{iN} \| \tag{4.3}$$

式(4.3)中，v'_{iN}的详细计算方法参照文献[2]。式(4.3)仅为空间机械臂的几何可达工作空间，对式(4.2)分析可知，在轨软接触机构运动学方程的广义雅可比矩阵不仅与几何参数有关，而且与系统的动力学参数(质量、转动惯量等)有关，因此需要对广义雅可比矩阵的动力学奇异性进行分析。在轨软接触机构的广义雅可比矩阵奇异的条件为

$$\det \boldsymbol{J}^* = 0 \tag{4.4}$$

将式(4.2)代入式(4.4)进行求解，求解结果的集合为超曲面$Q_{s,i}$，$Q_{s,i}$是动力学奇异点对应关节空间中关节点的集合。对每个超曲面分析可知，关节点的集合为一个球壳，其对应的最小半径和最大半径分别为

$$\begin{cases} R_{\min,i} = \min_{q \in Q_{s,i}} R(q) \\ R_{\max,i} = \max_{q \in Q_{s,i}} R(q) \end{cases} \tag{4.5}$$

式中:$q = [q_1, q_2, \cdots, q_n]$，为各关节的角度。将关节空间中的奇异解映射到任务空间中，可以得到系统的路径相关工作空间(Path Dependent Workspace, PDW)，在系统可达工作空间范围内，除去路径相关工作空间，即可得到路径无关的工作空间(Path Independent Workspace, PIW)。而对于在轨软接触机构路径规划而言，应使其在PIW中进行工作，避免在PDW中工作。三种工作空间的具体关系如图4.3所示。

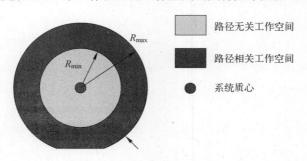

图4.3　三种工作空间的具体关系

4.1.3　工作空间分析

为了避免动力学奇异性造成的工作空间影响，最为有效的方法就是在不增加软接触机构连杆数目的条件下，增加机构关节的自由度，以提高自身的冗余度，从而增加PIW。在轨软接触机构每个关节都具有两个自由度，可以在连杆数

目较少的情况下,明显提高自身的运动学冗余度,并增加 PIW。

对四连杆在轨软接触机构路径无关工作空间进行仿真分析,其运动学参数设计如表 4.1 所列。假设每个关节的取值范围为 $[0, \pi/2]$,卫星基座姿态的三个欧拉角范围为 $[0, 2\pi]$,这里采用蒙特卡洛法取 100000 个随机点,可计算出由随机点构成的自由漂浮模式下"云图",结果如图 4.4 所示。由图 4.4 可以看出,四连杆在轨软接触机构的路径无关工作空间具有最大值,等同于其自身的可达工作空间,这主要是由于四连杆在轨软接触机构具有八个方向的自由度,其广义雅可比矩阵为 8×8,具有较好的运动学冗余度,不存在广义雅可比矩阵的奇异点,则没有路径相关工作空间,可实现路径无关工作空间的最大化。典型三连杆 6 个方向自由度的空间机械臂,其矩阵为 6×6,存在奇异点,则其 PIW 较小。因此在轨软接触机构可以在连杆数目较小的情况下,实现工作空间的最大化。

表 4.1　平台、软接触机构结构参数

结 构 组 件	质量/kg	参　　数	长度/m
卫星平台	600	b_0	0.8
连杆 1	15	a_1	0.375
		b_1	0.375
连杆 2	15	a_2	0.375
		b_2	0.375
连杆 3	15	a_3	0.375
		b_3	0.375
连杆 4	15	a_4	0.375
		b_4	0.375

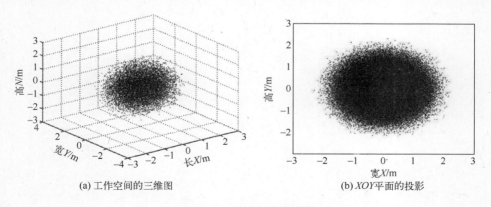

(a) 工作空间的三维图　　　　　　　(b) XOY 平面的投影

图 4.4　工作空间仿真结果

4.2　灵活度求解

4.2.1　机构灵活度定义

为了定量描述工作空间中任意点的灵活度,以在轨软接触机构的末端执行器空间矢量为可参考,以末端执行器的中心位置 T 为球心,以距末端执行器单位长度 1 为半径构建一个球形空间,如图 4.5 所示。定义所有可达点的区域为服务区,服务区的面积与整个球冠面积的比值为此工作空间点的灵活度。

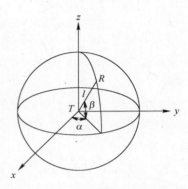

图 4.5　末端执行器姿态空间示意图

由图 4.5 可知,末端执行器工作空间点的姿态可通过 α 角和 β 角这两个参数来描述,若 T 点固定不变, α 角取值范围 $[0,2\pi]$, β 角取值范围 $[0,\pi]$,末端执行器的腕部 R 点即覆盖整个球冠。因此,在轨软接触机构的灵活度可定量描述为

$$I = \frac{\sum\limits_{m=1}^{a} \sum\limits_{n=1}^{b} I(\alpha,\beta)}{\sum\limits_{m=1}^{a} \sum\limits_{n=1}^{b} 1} \tag{4.6}$$

式中: a 为 β 角不变的空间点数量; b 为保持 α 角不变的空间点数量; $I(\alpha,\beta)$ 定义为

$$I(\alpha,\beta) = \begin{cases} 1 & \text{表征工作空间点可达} \\ 0 & \text{表征工作空间点不可达} \end{cases} \tag{4.7}$$

对四连杆的在轨软接触机构灵活度进行仿真分析,其运动学参数设计参照表 4.1。

4.2.2　机构末端 T 点的灵活度分析

对目标卫星六个面分别进行 1~6 编号,目标卫星为正立方体,边长为 0.8m,质量为 100kg,如图 4.6 所示。

以目标卫星上表面(表面编号 1)为例,为了避免在轨软接触机构触碰目标卫星其他表面,定义 α 角取值范围是 $[0,2\pi]$, β 角取值范围是 $[0,\pi/2]$,长度 l 取连杆 4 的长度。目标卫星基座本体坐标系原点 O' 设在卫星体几何中心,上表

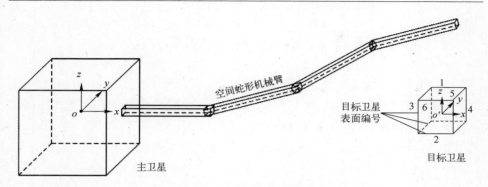

图 4.6　四连杆的在轨软接触机构

面点的取值范围是:$x \in [-0.4, 0.4]$,$y \in [-0.4, 0.4]$,$z = 0.4$,对上表面进行蒙特卡洛方法的随机取点。考虑到计算精度和效率,这里取 1000 个点进行分析,计算结果如表 4.2 所列。

表 4.2　目标卫星各个表面的灵活度值

表　面	分布点的取值范围	灵活度均值	灵活度极值
表面 1	$x \in [-0.4, 0.4]$,$y \in [-0.4, 0.4]$,$z = 0.4$	0.8201	[0.376　41]
表面 2	$x \in [2.3, 3.1]$,$y \in [-0.4, 0.4]$,$z = -0.4$	0.8154	[0.334　61]
表面 3	$x = -0.4$,$y \in [-0.4, 0.4]$,$z \in [-0.4, 0.4]$	1	1
表面 4	$x = 0.4$,$y \in [-0.4, 0.4]$,$z \in [-0.4, 0.4]$	0	[0　0]
表面 5	$x \in [-0.4, 0.4]$,$y = 0.4$,$z \in [-0.4, 0.4]$	0.8346	[0.359　41]
表面 6	$x \in [-0.4, 0.4]$,$y = -0.4$,$z \in [-0.4, 0.4]$	0.8005	[0.307　91]

　　从表 4.2 可以看出,六个表面的灵活度极值和均值都不存在零值的情况,这就说明所设计的在轨软接触机构对目标卫星的六个表面在轨操作具有较大的灵活性。仿真结果还表明:表面 1、2、5、6 的灵活度均值和极值相差较小,这主要是由在轨软接触机构俯仰和偏摆方向的对称性造成;表面 3 的灵活度均值和极值均为 1,说明对于操控较近表面上的任意点,在轨软接触机构在所设定灵活空间中具备任意矢量方向的操控能力;表面 4 为目标卫星的背面,灵活度最小,离操控表面距离较远,影响机构的操控冗余度。综上分析可知,四连杆的在轨软接触机构可以对目标卫星的六个表面进行操作,同时灵活度较高。

4.3 控制复杂度求解与分析

在轨软接触机构的路径规划主要与运动学广义雅可比矩阵密切相关,为了定量地分析路径规划过程的控制复杂度,以广义雅可比矩阵的阶次作为控制复杂度的期望函数。四臂杆的在轨软接触机构的广义雅可比矩阵为 8×8,则控制复杂度可看作为 8×8。

4.4 软接触机理模型约束参数求解

4.4.1 机理模型约束参数方程建立

传统空间多体系统的关节通常优先选择仅具有一个自由度的关节作为臂杆的连接方式,在轨软接触机构的每个关节都具有俯仰和偏摆两个方向的自由度,为了解决其在俯仰和偏摆方向的耦合作用,将这种关节看成由两个单自由度的关节与一个长度为 0 的连杆连接而成,如图 4.7 所示。

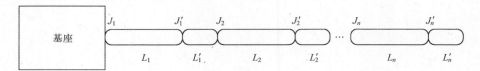

图 4.7 在轨软接触机构的等价模型

图 4.7 是一个 $2n$ 连杆的在轨软接触机构。J_i 和 J_i' 均为单自由度关节,分别负责俯仰和偏转方向;L_i 即为机械臂连杆的长度,L_i' 为虚拟连杆,长度为 0。

为了确保软接触机构末端执行器在空间中具有一定的实际操作能力,工程经验表明,操作机构通常不少于六个自由度。因为在轨软接触机构具有俯仰、偏摆两个方向的自由度,所以要求臂杆数目不少于三个。

在对三臂杆的软接触机构进行构型设计前,做如下假设:卫星平台、臂杆1、臂杆2 和臂杆3 的质心位置在一条直线上,且都在臂杆的中心位置。则可知系统质心也在这条直线上,将惯性坐标系建在卫星基座质心处,如图 4.8 所示。为了保证目标卫星在机构的工作空间覆盖范围之内,以当前空间交会对接的测量距离为前提,同时保证软接触机构的末端执行器可以灵活地对目标卫星进行抓捕,对三臂杆在轨软接触机构的初始臂杆长度进行分析计算。

对于三臂杆的软接触机构而言,虚拟连杆矢量为

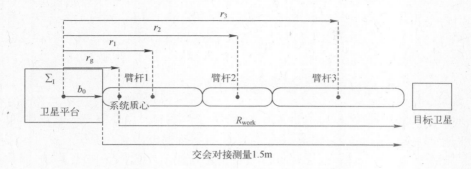

图 4.8　三臂杆软接触机构的初始构型分析

$$
\begin{cases}
\hat{\boldsymbol{b}}_0 = \dfrac{m_0}{M}\boldsymbol{b}_0 \\[2mm]
\hat{\boldsymbol{b}}_1 = \dfrac{m_0 + m_1}{M}\boldsymbol{b}_1 \\[2mm]
\hat{\boldsymbol{b}}_2 = \dfrac{m_0 + m_1 + m_2}{M}\boldsymbol{b}_2 \\[2mm]
\hat{\boldsymbol{b}}_3 = \dfrac{m_0 + m_1 + m_2 + m_3}{M}\boldsymbol{b}_3 = \boldsymbol{b}_3 \\[2mm]
\hat{\boldsymbol{a}}_1 = \dfrac{m_0}{M}\boldsymbol{a}_1 \\[2mm]
\hat{\boldsymbol{a}}_2 = \dfrac{m_0 + m_1}{M}\boldsymbol{a}_2 \\[2mm]
\hat{\boldsymbol{a}}_3 = \dfrac{m_0 + m_1 + m_2}{M}\boldsymbol{a}_3
\end{cases}
\tag{4.8}
$$

根据在轨软接触机构工作空间的计算方法可知,在自由漂浮模式下,三臂杆软接触机构的工作空间为:以 $\boldsymbol{r}_g$ 为圆点, $R_{\text{work}} = \sum\limits_{i=0}^{n}(\hat{\boldsymbol{a}}_i + \hat{\boldsymbol{b}}_i)$ 为半径的圆球。为保证目标卫星在在轨软接触机构的工作空间范围内,从图 4.5 中可知,需要的初始条件为

$$
r_g + R_{\text{work}} > 1.5 + b_0 \tag{4.9}
$$

因此,根据式(4.9)来确定三臂杆软接触机构的总长度。在分析之前,需设定机构的各臂杆长度和质量相等参数,则式(4.9)可以变化为

$$
\frac{m_1(3b_0 + 4.5l)}{M} + \frac{m_0(b_0 + 3l) + 4.5m_1 l}{M} > 1.5 + b_0 \tag{4.10}
$$

代入 m_0、m_1、b_0,即

$$
l > 0.5 \tag{4.11}
$$

　　则可得出,三臂杆软接触机构的总长度至少需要 1.5m。但为了保证软接触机构可以对目标卫星的六个表面进行接触操作,并在满足软接触机构的刚度要求下,软接触机构的总长度取 2m、3m 和 4m,分别对每种长度进行分析。

4.4.2　机理模型约束参数综合求解

　　为了简化问题的研究,参照美国轨道快车空间机械臂及其卫星平台、空间目标的质量参数和比例约束关系(为了保证在轨软接触机构及其卫星平台可以完成对目标卫星的在轨操作,通常臂杆与卫星平台的质量比例关系为 1/10,而空间目标与卫星平台的质量比例关系为 1/6),则所构建的在轨软接触机构及卫星平台各特征参数有如下关系:空间目标质量为 100kg,主卫星平台质量为 600kg,软接触机构各臂杆的总质量和为 60kg。以三臂杆总长度为 2m 的在轨软接触机构为例进行分析,其运动学参数如表 4.3 所列。为了方便说明,对目标卫星的六个面进行编号,如图 4.9 所示,分别对其进行工作空间和灵活度分析。

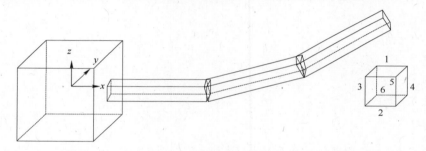

图 4.9　三臂杆在轨软接触机构在轨操作目标卫星示意图

表 4.3　卫星平台、软接触机构、目标卫星的结构参数

参　　数	质量/kg	参　　数	长度/m
卫星平台	600	b_0	0.8
臂杆 1	20	a_1	0.33
		b_1	0.33
臂杆 2	20	a_2	0.33
		b_2	0.33
臂杆 3	20	a_3	0.33
		b_3	0.33
目标卫星	100	d	0.4

1. 工作空间分析

　　结合表 4.3 以及式(4.8)对三臂杆在轨软接触机构工作空间计算如下:

$$\begin{cases}
\hat{\boldsymbol{b}}_0 = \dfrac{m_0}{M}\boldsymbol{b}_0 = \dfrac{600}{660}0.8 = 0.7273 \\[3mm]
\hat{\boldsymbol{b}}_1 = \dfrac{m_0 + m_1}{M}\boldsymbol{b}_1 = \dfrac{620}{660}0.33 = 0.31 \\[3mm]
\hat{\boldsymbol{b}}_2 = \dfrac{m_0 + m_1 + m_2}{M}\boldsymbol{b}_2 = \dfrac{640}{660}0.33 = 0.32 \\[3mm]
\hat{\boldsymbol{b}}_3 = \dfrac{m_0 + m_1 + m_2 + m_3}{M}\boldsymbol{b}_3 = \boldsymbol{b}_3 = 0.33 \\[3mm]
\hat{\boldsymbol{a}}_1 = \dfrac{m_0}{M}\boldsymbol{a}_1 = \dfrac{600}{660}0.33 = 0.3 \\[3mm]
\hat{\boldsymbol{a}}_2 = \dfrac{m_0 + m_1}{M}\boldsymbol{a}_2 = \dfrac{620}{660}0.33 = 0.31 \\[3mm]
\hat{\boldsymbol{a}}_3 = \dfrac{m_0 + m_1 + m_2}{M}\boldsymbol{a}_3 = \dfrac{640}{660}0.33 = 0.32
\end{cases} \tag{4.12}$$

系统的质心距离卫星平台质心的位置为

$$r_g = \frac{m_1(3b_0 + 4.5l)}{M} = 0.1627 \tag{4.13}$$

则此构型的工作空间为:以系统质心为圆心,2.6173m 为半径的实心球。采用蒙特卡洛方法进行求解,如图 4.10 所示。

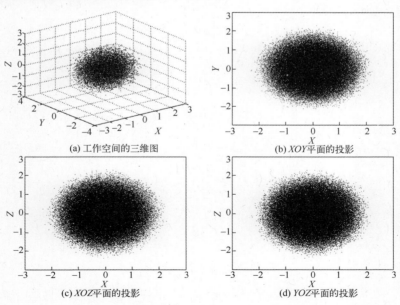

(a) 工作空间的三维图

(b) XOY平面的投影

(c) XOZ平面的投影

(d) YOZ平面的投影

图 4.10　三臂杆在轨软接触机构的工作空间

2. 灵活度分析

为了可以更准确地说明该机械臂灵活度特性,仅对目标卫星六个表面上的分布点进行分析。以目标卫星的上表面为例,为了避免软接触机构触碰到目标卫星,定义 α 角取值范围是 $[0,2\pi]$,β 角取值范围是 $[0,\pi/2]$,长度 l 取臂杆 3 的长度,上表面点的取值范围是: $x \in [2.3,3.1]$,$y \in [-0.4,0.4]$,$z = 0.4$,对上表面进行蒙特卡洛方法的随机取点,考虑到计算精度和效率,这里取 1000 个点进行计算。以目标卫星表面 1 为例,结果如图 4.11(a)所示。对目标卫星的其他表面进行类似计算,结果如图 4.11(b)~(f)所示。

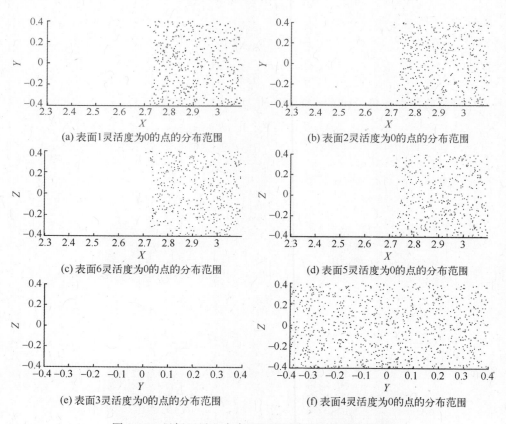

(a) 表面1灵活度为0的点的分布范围

(b) 表面2灵活度为0的点的分布范围

(c) 表面6灵活度为0的点的分布范围

(d) 表面5灵活度为0的点的分布范围

(e) 表面3灵活度为0的点的分布范围

(f) 表面4灵活度为0的点的分布范围

图 4.11　目标卫星六个表面上灵活度为 0 的分布范围

对目标卫星的每个表面进行量化计算,可得到每个面的灵活度均值以及灵活度极值,结果如表 4.4 所列。

表 4.4　三臂杆在轨软接触机构的灵活度计算结果

	点的取值范围	灵活度均值	灵活度极值
表面 1	$x \in [2.3, 3.1], y \in [-0.4, 0.4], z = 0.4$	0.0363	$[0\ 0.1521]$
表面 2	$x \in [2.3, 3.1], y \in [-0.4, 0.4], z = -0.4$	0.0352	$[0\ 0.1528]$
表面 3	$x = 2.3, y \in [-0.4, 0.4], z \in [-0.4, 0.4]$	0.6915	$[0.6467\ 0.7368]$
表面 4	$x = 3.1, y \in [-0.4, 0.4], z \in [-0.4, 0.4]$	0	0
表面 5	$x \in [2.3, 3.1], y = 0.4, z \in [-0.4, 0.4]$	0.0355	$[0\ 0.1514]$
表面 6	$x \in [2.3, 3.1], y = -0.4, z \in [-0.4, 0.4]$	0.0337	$[0\ 0.1536]$

从图 4.11 可知,表面 1、2、5、6 灵活度零值的分布均在目标卫星表面的右半区域,对于表面 4,其上的任何一点都无法到达,而对于表面 3,其上任何一点都可到达,是目标卫星六个表面中灵活度最高的一个表面。从表 4.4 中可知,表面 1、2、5、6 灵活度的定量分析几乎相同,因此下面的灵活度分析仅以表面 1、3、4 为研究对象。

控制复杂度分析:在轨软接触机构的路径规划主要与运动学广义雅可比矩阵密切相关,为了定量地分析路径规划过程的控制复杂度,以广义雅可比矩阵的阶次作为控制复杂度的期望函数。三臂杆的在轨软接触机构广义雅可比矩阵为 6×6,故控制复杂度可看 6×6。

4.4.3　机理模型参数的优化与确立

参照 4.4.2 节研究,对在轨软接触机构的其他参数进行计算,并综合分析结果如表 4.5 所列。

表 4.5　不同长度、臂杆数的软接触机构运动学特性比对分析

总长度/m	工作空间（半径）/m	臂杆数	控制复杂度	表面编号	灵活度 均值	灵活度 极值
2	2.6364	3 臂杆	6×6	1	0.0363	$[0\ 0.1521]$
				3	0.6915	$[0.6467\ 0.7368]$
				4	0	$[0\ 0]$
		4 臂杆	8×8	1	0.0596	$[0\ 0.2632]$
				3	0.8722	$[0.8147\ 0.9092]$
				4	0	$[0\ 0]$
		5 臂杆	10×10	1	0.0984	$[0\ 0.3958]$
				3	0.9842	$[0.9329\ 1]$
				4	0	$[0\ 0]$

（续）

总长度/m	工作空间（半径）/m	臂杆数	控制复杂度	表面编号	灵活度 均值	灵活度 极值
3	3.5909	3 臂杆	6×6	1	0.3214	[0.1514 0.6215]
				3	1	[0.9935 1]
				4	0	[0 0]
		4 臂杆	8×8	1	0.6121	[0.2502 0.9546]
				3	1	[1 1]
				4	0	[0 0]
		5 臂杆	10×10	1	0.8201	[0.3764 1]
				3	1	[1 1]
				4	0.0525	[0.0397 0.0707]
4	4.5455	3 臂杆	6×6	1	0.6585	[0.3893 0.8709]
				3	1	[1 1]
				4	0.0475	[0.0418 0.0534]
		4 臂杆	8×8	1	0.9576	[0.8003 1]
				3	1	[1 1]
				4	0.4704	[0.3764 0.4211]
		5 臂杆	10×10	1	1	[1 1]
				3	1	[1 1]
				4	1	[1 1]

从表4.5中可以得出以下结论:在轨软接触机构总长度和总质量一定的情况下,其工作空间的半径保持不变,但由于三臂杆在轨软接触机构存在动力学奇异性,其路径无关工作空间相对较小;总长度为4m时,在轨软接触机构的路径无关工作空间最大,而五臂杆的机构灵活度最好,对目标卫星的六个表面都可以进行灵活接触操作,但由于其总长度较长,刚度特性最差;总长度为3m五臂杆软接触机构的工作空间可以覆盖目标卫星,而且可以对目标卫星的六个表面都进行接触操作,其刚度特性居中,但控制复杂度较高。综上所述,当对机构的刚度要求较高时,可以选择3m的五臂杆机构;而要求机构的控制复杂度较低时,可以选择4m的四臂杆;对机构的灵活度要求较高时,可以选择4m的五臂杆机构。

第 5 章　在轨软接触机理模型设计

5.1　柔性可控阻尼模型设计

空间目标碰撞动量可通过柔性可控阻尼单元来加以控制和卸载。用于在轨软接触机构的关节柔性可控阻尼单元需要具备低功耗、结构简单、可控性好、体积小等特点,传统的柔性单元,多采用弹簧、吸振材料等器件,难以满足要求。磁流变液是一种具有高效可控性的智能材料,由基于磁流变液的磁流变可控阻尼器和弹簧共同组成的柔性组件,可满足软接触机构关节的设计要求。

5.1.1　磁流变特性分析

磁流变液主要由磁性颗粒组成,其流变特性可由外加磁场控制。磁流变液的流变特性是可逆的,在无外加磁场作用下,其表现为普通流体的黏度,在外加磁场的作用下其能够在几毫秒时间内由牛顿流体状态转变为黏度大的液体、类固态甚至固态,当外加磁场变为 0 时,其又恢复为牛顿流体状态。根据此特性,磁流变液主要有三种基本工作模式:流动模式、剪切模式、挤压模式,各模式的工作状态如图 5.1 所示。

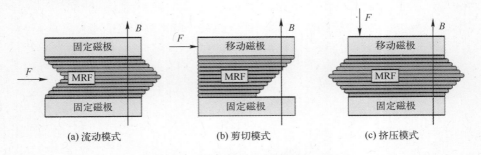

(a) 流动模式　　　　(b) 剪切模式　　　　(c) 挤压模式

图 5.1　磁流变液的工作状态示意图

磁流变液主要应用于土木建筑、车辆、机械等工程领域,基于磁流变液的磁流变阻尼器,与传统柔性单元相比具有高效性、结构简单等特点,逐渐成为工程领域应用热点。磁流变阻尼器根据结构和运动形式分为线动式和角动式,线动式磁流变阻尼器的研究已经较为成熟,并在众多工程领域广泛应用,典型的线动式磁流变阻尼器如图 5.2(a)所示。该结构中,磁流变液密封于活塞与外壳之间,线圈缠绕在活塞上,对线圈加载电流后,产生的电磁场分布在磁流变液区域,进而使磁流变液的流体特性发生转变,通过控制加载电流大小可实现对磁流变阻尼器的阻尼力控制。角动式磁流变阻尼的典型结构如图 5.2(b)所示。该结构中,磁流变液密封于外壳中,对线圈加载电流后,产生的电磁场分布在磁流变液区域,进

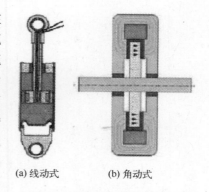

(a) 线动式　　　　(b) 角动式

图 5.2　典型线动式和角动式磁流变阻尼器构型图

而使磁流变液的流体特性发生转变,阻尼盘转动时,与外壳之间产生一定阻尼力矩,可控制加载电流大小来实现对转轴的阻尼力矩控制。因此,可利用磁流变阻尼器作为在轨软接触机构关节中的柔性单元,从而减小冲击振动载荷,吸收撞击动能。

5.1.2　柔性可控阻尼设计

针对空间操作任务要求,在轨软接触机构关节柔性可控阻尼的实现需在基本传动驱动结构基础上,加入阻尼缓冲器件、离合器件和转换机构,柔性可控阻尼设计原理如图 5.3 和图 5.4 所示。基于磁流变液的磁流变阻尼器可通过自身特殊的流变特性,对关节施加可控的阻尼力和力矩;弹簧(或气缸)能够作为能量缓存装置,对关节冲击进行缓冲。由于磁流变液在没有外加磁场时是一般的牛顿流体状态,只有微小的、恒定的黏滞阻尼力,而对关节的柔性影响,可通过在轨软接触机构动力学控制策略进行处理。弹簧与传动机构之间可设置可控的离合装置,如离合器、制动器等,实现对传动机构的运动隔离。

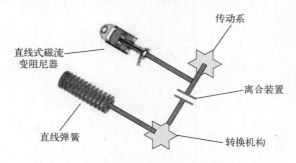

图 5.3　线动柔性可控阻尼缓冲原理示意图

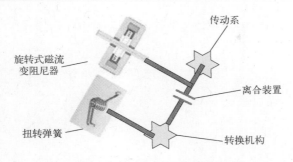

图 5.4 角动性可控阻尼缓冲原理示意图

5.2 基于仿生学的软接触机理模型设计

5.2.1 仿生学设计基本思想

针对在轨软接触机构的工作空间、灵活度等功能需求,在仿生学研究的基础上,对在轨软接触机构的机理模型开展了研究。

日本东京工业大学的 Shigeo Hirose 在 1972 年完成了世界上第一台仿生学臂杆结构,并提出了"蛇形曲线"来模拟生物蛇的运动。之后又开发了 ACM(Acitve Cord Mechanism)系列样机,其中 ACM – R3 由单关节模块正交连接而成,模块周围设有直径较大的被动轮,实现了直接单元驱动。它不但能完成平面蜿蜒运动,还能够完成螺旋运动等各种空间运动形式,如图 5.5(a)所示。之后又开发了水陆两栖仿生学机器人 ACM – R5,其可在水中实现自由螺旋游动,如图 5.5(b)所示。

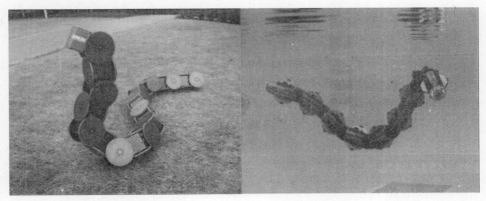

(a) 仿生学机器人ACM–R3   (b) 两栖仿生学机器人ACM–R5

图 5.5 ACM 系列仿生学机器人

美国航空航天局和德国国家实验室也进行了仿生学机器人的研制工作,如图5.6所示。

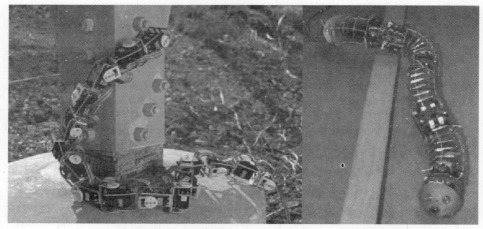

(a) NASA研制的仿生学机器人　　　　　　(b) 仿生学机器人GMD

图5.6　仿生学机器人构型

国内上海交通大学和中国科学院沈阳自动化所(沈自所)研制的仿生学机器人如图5.7所示。

(a) 上海交通大学研制的仿生学机器人　　　　(b) 沈自所研制的仿生学机器人

图5.7　国内研究的仿生学机器人

通过对仿生学机器人机构分析可知,仿生学机器人机构设计的最大特点是臂杆采用短尺寸多正交臂杆的连接方式,进而实现较大的工作空间和灵活度。仿生学机器人连接示意图及工作空间如图5.8所示。

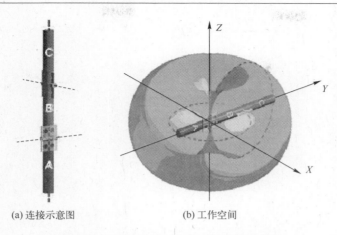

(a) 连接示意图   (b) 工作空间

图 5.8   正交连接及相应的工作空间示意图

5.2.2   仿生学设计的借鉴与不足

针对在轨软接触机构空间操控的特殊需求,现有仿生学臂杆设计有值得借鉴的地方,但也存在诸多的不足,并不能完全满足在轨软接触机构设计需求。对可借鉴的设计和存在的不足分析如表 5.1 所列。

表 5.1   仿生学机构设计的借鉴和存在的不足

功能设计需求			设计定位与思路		启 发
			现有仿生学机构模型设计	在轨软接触机构机理模型设计	
路径规划	臂杆模型	工作空间灵活度	采用短尺寸的多正交臂杆设计,具有较大的运动灵活度,基于仿生学控制原理,具有较大的路径规划空间和较低的控制复杂度	在轨软接触机构安装于空间卫星平台,其路径规划需要考虑到对卫星平台的影响,因此,不仅要考虑末端执行器规划到指定的矢量位姿,而且要考虑卫星平台的位姿	可借鉴之处:在多正交臂杆级联设计,以及较为灵活的两正交自由度关节设计上可借鉴 不足之处:在空间路径规划控制方法上,由于在轨软接触机构路径规划要考虑到卫星平台姿态控制的稳定需求,基于仿生学控制原理已经完全不适用,需要考虑新的适用于在轨软接触机构的路径规划方法
	关节模型	复杂度			
动量传递	关节模型	干扰动量控制	关节间的动量脉冲式直接传递	脉冲式动量转化为谐波式可控动量传递	可借鉴之处:无。 不足之处:现有的支撑路径规划的关节传动单元,其动量传递方式为脉冲式,不能转化为谐波式传递方式,需要考虑新的适用于在轨软接触机构的关节机理模型

5.2.3　基于仿生学的臂杆模型设计

对表 5.1 中的分析可知,基于仿生学臂杆的设计思想,对在轨软接触机构的臂杆机理模型进行设计,臂杆采用短尺寸的多正交臂杆设计方案,其机理模型如图 5.9 所示。

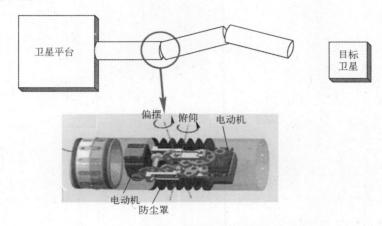

图 5.9　基于仿生学的软接触机构臂杆机理模型

从图 5.9 可知,在轨软接触机构臂杆机理模型的每个关节具有两个方向自由度,分别为俯仰和偏摆两个方向,通过两个自由度组合可实现较大工作空间和灵活度的功能需求。

5.2.4　基于仿生学的关节模型设计

由表 5.1 可知,关节机理模型设计既要在灵活度、工作空间、复杂度等方面满足路径规划需求,又要具备减少卫星平台受到干扰动量的能力,并可通过一定的协同控制,将脉冲式传递转化为谐波式传递,满足干扰动量控制需求。因此,关节机理模型设计必须包含两大功能模块:刚性传动单元和柔性可控阻尼单元。对其进行三维建模设计,所形成的在轨软接触机构关节机理模型如图 5.10 所示。

关节机理模型设计分析:由三部分组成,主要包括基体一、基体二,以及连接两基体的 Z 角动柔性可控阻尼组件。两基体皆为方壳体,支架装配在两基体之上,驱动传动机构和柔性可控阻尼单元安装在支架上,连杆通过轴承也安装于支架之上。两基体上的主轴垂直交叉,主轴和支架在中间位置与基体一、连杆一、Z 角动柔性可控阻尼单元、连杆二、基体二形成顺序串联结构。

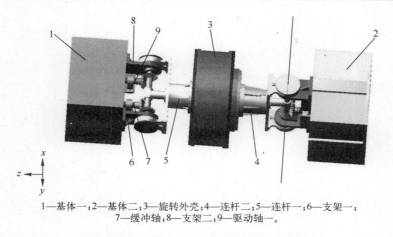

1—基体一；2—基体二；3—旋转外壳；4—连杆二；5—连杆一；6—支架一；
7—缓冲轴；8—支架二；9—驱动轴一。

图 5.10　基于仿生学的软接触机构关节机理模型

　　支架上装有驱动传动机构、控制电路、柔性可控阻尼单元、传感器等。在传动机构设计上，电动机驱动轴带动锥齿轮，使连杆与柔性可控角动阻尼单元、另一连杆和另一基体转动。由于两基体上的转动轴为十字交叉状态，故整个机构实现了两基体之间的两自由度转动。

5.2.4.1　刚性传动单元设计

　　由现有空间系统分析可知，空间刚性传动关节机构一般具有如下特点：关节一般采用行星减速器作为减速机构，驱动一般采用直流无刷电动机。关节内部具有感知功能，如位置感知、力矩感知、温度感知以及电流感知等。总线结构一般采用实时串行通信，以减少关节内部走线的数量。关节设计通常采用机电一体化和中心孔走线方式。

　　在轨软接触机构的刚性传动单元采用电动机作为驱动，考虑到空间环境的复杂性，减速机构采用行星齿轮减速机构。通过齿轮间的相互啮合运动，带动基体与交叉轴之间的相互连动，进而实现两臂杆之间的相互转动，完成俯仰（X 方向）或偏航（Y 方向）动作。刚性传动单元的组成如图 5.11 所示。

　　在三维建模软件中对其进行建模，所设计的机理模型如图 5.12 所示。

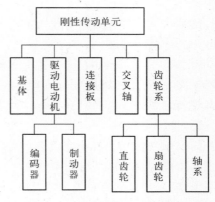

图 5.11　刚性传动机构的组成框图

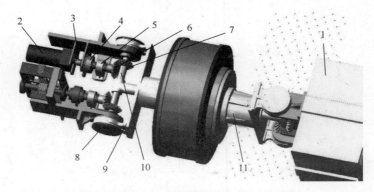

1—基体二；2—电动机；3—支架一；4—制动器；5—轴承一；6—锥齿轮一；7—锥齿轮二；
8—支架轴承端盖；9—连杆一；10—主轴；11—连杆二。

图 5.12　刚性驱动传动机构机理模型

刚性传动机理模型设计分析：驱动传动系统由驱动电动机、联轴器、制动器、锥齿轮等串联组成，电动机带动锥齿轮实现串联驱动。电动机、制动器、轴承固结于支架，主轴两端为位置传感器和力矩传感器，两台传感器分别安装于支架上。齿轮传动使支架和连杆之间实现相互连动，从而使单关节实现了单自由度转动。两基体采用相同驱动传动机构，进而实现整个关节两个自由度运动。

5.2.4.2　柔性可控阻尼单元设计

在对表 5.1 分析的基础上，柔性可控阻尼单元设计应基于以下三个基本约束：

【约束一】　柔性可控阻尼单元建立于刚性传动单元基础之上，不能约束刚性传动单元自身的功能。同时还必须具有柔性特点，因此必须考虑柔性单元的配置设计。

【约束二】　为了缓冲和卸载碰撞动量，柔性可控阻尼单元应具备六个自由度方向的动量卸载能力。

【约束三】　柔性可控阻尼单元产生的阻尼力应可控，以确保在受到空间目标接触碰撞后，柔性阻尼单元可实现碰撞动力的模态转变，即可将脉冲式碰撞动量转化为谐波式碰撞动量，使其约束于卫星平台控制能力之内。

针对以上三个基本约束条件，柔性可控阻尼单元的基本设计原则如下：

【设计原则一】　在每个柔性可控阻尼单元上安装离合器组件，以实现两种模式的切换。当软接触机构实施路径规划任务时，离合器断开，柔性可控阻尼单元不工作；当与目标卫星发生接触碰撞后，离合器闭合，柔性可控阻尼单元工作，对碰撞动量实施可控缓冲。

【设计原则二】　为实现软接触机构在六个自由度方向的缓冲卸载能力，需配置一个直线柔性可控阻尼单元和三个正交角动柔性可控阻尼单元来实现该功能。其中,直线柔性可控阻尼单元主要实施轴线方向上的动量缓冲;三个角动柔性可控阻尼单元分别实施绕三个正交轴线方向上的角动量缓冲。

【设计原则三】 为了使脉冲式动量传递方式转化为谐波式传递,柔性阻尼单元中应包括弹性元件和可控阻尼元件。为了实现阻尼力的可控和适应空间操作环境,借鉴月球探测器软着陆缓冲装置设计方法,基于磁流变阻尼器开展关节柔性可控阻尼单元设计。一方面可实现阻尼力控制的快速收敛;另一方面所设计的阻尼单元具有较好的空间环境适应性。

依据上述确立的三个设计原则,柔性可控阻尼单元具体设计如下:

(1)轴线方向线动柔性可控阻尼单元。为实现轴线方向的线动量缓冲,将一个基体分为两部分,连接两部分的组件由线动可控阻尼单元构成,进而由基体两部分滑动产生的动量将直接作用于线动可控阻尼单元。线动可控阻尼单元组成如图 5.13 所示。

在建模软件中对其进行三维建模,则线动可控阻尼单元机理模型如图 5.14 所示。

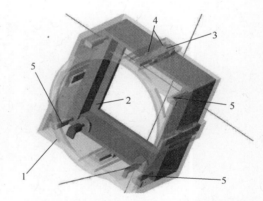

1—外壳;2—内壳;3—滑道;4—滑块;5—磁流变阻尼器。

图 5.13 线动柔性可控阻尼单元组成　　图 5.14 线动柔性可控阻尼机理模型

线动柔性可控阻尼机理模型设计分析:线动柔性可控阻尼组件包括内外壳、磁流变阻尼器、弹簧式缓冲器、滑轨和滑块。基体的内外壳之间相互嵌套,滑道固定在外壳上,滑块固定在内壳上,滑轨与滑块之间只能相对直线地滑动。其中,滑块是一种电磁直线制动器,可实现直线制动功能;与滑轨的接触通过滚珠,可减小块轨摩擦。磁流变阻尼器、线位置传感器和弹簧式缓冲器的导杆与内壳固连,器件固定在外壳上。受到线动量冲击时,线动量可由导杆传递到缓冲器和可控阻尼器,以实现柔性动量缓存功能。

（2）俯仰（偏摆）方向角动柔性可控阻尼单元。当关节受到目标卫星俯仰（偏摆）角方向冲击时，角动量将直接传递于主轴，此时可利用锥齿轮及其齿条机构，使角动量转化为线动量，将冲击动量传递到线动柔性可控阻尼单元。其组成结构如图 5.15 所示。

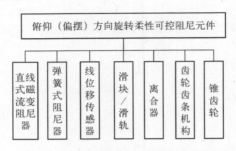

图 5.15　角动柔性可控阻尼单元组成

在建模软件中对其进行三维建模，则角动可控阻尼单元机理模型如图 5.16、图 5.17 所示。

1—锥齿轮；2—锥齿轮；3—轴承；4—离合器；5—弹簧式缓冲器；6—架体；7—直齿轮轴；8—磁流变阻尼器。

图 5.16　俯仰（偏摆）方向角动柔性可控阻尼机理模型

角动柔性可控阻尼机理模型设计分析：角动柔性可控阻尼单元由锥齿轮、轴承、离合器、线动阻尼单元、齿轮齿条机构、滑块滑轨机构、架体等组成。其中：锥齿轮、离合器、直齿轮轴向串联，齿轮齿条啮合；磁流变阻尼器固结在架体上，且其导杆安装于齿条运动方向中心位置，弹簧式缓冲器对称分布于齿条运动方向中心两侧；线位移传感器安装在缓冲器对侧；滑块滑轨分别与齿条架体固定，使齿条实现与架体间相对滑动。整个模型机理是将旋转的角动量通过离合器，使

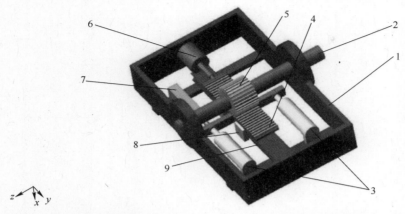

1—架体；2—轴；3—弹簧式缓冲器；4—齿条；5—齿轮；6—磁流变阻尼器；7—线位移传感器；8—滑块；9—滑轨。

图 5.17　角动柔性可控阻尼组件子结构模型

其传递至齿轮齿条的轴，通过齿轮齿条机构的转换，将旋转运动转换为直线运动，以实现对角方向动量的缓冲。

（3）轴线方向角动柔性可控阻尼单元。当关节受到目标卫星轴线方向的角动冲击时，角动量直接传递至关节一侧基体。通过在基体之间加入角动柔性可控阻尼单元，可实现对该角动方向动量的缓冲。其组成结构如图 5.18 所示。

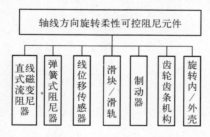

图 5.18　轴线方向角动柔性可控阻尼单元组成

轴线方向角动柔性可控阻尼单元设计分析：可控阻尼单元一端固结于内筒的端盖，一端固结于外筒上的端盖，内外筒通过轴承可实现相对转动。中心轴固结在内筒壁上，其轴承安装在架体上；制动器、架体与外筒固连；齿轮齿条机构、滑块滑轨、旋转柔性可控阻尼单元的安放与俯仰（偏摆）方向旋转柔性可控阻尼组件的安放类似。当轴线方向受旋转角动量冲击时，内筒端盖、内筒、轴三者固结，外筒、架体、制动器固结，制动器失效状态，内筒带动固结部件绕外筒及固结部件旋转，此时齿轮机构将此旋转运动转化为直线运动，使动量传递到柔性可控阻尼单元，如图 5.19 所示。

1—连杆；2—内筒；3—内筒端盖；4—外筒；5—外筒端盖；6—连杆；7—制动器。

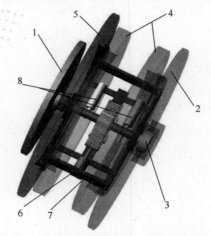

1—内筒端盖；2—外筒端盖；3—轴承；4—外筒；5—轴承端盖；6—磁流变阻尼器；7—架体；8—弹簧缓冲器。

图5.19　轴线方向角动柔性可控阻尼机理模型

5.3　基于一体化双关节的软接触机理模型设计

5.3.1　一体化双关节设计基本思想

德国 Powercube 机器人设计的模块化关节主要特点有:传动系统稳定可靠、效率高;具备多传感器集成感知能力(关节具有力矩感知、电动机位置霍耳感知、位置光电码器感知、极限位置霍耳限位开关感知和温度感知等多种感知能力);集成度高(在较小尺寸壳体内集成了众多组件);采用标准机械和电气接口;采用实时串行通信总线结构(关节采用 CAN 总线通信,便于模块化关节的电气连接与控制);性价比高(采用批量制造的标准化,系列化机器人模块组装,降低制造成本);互换性强,便于维修。

德国 Powercube 模块化关节的运动形式非常简单,主要为通过电动机转子驱动主轴,进而带动波发生器转动,经过减速后由刚轮输出,并带动力矩传感器和动块转动。德国 Powercube 模块化关节的柔性是针对路径规划而言,是特指谐波减速器的柔轮引入的柔性。

5.3.2 一体化双关节设计的不足与借鉴

与蛇形机器人关节类似,德国 Powercube 机器人模块化关节是为实现其具有灵活的平面和空间运动而设计的,具备较强的环境适应性,以及工作范围的可扩展性;德国 Powercube 机器人模块化关节与在轨软接触机构一体化关节设计思路的差异如表 5.2 所列。

表 5.2 德国 Powercube 模块化机器人关节与在轨软接触
机构一体化关节设计思路的差异

类 别	侧 重 点	应 用 领 域	设 计 思 路
德国 Powercube 机器人模块化关节	大空间路径可达	敏捷制造系统、实验室研究、军事、航天、核工业、极限环境中作业等领域	利用关节之间的相对转动,使机器人具有灵活的平面和空间运动
在轨软接触机构一体化关节	大空间路径可达;接触过程柔顺化,动量在关节处可控缓冲	在轨维修保障领域;在轨近距离目标侦察领域;空间碎片清除	在德国 Powercube 机器人模块化关节的基础上实现刚性关节功能;实现非合作目标的柔性接触与稳定控制

5.3.3 一体化双关节模型设计

一体化双关节组成结构如图 5.20 所示,关节简图和机理模型分别如图 5.21 和图 5.22 所示。

传动原理与结构分析:软接触关节由两部分静块和动块组成,两个静块之间由 Z 向旋转柔性可控阻尼组件连接,每部分静块为方形壳体,动块为圆筒状。静块内安装有制动器、编码器、离合器、柔性可控阻尼组件以及控制电路板(未画出)等,动块中安装有电动机、力矩传感器、谐波减速器及轴承等。减速器、电动机、编码器、离合器采用串联结构,静块与动块之间长主轴连接。利用驱动系统使得动块、静块之间产生相对转动,从而使得机构产生单自由度运动。

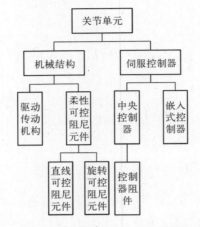

图 5.20 基于一体化双关节的软接触机构关节组成

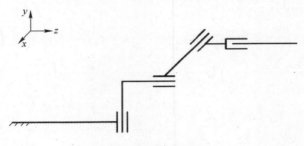

图 5.21 关节简图

1—动块一;2—静块一;3—静块二;4—动块二;5—连杆;6—旋转外筒。

图 5.22 基于一体化双关节的软接触机构机理模型

5.3.3.1　刚性传动单元设计

在轨软接触一体化双关节设计参数如表5.3所列。

表5.3　空间关节主要结构参数

关节最大转角范围/(°)	臂杆外径/mm	总减速比	自由度数量
0 ~ 360	100	>50:1	2(俯仰、偏航)

在轨软接触一体化关节驱动传动机构采用电动机作为驱动,减速机构为谐波减速器,通过电动机转子驱动主轴,进而带动波发生器转动,经过减速后由刚轮输出,并带动力矩传感器和动块转动,完成俯仰(X方向)或偏航(Y方向)动作。机构组成结构和三维模型结构分别如图5.23和图5.24所示。

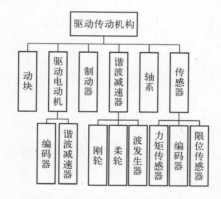

图5.23　驱动传动机构组成框图

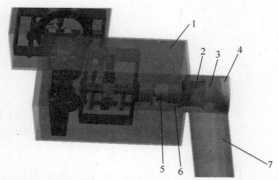

1—静块;2—电动机;3—谐波减速器;4—力矩传感器;5—制动器;6—编码器;7—动块。

图5.24　驱动传动机构示意图

一体化双关节的驱动传动机构,由静块、电动机、谐波减速器、力矩传感器、制动器、编码器、动块组成,动块中安装有电动机、力矩传感器、谐波减速器及轴承等。减速器、电动机、编码器、离合器采用串联结构,静块与动块之间长主轴连接。当电动机工作时,带动主轴转动,进而驱动波发生器转动,由于刚轮固定,波发生器将驱动柔轮实现减速运动,同时固结柔轮的力矩传感器带动动块运动。另一个自由度的运动和此机构结构与传动原理相同。

5.3.3.2　柔性可控阻尼单元设计

1. 轴线方向直线柔性可控阻尼组件

为实现轴线方向的动量缓冲,设计采用将一个基体分为两部分,两部分内外嵌套相对滑动,从而使动量作用于阻尼器和缓冲器,其组成结构框图和示意图分别如图 5.25 和图 5.26 所示。

图 5.25　直线柔性可控阻尼组件结构框图

1—内壳;2—滑轨;3—滑块;4—磁流变阻尼器;5—线位移传感器;6—弹簧式缓冲器;7—外壳。

图 5.26　轴线方向直线柔性可控阻尼组件

方案设计结构与原理说明:直线柔性可控阻尼组件包括内外壳、磁流变阻尼器、弹簧式缓冲器、滑轨和滑块。动块的内外壳之间相互嵌套,滑道固定在外壳上,滑块固定在内壳上,滑轨与滑块之间只能实现相对直线下的滑动。其中,滑块是一种电磁直线制动器,可实现直线制动功能。与滑轨的接触通过滚珠,可减小块轨摩擦。磁流变阻尼器、线位置传感器和弹簧式缓冲器的导杆与内壳固连,器件固定在外壳上。当受到轴线方向的直线冲击时,线性冲量传到内壳使内外壳发生相对滑动,线动量可由导杆传递到缓冲器和阻尼器,以实现柔性功能。

2. 俯仰(偏摆)方向旋转柔性可控阻尼组件

当关节受到目标卫星俯仰(或偏摆)旋转方向冲击时,角动量直接传递于主轴,此时可利用锥齿轮再通过齿轮齿条机构,合理放置组件,将冲击力矩传递到直线式柔性可控阻尼单元。其组成结构框图如图 5.27 所示,其结构如图 5.28 和图 5.29 所示。

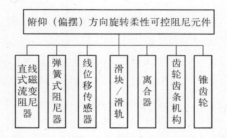

图 5.27　旋转式柔性可控阻尼组件结构框图

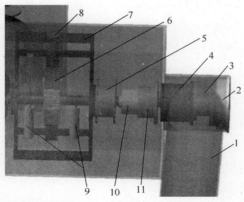

1—动块;2—力矩传感器;3—谐波减速器承;4—电动机;5—离合器;6—齿条;7—架体;8—磁流变阻尼器;
9—弹簧缓冲器;10—制动器;11—编码器。

图 5.28　俯仰(偏摆)方向旋转柔性可控阻尼组件结构示意图

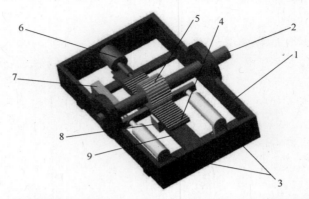

1—架体；2—轴；3—弹簧式缓冲器；4—齿条；5—齿轮；6—磁流变阻尼器；7—线位移传感器；8—滑块；9—滑轨。

图 5.29　旋转式柔性可控阻尼组件子结构示意图

结构与原理说明：旋转式柔性可控阻尼组件由离合器、直线阻尼单元、齿轮齿条机构、滑块滑轨机构、架体等组成，离合器、直齿轮轴向串联，齿轮齿条啮合，磁流变阻尼器固结在架体上且其导杆安装在齿条运动方向中心位置、弹簧式缓冲器对称分布于齿条运动方向中心两侧、线位移传感器安装在缓冲器对侧、滑块滑轨分别与齿条架体固定，使齿条实现与架体间相对滑动。整个结构原理是将旋转的角动量通过离合器使动量传递到齿轮齿条的轴，通过齿轮齿条机构的转换，将旋转运动转换为直线运动以实现对旋转方向动量的缓冲。

3. 轴线方向旋转柔性可控阻尼组件

当关节受到目标卫星轴线方向旋转方向冲击时，角动量直接传递于关节一侧基体，基体之间加入旋转柔性可控阻尼组件可实现对轴线方向旋转方向动量的缓冲，其组成结构分别如图 5.30 和图 5.31 所示。

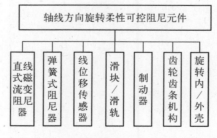

图 5.30　轴线方向旋转柔性可控阻尼组件结构框图

方案设计结构与原理说明：一端静块与内筒连接，一端静块与外筒连接，内外筒通过轴承可实现相对转动。中心轴固结在内筒臂上，轴的轴承安装在架体

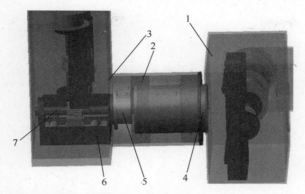

1—静块；2—轴承；3—静块；4—内筒；5—制动器；6—架体；7—中心轴。

图 5.31 轴线方向旋转柔性可控阻尼组件结构框图

上，制动器、架体与静块固连，齿轮齿条机构、滑块滑轨、旋转柔性可控阻尼单元的安放与俯仰（偏摆）方向旋转柔性可控阻尼组件的安放类似。当轴线方向受旋转角动量冲击时，内筒端盖、内筒、轴三者固结，外筒、架体、制动器固结，制动器失效状态，内筒带动固结部件绕外筒及固结部件旋转，即两静块绕中心轴相互转动，此时齿轮齿轮机构将此旋转运动转化为直线运动，使动量传递到柔性可控阻尼单元。

第6章 在轨软接触机理模型仿真与评价

对在轨软接触机构机理模型的仿真计算与评价,主要目的是验证基于不同设计理念机理模型的功能效果,即分别对基于仿生学和一体化双关节两种机理模型在不同条件下的作用能力开展比对分析。具体仿真与评价内容设计如下:

(1)空间目标接触前的规划功能,验证的传动机构能够以刚性关节功能实现两自由度的运动,以实现路径规划的功能。

(2)空间目标接触过程中的动量缓冲与可控效果验证,验证刚性碰撞模式、柔性无阻尼模式(柔性自由)、柔性可控阻尼模式(柔性可控)中六维碰撞动量对主卫星基座平台的影响与可控效果。

根据仿真评价内容,仿真任务设计如下:

(1)设计传动机构路径规划任务,仿真评价接触前路径规划传动机构设计的传动可行性。

(2)设计空间目标在轨软接触机构操控任务,验证接触过程中柔性可控阻尼组件工作机理,验证柔性可控阻尼组件实现柔性缓冲控制的功能效果。

实现以上两个任务分两个环节:

(1)针对空间目标接触前路径规划任务设计,在固定卫星基座状态下,对驱动传动系统开展仿真,分析驱动传动机构运动过程及其关节转动极限,仿真评价关节运动范围。

(2)针对空间目标接触过程中缓冲任务设计,在卫星基座自由漂浮状态下,对软接触机构开展直线碰撞、绕 Z 轴旋转且直线运动碰撞、非正交方向旋转和直线运动碰撞三个子任务,仿真评价柔性可控阻尼组件工作原理,并对比刚性模式下、柔性无阻尼、柔性可控阻尼模式的性能。

具体仿真评价目标设计如下:

(1)柔性可控阻尼组件工作机理。

(2)三个子任务与刚性模式的效果、性能比对分析。

(3)三个子任务与柔性无阻尼模式的效果、性能比对分析。

(4)对基于仿生学和基于一体化双关节的软接触机构开展综合性能比对分析。

仿真与评价的基本步骤:在轨软接触机构由基座、臂杆、关节组成,该系统为自由漂浮的空间系统。在 Solidedge 下建立关节的三维实体模型,然后通过转换为 Parasolid 为内核的 x_t 格式导入至 ADAMS(Automatic Dynamic Analysis of Mechanical Systems)中进行分析。

基于 ADAMS 动力学的软件仿真任务设计步骤为:①添加约束分为铰约束、固定约束、齿轮啮合约束;②施加运动,添加旋转运动和直线运动;③施加阻尼缓冲力(直线弹簧和扭簧),对臂杆末端添加瞬间力函数;④定义运动、弹性系数、阻尼系数、力和力矩函数;⑤编辑脚本控制函数;⑥建立各种角速度、力矩、测量函数;⑦设定仿真参数,选取仿真时间和步数进行仿真;⑧仿真结果后处理评价,测试速度、力、角速度、力矩等数据,绘制曲线图,开展各项性能对比分析。

6.1 单关节刚性传动单元仿真分析

在轨软接触机构应首先具备传统刚性多杆机械臂的路径规划能力,能够实现自身的大范围运动,以完成各种空间操作任务,这就要求其单关节必须具有刚性传动能力。本章分别基于仿生学模型和一体化双关节模型,给出了在轨软接触机构路径规划中刚性传动单元仿真计算结果和评价分析。

6.1.1 基于仿生学模型的传动单元仿真

6.1.1.1 传动机构的仿真分析

根据所设计的机理模型及其传动原理,初始状态仿真设置如下:软接触机构基体固定于主卫星基座;软接触机构直线柔性可控阻尼器,各角动可控阻尼器处于非工作状态,离合器处于分离状态;内壳和外壳通过滑块的直线电磁制动作用保持固定连接状态;两连杆在轴线方向角动制动器抱闸,处于相对固定状态。仿真参数设置如表 6.1 所列。

表 6.1　仿真参数设置

项　目	参　数
俯仰(偏摆)电动机驱动函数	if(time − 10:9d,0,if(time − 20: − 9d,0,if(time − 30:9d,0,0)))
时间/步长	30s/300 步

在轨软接触结构的初始仿真状态如图 6.1 所示,仿真效果示意图如图 6.2 所示。

本书作以下定义:绕 x 轴旋转定义为横滚,转动角度为横滚角;绕 y 轴旋转定义为俯仰,转动角度为俯仰角;绕 z 轴旋转定义为航偏,转动角度为偏航角(或偏摆角)。

图 6.1　基于仿生学模型的软接触机构初始状态示意图

(a) 俯仰方向传动过程的仿真示意图

(b) 偏摆方向传动过程的仿真示意图

图 6.2　基于仿生学模型的单关节传动仿真示意图

由图 6.1 和图 6.2 可知,所设计的驱动传动机构满足在轨软接触机构基本能力要求。

6.1.1.2　大范围刚性运动仿真分析

初始状态基本条件仿真设置见 6.1.1.1 节,对电动机添加驱动,结合函数和脚本控制,对关节运动范围开展仿真,仿真参数设置如表 6.2 所列。

表 6.2　仿真参数设置

项　　目	参　　数
俯仰(偏摆)向电动机驱动函数	if(time − 10:9d,0,if(time − 20: −9d,0,if(time − 30:9d,0,0)))
时间/步长	30s/300 步

对在轨软接触机构单关节刚性运动利用 ADAMS 软件进行仿真验证,图 6.3 给出了仿真状态效果,图 6.4 给出了关节范围数据变化。

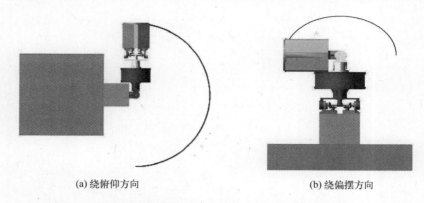

(a) 绕俯仰方向   (b) 绕偏摆方向

图 6.3 基于仿生学模型的单关节末端位置的运动轨迹（刚性运动）

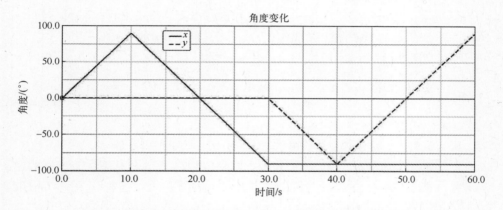

图 6.4 基于仿生学模型的单关节角动变化（绕 X 和 Y 向旋转角度）

由图 6.3 和图 6.4 可知，ADAMS 的仿真结果表明，基于仿生学模型的单关节刚性运动范围为 $-90° \sim 90°$。

6.1.2 基于一体化双关节模型的传动单元仿真

6.1.2.1 传动机构的仿真分析

根据机构设计模型与传动原理，初始状态仿真设置如下：软接触机构基体固定于主卫星基座；软接触机构直线柔性可控阻尼器，各角动可控阻尼器处于掉电，离合器处于分离状态；内壳和外壳通过滑块的直线电磁制动作用保持固定连接状态；两连杆在轴线方向角动制动器抱闸，处于相对固定状态。仿真参数如表 6.3 所列。

表 6.3　仿真参数设置

项　　目	参　　数
俯仰方向电机驱动函数	if(time − 20：9d,0, if(time − 60：−9d,0,0))
偏摆方向电机驱动函数	if(time − 20：−9d,0, if(time − 60：9d,0,0))
时间/步长	60s/300 步

利用 ADAMS 软件进行仿真验证,图 6.5 给出了仿真状态效果。

图 6.5　基于一体化双关节模型的单关节传动示意图

6.1.2.2　大范围刚性运动中仿真分析

对电动机添加驱动,结合函数和脚本控制,开展基于一体化双关节模型的在轨软接触机构关节刚性运动仿真分析,图 6.6 给出了仿真状态效果,图 6.7 给出了关节范围数据变化。

(a) 绕俯仰方向　　　　　　　　　　　　　　(b) 绕偏摆方向

图 6.6　基于一体化双关节模型的单关节末端位置运动轨迹

由轨迹曲线和角度变化可看出,ADAMS 的仿真结果表明,基于一体化双关节模型的单关节刚性运动范围为 0°~360°。

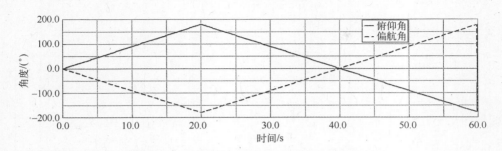

图 6.7　关节绕俯仰(偏摆)方向旋转角度变化

6.1.3　两种设计模型的传动单元仿真综合评价

两种关节机理模型的传动结构仿真共性是采用对电动机轴添加驱动,且驱动函数类型一致,不同的是根据设计转角范围所加驱动的具体数值略有差别。两种关节机理模型的刚性运动仿真结果表明,刚性运动设计结构能够满足在轨软接触机构大范围运动特性的需求。

6.2　单关节线动柔性可控单元仿真分析

6.2.1　线动柔性仿真实例设计

对单关节柔性可控单元的仿真,采用对关节末端施加瞬时力和力矩等不同组合方式模拟空间目标碰撞效果,进而开展单关节柔性可控单元的机理模型仿真验证。单关节末端具体动量碰撞方式,可采取如下三种典型空间目标操控应用背景开展仿真验证:①对末端 Z 向添加瞬时力,可验证线动柔性可控单元的工作机理;②对末端 Z 向添加瞬时轴向力和瞬时力矩,可验证 Z 向角动柔性可控单元的工作机理;③对末端与 $X/Y/Z$ 三轴均 45°的方向添加瞬时力和瞬时力矩,可验证 Z 直线和 $X/Y/Z$ 三个角动可控单元的工作机理。

本节先对第一种空间目标操控应用背景,即线动柔性可控单元工作机理开展仿真验证,单关节初始状态设置为:各电机处自由状态,Z 旋转制动器制动,离合器闭合,Z 直线滑块直线制动器出于失效状态,滑块与滑道间自由滑动。此时,给末端 Z 向添加瞬时力。模拟空间目标对单关节末端进行接触碰撞,相关初始参数设置如表6.4所列。

表 6.4　线动柔性可控单元主要参数设置

部　　件	质量/kg	$I_{xx}/(\mathrm{kg \cdot m^2})$	$I_{yy}/(\mathrm{kg \cdot m^2})$	$I_{zz}/(\mathrm{kg \cdot m^2})$
基座	200	50	50	50
臂杆	40	5	5	5
瞬时力方向	驱动函数为:if(time -0.1 :50N,0,0) 、Z 轴向			
Z 直线缓冲器阻尼系数	刚度系数 0.5N/mm,阻尼系数 0.05(N·s)/mm			

　　按照表 6.4 所给出的主要设置参数,对在轨软接触机构单关节开展柔性可控机理仿真计算,以获取线动碰撞条件下的柔性可控单元工作机理数据和比对结果。

6.2.2　基于仿生学模型的线动柔性可控单元仿真

　　针对 6.2.1 节中的第一种应用背景,采用 5.2 节中的基于仿生学机理的单关节模型,分别对单关节线动柔性可控单元的三种工作模式(刚性、柔性控制、柔性自由)利用 ADAMS 软件进行仿真验证。其中刚性模式是指关节中未采用柔性可控单元;柔性控制模式是指关节同时运用了动量缓冲存储和可控阻尼单元,柔性自由模式是指关节仅运用了动量缓冲存储单元,阻尼未控。图 6.8、图 6.9 和图 6.10 分别给出了单关节在三种不同工作模式下的动力学仿真结果,以及对卫星基座平台的影响效果。

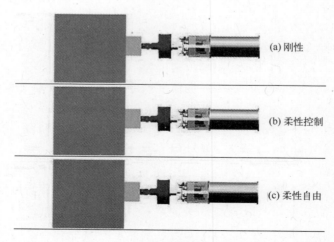

图 6.8　基于仿生学模型三种不同工作模式的动力学仿真结果(线动柔性)

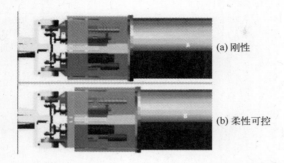

(a) 刚性

(b) 柔性可控

图 6.9　基于仿生学模型的线动柔性可控单元仿真效果(线动柔性)

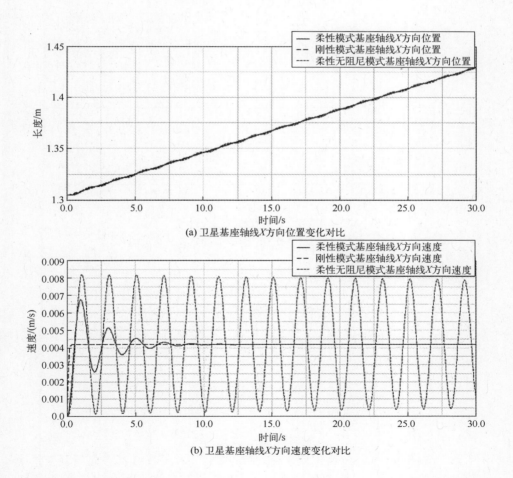

(a) 卫星基座轴线 X 方向位置变化对比

(b) 卫星基座轴线 X 方向速度变化对比

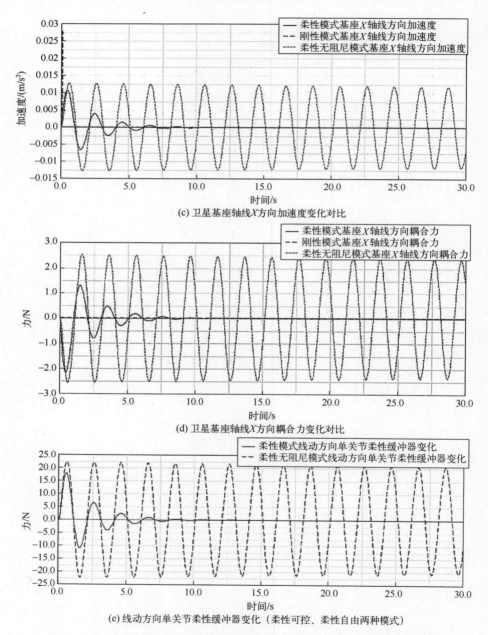

(c) 卫星基座轴线X方向加速度变化对比

(d) 卫星基座轴线X方向耦合力变化对比

(e) 线动方向单关节柔性缓冲器变化（柔性可控、柔性自由两种模式）

图6.10 基于仿生学不同工作模式对卫星基座动力学参数影响（线动柔性）

通过对图6.10(a)分析可知,在刚性模式下,卫星基座线动方向位置变量线性增加,在柔性可控、柔性自由模式下卫星基座位置振荡式增加;柔性自由模式下,该变量持续振荡;柔性可控模式该变量随着时间进行峰值减小并收敛,且约 10s 后趋于稳定值。通过图 6.10(b)(c)分析可以看出,在刚性模式下线动方向速度、加速度在仿真开始 1s 内瞬时突变,并达到常值;柔性自由模式下的两变量均出现持续振荡;柔性可控模式下两变量均随着时间进行峰值减小并收敛,约 10s 达到稳定值。由此可以得出,柔性可控模式下,可控阻尼可以有效减小空间目标线动碰撞对卫星基座轴向位移带来瞬时突变的影响。

通过对图 6.10(d)分析可知,在刚性模式下,卫星基座线动方向耦合力在仿真开始发生瞬时突变,从碰撞力峰值直接降到常值 0,说明碰撞力直接通过关节传递至卫星基座;在柔性自由模式下,碰撞力持续振荡,振荡中心轴线为 0;在柔性可控模式下,随时间碰撞力峰值减小并收敛,约 10s 达到稳定值 0。由此说明,柔性可控模式下,利用可控阻尼可以减小空间目标线动碰撞对卫星基座轴向耦合力带来瞬时突变的影响。

通过对图 6.10(e)分析可知,缓冲器存储动量在柔性自由模式下持续振荡,振荡中心轴线为 0;柔性可控模式下,缓冲器存储动量随时间进行峰值减小并收敛,约 10s 达到稳定值 0。由此说明,在柔性可控模式下,利用可控阻尼可实现空间目标脉冲式碰撞动量向谐波式可控动量的转变。

6.2.3 基于一体化双关节模型的线动柔性可控单元仿真

针对 6.2.1 节中的第一种应用背景,类似于 6.2.2 节中的分析方式,这里直接给出了对基于一体化双关节模型的线动柔性仿真结果,如图 6.11 ~ 图 6.13 所示。

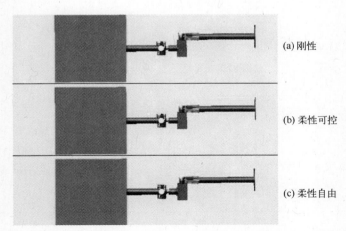

(a) 刚性

(b) 柔性可控

(c) 柔性自由

图 6.11 基于一体化双关节模型的三种不同工作模式的动力学仿真结果(线动柔性)

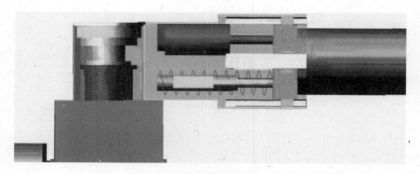

图 6.12　基于一体化双关节模型的线动柔性可控单元仿真效果(线动柔性)

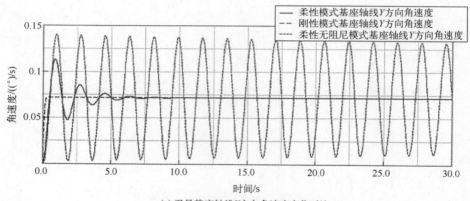

(a) 卫星基座轴线Y方向角速度变化对比

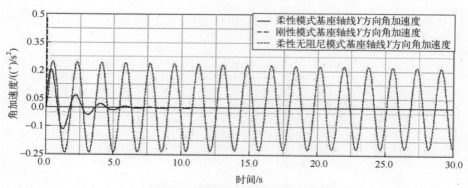

(b) 卫星基座轴线Y方向角加速度变化对比

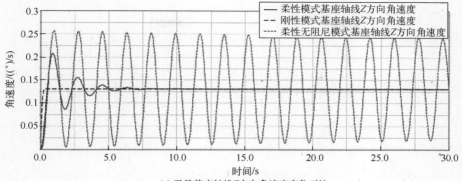

(c) 卫星基座轴线 Z 方向角速度变化对比

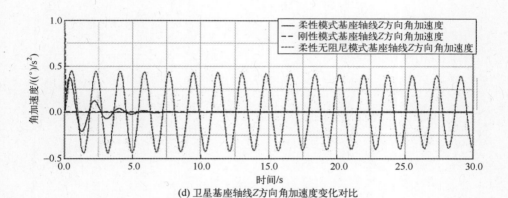

(d) 卫星基座轴线 Z 方向角加速度变化对比

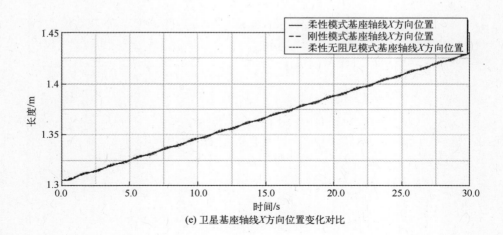

(e) 卫星基座轴线 X 方向位置变化对比

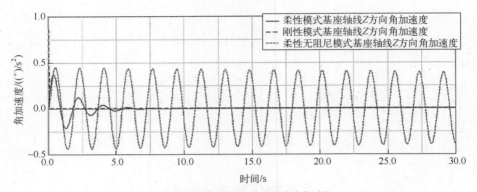

(f) 卫星基座轴线Z方向速度变化对比

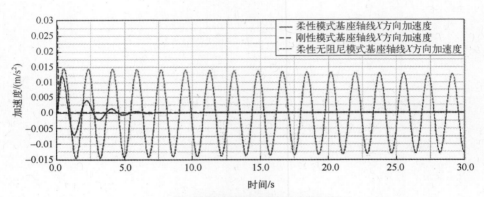

(g) 卫星基座轴线X方向加速度变化对比

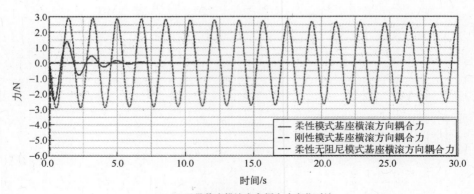

(h) 卫星基座横滚方向耦合力变化对比

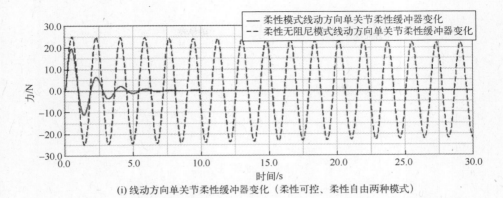

(i)线动方向单关节柔性缓冲器变化（柔性可控、柔性自由两种模式）

图 6.13 基于一体化双关节不同工作模式对卫星基座动力学参数影响（线动柔性）

通过对图 6.13(a)~(d)分析可知：在刚性模式下，卫星基座俯仰和偏摆方向的角速度、角加速度等四个变量在仿真开始 1s 内瞬时突变，并达到常值；在柔性自由模式下，上述四个变量均出现持续振荡；在柔性可控模式下，四个变量峰值均随着时间减小并收敛，约 10s 达到稳定值。通过对图 6.13(e)分析可知：在刚性模式下，线动方向基座位移变量线性增加；在柔性自由模式下，该变量持续振荡增加；在柔性可控模式下，该变量峰值随着时间减小并收敛，且约 8s 后趋于稳定值。通过对图 6.13(f)(g)分析可知：在刚性模式下，线动方向速度、加速度两个变量在仿真开始 1s 内瞬时突变，并达到常值；在柔性自由模式下，两变量均出现持续振荡；在柔性可控模式下，两变量峰值均随着时间减小并收敛，约 10s 达到稳定值。由此说明，柔性有阻尼模式下，利用可控阻尼可以减小空间目标线动碰撞对卫星基座俯仰、偏摆、轴线方向运动变量带来的瞬时突变影响。

通过对图 6.13(h)分析可知：在刚性模式下，卫星基座线动方向耦合力在仿真开始发生瞬时突变，从碰撞力峰值直接降到常值 0，说明碰撞力直接通过关节传递至卫星基座；在柔性自由模式下，碰撞力持续振荡，振荡中心轴线为 0；在柔性可控模式下，随时间碰撞力峰值减小并收敛，约 10s 达到稳定值 0。由此说明，在柔性有阻尼模式下，利用可控阻尼可以减小空间目标线动碰撞对卫星基座轴向耦合力带来瞬时突变的影响。

通过对图 6.13(i)分析可知，缓冲器存储动量在柔性自由模式下持续振荡，振荡中心轴线为 0；柔性可控模式下，缓冲器存储动量随时间进行峰值减小并收敛，约 10s 达到稳定值 0。由此说明，柔性可控模式下，利用可控阻尼可实现空间目标脉冲式碰撞动量向谐波式可控动量的转变。

6.2.4　线动柔性单元对两种机理模型的综合评价

利用 6.1.1 节和 6.1.2 节中线动柔性单元,对两种机理模型在柔性可控模式下的作用效果开展综合数据计算和比对分析,其结果如图 6.14、图 6.15 所示。

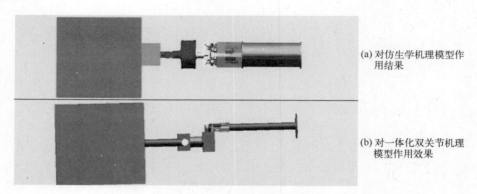

(a) 对仿生学机理模型作用结果

(b) 对一体化双关节机理模型作用效果

图 6.14　线动柔性单元对两种机理模型作用效果的比对

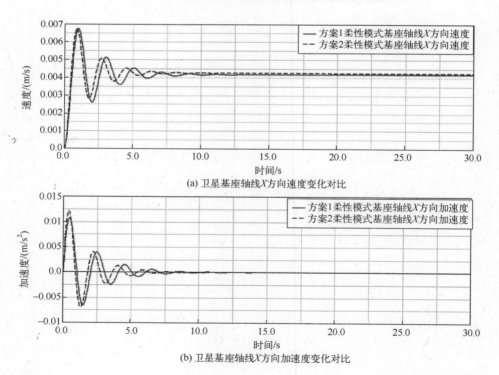

(a) 卫星基座轴线X方向速度变化对比

(b) 卫星基座轴线X方向加速度变化对比

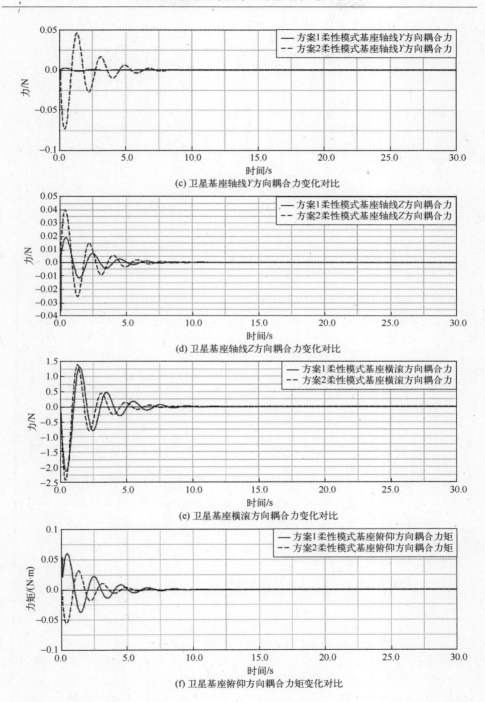

(c) 卫星基座轴线Y方向耦合力变化对比

(d) 卫星基座轴线Z方向耦合力变化对比

(e) 卫星基座横滚方向耦合力变化对比

(f) 卫星基座俯仰方向耦合力矩变化对比

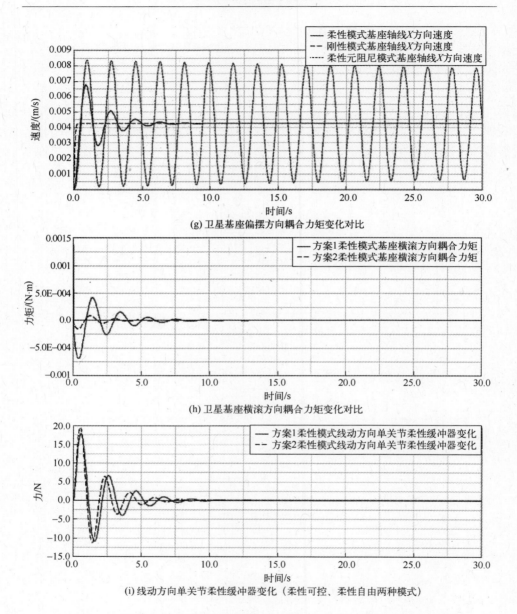

(g) 卫星基座偏摆方向耦合力矩变化对比

(h) 卫星基座横滚方向耦合力矩变化对比

(i) 线动方向单关节柔性缓冲器变化（柔性可控、柔性自由两种模式）

图 6.15　线动柔性单元对两种机理模型卫星基座动力学参数影响（线动控制）

通过对图 6.15（a）（b）分析可知，两个机理模型在柔性可控模式下，线动方向的卫星基座位置速度和加速度均出现震荡变化，随时间峰值减小并收敛，整体收敛趋势一致。所不同的是，同一时刻两种机理模型的每个变量的幅值不同。

通过对图 6.15(c) ~ (h)分析可知,两个机理模型在柔性可控模式下,卫星基座俯仰、偏摆、轴线方向耦合力和力矩均出现震荡变化,随时间进行峰值减小并收敛,整体收敛趋势一致,收敛于 0;两种方案不同的是,相同时刻两种方案中每个变量的振幅不同。通过对图 6.15(i)分析可知,两个机理模型在柔性可控模式下,线动方向缓冲器在两种机理模型中均出现震荡变化,随时间峰值减小并收敛,整体收敛趋势一致。但是,两种机理模型每一时刻变量的振幅不同:一方面源于机理模型的差异;另一方面也与两种机理模型关节的质量惯量由于结构差异无法实现相同一致性设置有关。

6.3　单关节角动柔性可控单元的仿真分析

6.3.1　角动柔性仿真实例设计

本节针对 6.2.1 节中第二种空间操控应用背景,即对角动柔性可控单元工作机理开展仿真验证。关节初始状态设置为:各电动机处于自由状态,Z 旋转制动器制动,离合器闭合,Z 直线滑块直线制动器出于失效状态,滑块与滑道间自由滑动。此时,给软接触机构末端 Z 向添加瞬时轴向力和力矩。模拟空间目标对单关节末端进行接触角动碰撞,相关初始参数设置如表 6.5 所列。

表 6.5　角动柔性可控单元主要参数设置

部　件	质量/kg	$I_{xx}/(\text{kg}\cdot\text{m}^2)$	$I_{yy}/(\text{kg}\cdot\text{m}^2)$	$I_{zz}/(\text{kg}\cdot\text{m}^2)$
基座	200	50	50	50
臂杆	40	5	5	5
瞬时力和方向	驱动函数为:if(time − 0.1:50N,0,0)、Z 轴向			
瞬时力矩方向	函数为:if(time − 0.1:0.5N·m,0,0)、Z 旋转方向			
Z 直线缓冲器阻尼系数	刚度系数 0.5N/mm,阻尼系数 0.05(N·s)/mm			
Z 向角动缓冲器阻尼系数	刚度系数 3N/mm,阻尼系数 2.5(N·s)/mm			

参照表 6.5 所给出的主要数据,对空间目标接触过程进行仿真计算,可得到角动柔性动量不同控制模式下的数据比对结果。

6.3.2　基于仿生学模型的角动柔性可控单元仿真

采用 5.2 节中的基于仿生学机理的单关节模型,分别对单关节线动柔性可控单元的三种工作模式(刚性、柔性控制、柔性自由),利用 ADAMS 软件进行仿真验证。图 6.16、图 6.17 和图 6.18 分别给出了单关节在三种不同工作模式下的动力学仿真结果,以及对卫星基座平台的影响效果。

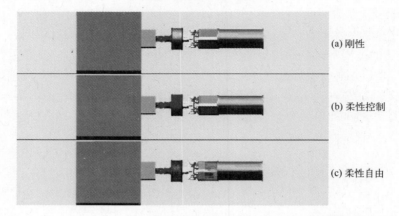

(a) 刚性

(b) 柔性控制

(c) 柔性自由

图 6.16　基于仿生学模型三种不同工作模式的动力学仿真结果(角动柔性)

图 6.17　基于仿生学模型的角动柔性可控单元仿真效果(角动柔性)

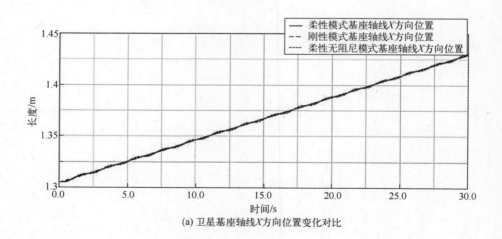

(a) 卫星基座轴线 X 方向位置变化对比

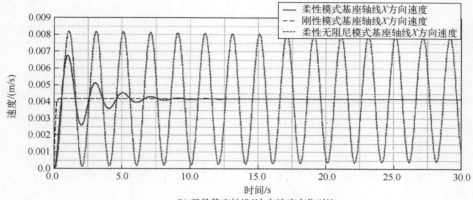

(b) 卫星基座轴线 X 方向速度变化对比

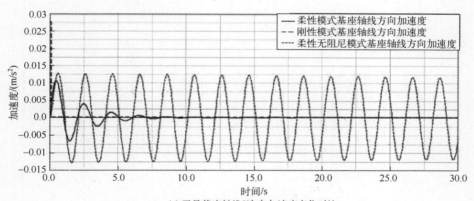

(c) 卫星基座轴线 X 方向加速度变化对比

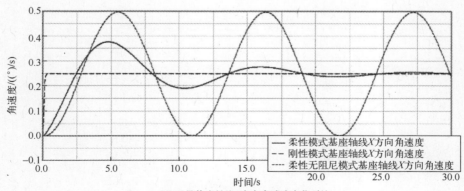

(d) 卫星基座轴线 X 方向角速度变化对比

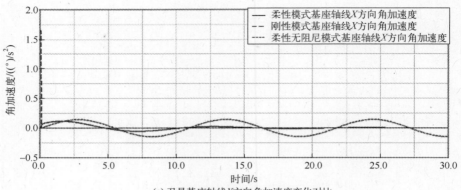

(e) 卫星基座轴线 X 方向角加速度变化对比

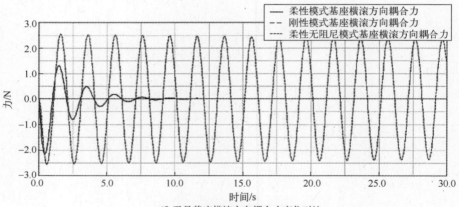

(f) 卫星基座横滚方向耦合力变化对比

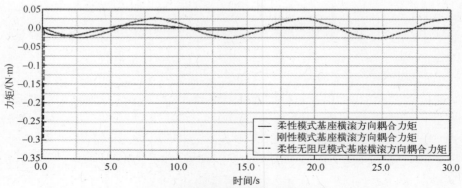

(g) 卫星基座横滚方向耦合力矩对比变化

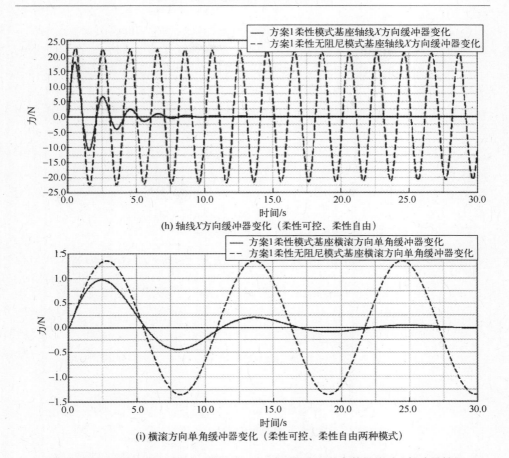

(h) 轴线X方向缓冲器变化（柔性可控、柔性自由）

(i) 横滚方向单角缓冲器变化（柔性可控、柔性自由两种模式）

图 6.18　基于仿生学的不同工作模式对卫星基座动力学参数的影响（角动柔性）

通过对图 6.18(a)(b)(c)分析可知：在线动位移方向、刚性模式下卫星基座位置变量呈线性增加；在柔性可控、柔性自由模式下呈线性振荡式增加。在线动速度方向，在柔性自由模式下，卫星基座位移速度持续振荡，在柔性可控模式下，该变量随着时间峰值迅速减小并收敛，且约 10s 后趋于稳定值。在线动加速度方向、刚性模式下，卫星基座位移加速度在仿真开始 1s 内瞬时突变，并达到常值；在柔性自由模式下，出现持续振荡；在柔性可控模式下，加速度随着时间减小并收敛，约 10s 达到稳定值。

通过对图 6.18(d)(e)分析可知：卫星基座角速度、角加速度在刚性模式下、仿真开始 1s 内瞬时突变，并达到常值；在柔性自由模式下，角速度和加速度均出现持续振荡；在柔性可控模式下，两变量均随着时间峰值减小并收敛，角速度约 10s 达到稳定值，角加速度约 30s 达到稳定值。由此说明，柔性可控模式下，利用可控阻尼可以减小空间目标接触碰撞对基座角动变量带来的瞬时突变影响。

通过对图 6.18(f)(g)分析可知：卫星基座干扰耦合力和力矩在刚性模式下、仿真开始时发生瞬时突变，后衰减至常值 0；在柔性自由模式下持续震荡，震荡中心轴线为 0；在柔性可控模式下随时间峰值减小并收敛，耦合力约 10s 达到稳定值 0，耦合力矩约 20s 达到稳定值 0。由此说明，柔性可控模式下，利用可控阻尼可以减小接触碰撞动量对卫星基座干扰力和力矩带来的瞬时突变影响。

通过对图 6.18(h)(i)分析可知：在柔性自由模式下线动方向和角动方向柔性缓冲器持续振荡，振荡中心轴线为 0；在柔性可控模式下，缓冲动量峰值逐渐减小并收敛，线动缓冲器约在 10s 达到稳定值 0，角动缓冲器约在 30s 达到稳定值 0。由此说明，柔性可控模式下，可控阻尼和柔性缓冲器组合应用，可以脉冲式碰撞动量的瞬时突变影响。

6.3.3　基于一体化双关节模型的角动柔性可控单元仿真

类似于 6.3.2 节中的分析方式，这里直接给出了对基于一体化双关节模型的角动柔性仿真结果，如图 6.19 ~ 图 6.21 所示。

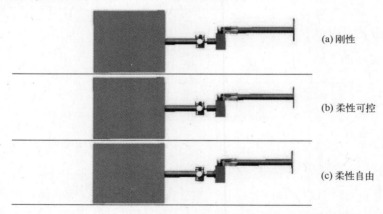

(a)刚性

(b)柔性可控

(c)柔性自由

图 6.19　基于一体化双关节模型三种不同工作模式的动力学仿真结果（角动柔性）

图 6.20　基于一体化双关节模型线动柔性可控单元的仿真效果（角动柔性）

102

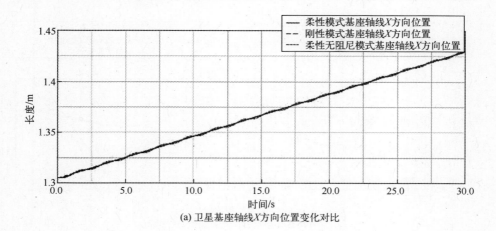

(a) 卫星基座轴线X方向位置变化对比

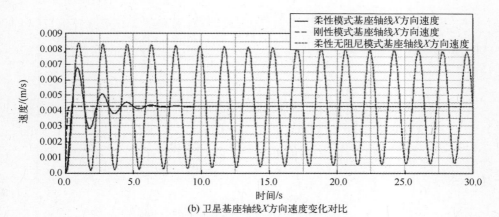

(b) 卫星基座轴线X方向速度变化对比

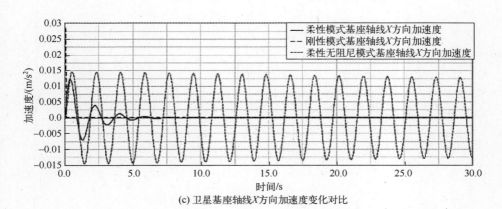

(c) 卫星基座轴线X方向加速度变化对比

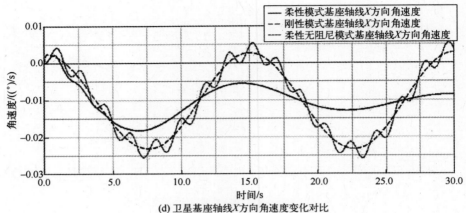

(d) 卫星基座轴线X方向角速度变化对比

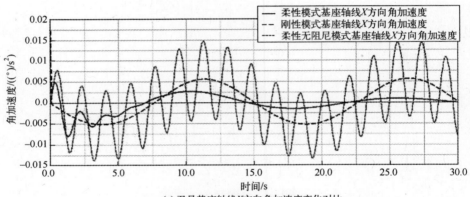

(e) 卫星基座轴线X方向角加速度变化对比

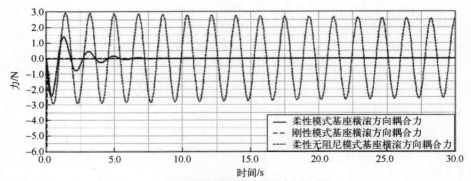

(f) 卫星基座横滚方向耦合力变化对比

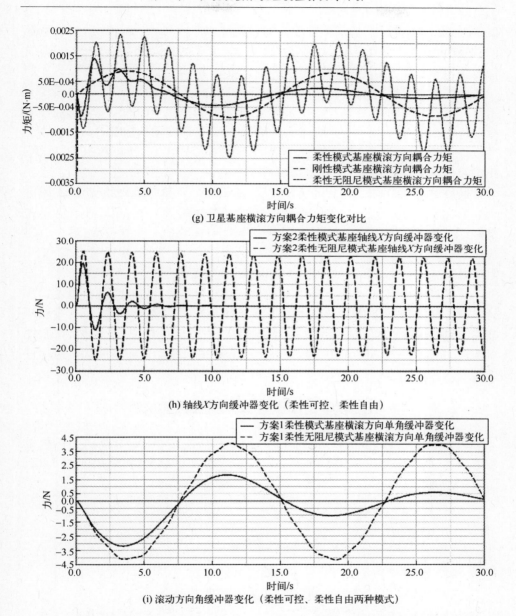

(g) 卫星基座横滚方向耦合力矩变化对比

(h) 轴线 X 方向缓冲器变化（柔性可控、柔性自由）

(i) 滚动方向角缓冲器变化（柔性可控、柔性自由两种模式）

图 6.21　基于一体化双关节的不同工作模式对卫星基座动力学参数的影响（角动柔性）

通过对图 6.21（a）（b）（c）分析可知：在线动方向，卫星基座位置变量在刚性模式下线性增加；在柔性可控、柔性自由模式下线性微振荡式增加。线动速度、加速度在柔性可控模式下随着时间峰值减小并收敛,且约 10s 后趋于稳定值,在刚性模式下仿真开始 1s 内瞬时突变,并达到常值;在柔性自由模式下,线动速度和加速度均出现持续振荡。

通过对图 6.21(d)(e)分析可知:卫星基座角速度、角加速度在刚性模式下瞬时突变后振荡变化,振荡中心线恒定;在柔性自由模式下的两变量均出现持续振荡,振荡中心线表现为振荡波形;柔性可控模式下两变量均随着时间峰值减小并收敛,约 30s 达到稳定值。由此说明,柔性可控模式下,柔性可控阻尼可以减小空间目标接触带来的角动变量瞬时突变影响。

通过对图 6.21(f)(g)分析可知:卫星基座耦合力和力矩,在刚性模式下仿真开始发生瞬时突变,力随着达到常值 0,力矩随之振荡变化;在柔性自由模式下持续振荡,振荡轴线为 0;柔性可控模式下随时间峰值减小并收敛,耦合力约 10s 达到稳定值 0,耦合力矩约 20s 达到稳定值 0。由此说明,柔性可控模式下,阻尼可以减小空间目标接触带来的力和力矩瞬时突变影响。

通过对图 6.21(h)(i)分析可知:柔性线动和角动缓冲器在柔性自由模式下持续振荡,振荡中心轴线为 0;柔性可控模式下随时间峰值减小并收敛,线动缓冲器约 10s 达到稳定值 0,角动缓冲器约 30s 达到稳定值 0。由此说明,在柔性可控模式下,利用可控阻尼可实现空间目标脉冲式碰撞动量向谐波式可控动量的转变。

6.3.4 两种机理模型角动柔性单元的综合评价

在相同的空间目标接触碰撞条件下,对基于仿生学和一体化双关节两种机理的模型,在柔性可控模式下的角动可控单元仿真计算分析,结果如图 6.22、图 6.23 所示。

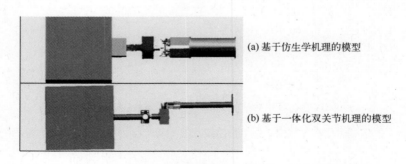

(a) 基于仿生学机理的模型

(b) 基于一体化双关节机理的模型

图 6.22　两种机理模型的动力学仿真结果(角动柔性)

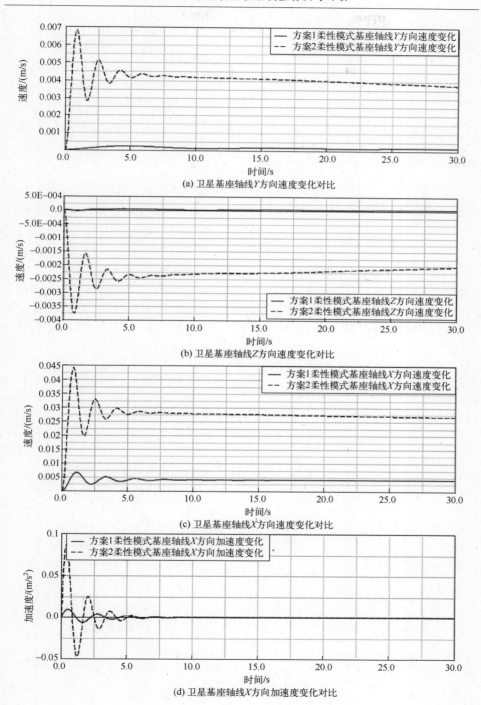

(a) 卫星基座轴线 Y 方向速度变化对比

(b) 卫星基座轴线 Z 方向速度变化对比

(c) 卫星基座轴线 X 方向速度变化对比

(d) 卫星基座轴线 X 方向加速度变化对比

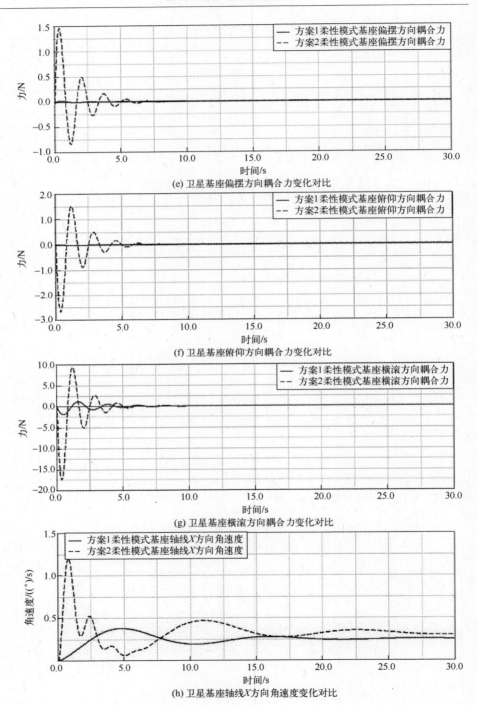

(e) 卫星基座偏摆方向耦合力变化对比

(f) 卫星基座俯仰方向耦合力变化对比

(g) 卫星基座横滚方向耦合力变化对比

(h) 卫星基座轴线 X 方向角速度变化对比

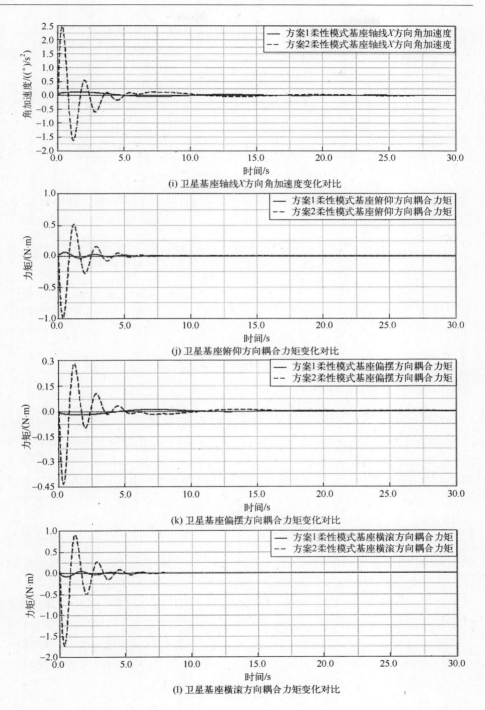

(i) 卫星基座轴线X方向角加速度变化对比

(j) 卫星基座俯仰方向耦合力矩变化对比

(k) 卫星基座偏摆方向耦合力矩变化对比

(l) 卫星基座横滚方向耦合力矩变化对比

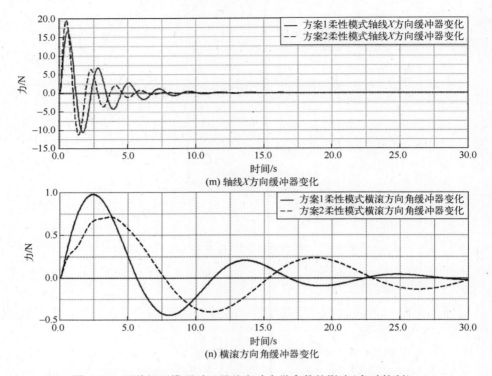

图6.23 两种机理模型对卫星基座动力学参数的影响(角动控制)

通过对图6.23(a)(b)(c)(d)的分析可知:在线动方向,相比于一体化双关节机理模型,基于仿生学机理模型的卫星基座耦合线动变量(俯仰、偏摆、俯仰方向)具有较小的峰值和较短的收敛时间。通过对图6.23(e)(f)(g)分析可知:在卫星基座耦合线动力上(俯仰、偏摆、俯仰方向)具有较小的耦合力。由此说明,在基于仿生学机理模型的柔性可控模式下,柔性可控单元的控制效果优于一体化双关节的控制效果。

通过对图6.23(h)~(l)分析可知:在角动方向上,无论是对卫星基座耦合的角速度、角加速度还是耦合力矩,基于仿生学机理模型的角动柔性控制效果都优于一体化双关节机理模型效果。

通过对图6.23(m)(n)的分析可知:柔性线动和角动缓冲器在两种机理模型控制过程中,有较为明显的差异,基于仿生学机理模型的线动缓冲器变化峰值稍高于一体化双关节机理模型,但峰值收敛时间稍小于一体化双关节机理模型。由此说明,在柔性可控模式下,要实现对卫星基座耦合动量的快速控制,线性和角动缓冲器将在较短的时间内,具备较大的动态调整能力。

6.4 单关节复合柔性可控单元的仿真分析

6.4.1 复合柔性仿真实例设计

本节针对6.2.1节中第三种空间目标操控应用背景,对线动与角动柔性复合控制效果工作机理开展仿真验证,即对末端与 $X/Y/Z$ 三轴均45°的方向添加瞬时力和瞬时力矩,验证 Z 直线和 $X/Y/Z$ 三个角动复合柔性控制机理。初始条件各部件主要数据如表6.6所列。

表6.6 复合柔性可控单元主要参数设置

部 件	质量/kg	$I_{xx}/(\mathrm{kg}\cdot\mathrm{m}^2)$	$I_{yy}/(\mathrm{kg}\cdot\mathrm{m}^2)$	$I_{zz}/(\mathrm{kg}\cdot\mathrm{m}^2)$
基座	200	50	50	50
臂杆	40	5	5	5
瞬时力和方向	驱动函数为:if(time−0.1:20N,0,0)、与 XYZ 方向分别成45°			
瞬时力矩和方向	驱动函数为:if(time−0.1:0.5N·m,0,0)、与 XYZ 方向分别成45°			
直线缓冲器阻尼系数	刚度系数0.5N/mm,阻尼系数0.05(N·s)/mm			
轴线角动缓冲器阻尼系数	刚度系数3N/mm,阻尼系数2.5(N·s)/mm			
俯仰角动缓冲器阻尼系数	刚度系数3N/mm,阻尼系数2.5(N·s)/mm			
偏摆角动缓冲器阻尼系数	刚度系数8N/mm,阻尼系数5(N·s)/mm			

参照表6.6所给出的主要数据,对同时带有线动量与角动量条件下的空间目标碰撞过程进行仿真,则可得到基于不同机理模型的在轨软接触机构复合柔性控制比对结果。

6.4.2 基于仿生学模型的复合柔性可控单元仿真

图6.24、图6.25和图6.26分别给出了基于仿生学在轨软接触机构机理模型,在刚性、柔性可控、柔性自由模式下动力学特性参数仿真结果。

通过对图6.26(a)～(i)的分析可知:在线动位移、速度方向,刚性模式下卫星基座位移变量周期变化较快,振幅变化较大,而在柔性可控、柔性自由模式下变化周期较长,振幅较小。在线动加速度方向,相比于柔性可控与柔性自由模式,在刚性模式下,卫星基座位移加速度在开始时刻呈现脉冲式,对基座耦合动量影响较大。

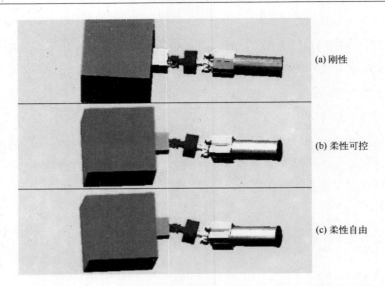

(a) 刚性

(b) 柔性可控

(c) 柔性自由

图 6.24　基于仿生学模型三种不同工作模式的动力学仿真结果

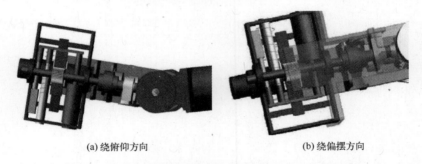

(a) 绕俯仰方向　　　　　　　　　　　　(b) 绕偏摆方向

图 6.25　基于仿生学模型的角动柔性可控单元仿真效果

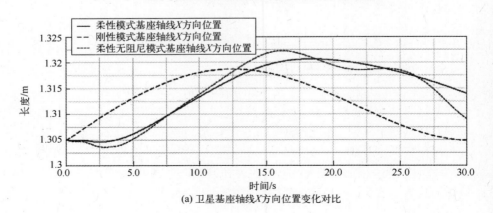

(a) 卫星基座轴线X方向位置变化对比

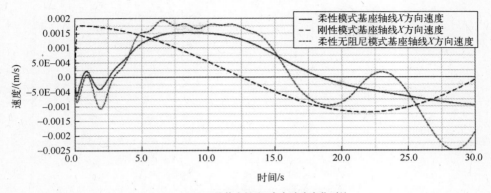

(b) 卫星基座轴线X方向速度变化对比

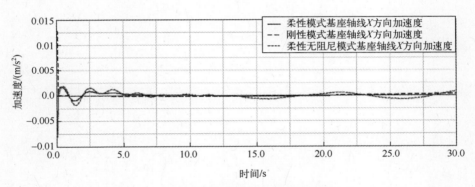

(c) 卫星基座轴线X方向加速度变化对比

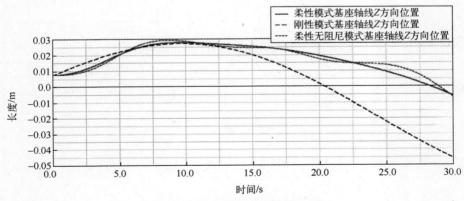

(d) 卫星基座轴线Z方向位置变化对比

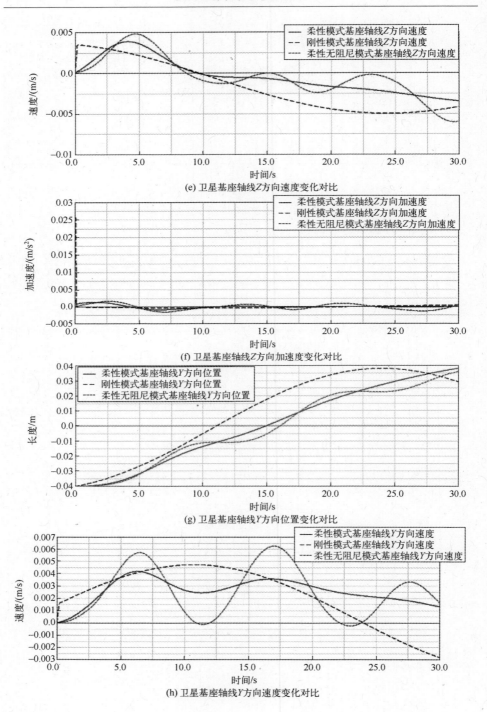

(e) 卫星基座轴线Z方向速度变化对比

(f) 卫星基座轴线Z方向加速度变化对比

(g) 卫星基座轴线Y方向位置变化对比

(h) 卫星基座轴线Y方向速度变化对比

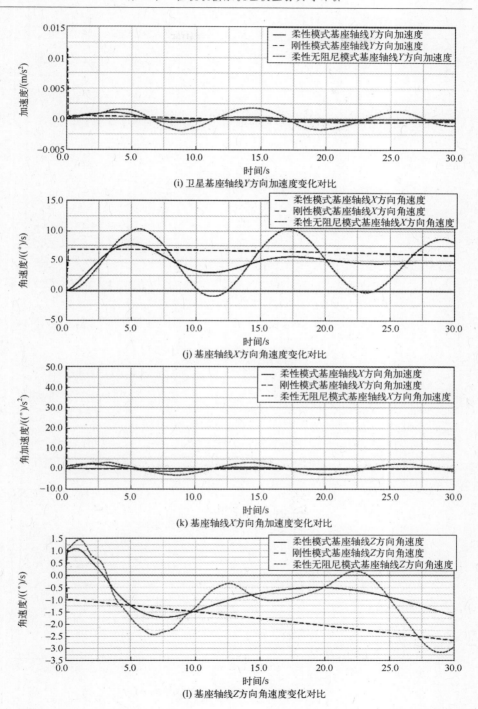

(i) 卫星基座轴线Y方向加速度变化对比

(j) 基座轴线X方向角速度变化对比

(k) 基座轴线X方向角加速度变化对比

(l) 基座轴线Z方向角速度变化对比

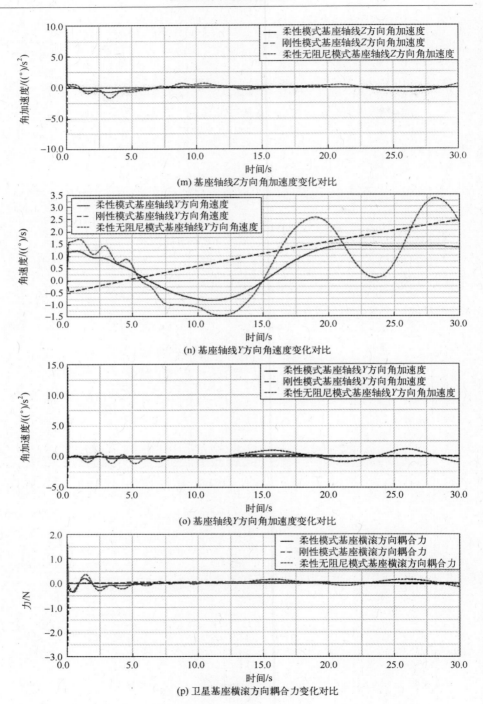

(m) 基座轴线Z方向角加速度变化对比

(n) 基座轴线Y方向角速度变化对比

(o) 基座轴线Y方向角加速度变化对比

(p) 卫星基座横滚方向耦合力变化对比

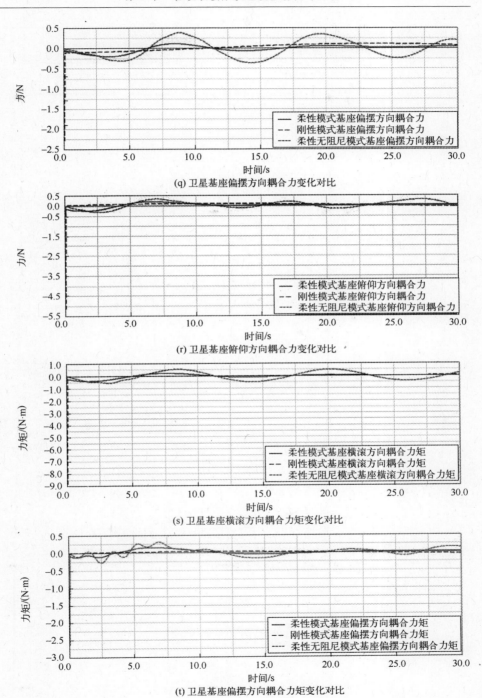

(q) 卫星基座偏摆方向耦合力变化对比

(r) 卫星基座俯仰方向耦合力变化对比

(s) 卫星基座横滚方向耦合力矩变化对比

(t) 卫星基座偏摆方向耦合力矩变化对比

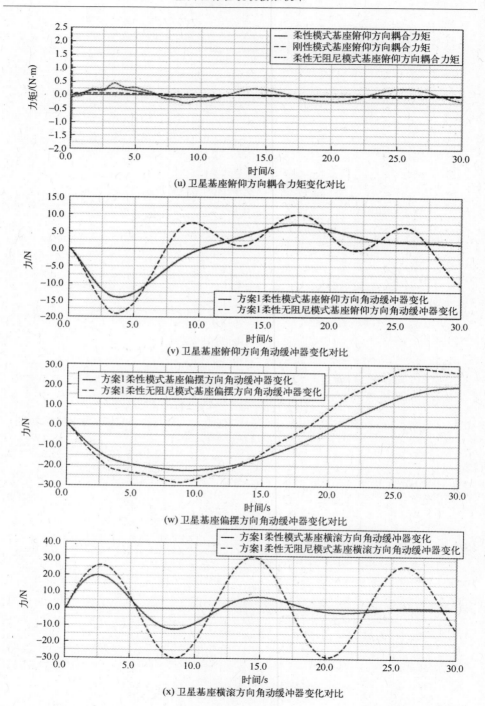

(u) 卫星基座俯仰方向耦合力矩变化对比

(v) 卫星基座俯仰方向角动缓冲器变化对比

(w) 卫星基座偏摆方向角动缓冲器变化对比

(x) 卫星基座横滚方向角动缓冲器变化对比

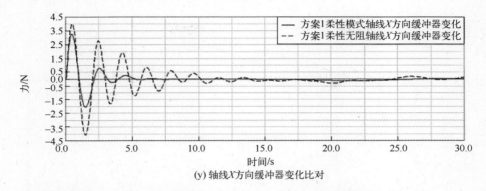

图 6.26 基于仿生学不同工作模式对卫星基座动力学参数影响（复合柔性）

通过对图 6.26(j) ～ (o)的分析可知：在卫星基座角速度、角加速度上，刚性模式呈现较高的线性增长或衰减值，而在柔性自由模式下，角速度和加速度均出现较大幅值的持续振荡，在柔性可控模式下，两变量均随着时间峰值减小，并快速趋于收敛。

通过对图 6.26(p) ～ (u)的分析可知：卫星基座干扰耦合力和力矩在刚性模式下、仿真开始时发生瞬时突变，后衰减至常值 0；在柔性自由模式下持续振荡，振荡中心轴线为 0；在柔性可控模式下随时间峰值减小并收敛。

通过对图 6.26(v) ～ (y)的分析可知：线动方向和角动方向柔性缓冲器，在柔性自由模式下持续振荡，振荡中心轴线为 0；在柔性可控模式下，缓冲动量峰值逐渐减小并收敛。由此说明，柔性可控模式下，可控阻尼和柔性缓冲器组合应用可以减缓脉冲式碰撞动量的瞬时突变。

6.4.3　基于一体化双关节模型的复合柔性可控单元仿真

图 6.27、图 6.28 和图 6.29 分别给出了基于一体化双关节在轨软接触机构机理模型，在刚性、柔性可控、柔性自由模式下动力学特性参数仿真结果。

通过对图 6.29(a) ～ (i)的分析可知：在线动位移、速度方向方面，刚性模式下卫星基座位移轴向 X 和 Y 方向振幅变化较大，而在柔性可控、柔性自由模式下轴向 Z 方向变化振幅较大。在线动加速度方面，相比于柔性可控与柔性自由模式，刚性模式下，卫星基座位移加速度在开始时刻呈现脉冲式，对基座耦合动量影响较大，但后续加速度较小。

通过对图 6.29(j) ～ (o)的分析可知：卫星基座角速度、角加速度，在刚性模式下初始时刻呈现较高脉冲值；而在柔性自由模式下，角速度和加速度均出现较大幅值的持续振荡；在柔性可控模式下，两变量均随着时间峰值相对减小，并快速趋于收敛。

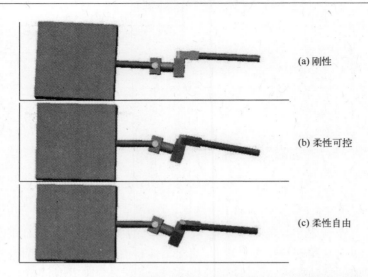

(a) 刚性

(b) 柔性可控

(c) 柔性自由

图 6.27　基于一体化双关节模型三种不同工作模式的动力学仿真结果

图 6.28　旋转直线柔性可控阻尼仿真效果

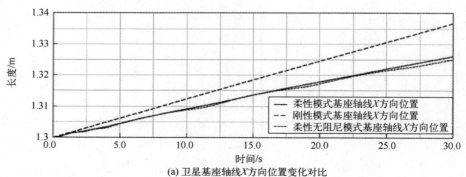

(a) 卫星基座轴线 X 方向位置变化对比

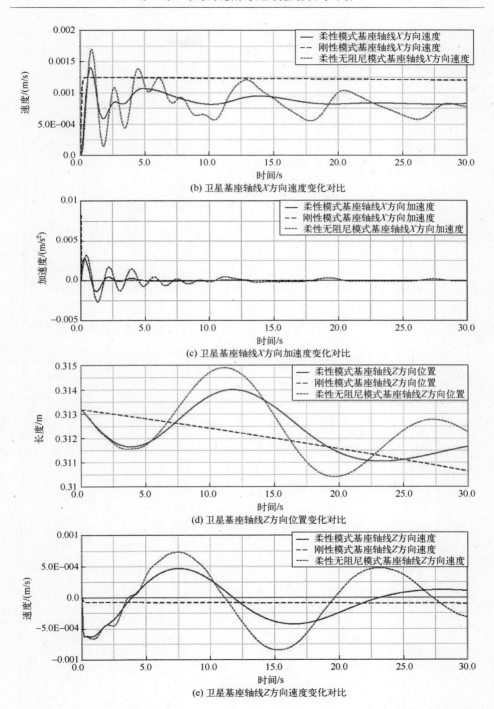

(b) 卫星基座轴线 X 方向速度变化对比

(c) 卫星基座轴线 X 方向加速度变化对比

(d) 卫星基座轴线 Z 方向位置变化对比

(e) 卫星基座轴线 Z 方向速度变化对比

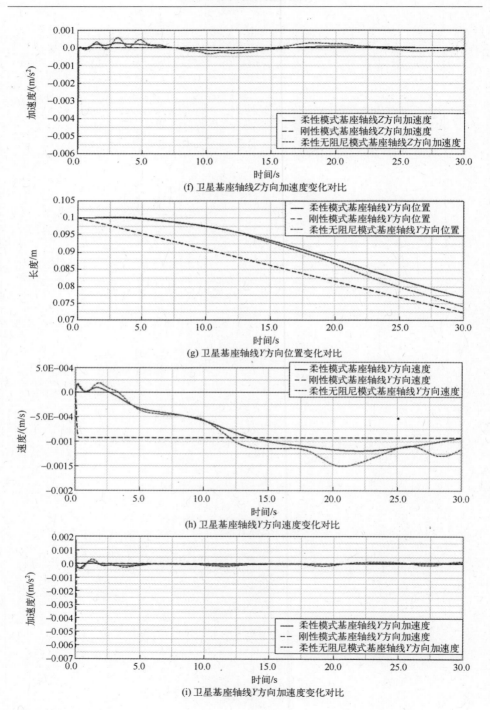

(f) 卫星基座轴线Z方向加速度变化对比

(g) 卫星基座轴线Y方向位置变化对比

(h) 卫星基座轴线Y方向速度变化对比

(i) 卫星基座轴线Y方向加速度变化对比

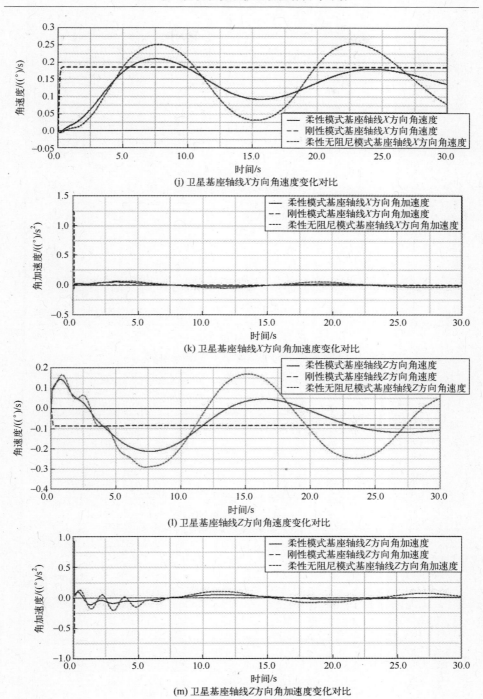

(j) 卫星基座轴线 X 方向角速度变化对比

(k) 卫星基座轴线 X 方向角加速度变化对比

(l) 卫星基座轴线 Z 方向角速度变化对比

(m) 卫星基座轴线 Z 方向角加速度变化对比

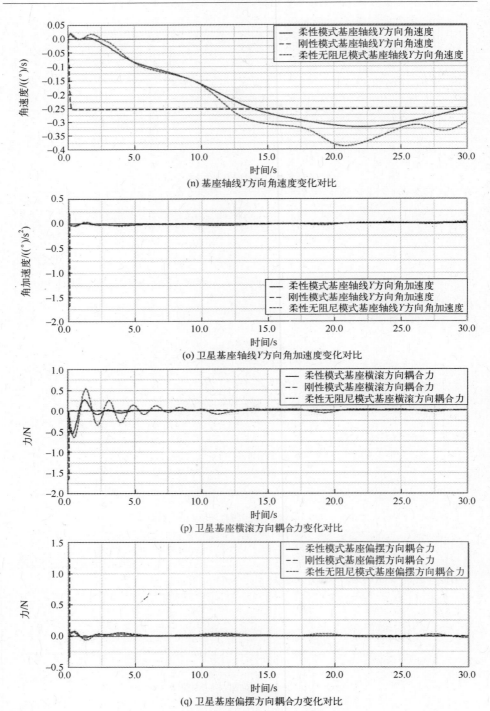

(n) 基座轴线Y方向角速度变化对比

(o) 卫星基座轴线Y方向角加速度变化对比

(p) 卫星基座横滚方向耦合力变化对比

(q) 卫星基座偏摆方向耦合力变化对比

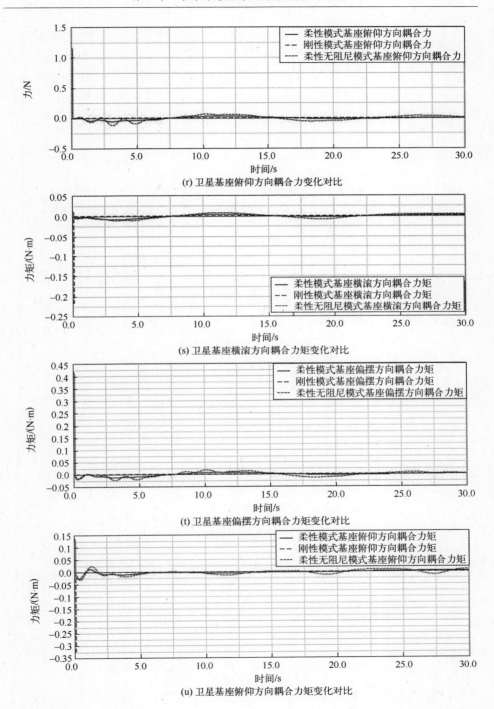

(r) 卫星基座俯仰方向耦合力变化对比

(s) 卫星基座横滚方向耦合力矩变化对比

(t) 卫星基座偏摆方向耦合力矩变化对比

(u) 卫星基座俯仰方向耦合力矩变化对比

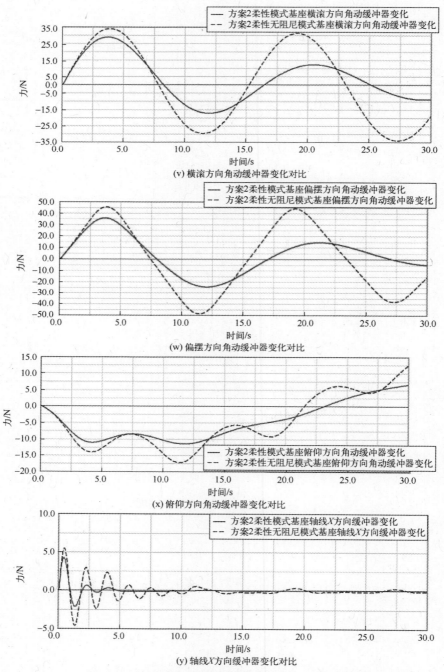

(v) 横滚方向角动缓冲器变化对比

(w) 偏摆方向角动缓冲器变化对比

(x) 俯仰方向角动缓冲器变化对比

(y) 轴线X方向缓冲器变化对比

图 6.29　基于一体化双关节的不同工作模式对卫星基座动力学参数的影响(复合柔性)

通过对图 6.29(p)~(u)的分析可知:在卫星基座干扰耦合力和力矩方面,刚性模式下仿真开始发生瞬时突变,后衰减至常值 0;在柔性自由模式下持续振荡,振荡中心轴线为 0;在柔性可控模式下随时间峰值减小并收敛。

通过对图 6.29(v)~(y)的分析可知:线动方向和角动方向柔性缓冲器,相对于柔性自由模式缓冲动量周期较长,柔性可控模式峰值相对较小,收敛时间较短。由此说明,柔性可控模式下,可控阻尼和柔性缓冲器组合应用,可以减缓脉冲式碰撞动量的瞬时突变。

6.4.4　两种设计模型的复合柔性单元仿真综合评价

在相同的空间目标接触碰撞条件下,对基于仿生学和一体化双关节的两种机理模型,在柔性可控模式下的复合柔性可控单元仿真计算分析,结果如图 6.30、图 6.31 所示。

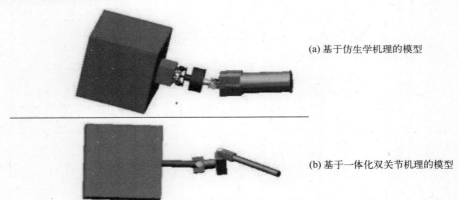

(a) 基于仿生学机理的模型

(b) 基于一体化双关节机理的模型

图 6.30　两种机理模型的动力学仿真结果(复合柔性控制)

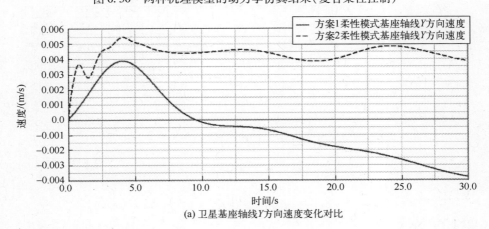

(a) 卫星基座轴线 Y 方向速度变化对比

127

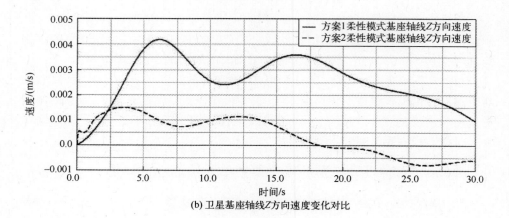

(b) 卫星基座轴线Z方向速度变化对比

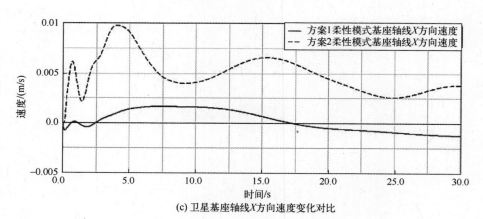

(c) 卫星基座轴线X方向速度变化对比

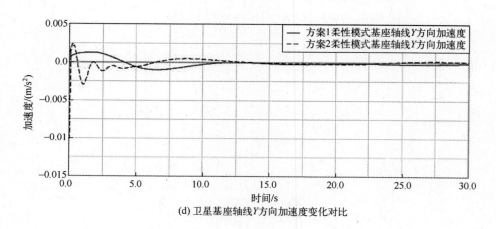

(d) 卫星基座轴线Y方向加速度变化对比

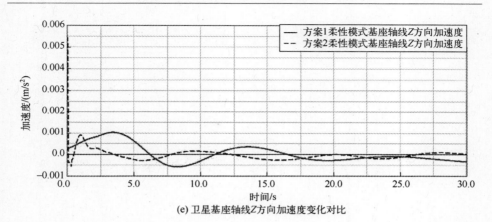

(e) 卫星基座轴线Z方向加速度变化对比

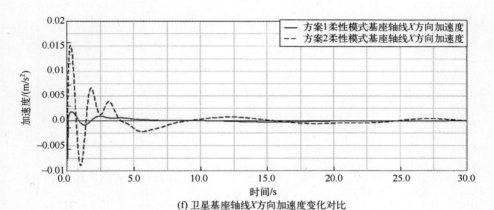

(f) 卫星基座轴线X方向加速度变化对比

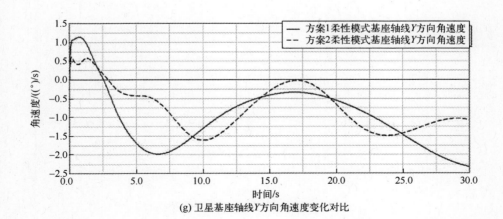

(g) 卫星基座轴线Y方向角速度变化对比

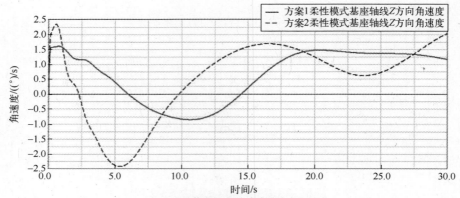

(h) 卫星基座轴线 Z 方向角速度变化对比

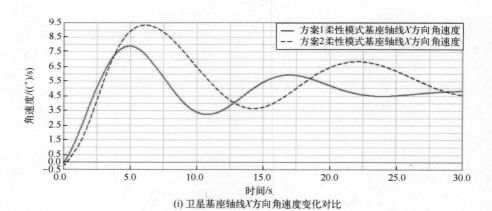

(i) 卫星基座轴线 X 方向角速度变化对比

(j) 卫星基座轴线 Y 方向角加速度变化对比

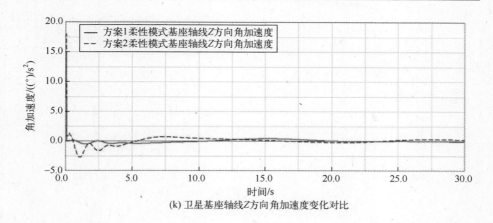

(k) 卫星基座轴线Z方向角加速度变化对比

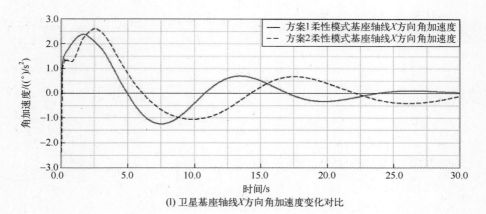

(l) 卫星基座轴线X方向角加速度变化对比

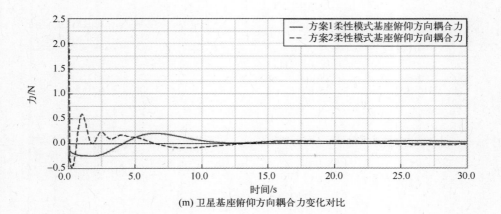

(m) 卫星基座俯仰方向耦合力变化对比

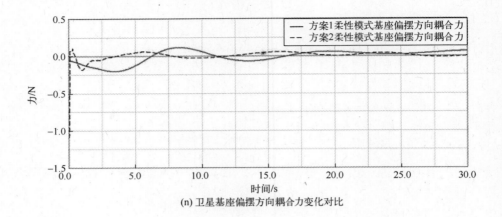

(n) 卫星基座偏摆方向耦合力变化对比

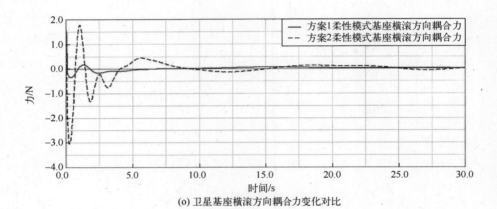

(o) 卫星基座横滚方向耦合力变化对比

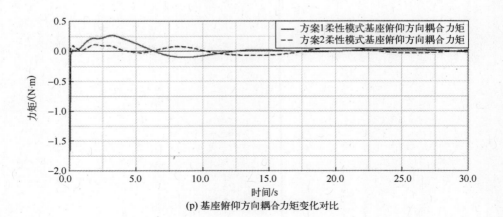

(p) 基座俯仰方向耦合力矩变化对比

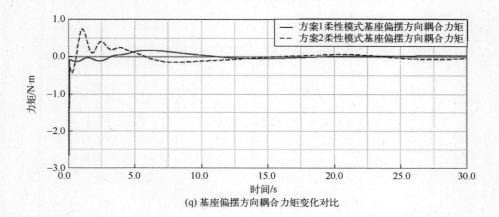

(q) 基座偏摆方向耦合力矩变化对比

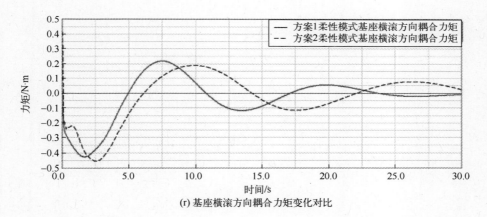

(r) 基座横滚方向耦合力矩变化对比

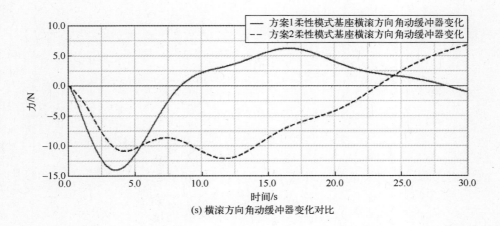

(s) 横滚方向角动缓冲器变化对比

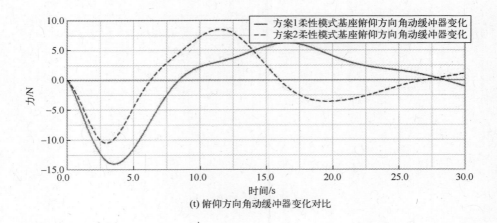

(t) 俯仰方向角动缓冲器变化对比

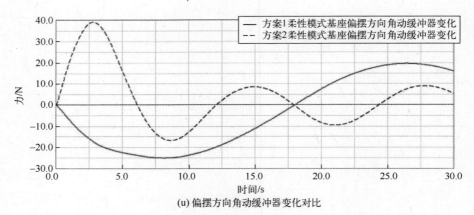

(u) 偏摆方向角动缓冲器变化对比

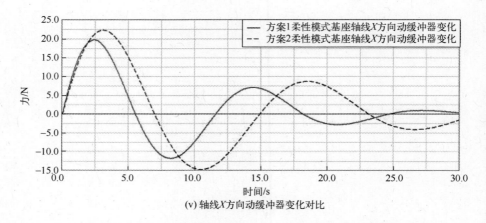

(v) 轴线X方向动缓冲器变化对比

图6.31 两种机理模型对卫星基座动力学参数的影响(复合控制)

利用 ADAMS 仿真分析软件对两种在轨软接触机构机理模型复合柔性控制能力进行了仿真计算,对两种机理模型在柔性可控模式下的动力学参数进行了详细比对分析(卫星基座位置、速度、角速度、力、力矩等)。仿真结果表明,两种机理模型基本都能实现预期的目标,但基于仿生学机理的模型在综合性能方面略优。

第二篇　在轨软接触模型运动学与动力学方程

第7章　在轨软接触模型运动学方程

空间多体系统的运动学特性与其关节空间、工作空间的奇异性有关,比较典型的建模方法有:①E. Papadopoulos 等提出的 barycentric vector 方法;②Z. Vafa和 S. Dubowsky 提出的"虚拟机械臂方法";③Y. Umetani 和 K. Yoshida 提出的"广义雅可比矩阵"方法。

7.1　基本符号与多体姿态定义

7.1.1　基本符号

空间多体系统的一般模型如图 7.1 所示,其主要由卫星基座本体与 n 自由度的多臂杆组成。

为方便研究,定义如下符号:

$\sum_{\mathrm{I}}$、$\sum_{\mathrm{B}}$、$\sum_i$ 为惯性坐标系、卫星基座本体坐标系、臂杆坐标系;$E_3 \in R^{3\times3}$ 为 3×3 单位矩阵;$O_{m\times n} \in R^{m\times n}$ 为 $m\times n$ 零矩阵;m_i 为臂杆 i 的质量;M 为空间多体系统的总质量;$I_i \in R^{3\times3}$ 为臂杆 i 相对于其质心的惯量;$Z_i \in R^3$ 为关节 i 旋转轴的单位矢量;$a_i \in R^3$ 为从关节 i 到臂杆 i 质心的位置矢量;$b_0,b_i \in R^3$ 为基座质心到关节 1 的位置矢量、从臂杆 i 质心到关节 $i+1$ 的位置矢量;$l_i \in R^3$ 为从关节 i 到关节 $i+1$ 的位置矢量,$l_i = a_i + b_i$;$r_0,r_i,r_\mathrm{g} \in R^3$ 为基座质心的位置矢

量、臂杆 i 质心的位置矢量、空间多体系统质心的位置矢量；$p_i,p_e \in R^3$ 为第 i 关节的位置矢量、臂杆末端执行器的位置矢量；$\Theta \in R^n$ 为关节角矢量（$[\theta_1,\theta_2,\cdots,\theta_n]^T$）；$\theta_B \in R_3$ 为基座本体的姿态角矢量（$[\theta_{B1},\theta_{B2},\theta_{B3}]^T$）；$\alpha_e,\beta_e,\gamma_e$ 为末端执行器姿态角；$v_0,\omega_0 \in R^3$ 为空间多体系统基座的线速度和角速度；$v_e,\omega_e \in R^3$ 为末端执行器的线速度和角速度；$v_i,\omega_i \in R^3$ 为臂杆 i 质心的线速度和角速度；R_i 为第 i 臂杆坐标系到惯性坐标系的变换矩阵；$^{i+1}_i R$ 为第 i 臂杆坐标系到第 $i+1$ 臂杆坐标系的变换矩阵；$^B v_i \in R^3$ 为臂杆第 i 杆质心相对于基座坐标系 B 的线速度；$^{i+1} v_i \in R^3$ 为臂杆第 i 杆质心相对于第 $i+1$ 臂杆坐标系的线速度；F_i 为臂杆 i 质心上受到的惯性力；N_i 为臂杆 i 质心上受到的力矩；f_i 为臂杆 $i-1$ 作用在臂杆 i 上的力；n_i 为臂杆 $i-1$ 作用在臂杆 i 上的力矩；T 为系统的总动能。

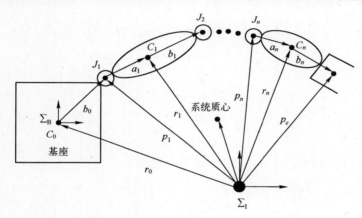

图 7.1　空间多体系统的一般模型

定义矢量叉乘运算：矢量 $v = [x,y,z]^T$，则有：$v_1 \times v_2 = \tilde{v}_1 v_2$，其中 $\tilde{v}$ 的表达式为

$$\tilde{v} = \begin{bmatrix} 0 & -z & y \\ z & 0 & -x \\ -y & x & 0 \end{bmatrix} \tag{7.1}$$

7.1.2　多体姿态表示

卫星基座本体坐标系相对于参考坐标系的方向可确定航天器的姿态，而航天器的姿态可以由两个坐标系中的坐标轴之间相对方向的物理量来进行描述，称为姿态参数。描述航天器的姿态参数有多种形式，包括方向余弦矩阵、旋转矩阵、欧拉角、欧拉轴/转角、四元数等，本节将分别进行研究。

7.1.2.1 方向余弦矩阵

方向余弦矩阵定义如下:假设坐标系 $\sum_a$ 的坐标轴为 $[\, i_a \quad j_a \quad k_a \,]^{\mathrm{T}}$,坐标系 $\sum_b$ 的坐标轴为 $[\, i_b \quad j_b \quad k_b \,]^{\mathrm{T}}$,则从坐标系 $\sum_a$ 到坐标系 $\sum_b$ 的方向余弦矩阵 $_a^b\boldsymbol{R}$ 为

$$_a^b\boldsymbol{R} = \begin{bmatrix} i_b \cdot i_a & i_b \cdot j_a & i_b \cdot k_a \\ j_b \cdot i_a & j_b \cdot j_a & j_b \cdot k_a \\ k_b \cdot i_a & k_b \cdot j_a & k_b \cdot k_a \end{bmatrix} \tag{7.2}$$

7.1.2.2 旋转矩阵

旋转矩阵定义如下:假设坐标系 $\sum_b$ 中的三个单位矢量在 $\sum_a$ 中的表示分别为 $\boldsymbol{n}, \boldsymbol{o}, \boldsymbol{a} \in \boldsymbol{R}^3$,则从坐标系 $\sum_a$ 到坐标系 $\sum_b$ 的旋转矩阵 $_a^b\boldsymbol{R}$ 为

$$_a^b\boldsymbol{R} = \begin{bmatrix} \boldsymbol{n} & \boldsymbol{o} & \boldsymbol{a} \end{bmatrix}^{\mathrm{T}} \tag{7.3}$$

7.1.2.3 欧拉角

考虑到方向余弦矩阵和旋转矩阵方法都需要 9 个元素才能完全描述航天器基座的姿态,而对于刚体来说,其姿态最少只需要三个参数即可描述,如通常可用欧拉角表示。

$Z - Y - X$ 欧拉角的表示方法为:首先将坐标系 $\sum_a$ 和 $\sum_b$ 重合,先将 $\sum_a$ 绕 Z 轴旋转 α 角,再绕 Y 轴旋转 β 角,最后绕 X 轴旋转 γ 角,得到坐标系 $\sum_b$,则有欧拉角

$$\boldsymbol{\Psi} = \begin{bmatrix} \alpha & \beta & \gamma \end{bmatrix}^{\mathrm{T}} \tag{7.4}$$

对应的变换矩阵为

$$_a^b\boldsymbol{R} = \begin{bmatrix} 1 & 0 & 0 \\ 0 & c_\gamma & s_\gamma \\ 0 & -s_\gamma & c_\gamma \end{bmatrix} \begin{bmatrix} c_\beta & 0 & -s_\beta \\ 0 & 1 & 0 \\ s_\beta & 0 & c_\beta \end{bmatrix} \begin{bmatrix} c_\alpha & s_\alpha & 0 \\ -s_\alpha & c_\alpha & 0 \\ 0 & 0 & 1 \end{bmatrix} \tag{7.5}$$

式中:$c_\alpha = \cos(\alpha)$;$s_\alpha = \sin(\alpha)$。

7.1.2.4 欧拉轴/转角

采用欧拉角需要进行多次三角运算,并存在方程奇异问题,而采用欧拉轴/转角的表示方法则具有独特的优点。根据刚体动力学可知,两个坐标系间的三次转动效果可以合成为由绕某一特定轴旋转某一角度得到,这里称该转轴为欧拉轴,假定为 $\boldsymbol{P} = \begin{bmatrix} p_1 & p_2 & p_3 \end{bmatrix}^{\mathrm{T}}$,转动角度为欧拉转角,假定为 ϕ,则两个坐标系间的姿态变换矩阵为

$$
{}_a^b\boldsymbol{R} = \begin{bmatrix} p_1^2(1-c\phi)+c\phi & p_1p_2(1-c\phi)+p_3s\phi & p_1p_3(1-c\phi)-p_2s\phi \\ p_1p_2(1-c\phi)-p_3s\phi & p_1^2(1-c\phi)+c\phi & p_2p_3(1-c\phi)+p_1s\phi \\ p_1p_3(1-c\phi)+p_2s\phi & p_2p_3(1-c\phi)-p_1s\phi & p_1^2(1-c\phi)+c\phi \end{bmatrix}
$$

$$(7.6)$$

7.1.2.5 四元数

四元数最早由 B. P. Hamilton 在 1843 年提出,该方法的基本原理与欧拉轴/转角在根本上是相同的,采用四元数法描述姿态时同样不存在欧拉角的奇异问题,因此四元数的表达式可以由欧拉轴/转角给出:

$$
\boldsymbol{q} = \begin{bmatrix} q_0 & \dot{q} \end{bmatrix} = \begin{bmatrix} q_0 & q_1 & q_2 & q_3 \end{bmatrix}^{\mathrm{T}} \tag{7.7}
$$

式中:$q_0 = \cos\dfrac{\phi}{2}$;$q_1 = p_1\sin\dfrac{\phi}{2}$;$q_2 = p_2\sin\dfrac{\phi}{2}$;$q_3 = p_3\sin\dfrac{\phi}{2}$。

7.2 软接触模型运动学方程建立

7.2.1 运动学分析

由图 7.1 可知,空间多体系统各个臂杆的质心位置矢量为

$$
\boldsymbol{r}_i = \boldsymbol{r}_0 + \boldsymbol{b}_0 + \sum_{k=1}^{i-1}(\boldsymbol{a}_k + \boldsymbol{b}_k) + \boldsymbol{a}_i \tag{7.8}
$$

同理,空间多体系统末端执行器的位置矢量为

$$
\boldsymbol{p}_e = \boldsymbol{r}_0 + \boldsymbol{b}_0 + \sum_{i=1}^{n}\boldsymbol{l}_i \tag{7.9}
$$

对式(7.8)进行时间求导,可得各个臂杆质心处的线速度:

$$
\boldsymbol{v}_i = \dot{\boldsymbol{r}}_i = \boldsymbol{v}_0 + \dot{\boldsymbol{b}}_0 + \sum_{k=1}^{i-1}(\dot{\boldsymbol{a}}_k + \dot{\boldsymbol{b}}_k) + \dot{\boldsymbol{a}}_i \tag{7.10}
$$

因为 $\dot{\boldsymbol{b}}_i$ 在惯性坐标系下随时间变化,而 ${}^i\boldsymbol{b}_i$ 在其臂杆坐标系下是常数,所以需要求解变换矩阵对时间的导数,即

$$
\dot{\boldsymbol{b}}_i = \frac{\mathrm{d}(\boldsymbol{b}_i)}{\mathrm{d}t} = \frac{\mathrm{d}(\boldsymbol{R}_i \cdot {}^i\boldsymbol{b}_i)}{\mathrm{d}t} = \frac{\mathrm{d}(\boldsymbol{R}_i)}{\mathrm{d}t}({}^i\boldsymbol{b}_i) = (\boldsymbol{\omega}_i \times \boldsymbol{R}_i)({}^i\boldsymbol{b}_i) = \boldsymbol{\omega}_i \times \boldsymbol{b}_i \tag{7.11}
$$

故有

$$
\boldsymbol{v}_i = \dot{\boldsymbol{r}}_i = \boldsymbol{v}_0 + \boldsymbol{\omega}_0 \times \boldsymbol{b}_0 + \sum_{k=1}^{i-1}\boldsymbol{\omega}_k \times (\boldsymbol{a}_k + \boldsymbol{b}_k) + \boldsymbol{\omega}_i \times \dot{\boldsymbol{a}}_i \tag{7.12}
$$

另外,各臂杆质心与臂杆末端的角速度为

$$\boldsymbol{\omega}_i = \boldsymbol{\omega}_0 + \sum_{k=1}^{i} \boldsymbol{Z}_k \dot{\boldsymbol{\theta}}_k \tag{7.13}$$

$$\boldsymbol{\omega}_e = \boldsymbol{\omega}_0 + \sum_{i=1}^{n} \boldsymbol{Z}_i \dot{\boldsymbol{\theta}}_i \tag{7.14}$$

将式(7.13)代入式(7.12)整理得

$$\boldsymbol{v}_i = \dot{\boldsymbol{r}}_i = \boldsymbol{v}_0 + \boldsymbol{\omega}_0 \times (\boldsymbol{r}_i - \boldsymbol{r}_0) + \sum_{k=1}^{i} \{ \boldsymbol{Z}_k \times (\boldsymbol{r}_i - \boldsymbol{p}_k) \} \dot{\boldsymbol{\theta}}_k \tag{7.15}$$

同理有

$$\boldsymbol{v}_e = \dot{\boldsymbol{p}}_e = \boldsymbol{v}_0 + \boldsymbol{\omega}_0 \times (\boldsymbol{p}_e - \boldsymbol{r}_0) + \sum_{i=1}^{n} \{ \boldsymbol{Z}_i \times (\boldsymbol{p}_e - \boldsymbol{p}_i) \} \dot{\boldsymbol{\theta}}_i \tag{7.16}$$

令 $\boldsymbol{J}_{Ri} = [\boldsymbol{Z}_1, \boldsymbol{Z}_2, \cdots, \boldsymbol{Z}_i, 0, \cdots, 0]$，则式(7.13)变为

$$\boldsymbol{\omega}_i = \boldsymbol{\omega}_0 + \boldsymbol{J}_{Ri} \dot{\boldsymbol{\Theta}} \tag{7.17}$$

令 $\boldsymbol{J}_{Ti} = [\boldsymbol{Z}_1 \times (\boldsymbol{r}_i - \boldsymbol{p}_1), \boldsymbol{Z}_2 \times (\boldsymbol{r}_i - \boldsymbol{p}_2), \cdots, \boldsymbol{Z}_i \times (\boldsymbol{r}_i - \boldsymbol{p}_i), 0, \cdots, 0]$，则式(7.15)变为

$$\boldsymbol{v}_i = \dot{\boldsymbol{r}}_i = \boldsymbol{v}_0 + \boldsymbol{\omega}_0 \times (\boldsymbol{r}_i - \boldsymbol{r}_0) + \boldsymbol{J}_{Ti} \dot{\boldsymbol{\Theta}} \tag{7.18}$$

可将式(7.14)和式(7.16)进一步写为矩阵形式：

$$\begin{bmatrix} \boldsymbol{v}_e \\ \boldsymbol{\omega}_e \end{bmatrix} = \boldsymbol{J}_b \begin{bmatrix} \boldsymbol{v}_0 \\ \boldsymbol{\omega}_0 \end{bmatrix} + \boldsymbol{J}_m \dot{\boldsymbol{\Theta}} \tag{7.19}$$

式中：$\boldsymbol{J}_b \in \boldsymbol{R}^{6 \times 6}$ 为与基座运动相关的雅可比矩阵。

$$\boldsymbol{J}_b = \begin{bmatrix} \boldsymbol{E}_3 & -(\tilde{\boldsymbol{p}}_{0e}) \\ 0 & \boldsymbol{E}_3 \end{bmatrix} = \begin{bmatrix} \boldsymbol{E}_3 & \tilde{\boldsymbol{p}}_{0e}^{\mathrm{T}} \\ 0 & \boldsymbol{E}_3 \end{bmatrix} = \begin{bmatrix} \boldsymbol{J}_{bv} \\ \boldsymbol{J}_{bw} \end{bmatrix} \tag{7.20}$$

式中：$\boldsymbol{p}_{0e} = \boldsymbol{p}_e - \boldsymbol{r}_0$；$\boldsymbol{J}_{bv}$、$\boldsymbol{J}_{bw}$ 为 $\boldsymbol{J}_b$ 的分块矩阵。

而 $\boldsymbol{J}_m \in \boldsymbol{R}^{6 \times n}$ 是与软接触机构关节运动相关的雅可比矩阵：

$$\boldsymbol{J}_m = \begin{bmatrix} \boldsymbol{J}_{mv} \\ \boldsymbol{J}_{mw} \end{bmatrix} \tag{7.21}$$

$\boldsymbol{J}_{mv}$ 和 $\boldsymbol{J}_{mw}$ 为 $\boldsymbol{J}_m$ 的分块矩阵，表达式为

$$\boldsymbol{J}_{mv} = [\boldsymbol{Z}_1 \times (\boldsymbol{p}_e - \boldsymbol{p}_1), \boldsymbol{Z}_2 \times (\boldsymbol{p}_e - \boldsymbol{p}_2), \cdots, \boldsymbol{Z}_n \times (\boldsymbol{p}_e - \boldsymbol{p}_n)] \tag{7.22}$$

$$\boldsymbol{J}_{mw} = [\boldsymbol{Z}_1, \boldsymbol{Z}_2, \cdots, \boldsymbol{Z}_n] \tag{7.23}$$

式(7.19)中雅可比矩阵 $\boldsymbol{J}_b$ 和 $\boldsymbol{J}_m$ 是软接触机构的运动学参数和关节角度的函数，该式建立了臂杆末端速度与卫星基座本体速度以及各关节角速度三者之间的运动学关系，基于该式可以对空间多体系统进行运动路径规划。

7.2.2　基于动量守恒定律的运动学方程正解

7.2.2.1　自由漂浮模式下的运动学正解

假设系统不受到任何外力(外力矩),则系统的动量守恒。设初始时刻的动量为 0,则满足如下的线动量守恒方程:

$$P = \sum_{i=0}^{n} (m_i \dot{r}_i) = 0 \tag{7.24}$$

将式(7.15)代入线动量守恒方程,得

$$
\begin{aligned}
P &= Mv_0 + (M\hat{\tilde{r}}_{0g}^{\mathrm{T}})\omega_0 + J_{\mathrm{Tw}}\dot{\Theta} \\
&= \begin{bmatrix} ME & M\hat{\tilde{r}}_{0g}^{\mathrm{T}} \end{bmatrix} \begin{bmatrix} v_0 \\ \omega_0 \end{bmatrix} + J_{\mathrm{Tw}}\dot{\Theta} = 0
\end{aligned}
\tag{7.25}
$$

式中:

$$r_{0g} = r_g - r_0, J_{\mathrm{Tw}} = \sum_{i=1}^{n} (m_i J_{\mathrm{Ti}}) \tag{7.26}$$

同理,系统满足如下的角动量守恒方程:

$$L = \sum_{i=0}^{n} (I_i \omega_i + m_i r_i \times \dot{r}_i) = 0 \tag{7.27}$$

为了便于推导,本书以多体系统绕基座质心的角动量 L_0 进行计算,则角动量守恒方程为

$$
\begin{aligned}
L &= L_0 + r_0 \times P \\
&= I_0 \omega_0 + \sum_{i=1}^{n} I_i \omega_i + \sum_{i=1}^{n} m_i(r_i - r_0) \times \dot{r}_i + \sum_{k=0}^{n} r_0 \times m_i \dot{r}_i = 0
\end{aligned}
\tag{7.28}
$$

因为 $L = 0$ 和 $P = 0$,故 $L_0 = 0$,则有

$$L_0 = I_0 \omega_0 + \sum_{i=1}^{n} I_i \omega_i + \sum_{i=1}^{n} m_i(r_i - r_0) \times \dot{r}_i = 0 \tag{7.29}$$

将式(7.17)和式(7.18)代入式(7.29)得

$$
\begin{aligned}
L_0 &= I_0 \omega_0 + \sum_{i=1}^{n} I_i(\omega_0 + J_{\mathrm{Ri}}\dot{\Theta}) + \sum_{i=1}^{n} m_i \tilde{r}_{0i}(v_0 + \tilde{r}_{0i}^{\mathrm{T}}\omega_0 + J_{\mathrm{Ti}}\dot{\Theta}) \\
&= \begin{bmatrix} M\tilde{r}_{0g} & H_{\mathrm{w}} \end{bmatrix} \begin{bmatrix} v_0 \\ \omega_0 \end{bmatrix} + H_{\mathrm{w\phi}}\dot{\Theta} = 0
\end{aligned}
\tag{7.30}
$$

式中: $H_{\mathrm{w}} = \sum_{i=1}^{n} (I_i + m_i \tilde{r}_{0i}^{\mathrm{T}}\tilde{r}_{0i}) + I_0$; $H_{\mathrm{w\phi}} = \sum_{i=1}^{n} (I_i J_{\mathrm{Ri}} + m_i \tilde{r}_{0i} J_{\mathrm{Ti}})$; $r_{0g} = r_g - r_0$ 。

联立式(7.25)和式(7.30),这样动量守恒方程可以表示为

$$
\begin{bmatrix} \boldsymbol{P} \\ \boldsymbol{L}_0 \end{bmatrix} = \begin{bmatrix} M\boldsymbol{E} & M\tilde{\boldsymbol{r}}_{0g}^{\mathrm{T}} \\ M\tilde{\boldsymbol{r}}_{0g} & \boldsymbol{H}_{\mathrm{w}} \end{bmatrix} \begin{bmatrix} \boldsymbol{v}_0 \\ \boldsymbol{\omega}_0 \end{bmatrix} + \begin{bmatrix} \boldsymbol{J}_{\mathrm{Tw}} \\ \boldsymbol{H}_{\mathrm{w}\phi} \end{bmatrix} \dot{\boldsymbol{\Theta}} = 0 \tag{7.31}
$$

根据式(7.31)的第一个方程,可以解出:

$$
\boldsymbol{v}_0 = \tilde{\boldsymbol{r}}_{0g}\boldsymbol{\omega}_0 - \frac{\boldsymbol{J}_{\mathrm{Tw}}}{M}\dot{\boldsymbol{\Theta}} \tag{7.32}
$$

代入式(7.31)第二个方程,可得

$$
(M\tilde{\boldsymbol{r}}_{0g}\tilde{\boldsymbol{r}}_{0g} + \boldsymbol{H}_{\mathrm{w}})\boldsymbol{\omega}_0 + (\boldsymbol{H}_{\mathrm{w}\phi} - \tilde{\boldsymbol{r}}_{0g}\boldsymbol{J}_{\mathrm{Tw}})\dot{\boldsymbol{\Theta}} = 0 \tag{7.33}
$$

令 $\boldsymbol{H}_{\mathrm{s}} = (M\tilde{\boldsymbol{r}}_{0g}\tilde{\boldsymbol{r}}_{0g} + \boldsymbol{H}_{\mathrm{w}})$,$\boldsymbol{H}_{\boldsymbol{\Theta}} = (\boldsymbol{H}_{\mathrm{w}\phi} - \tilde{\boldsymbol{r}}_{0g}\boldsymbol{J}_{\mathrm{Tw}})$,则式(7.33)变为

$$
\boldsymbol{H}_{\mathrm{s}}\boldsymbol{\omega}_0 + \boldsymbol{H}_{\boldsymbol{\Theta}}\dot{\boldsymbol{\Theta}} = 0 \tag{7.34}
$$

可以证明 $\boldsymbol{H}_{\mathrm{s}}$ 是非奇异的,因而

$$
\boldsymbol{\omega}_0 = -\boldsymbol{H}_{\mathrm{s}}^{-1}\boldsymbol{H}_{\boldsymbol{\Theta}}\dot{\boldsymbol{\Theta}} \tag{7.35}
$$

代入式(7.32),求得

$$
\boldsymbol{v}_0 = -\tilde{\boldsymbol{r}}_{0g}\boldsymbol{H}_{\mathrm{s}}^{-1}\boldsymbol{H}_{\boldsymbol{\Theta}}\dot{\boldsymbol{\Theta}} - \frac{\boldsymbol{J}_{\mathrm{Tw}}}{M}\dot{\boldsymbol{\Theta}} \tag{7.36}
$$

将式(7.35)和式(7.36)写成矩阵形式为

$$
\begin{bmatrix} \boldsymbol{v}_0 \\ \boldsymbol{\omega}_0 \end{bmatrix} = \begin{bmatrix} -\tilde{\boldsymbol{r}}_{0g}\boldsymbol{H}_{\mathrm{s}}^{-1}\boldsymbol{H}_{\boldsymbol{\Theta}} - \dfrac{\boldsymbol{J}_{\mathrm{Tw}}}{M} \\ -\boldsymbol{H}_{\mathrm{s}}^{-1}\boldsymbol{H}_{\boldsymbol{\Theta}} \end{bmatrix} \dot{\boldsymbol{\Theta}} = \boldsymbol{J}_{\mathrm{bm}}\dot{\boldsymbol{\Theta}} \tag{7.37}
$$

式(7.37)中的矩阵 $\boldsymbol{J}_{\mathrm{bm}}$ 为卫星基座—软接触机构的雅可比矩阵,利用该矩阵可求得软接触机构运动对卫星基座产生的运动学影响。$\boldsymbol{J}_{\mathrm{bm}}$ 的另一种求解方法如下:

当式(7.31)中系数矩阵非奇异时,令 $\boldsymbol{H}_{\mathrm{b}} = \begin{bmatrix} M\boldsymbol{E} & M\tilde{\boldsymbol{r}}_{0g}^{\mathrm{T}} \\ M\tilde{\boldsymbol{r}}_{0g} & \boldsymbol{H}_{\mathrm{w}} \end{bmatrix}$,$\boldsymbol{H}_{\mathrm{bm}} = \begin{bmatrix} \boldsymbol{J}_{\mathrm{Tw}} \\ \boldsymbol{H}_{\mathrm{w}\phi} \end{bmatrix}$,则

$$
\boldsymbol{J}_{\mathrm{bm}} = -\boldsymbol{H}_{\mathrm{b}}^{-1}\boldsymbol{H}_{\mathrm{bm}} \tag{7.38}
$$

将 $\boldsymbol{J}_{\mathrm{bm}}$ 代入式(7.19)可得

$$
\begin{bmatrix} \boldsymbol{v}_{\mathrm{e}} \\ \boldsymbol{\omega}_{\mathrm{e}} \end{bmatrix} = [\boldsymbol{J}_{\mathrm{m}} + \boldsymbol{J}_{\mathrm{b}}\boldsymbol{J}_{\mathrm{bm}}]\dot{\boldsymbol{\Theta}} = \boldsymbol{J}_{\mathrm{g}}\dot{\boldsymbol{\Theta}} \tag{7.39}
$$

式中:$\boldsymbol{J}_{\mathrm{g}}$ 为描述软接触机构末端执行器速度和各关节角速度关系的广义雅可比矩阵。

7.2.2.2　自由飞行模式下的运动学正解

对空间多体系统(包含飞轮)的运动学方程进行研究,当飞轮安装在卫星基座的惯量主轴上,并且飞轮系统的质心重合于基座的质心时,此时空间多体系统

142

（包含飞轮）的线动量和角动量守恒，类似于自由漂浮空间多体系统的运动学方程式（7.31），有如下方程：

$$\begin{bmatrix} \boldsymbol{P} \\ \boldsymbol{L}_0 \end{bmatrix} = \begin{bmatrix} M\boldsymbol{E} & M\tilde{\boldsymbol{r}}_{0g}^{\mathrm{T}} \\ M\tilde{\boldsymbol{r}}_{0g} & \boldsymbol{H}_{\mathrm{w}} \end{bmatrix} \begin{bmatrix} \boldsymbol{v}_0 \\ \boldsymbol{\omega}_0 \end{bmatrix} + \begin{bmatrix} \boldsymbol{J}_{\mathrm{Tw}} & \boldsymbol{O}_{3 \times n} \\ \boldsymbol{H}_{\mathrm{w}\phi} & \boldsymbol{H}_{\mathrm{rw}} \end{bmatrix} \begin{bmatrix} \dot{\boldsymbol{\Theta}}_{\mathrm{m}} \\ \dot{\boldsymbol{\Theta}}_{\mathrm{rw}} \end{bmatrix} = 0 \tag{7.40}$$

式中：$\boldsymbol{H}_{\mathrm{rw}}$ 为反作用飞轮的惯量矩阵；n 为反作用飞轮的个数；$\dot{\boldsymbol{\Theta}}_{\mathrm{m}}$ 为关节转动的角速度；$\dot{\boldsymbol{\Theta}}_{\mathrm{rw}}$ 为飞轮转动的角速度。

将式（7.40）作变换可得

$$\boldsymbol{H}_{\mathrm{s}}\boldsymbol{\omega}_0 + \boldsymbol{H}_{\Theta}\dot{\boldsymbol{\Theta}}_{\mathrm{m}} + \boldsymbol{H}_{\mathrm{rw}}\dot{\boldsymbol{\Theta}}_{\mathrm{rw}} = 0 \tag{7.41}$$

将式（7.41）代入式（7.40）可得

$$\begin{bmatrix} \boldsymbol{v}_0 \\ \boldsymbol{\omega}_0 \end{bmatrix} = \begin{bmatrix} -\tilde{\boldsymbol{r}}_{0g}\boldsymbol{H}_{\mathrm{s}}^{-1}\boldsymbol{H}_{\Theta} - \dfrac{\boldsymbol{J}_{\mathrm{Tw}}}{M} & -\tilde{\boldsymbol{r}}_{0g}\boldsymbol{H}_{\mathrm{s}}^{-1}\boldsymbol{H}_{\mathrm{rw}} \\ -\boldsymbol{H}_{\mathrm{s}}^{-1}\boldsymbol{H}_{\Theta} & -\boldsymbol{H}_{\mathrm{s}}^{-1}\boldsymbol{H}_{\mathrm{rw}} \end{bmatrix} \begin{bmatrix} \dot{\boldsymbol{\Theta}}_{\mathrm{m}} \\ \dot{\boldsymbol{\Theta}}_{\mathrm{rw}} \end{bmatrix} = \boldsymbol{J}_{\mathrm{bm}}^* \begin{bmatrix} \dot{\boldsymbol{\Theta}}_{\mathrm{m}} \\ \dot{\boldsymbol{\Theta}}_{\mathrm{rw}} \end{bmatrix} \tag{7.42}$$

类似于式（7.19），有如下方程：

$$\begin{bmatrix} \boldsymbol{v}_{\mathrm{e}} \\ \boldsymbol{\omega}_{\mathrm{e}} \end{bmatrix} = \boldsymbol{J}_{\mathrm{b}} \begin{bmatrix} \boldsymbol{v}_0 \\ \boldsymbol{\omega}_0 \end{bmatrix} + \begin{bmatrix} \boldsymbol{J}_{\mathrm{m}} & \boldsymbol{O}_{6 \times n} \end{bmatrix} \begin{bmatrix} \dot{\boldsymbol{\Theta}}_{\mathrm{m}} \\ \dot{\boldsymbol{\Theta}}_{\mathrm{rw}} \end{bmatrix}$$

$$= \boldsymbol{J}_{\mathrm{b}} \begin{bmatrix} \boldsymbol{v}_0 \\ \boldsymbol{\omega}_0 \end{bmatrix} + \boldsymbol{J}^* \begin{bmatrix} \dot{\boldsymbol{\Theta}}_{\mathrm{m}} \\ \dot{\boldsymbol{\Theta}}_{\mathrm{rw}} \end{bmatrix} \tag{7.43}$$

将式（7.42）代入式（7.43）可得自由飞行模式下空间多体系统的广义雅可比矩阵：

$$\begin{bmatrix} \boldsymbol{v}_{\mathrm{e}} \\ \boldsymbol{\omega}_{\mathrm{e}} \end{bmatrix} = \begin{bmatrix} \boldsymbol{J}_{\mathrm{b}} \times \boldsymbol{J}_{\mathrm{bm}}^* + \boldsymbol{J}^* \end{bmatrix} \begin{bmatrix} \dot{\boldsymbol{\Theta}}_{\mathrm{m}} \\ \dot{\boldsymbol{\Theta}}_{\mathrm{rw}} \end{bmatrix} = \begin{bmatrix} \boldsymbol{J}_{\mathrm{g\_m}}^* & \boldsymbol{J}_{\mathrm{g\_rw}}^* \end{bmatrix} \begin{bmatrix} \dot{\boldsymbol{\Theta}}_{\mathrm{m}} \\ \dot{\boldsymbol{\Theta}}_{\mathrm{rw}} \end{bmatrix} = \boldsymbol{J}_{\mathrm{g}}^* \begin{bmatrix} \dot{\boldsymbol{\Theta}}_{\mathrm{m}} \\ \dot{\boldsymbol{\Theta}}_{\mathrm{rw}} \end{bmatrix} \tag{7.44}$$

由于自由飞行空间多体系统的卫星基座姿态几乎不发生变化，可假设基座的角速度为 0，则式（7.41）可变换为

$$\boldsymbol{H}_{\Theta}\dot{\boldsymbol{\Theta}}_{\mathrm{m}} + \boldsymbol{H}_{\mathrm{rw}}\dot{\boldsymbol{\Theta}}_{\mathrm{rw}} = 0 \tag{7.45}$$

则联立式（7.44）和式（7.45）可得，关节和反作用飞轮的转动角速度公式：

$$\begin{bmatrix} \dot{\boldsymbol{\Theta}}_{\mathrm{m}} \\ \dot{\boldsymbol{\Theta}}_{\mathrm{rw}} \end{bmatrix} = \begin{bmatrix} (\boldsymbol{J}_{\mathrm{g\_m}}^* - \boldsymbol{J}_{\mathrm{g\_rw}}^*\boldsymbol{H}_{\mathrm{rw}}^+\boldsymbol{H}_{\Theta})^+ \\ -\boldsymbol{H}_{\mathrm{rw}}^+\boldsymbol{H}_{\Theta}(\boldsymbol{J}_{\mathrm{g\_m}}^* - \boldsymbol{J}_{\mathrm{g\_rw}}^*\boldsymbol{H}_{\mathrm{rw}}^+\boldsymbol{H}_{\Theta})^+ \end{bmatrix} \begin{bmatrix} \boldsymbol{v}_{\mathrm{e}} \\ \boldsymbol{\omega}_{\mathrm{e}} \end{bmatrix} \tag{7.46}$$

式中：$(\ )^+$ 为广义逆矩阵。

7.2.3　基于动量守恒定律的运动学方程逆解

在轨软接触机构的运动学逆解是其控制理论的基础，其目的是将工作空间内软接触机构的末端位姿转化成相对应的关节变量和卫星基座本体位姿。通过运动学逆解可以实现对末端执行器的运动路径规划、离线编程和轨迹控制。

对于在轨软接触机构系统，由于卫星基座本体和多臂杆机构之间存在运动耦合，在多臂杆运动时，卫星基座本体的位姿会随多臂杆的运动而运动。因此运动学逆解方程需建立软接触机构末端速度、卫星基座本体速度与各臂杆关节角速度之间的映射关系。以下分别针对自由漂浮模式和自由飞行模式进行分析。

7.2.3.1　自由漂浮模式下的运动学逆解

在自由漂浮模式下，在轨软接触机构末端速度 $v\omega_e = [v_e, \omega_e]^T$ 与其关节速度 $\dot{\theta}$ 之间存在如下关系：

$$v\omega_e = J_{\text{float}} \cdot \dot{\theta} \tag{7.47}$$

式中：J_{float} 为空间软接触机构的广义雅可比矩阵，即式（7.39）的 J_g。

在自由漂浮模式下，根据式（7.37）和式（7.39），在轨软接触机构关节速度与基座速度之间存在如下关系：

$$\begin{bmatrix} v_0 \\ \omega_0 \end{bmatrix} = J_{\text{bm}} \dot{\theta} \tag{7.48}$$

由式（7.47）和式（7.48）即可建立自由漂浮模式下在轨软接触机构关节角速度、基座速度和末端速度间的关系。由式（7.47）即可得出自由漂浮模式下，在轨软接触机构速度级的运动学逆解：

$$\dot{\theta} = J_{\text{float}}^{-1} v\omega_e \tag{7.49}$$

7.2.3.2　自由飞行模式下的运动学逆解

对于自由飞行模式下的在轨软接触机构，由于其基座姿态受控，末端速度不仅包括由关节角运动以及由此引起基座位移运动产生的末端速度，而且包括基座受控的姿态角速度引起的末端运动。为了便于问题分析分两种情况讨论。

（1）情况一：当 $\omega = 0$ 时。

在轨软接触机构末端速度 $v\omega_e$ 与关节速度 $\dot{\theta}$ 间存在如下关系：

$$v\omega_e = J_{\text{fly}} \dot{\theta} \tag{7.50}$$

式中：J_{fly} 为空间机器人广义雅可比矩阵，如式（7.44）所示。

在自由飞行模式下，根据式（7.40）推导，在轨软接触机构关节速度与基座速度之间存在如下关系：

$$^\mathrm{I}\boldsymbol{v}_0 = -\boldsymbol{J}_{\mathrm{TM}}\dot{\boldsymbol{q}}_\mathrm{m}/M \tag{7.51}$$

由式(7.50)即可得出自由飞行模式下,空间机器人速度级的运动学逆解:

$$\dot{\boldsymbol{\theta}} = \boldsymbol{J}_{\mathrm{fly}}^{-1}\boldsymbol{v}_\mathrm{e} \tag{7.52}$$

(2) 情况二:当 $\omega \neq 0$ 时。

此时,在轨软接触机构末端速度受到卫星基座姿态角速度的影响,因此可以采用两步建立关节角速度、基座速度和末端速度之间的关系。第一步先将基座姿态角对末端速度影响求出,并从末端速度中将其减去,由此转化为 $\omega = 0$ 的情况;第二步则按照情况一的方法求解,由于该步与上相同,此处不再赘述。以下着重分析第一步的处理方法。

根据式(7.44),令 $\dot{\boldsymbol{x}}_\mathrm{e} = [\boldsymbol{v}_\mathrm{e}, \boldsymbol{\omega}_\mathrm{e}]^\mathrm{T}$,$\dot{\boldsymbol{x}}_\mathrm{b} = [\boldsymbol{v}_0, \boldsymbol{\omega}_0]^\mathrm{T}$,$\boldsymbol{J}_\mathrm{b} = [\boldsymbol{J}_{\mathrm{b}v}, \boldsymbol{J}_{\mathrm{b}\omega}]^\mathrm{T}$,则可得

$$\begin{bmatrix} \boldsymbol{v}_\mathrm{e} \\ \boldsymbol{\omega}_\mathrm{e} \end{bmatrix} = \begin{bmatrix} \boldsymbol{J}_{\mathrm{b}v} & \boldsymbol{J}_{\mathrm{b}\omega} \end{bmatrix} \begin{bmatrix} \boldsymbol{v}_0 \\ \boldsymbol{\omega}_0 \end{bmatrix} + \boldsymbol{J}_\mathrm{m}\dot{\boldsymbol{\theta}} \tag{7.53}$$

式中:$\boldsymbol{\omega}_0$ 为卫星基座输入的姿态角速度;$\boldsymbol{J}_{\mathrm{b}v}$、$\boldsymbol{J}_{\mathrm{b}\omega}$ 分别为雅可比矩阵 $\boldsymbol{J}_\mathrm{b}$ 对应于基座线速度和角速度的前三列和后三列。

令 $\boldsymbol{\omega}' = \boldsymbol{\omega}_\mathrm{e} - \boldsymbol{J}_{\mathrm{b}\omega}\boldsymbol{\omega}_0$,则式(7.53)转化为

$$\begin{bmatrix} \boldsymbol{v}_\mathrm{e} \\ \boldsymbol{\omega}_\mathrm{e}' \end{bmatrix} = \begin{bmatrix} \boldsymbol{J}_{\mathrm{b}v} & \boldsymbol{J}_{\mathrm{b}\omega} \end{bmatrix} \begin{bmatrix} \boldsymbol{v}_0 \\ \boldsymbol{\omega}_0 \end{bmatrix} + \boldsymbol{J}_\mathrm{m}\dot{\boldsymbol{\theta}} \tag{7.54}$$

由式(7.54)即可将 $\omega \neq 0$ 情况时,自由飞行模式下的在轨软接触机构运动学逆解求解转化为 $\omega = 0$ 的情况,再利用式(7.48)和式(7.49)建立在轨软接触机构关节速度、基座速度和末端速度之间的关系。

第8章　在轨软接触模型动力学方程

在轨软接触机构是由多个关节和多个连杆组成的复杂多柔体系统,具有多个输入和多个输出,它们之间存在着耦合关系,同时表现出很强的非线性特征。研究在轨软接触机构的动力学,其目的首先是为了控制策略的设计,利用动力学模型实现控制策略优化。其次可利用动力学模型进行控制器的前馈补偿,还可用于调节伺服系统的增益。

8.1　多刚体动力学描述基本方法

空间多体系统动力学方程包括正动力学和逆动力学方程。正动力学方程:给定各关节的驱动力矩 τ,计算各关节的角度 q、角速度 $\dot{q}$ 以及角加速度 $\ddot{q}$。逆动力学方程:对于给定的操作任务,给出各关节的角度 q、角速度 $\dot{q}$ 以及角加速度 $\ddot{q}$ 的变化序列,计算出应该施加的各关节力矩。

对于在轨软接触机构多体系统动力学方程的研究,可以采用经典力学方法来进行动力学分析,如拉格朗日方程和牛顿–欧拉方程等。这里首先采用拉格朗日方程建立空间多体系统的正动力学方程,然后采用牛顿–欧拉方程建立逆动力学方程。

8.1.1　柔性体变形的基本描述方法

在轨软接触机构柔性体变形的基本描述方法有有限元、假设模态、有限段以及集中质量法等,下面简要介绍。

1. 有限元法

有限元法是解决复杂结构问题的一种数值解法。其实质就是把无限个自由度的连续体理想化为有限个自由度的单元集合体,使问题简化为适合于数值解法的结构型问题。其特点是将弹性单元、刚性节点、载荷向节点移置、刚度及阻尼特性用单元表征。采用有限元法所得动力学方程较为复杂,动态响应求解运算量也较大,其边界条件和几何物理特性可以直接描述。Tokhi 利用有限元法和有限差分法比较研究了受约束单连杆柔性机械臂的动态特性。和兴锁利用有限元方法对空间柔性梁结构进行离散化,然后采用拉格朗日方程建立了系统动力学方程。

Shaker 基于有限元法设计了具有旋转关节的平面双连杆柔性机械臂的非线性模型。Korayem 利用有限元法研究了柔性杆移动机械臂的最大允许动态载荷。

2. 假设模态法

假设模态法通过求解自由振动的特征值即可得到动态模态。假设模态法是广义坐标的一种,以瑞利-里茨(Rayleigh-Ritz)法为基础,通过模态截断方法,以系统中子结构的模态综合推导出系统整体模态。2003 年,金国光基于假设模态法和凯恩方程建立了柔性机械臂的动力学模型。2006 年,余跃庆以柔性多体系统动力学理论为基础,采用假设模态方法,建立了具有柔性杆件的欠驱动机器人的动力学模型。2007 年,Amer 利用假设模态法及拉格朗日方程对柔性负载进行建模,根据末端执行器与柔性负载的相互作用力关系,得到整个系统的动力学模型,其所设计的滑模控制器可以在跟踪期望轨迹的同时抑制柔性负载的弹性振动。2009 年,Mills 基于假设模态法研究了刚体运动和具有三个柔性中间连杆的 3 - PRR 并联机器人弹性运动的耦合特性。

3. 有限段法

有限段法是将细长件分为有限刚段,将柔性引入系统的各接点中,即用柔性系统描述为多个刚体,以含有弹簧和阻尼器的接点相连。该方法容易计入几何非线性的影响,理论推导程式化,便于数值计算,比较适合于含细长构件的系统。朱金钮研究了由一个中心刚体、两个铰链接的柔性梁构成的展开系统模型,用有限段梁单元以及碰撞连续力模型的方法建立多体模型。董龙雷针对具有中心刚体并带有柔性梁附件的刚柔耦合系统,介绍了基于凯恩动力学方程的多体动力学理论,并应用有限段建模方法对这类刚柔耦合系统建立了动力学方程。何斌提出了几何非线性柔性机械臂动力学有限段传递矩阵建模方法,该方法既保留了有限段法自动计入几何非线性和动力刚化的优势,又保留了传递矩阵法建模方便灵活的特性。

4. 集中质量法

集中质量法是将柔性体的分布质量离散化于若干离散节点上。杆系结构的离散化刚度矩阵可直接得出,系统动力学方程通过质量近似离散化处理得到。集中质量法适用于部件外形复杂的柔性体系统,在自由度相同的情况下,其模型精度低于有限元法。田霞研究了梁的离散模型的模态反问题,采用集中质量法和有限差分法对梁进行离散化,得到横向振动梁的弹簧—质点—刚杆模型,其质量矩阵为对角矩阵,而刚度矩阵为对称的五对角矩阵。蔡国平对带有末端集中质量的双连杆柔性机械臂的主动控制进行了研究,给出了系统的动力学方程。

8.1.2　柔性动力学方程基本建模方法

在轨软接触机构柔性动力学建模的基本方法有汉密尔顿、拉格朗日方程、牛顿-欧拉以及凯恩方程等,下面简要介绍。

1. 汉密尔顿原理

汉密尔顿原理是柔性臂动力学建模的理论基础。其采用能量方式建模,避免了动力学方程中包含内力项,适用于结构比较简单的柔性体系统。对于结构复杂的系统,汉密尔顿函数的变分运算变得较为复杂。但变分运算原理是将系统实际运动应满足的约束条件表示为某一函数或泛函的极值,并以此确定系统的运动。因此,采用汉密尔顿原理与控制系统的优化进行综合分析,便于动力学分析转化为系统控制模型。2005年,Cai基于汉密尔顿原理,建立了末端带有集中质量的单连杆柔性臂的分布参数模型。2007年,Pratiher从汉密尔顿原理出发,建立了单连杆柔性笛卡儿机械臂的非线性分布参数模型。Bolandi基于汉密尔顿原理和假设模态法研究了具有旋转关节和柔性连杆的单连杆柔性机械臂完全非线性动力学模型。

2. 拉格朗日方程

由拉格朗日方程或汉密尔顿原理出发,求出能量函数或汉密尔顿函数,以能量方式建模,可以避免方程中出现内力项,适用于比较简单的柔性体动力学方程。而对复杂结构拉格朗日函数和汉密尔顿函数的微分运算将变得非常繁琐。但是变分原理又有其特点,由于它是将系统真实运动应满足的条件表示为某个函数或泛函的极值条件,并利用此条件确定系统的运动,因此这种方法可结合控制系统的优化进行综合分析,便于动力学分析向控制模型的转化。

拉格朗日方程是柔性机械臂建立动力学模型的理论基础。其分别与有限元法、假设模态法和奇异摄动法等方法结合使用,可得到不同形式的动力学方程。李元春、刘克平基于拉格朗日方程采用假设模态法和奇异摄动法得到了双连杆柔性臂的双时标动力学模型。2009年,刘善增基于拉格朗日方程建立了空间三自由度并联机器人的动力学模型。王三民利用拉格朗日方程和变步长龙格-库塔法建立了空间RRRP机械臂的非线性动力学方程。

3. 牛顿-欧拉公式

牛顿-欧拉公式应用质心动量矩定理推导出隔离体的动力学方程,方程中含有物理意义明确,并且能够表征系统完整受力关系的相邻体间的内力项。利用牛顿-欧拉公式对柔性梁进行建模时,首先假定:①柔性梁的变形和柔性梁的长度比较起来非常小;②假设梁是具有均匀截面和稳定性质的欧拉-伯努利梁;③梁的转动惯量和剪切变形忽略不记;④空气阻力和梁的内阻尼忽略不记。李英基于牛顿-欧拉的几何方法,推导了N连杆可重构机械臂的动力学方程。Siciliano利用牛顿-欧拉公式建立了受约束柔性机械臂的动力学模型。Hwang研究了开环机器人柔性制造系统动力学特性,应用广义牛顿-欧拉公式的递推原理得到的大型、松散耦合系统方程描述柔性系统的运动。Alessandro 提出一种改进的递推牛顿－欧拉方法,解决了常规方法难以计算机器人机械臂故障检测和控制问题中的动态参数问题。牛顿－欧拉公式方法也存在方程数量多、计算效率低等缺点。但该方法仍是目前动力学分析的主要手段之一。

4. 凯恩方程

凯恩方程引入偏速度与偏角速度的概念,从约束质点系的达朗贝尔原理出发,将各体的主动力(或力矩)和惯性力(或力矩)乘以偏速度、偏角速度,通过对整个系统求和,得到与系统所含自由度数目相等的方程组。凯恩方程的特点是内力项在方程中不出现,建立方程更加程式化,可实现动力学方程的计算机符号推导。孙汉旭在运动分析基础上,基于矢量运算的凯恩方程建立了 BYQ－3 球形机器人的完整动力学模型。边宇枢和金国光利用凯恩方程和假设模态法对柔性臂系统进行了建模。

8.2　碰撞前—基于空间多刚体系统的动力学方程的建立

本节主要针对空间目标与软接触机构末端执行器接触碰撞前阶段,侧重于对在轨软接触机构路径规划过程中的空间多刚体动力学建模开展论述。

8.2.1　基于拉格朗日方程的空间多体系统正动力学方程

整个系统的动能 T 定义为各臂杆的动能之和:

$$T = \frac{1}{2}\sum_{i=0}^{n}(\boldsymbol{\omega}_i^{\mathrm{T}}\boldsymbol{I}_i\boldsymbol{\omega}_i + m_i\boldsymbol{v}_i^{\mathrm{T}}\boldsymbol{v}_i) \tag{8.1}$$

对式(8.1)展开可得

$$T = \frac{1}{2}[\boldsymbol{v}_0^{\mathrm{T}}, \boldsymbol{\omega}_0^{\mathrm{T}}, \dot{\boldsymbol{\Theta}}^{\mathrm{T}}]\begin{bmatrix} \boldsymbol{ME} & \boldsymbol{M}\hat{\boldsymbol{r}}_{0\mathrm{g}}^{\mathrm{T}} & \boldsymbol{J}_{\mathrm{Tw}} \\ \boldsymbol{M}\tilde{\boldsymbol{r}}_{0\mathrm{g}} & \boldsymbol{H}_{\mathrm{w}} & \boldsymbol{H}_{\mathrm{w}\phi} \\ \boldsymbol{J}_{\mathrm{Tw}}^{\mathrm{T}} & \boldsymbol{H}_{\mathrm{w}\phi}^{\mathrm{T}} & \boldsymbol{H}_{\mathrm{m}} \end{bmatrix}\begin{bmatrix} \boldsymbol{v}_0 \\ \boldsymbol{\omega}_0 \\ \dot{\boldsymbol{\Theta}} \end{bmatrix} \tag{8.2}$$

式中: $\boldsymbol{H}_{\mathrm{m}} = \sum_{i=1}^{n}(\boldsymbol{J}_{\mathrm{Ri}}^{\mathrm{T}}\boldsymbol{I}_i\boldsymbol{J}_{\mathrm{Ri}} + m_i\boldsymbol{J}_{\mathrm{Ti}}^{\mathrm{T}}\boldsymbol{J}_{\mathrm{Ti}})$ 。

由式(8.2)可得

$$T = \frac{1}{2}\dot{\boldsymbol{\Theta}}^{\mathrm{T}}\boldsymbol{H}(\boldsymbol{\Theta})\dot{\boldsymbol{\Theta}} \tag{8.3}$$

式中: $\boldsymbol{H}(\boldsymbol{\Theta}) = \boldsymbol{H}_{\mathrm{m}} - \boldsymbol{H}_{\mathrm{bm}}^{\mathrm{T}}\boldsymbol{H}_{\mathrm{b}}^{-1}\boldsymbol{H}_{\mathrm{bm}}$; $\boldsymbol{H}_{\mathrm{b}}$ 、 $\boldsymbol{H}_{\mathrm{bm}}$ 为系数矩阵。

在空间微重力环境下,忽略空间多体系统的势能,根据拉格朗日方程,有

$$\frac{\mathrm{d}}{\mathrm{d}t}\frac{\partial T}{\partial \dot{\boldsymbol{\Theta}}} - \frac{\partial T}{\partial \boldsymbol{\Theta}} = \boldsymbol{\tau}_i \tag{8.4}$$

故可得到空间多体系统的正动力学方程为

$$\boldsymbol{H}(\boldsymbol{\Theta})\ddot{\boldsymbol{\Theta}} = \boldsymbol{C}(\boldsymbol{\Theta},\dot{\boldsymbol{\Theta}})\dot{\boldsymbol{\Theta}} = \boldsymbol{\tau} \tag{8.5}$$

式中:$\boldsymbol{C}(\boldsymbol{\Theta},\dot{\boldsymbol{\Theta}})\dot{\boldsymbol{\Theta}} = \dot{\boldsymbol{H}}(\boldsymbol{\Theta})\dot{\boldsymbol{\Theta}} - \frac{\partial}{\partial \boldsymbol{\Theta}}\left\{\frac{1}{2}\dot{\boldsymbol{\Theta}}^{\mathrm{T}}\boldsymbol{H}(\boldsymbol{\Theta})\dot{\boldsymbol{\Theta}}\right\}$;$\boldsymbol{H}(\boldsymbol{\Theta})$ 为 $n \times n$ 对称正定惯量矩阵;$\boldsymbol{C}(\boldsymbol{\Theta},\dot{\boldsymbol{\Theta}})\dot{\boldsymbol{\Theta}}$ 为 $n \times 1$ 离心和哥氏力矩项;$\boldsymbol{\tau}$ 为施加到关节上的 $n \times 1$ 控制力矩。

8.2.2　基于牛顿 – 欧拉方程的空间多体系统逆动力学方程

基于牛顿第二定律及动量矩定理建立刚体的平动及角动方程为

$$\begin{cases} m_i \ddot{\boldsymbol{r}}_i = \boldsymbol{F}_i \\ \boldsymbol{I}_i \dot{\boldsymbol{\omega}}_i + \boldsymbol{\omega}_i \times \boldsymbol{I}_i \boldsymbol{\omega}_i = \boldsymbol{N}_i \end{cases} \tag{8.6}$$

式中:$\boldsymbol{F}_i$、$\boldsymbol{N}_i$ 为作用于刚体质心的力及力矩。

为了计算作用在臂杆上的惯性力,需要计算每个臂杆在某一时刻的角速度、线加速度和角加速度。首先对臂杆 1 进行计算,接着计算下一个臂杆,以此类推直到臂杆 n。

由角加速度的关系式:

$$^{i+1}\dot{\boldsymbol{\omega}}_{i+1} = {}^{i+1}_i\boldsymbol{R}^i\dot{\boldsymbol{\omega}}_i + {}^{i+1}_i\boldsymbol{R}^i\boldsymbol{\omega}_i \times \dot{\boldsymbol{\theta}}_{i+1}{}^{i+1}\boldsymbol{Z}_{i+1} + \ddot{\boldsymbol{\theta}}_{i+1}{}^{i+1}\boldsymbol{Z}_{i+1} \tag{8.7}$$

每个臂杆坐标系原点(关节处)的线速度为

$$^{i+1}\dot{\boldsymbol{p}}_{i+1} = {}^{i+1}_i\boldsymbol{R}(^i\dot{\boldsymbol{p}}_i + {}^i\boldsymbol{\omega}_i \times {}^i\boldsymbol{l}_{i+1}) \tag{8.8}$$

由式(8.8)可得每个臂杆坐标系原点的线加速度方程:

$$^{i+1}\ddot{\boldsymbol{p}}_{i+1} = {}^{i+1}_i\boldsymbol{R}(^i\ddot{\boldsymbol{p}}_i + {}^i\dot{\boldsymbol{\omega}}_i \times {}^i\boldsymbol{l}_{i+1} + {}^i\boldsymbol{\omega}_i \times ({}^i\boldsymbol{\omega}_i \times {}^i\boldsymbol{l}_{i+1})) \tag{8.9}$$

同理,可得每个臂杆质心的线加速度:

$$^i\dot{\boldsymbol{v}}_i = {}^i\dot{\boldsymbol{\omega}}_i \times {}^i\boldsymbol{a}_i + {}^i\boldsymbol{\omega}_i \times ({}^i\boldsymbol{\omega}_i \times {}^i\boldsymbol{a}_i) + {}^i\ddot{\boldsymbol{p}}_i \tag{8.10}$$

计算出每个臂杆质心的线加速度和角加速度后,便可以计算出作用在臂杆 i 质心上的惯性力和力矩。考虑臂杆 i 上受到的作用力和力矩,列出力平衡方程和力矩平衡方程:

$$^i\boldsymbol{F}_i = {}^i\boldsymbol{f}_i - {}^i_{i+1}\boldsymbol{R}^{i+1}\boldsymbol{f}_{i+1} \tag{8.11}$$

$$^i\boldsymbol{N}_i = {}^i\boldsymbol{n}_i - {}^i\boldsymbol{n}_{i+1} + (-{}^i\boldsymbol{a}_i) \times {}^i\boldsymbol{f}_i - {}^i\boldsymbol{b}_i \times {}^i\boldsymbol{f}_{i+1} \tag{8.12}$$

最后,重新排列力和力矩方程,形成相邻臂杆从高序号向低序号排列的迭代关系:

$$^i\boldsymbol{f}_i = {}^i_{i+1}\boldsymbol{R}^{i+1}\boldsymbol{f}_{i+1} + {}^i\boldsymbol{F}_i \tag{8.13}$$

$$^i\boldsymbol{n}_i = {}^i\boldsymbol{N}_i + {}^i\boldsymbol{n}_{i+1} + {}^i\boldsymbol{a}_i \times {}^i\boldsymbol{f}_i + {}^i\boldsymbol{b}_i \times {}^i\boldsymbol{f}_{i+1} \tag{8.14}$$

通过关节运动计算关节力矩的完整算法由两部分组成:第一部分是对每个臂杆应用牛顿 - 欧拉方程,从内向外递推计算臂杆的速度和加速度;第二部分是从外向内递推计算臂杆间的相互作用力和力矩以及关节驱动力矩,便可完成系统动力学状态的递推求解。这个算法归纳如下。

外推:$i:0{\rightarrow}n$

$$\begin{cases}
{}^{i+1}\boldsymbol{\omega}_{i+1} = {}^{i+1}_i\boldsymbol{R}^i\boldsymbol{\omega}_i + \dot{\boldsymbol{\theta}}_{i+1}{}^{i+1}\boldsymbol{Z}_{i+1} \\
{}^{i+1}\dot{\boldsymbol{\omega}}_{i+1} = {}^{i+1}_i\boldsymbol{R}^i\dot{\boldsymbol{\omega}}_i + {}^{i+1}_i\boldsymbol{R}^i\boldsymbol{\omega}_i \times \dot{\boldsymbol{\theta}}_{i+1}{}^{i+1}\boldsymbol{Z}_{i+1} + \ddot{\boldsymbol{\theta}}_{i+1}{}^{i+1}\boldsymbol{Z}_{i+1} \\
{}^{i+1}\ddot{\boldsymbol{p}}_{i+1} = {}^{i+1}_i\boldsymbol{R}({}^i\ddot{\boldsymbol{p}}_i + {}^i\dot{\boldsymbol{\omega}}_i \times {}^i\boldsymbol{l}_{i+1} + {}^i\boldsymbol{\omega}_i \times ({}^i\boldsymbol{\omega}_i \times {}^i\boldsymbol{l}_{i+1})) \\
{}^{i+1}\dot{\boldsymbol{v}}_{i+1} = {}^{i+1}\dot{\boldsymbol{\omega}}_{i+1} \times {}^{i+1}\boldsymbol{a}_{i+1} + {}^{i+1}\boldsymbol{\omega}_{i+1} \times ({}^{i+1}\boldsymbol{\omega}_{i+1} \times {}^{i+1}\boldsymbol{a}_{i+1}) + {}^{i+1}\ddot{\boldsymbol{p}}_{i+1} \\
{}^{i+1}\boldsymbol{F}_{i+1} = m_{i+1}{}^{i+1}\dot{\boldsymbol{v}}_{i+1} \\
{}^{i+1}\boldsymbol{N}_{i+1} = {}^{i+1}\boldsymbol{I}_{i+1}{}^{i+1}\dot{\boldsymbol{\omega}}_{i+1} + {}^{i+1}\boldsymbol{\omega}_{i+1} \times {}^{i+1}\boldsymbol{I}_{i+1}{}^{i+1}\boldsymbol{\omega}_{i+1}
\end{cases} \tag{8.15}$$

内推:$i:n{\rightarrow}1$

$$\begin{cases}
{}^i\boldsymbol{f}_i = {}^i_{i+1}\boldsymbol{R}^{i+1}\boldsymbol{f}_{i+1} + {}^i\boldsymbol{F}_i \\
{}^i\boldsymbol{n}_i = {}^i\boldsymbol{N}_i + {}^i\boldsymbol{n}_{i+1} + {}^i\boldsymbol{a}_i \times {}^i\boldsymbol{f}_i + {}^i\boldsymbol{b}_i \times {}^i\boldsymbol{f}_{i+1} \\
\boldsymbol{\tau}_i = {}^i\boldsymbol{n}_i^i\boldsymbol{Z}_i
\end{cases} \tag{8.16}$$

通过式(8.15)和式(8.16)给出空间多体系统的逆动力学方程。

8.2.3　仿真计算与验证

为了验证第 7 章建立的自由漂浮运动学和第 8 章建立的多刚体动力学模型的正确性,在 Matlab 环境中对建立的空间多体系统的基本理论进行仿真建模,以自由漂浮模式运动学和动力学为例(自由飞行模式可以看成自由漂浮模式的特例),通过与动力学仿真软件 Maplesim 进行计算结果比对分析来验证所建立基本运动学、动力学模型的正确性。以空间多体系统基座的线加速度、角加速度以及臂杆的角加速度作为比较内容,当两个计算结果吻合较好时,可说明所建立基本理论较为正确。

在 Maplesim 软件中对四臂杆空间多体系统进行仿真建模,并对其进行运动学和动力学分析,在 Maplesim 中的仿真建模过程如图 8.1 所示。

Matlab 理论建模与 Maplesim 模型仿真的初始条件为:对在轨软接触机构每个关节施加驱动力矩,并记录每个关节的角加速度,以及卫星基座的线加速度、角加速度。考虑到典型空间多体系统实际在轨运行时所施加的驱动力矩不宜过

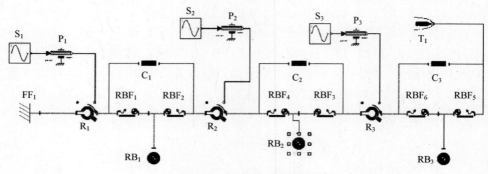

图 8.1　Maplesim 仿真模型

大,故在仿真中驱动力矩的取值设置为 20N·m,仿真总时间为 20s,仿真步长为 0.01s,计算结果如图 8.2 和图 8.3 所示。

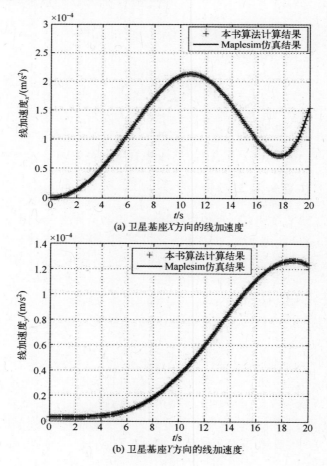

(a) 卫星基座 X 方向的线加速度

(b) 卫星基座 Y 方向的线加速度

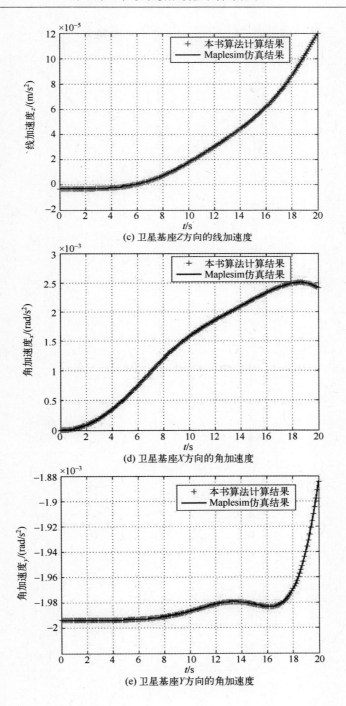

(c) 卫星基座Z方向的线加速度

(d) 卫星基座X方向的角加速度

(e) 卫星基座Y方向的角加速度

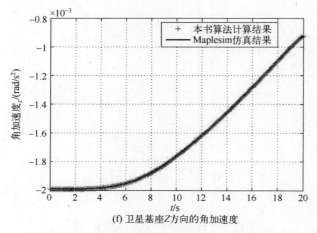

(f) 卫星基座Z方向的角加速度

图 8.2　卫星基座的线加速度和角加速度曲线

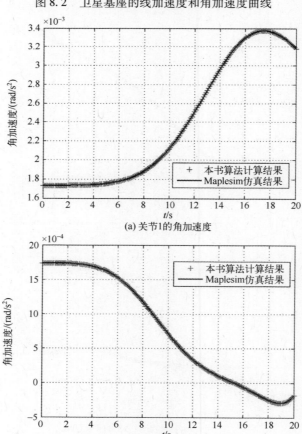

(a) 关节1的角加速度

(b) 关节2的角加速度

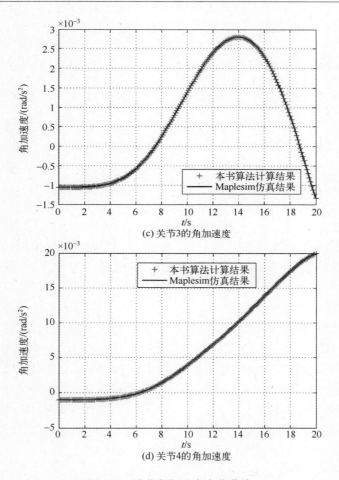

(c) 关节3的角加速度

(d) 关节4的角加速度

图 8.3　关节角加速度变化曲线

图 8.2 给出了卫星基座线加速度和角加速度的计算结果。由图 8.2 中可知,在轨软接触机构臂杆的运动对卫星基座产生了干扰力矩,并导致基座的状态发生了变化。另外,Matlab 理论建模与 Maplesim 模型仿真的计算结果基本保持一致。

图 8.3 给出了六个关节角加速度的计算结果,由曲线比对结果可知,Matlab 理论模型的计算结果与 Maplesim 仿真结果吻合较好,说明上述章节对在轨软接触机构运动学和动力学的数学建模是准确的。

8.3　碰撞中—基于柔性杆柔性铰的柔性动力学模型建立

在与空间目标接触碰撞过程中,在轨软接触机构柔性可控关节(柔性铰)及其多臂杆(柔性杆)的动力学系统非常复杂,其不仅是一个刚柔耦合的非线性系统,而且是系统动力学特性与控制特性相互耦合的非线性系统。所以建立准确、实用的动力学模型,是设计在轨软接触机构高性能控制器的重要前提条件。

8.3.1 柔性杆柔性铰碰撞动力学模型建立

8.3.1.1 柔性碰撞动力学建模分析

柔性机器人的协调操作不可避免地要求研究柔性机构工作对象之间、内部各个杆件之间的碰撞及其动力学响应问题,并为软接触机构路径规划和碰撞控制提供依据。

国内外学者对柔性机构碰撞动力学给予了高度重视。Kkulief 等运用广义冲量—动量定理研究了柔性体的碰撞,求出碰撞后系统的动力学响应。Chapnik等对单一臂机器人动力学进行了研究,采用有限元方法建模,建模时考虑了多阻尼效应。Yigit 等将广义冲量—动量定理和恢复系数方程相结合,研究了柔性体撞击问题的可靠性,并给予了验证。华卫江和章定国等采用广义冲量—定量研究了两个柔性机器人相互碰撞的动力学建模问题。刘锦阳等采用子结构法导出了柔性机械臂在碰撞前、碰撞阶段以及碰撞后的动力学方程,其特色在于获取碰撞过程中的动力学特性,并求出碰撞力。子结构法本质上是一种附加接触约束法,使用该类方法时需要处理碰撞发生瞬间两界面间的速度协调问题。有学者提出了改进子结构的处理方法,阐述了根据连续介质力学间断面理论进行梁截面速度协调的处理思路。另外一种被广泛采用的是连续方法,即采用弹簧阻尼碰撞力模型模拟碰撞过程,该方法在处理低速度碰撞时有较高的精度,可以满足开始瞬时碰撞力较小的要求。

柔性多体系统动力学理论已从简单的运动弹性动力学模型和传统的混合坐标动力学模型(或称零次近似耦合模型)过渡到考虑柔性耦合作用的一次近似耦合模型(或高次耦合模型)。同时,为提高臂杆末端执行器的精确定位、跟踪以及碰撞中的系统定位,铰的柔性不可忽略。国内外学者对同时含有柔性和铰柔性的多体系统进行了大量的研究。Xi 等研究了柔性单杆和柔性铰之间的耦合效应。Al – Bedoor 等研究了柔性机器人铰的扭转变形、梁弯曲变形之间的相互作用。Book 等引入 4×4 齐次变换阵和假设模态法,描述柔性铰系统的变形和运动,但没有计入臂杆的扭转变形。相关学者在零次耦合模型下加入铰的柔性和杆的扭转变形。相关学者对高次耦合变形项的柔性杆刚柔耦合动力学问题进行了研究,指出在高速运动下,零次耦合模型将导致数值发散失效。

在现有文献中,含碰撞、精确描述柔性多体系统高次耦合动力学的模型尚不多见。鉴于此,为了研究杆和铰的柔性对多体系统碰撞动力学的影响,以高次刚柔耦合动力学理论为基础,对由 n 柔性杆和 n 转动铰构成的在轨软接触机构进行了碰撞动力学建模与仿真。考虑了柔性杆的拉伸变形、横向弯曲变形、扭转变形、铰的柔性效应和质量,基于赫兹接触理论和非线性阻尼理论描述的碰撞力,运用拉格朗日方程获得碰撞力所对应的广义力,得到了柔性机构的碰撞动力学方程。通过仿真算例分析高次耦合和铰的柔性对在轨软接触柔性机构碰撞动力学行为的影响。

8.3.1.2　柔性碰撞动力学模型构建

在轨软接触机构由 n 杆和 n 柔性转动铰构成,假设第 k 杆上一点 P 与某接触面发生碰撞,点 P 到空间目标接触面上的某点距离为 r,如图 8.4 所示。在软接触机构柔性铰等效模型中,将铰 i 视为一个刚度系数为 Kt_i 的线性扭簧,Kt_i 综合考虑了驱动器和传动系统的刚度;q_{1i} 为靠近转子端转轴的角位移,即传动装置输入到铰上的角位移;q_{2i} 为铰上靠近杆端的角位移,即杆相对于初始状态绕 Z 轴所转过的角度,铰 i 的扭转角为 $\theta_i = q_{2i} - q_{1i}$,$J_{ri}$ 为转子的转动惯量,M_i 为外驱动力矩,柔性铰等效模型如图 8.5 所示。

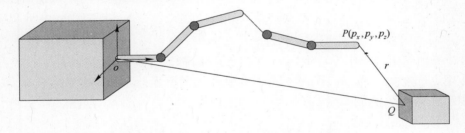

图 8.4　在轨软接触机构碰撞模型示意图

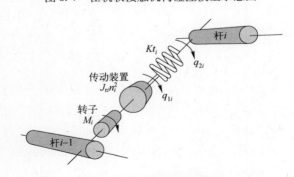

图 8.5　柔性铰等效模型

运用 4×4 齐次变换矩阵和 Denavit – Hartenberg(D – H)法描述系统运动和变形。其中,柔性杆的变形考虑轴向拉伸变形、横向弯曲变形以及绕杆中心

157

线的扭转变形,并计入由横向弯曲引起的轴向缩短项,即高阶几何非线性耦合项。对于软接触机构非碰撞段,运用拉格朗日方程,可得到如下形式的动力学方程:

$$\boldsymbol{J}\ddot{\boldsymbol{z}} = \boldsymbol{R}^{\mathrm{I}} \qquad (8.17)$$

式中:$\boldsymbol{J}$ 为系统的广义质量阵;$\boldsymbol{R}^{\mathrm{I}}$ 为除碰撞力外的所有主动力、部分惯性力产生的广义力;$\boldsymbol{z}$ 为广义坐标阵。

$$\boldsymbol{z} = \begin{bmatrix} q_{11} & q_{21} & \delta_{11} & \delta_{12} & \cdots & \delta_{1N_1} & \cdots & q_{1i} & q_{2i} \\ & \delta_{i1} & \delta_{i2} & \cdots & q_{1n} & q_{2n} & \delta_{n1} & \cdots & \delta_{nN_n} \end{bmatrix}^{\mathrm{T}} \qquad (8.18)$$

当在轨软接触机构与目标卫星发生碰撞时,引入碰撞力势能 V_{F},在碰撞过程中,拉格朗日方程仍然成立,得到碰撞过程中的动力学方程为

$$\boldsymbol{J}\ddot{\boldsymbol{z}} = \boldsymbol{R}^{\mathrm{I}} + \boldsymbol{R}^{\mathrm{II}} \qquad (8.19)$$

式中:$\boldsymbol{z}$、$\boldsymbol{J}$ 和 $\boldsymbol{R}^{\mathrm{I}}$ 内容同式(8.17);$\boldsymbol{R}^{\mathrm{II}}$ 为碰撞力所产生的广义力阵,形式为

$$\boldsymbol{R}^{\mathrm{II}} = \begin{bmatrix} R_{r1}^{\mathrm{II}} & R_{J1}^{\mathrm{II}} & R_{11}^{\mathrm{II}} & \cdots & R_{1N_1}^{\mathrm{II}} & \cdots & R_{ri}^{\mathrm{II}} & R_{ji}^{\mathrm{II}} \\ R_{i1}^{\mathrm{II}} & \cdots & R_{iN_i}^{\mathrm{II}} & \cdots & R_{rn}^{\mathrm{II}} & R_{Jn}^{\mathrm{II}} & R_{n1}^{\mathrm{II}} & \cdots & R_{nN_n}^{\mathrm{II}} \end{bmatrix}^{\mathrm{T}} \qquad (8.20)$$

在轨软接触机构第 k 杆上一点 P 与空间目标接触面某点发生碰撞,碰撞力作用点位置 $\boldsymbol{h}_k = \boldsymbol{W}_k{}^k\boldsymbol{h}_k$,$\boldsymbol{W}_k$ 为第 k 杆坐标系到基座坐标系的齐次变换矩阵,${}^k\boldsymbol{h}_k$ 表示点 P 在 k 杆连体坐标系中的位置矢量。

$$^k\boldsymbol{h}_k(\boldsymbol{\eta}) = \begin{bmatrix} 1 & \eta & 0 & 0 \end{bmatrix}^{\mathrm{T}} + \sum_{j=1}^{N_k} \delta_{kj}\boldsymbol{C}_{kj} - \frac{1}{2}\sum_{j=1}^{N_k}\sum_{f=1}^{N_k} \delta_{kj}\delta_{kf}\underline{\boldsymbol{D}}_{kif} \qquad (8.21)$$

式中:

$$\boldsymbol{C}_{kj} = \begin{bmatrix} 0 & x_{kj}(\boldsymbol{\eta}) & y_{kj}(\boldsymbol{\eta}) & z_{kj}(\boldsymbol{\eta}) \end{bmatrix}^{\mathrm{T}} \qquad (8.22)$$

$$\underline{\boldsymbol{D}}_{kif} = \begin{bmatrix} 0 & \underline{x}_{kif}(\boldsymbol{\eta}) & 0 & 0 \end{bmatrix}^{\mathrm{T}} \qquad (8.23)$$

式中:x_{kj}、y_{kj}、z_{kj} 分别为 k 杆的 x、y、z 三个方向的第 j 阶模态的变形位移;N_k 为第 k 杆的模态截断数;δ_{kj} 为杆 k 的第 j 阶模态坐标;$\underline{x}_{kij}(\boldsymbol{\eta})$ 为高阶几何非线性耦合项,下划线表示高次耦合项或由其产生的推导项。

碰撞力大小为 $\boldsymbol{F}_k$,碰撞力方向 $\boldsymbol{n}_k$ 在基座坐标系下的齐次阵为

$$\boldsymbol{n}_k = \begin{bmatrix} 0 & n_{kx} & n_{ky} & n_{kz} \end{bmatrix}^{\mathrm{T}} \qquad (8.24)$$

则在基座坐标系下的碰撞力势能表达式为

$$V_{\mathrm{F}} = -\boldsymbol{n}_k^{\mathrm{T}}\boldsymbol{F}_k\boldsymbol{W}_k{}^k\boldsymbol{h}_k \qquad (8.25)$$

将式(8.25)代入拉格朗日方程,得到 $\boldsymbol{R}^{\mathrm{II}}$ 中各元素表示如下:

$$R_{ri}^{\mathrm{II}} = -\frac{\partial V_F}{\partial q_{1i}} = 0 \quad 1 \leqslant i \leqslant n \tag{8.26}$$

$$R_{ji}^{\mathrm{II}} = -\frac{\partial V_F}{\partial q_{2i}} = \begin{cases} \boldsymbol{n}_k^{\mathrm{T}} \boldsymbol{F}_k \dfrac{\partial \boldsymbol{W}_k}{\partial q_{2i}} {}^k\boldsymbol{h}_k & 1 \leqslant i \leqslant k \\ 0 & k \leqslant i \leqslant n \end{cases} \tag{8.27}$$

$$R_{ij}^{\mathrm{II}} = -\frac{\partial V_F}{\partial \delta_{ij}} = \begin{cases} \boldsymbol{n}_k^{\mathrm{T}} \boldsymbol{F}_k \dfrac{\partial \boldsymbol{W}_k}{\partial \delta_{ij}} {}^k\boldsymbol{h}_k & 1 \leqslant i \leqslant k \\ \boldsymbol{n}_k^{\mathrm{T}} \boldsymbol{F}_k \boldsymbol{W}_k \Big(\boldsymbol{C}_{kj} - \displaystyle\sum_{f=1}^{N_k} \delta_{kf} \boldsymbol{D}_{kif} \Big) & i = k \\ 0 & k \leqslant i \leqslant n \end{cases} \tag{8.28}$$

碰撞力大 $\boldsymbol{F}_k$ 可采用赫兹接触理论和非线性阻尼理论得到：

$$\boldsymbol{F}_k(t) = \boldsymbol{K}\boldsymbol{\gamma}^{3/2} - \boldsymbol{C}\boldsymbol{\gamma}\,\dot{\boldsymbol{\gamma}} \tag{8.29}$$

式中：γ 为柔性杆与发生碰撞的位置处的法向嵌入量；K、C 分别为赫兹接触刚度和阻尼系数；$\dot{\gamma}$ 为嵌入速度，这里碰撞点速度 v_k 为接触面法向上的投影，其在基座坐标系下表示为

$$\dot{\boldsymbol{\gamma}} = \boldsymbol{n}_k^{\mathrm{T}} \boldsymbol{v}_k = \boldsymbol{n}_k \Big[\sum_{i=1}^k \frac{\partial \boldsymbol{W}_k}{\partial q_{1i}} {}^k\boldsymbol{h}_k \, \dot{q}_{1i} + \sum_{i=1}^k \frac{\partial \boldsymbol{W}_k}{\partial q_{2i}} {}^k\boldsymbol{h}_k \, \dot{q}_{2i}$$

$$+ \sum_{i=1}^{k-1} \sum_{f=1}^{N_k} \frac{\partial \boldsymbol{W}_k}{\partial \boldsymbol{\delta}_{if}} {}^k\boldsymbol{h}_k \, \dot{\boldsymbol{\delta}}_{if} + \sum_{f=1}^{N_k} \boldsymbol{W}_k \Big(\boldsymbol{C}_{kj} - \sum_{l=1}^{N_k} \delta_{kl} \underline{\boldsymbol{D}_{kif}} \Big) \dot{\boldsymbol{\delta}}_{kf} \Big] \tag{8.30}$$

而 $\partial \boldsymbol{W}_k / \partial \boldsymbol{q}_{1i} = 0$，因此第一项为 0，式(8.30)可归纳为

$$\dot{\boldsymbol{\gamma}} = \sum_{i=1}^k \boldsymbol{\phi}_{2i} \, \dot{q}_{2i} + \sum_{i=1}^{k-1} \sum_{f=1}^{N_k} \boldsymbol{\phi}_{if} \, \dot{\boldsymbol{\delta}}_{if} \tag{8.31}$$

式(8.31)中

$$\boldsymbol{\phi}_{2i} = \boldsymbol{n}_k^{\mathrm{T}} \frac{\partial \boldsymbol{W}_k}{\partial \boldsymbol{q}_{2i}} {}^k\boldsymbol{h}_k = \boldsymbol{n}_k^{\mathrm{T}} (\widehat{W}_{i-1} \boldsymbol{U}_i {}^i \widetilde{W}_k)^k \boldsymbol{h}_k \quad 1 \leqslant i \leqslant k \tag{8.32}$$

$$\boldsymbol{\phi}_{if} = \boldsymbol{n}_k^{\mathrm{T}} \frac{\partial \boldsymbol{W}_k}{\partial \boldsymbol{\delta}_{if}} {}^k\boldsymbol{h}_k = \boldsymbol{n}_k^{\mathrm{T}} (\boldsymbol{W}_i \boldsymbol{M}_{if} {}^i \boldsymbol{W}_k)^k \boldsymbol{h}_k \quad 1 \leqslant i \leqslant k-1 \tag{8.33}$$

$$\boldsymbol{\phi}_{if} = \boldsymbol{n}_k^{\mathrm{T}} \boldsymbol{W}_k \Big(\boldsymbol{C}_{kj} - \sum_{l=1}^{N_k} \boldsymbol{\delta}_{kl} \underline{\boldsymbol{D}_{klf}} \Big) \quad i = k \tag{8.34}$$

式(8.32)~式(8.34)中 $\widehat{W}_{i-1}$、$\widetilde{W}_k$、$\boldsymbol{U}_i$、$\boldsymbol{M}_{if}$、${}^i\boldsymbol{W}_k$ 的具体形式参见文献(刘俊：柔性杆柔性铰机器人刚柔耦合动力学，2006，南京理工大学学报)，由式(8.29)求出 $\boldsymbol{F}_k$，再由式(8.26)~式(8.28)求出广义力 $\boldsymbol{R}^{\mathrm{II}}$，代入碰撞动力学方程组式(8.19)，即可完成系统碰撞动力学的求解。

8.3.2 仿真计算与验证

8.3.2.1 单柔性杆仿真实例

基于 8.3.1 节动力学模型,在柔性杆柔性铰动力学求解中嵌入碰撞动力学计算模块,从而实现对空间软接触机构柔性多体系统中单柔性杆的动力学仿真,其数值求解流程如图 8.6 所示。

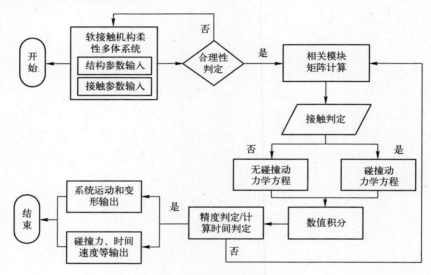

图 8.6　数值求解流程

为表明高次耦合与零次耦合模型各自的不同适用范围,在此取单柔性杆绕卫星基座做旋转运动(刚性铰接),忽略重力的影响。设杆长 $L = 8\mathrm{m}$,横截面 $A = 7.2968 \times 10^{-5}\mathrm{m}^2$,转动惯量 $I = 8.2189 \times 10^{-9}\mathrm{m}^4$,密度 $\rho = 2.7667 \times 10^3\mathrm{kg/m}^3$,弹性模量 $E = 6.8952 \times 10^{10}\mathrm{N/m}^2$。柔性梁静态下的基频为 $0.464\mathrm{Hz}$,旋转运动角速度的驱动如下:

$$\dot{\theta} = \begin{cases} \dfrac{\omega_0}{T}t - \dfrac{\omega_0}{2\pi}\sin\left(\dfrac{2\pi}{T}t\right) & 0 \leqslant t \leqslant T \\ \omega_0 & t \geqslant T \end{cases} \qquad (8.35)$$

式(8.35)中,$T = 15\mathrm{s}$,角速度 ω_0 这里分别选用 $0.6\mathrm{rad/s}$、$2\mathrm{rad/s}$、$3\mathrm{rad/s}$、$8\mathrm{rad/s}$ 和 $10\mathrm{rad/s}$。在不同的角速度下,两种模型下的柔性杆末端沿 Y 横向变形量 u_y,如图 8.7 所示。

从图 8.7(a)中可以看出,在低角速度 $0.6\mathrm{rad/s}$ 或 $2\mathrm{rad/s}$ 情况下,两种模型的杆端变形量存在差异,随着角速度的增大,差异加大。从图 8.7(b)中看出,当

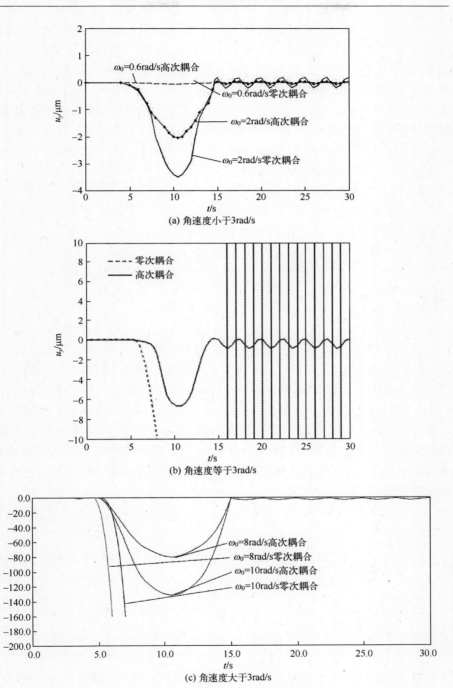

(a) 角速度小于3rad/s

(b) 角速度等于3rad/s

(c) 角速度大于3rad/s

图 8.7　柔性杆末端横向变形图

角速度达到 $3\mathrm{rad/s} \approx 0.477\mathrm{Hz}$(接近基频 $0.464\mathrm{Hz}$)时,高次耦合模型的杆端沿 Y 横向变形量达到最大,幅值约为 $7 \times 10^{-6}\mathrm{m}$,而零次耦合模型沿 Y 横向变形量达到 $4 \times 10^{-4}\mathrm{m}$ 左右。图 8.7(c)中看出,当角速度达到 $8\mathrm{rad/s}$($1.272\mathrm{Hz}$)时,高次耦合模型依然正常显示变形量,零次耦合模型计算数值发散。可见,零次耦合模型只适用于低于或接近基频的大范围旋转运动。当高速旋转运动时,零次耦合模型计算发散,应采用高次耦合模型建模。另外,由于低速(小于或接近基频)旋转情况下,两种模型的变形量依然存在较大的差异,如计算精度要求较高,应优先采用高次耦合模型建模。

8.3.2.2 多柔性杆柔性铰仿真实例

在轨软接触机构简化为三杆构型柔性机械臂,杆 1 和杆 2 为柔性细长杆,杆 3 为刚性粗短杆和三个柔性铰,如图 8.8 所示。

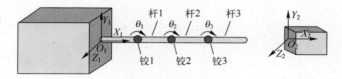

图 8.8 软接触机构与目标卫星

杆 1 取轴向 X 拉压变形 2 阶、横向 Y 弯曲变形 2 阶、侧向 Z 弯曲变形 2 阶,以及绕 X 轴扭转变形 2 阶,共 8 阶模态计算。杆 2 取轴向 X 拉压变形 4 阶、横向 Y 弯曲变形 5 阶、侧向 Z 弯曲变形 5 阶,以及绕 X 轴扭转变形 4 阶,共 18 阶模态计算。杆与杆之间通过柔性铰链接,铰刚度均为 $Kt_i = 1.33 \times 10^6\mathrm{N/mm}$,铰 1 的初始角 $\theta_1 = 0.02\pi$,铰 2 的初始角 $\theta_2 = -0.02\pi$,铰 3 初始转角为 0,所有铰初始角速度为 0。表 8.1 是软接触机构柔性杆的基本参数,其中 r_c 是杆件变形前的初始质心位置。

表 8.1 柔性杆基本参数

序号	m/kg	L/m	r_c/m	$I_{xx}/$ $(\mathrm{kg/m^2})$	$I_{yy}/$ $(\mathrm{kg/m^2})$	$I_{zz}/$ $(\mathrm{kg/m^2})$	$I_{yx}/$ $(\mathrm{kg/m^2})$	$I_{zx}/$ $(\mathrm{kg/m^2})$	$I_{yz}/$ $(\mathrm{kg/m^2})$
1	139.35	(6.3770, 0,0.1524)	(3.1883, 0,0.0282)	3.2250	998.630	997.180	-1.9280	9.1850	-0.0302
2	87.42	(7.0600, 0,0.1524)	(3.5300,0, -0.0066)	1.5900	632.900	632.510	0.8021	-3.7860	-0.0800
3	8.48	(0.4572, 0,0)	(0.2286, 0,0)	0.0893	0.402	0.402	0	0	0

当软接触机构末端与目标卫星发生碰撞时,设杆 3 末端与目标卫星 $X_2 = 0$ 平面发生碰撞,赫兹接触刚度 $K = 3 \times 10^7\mathrm{N/m}$,接触阻尼 $C = 1.8 \times 10^4\mathrm{N \cdot s/m}$,

仿真计算结果如图 8.9 ~ 图 8.12 所示。由图 8.9 可知,相比于零次耦合模型,高次耦合模型碰撞力明显较小,发生两次碰撞时间间隔明显较长,且每次碰撞的持续时间较短。

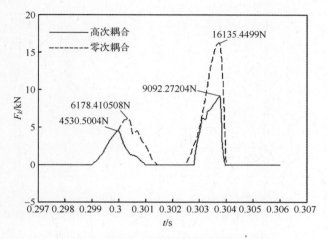

图 8.9 高次与零次耦合模型碰撞力

由图 8.10 可知,含柔性铰模型的碰撞力大小明显小于刚性铰模型,柔性铰发生碰撞的时间早于刚性铰模型。

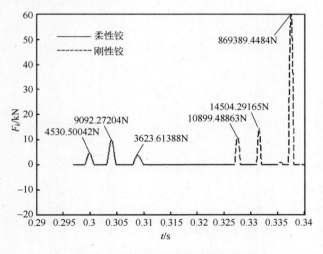

图 8.10 柔性铰和刚性铰碰撞力比较

图 8.11 显示了高次耦合模型中杆 1 末端分别沿纵向 X、横向 Y、侧向 Z 方向的变形,在碰撞前变形较小,一旦发生碰撞、变形急剧增大,尤其是 Y 向变形达

到大变形量级(杆长的10%)。

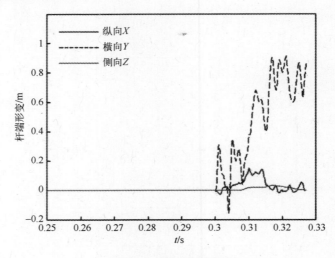

图 8.11　杆 3 末端变形

图 8.12 为高次耦合模型系统碰撞前、碰撞过程中以及碰撞后各铰的角位移。

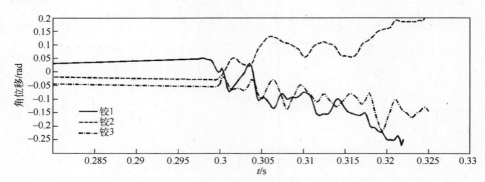

图 8.12　三个柔性铰角位移(去掉铰 4、铰 5)

通过对图 8.9 ~ 图 8.12 综合分析得出:①高次耦合模型与零次耦合模型在高速运转和碰撞过程中的动力学特性存在较大的区别,由此确定其各自的适用范围。②碰撞过程中将导致系统速度突变,碰撞力将激发柔性杆件的高阶模态、引发柔性铰发生剧烈扭转抖动,从而体现强烈的动态耦合特性。本节通过引入碰撞势能的概念,确定系统碰撞前、碰撞过程和碰撞后的三阶段的动力学行为,确定碰撞开始和结束时刻以及碰撞力变化规律,分析了其对空间多体系统高次耦合、铰的柔性效应等动态耦合特性影响,这对后续工程设计具有重要价值。

8.4　碰撞中—基于虚拟构件的柔性动力学模型建立

8.4.1　采用虚拟构件和铰的柔性多体动力学

空间刚体的位形可用惯性参考坐标系中的广义位置和姿态坐标来表示。相对于刚体动力学,柔性体动力学算法更加复杂,这是因为柔性体动力学算法要处理附加的广义坐标。柔性体动力学的建模过程中最繁琐的主要是一系列的铰和力建模,当刚体动力学中增加新的力或铰模块时,柔性体动力学中必须重新处理相应的模块。为了避免这种重复,需要引入虚拟构件和铰。

本节主要介绍另外一种在笛卡儿坐标系下的碰撞刚柔多体动力学的求解方法。通过引进虚拟构件和虚拟铰概念,使柔性构件不受除柔性体铰之外的所有运动条件的限制,减少了附加的柔性体算法处理工作,便于程序计算。

8.4.1.1　相邻柔性体的运动学

1. 坐标系和虚拟构件

设铰由相连的两个相邻柔性体,如图 8.13 所示。其中,X_i、Y_i、Z_i 是柔性体 i 的参考坐标系的三个坐标轴,X、Y、Z 是惯性坐标系的三个坐标轴。假设 X_1^i、Y_1^i、Z_1^i 和 X_1^j、Y_1^j、Z_1^j 坐标系之间存在一个连接铰,在 X_1^i、Y_1^i、Z_1^i 坐标系的原点施加一个力 $\boldsymbol{F}$。

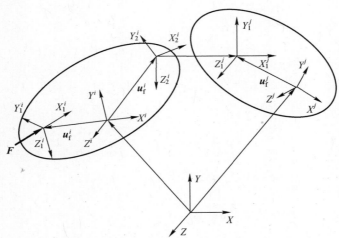

图 8.13　两个相邻柔性体

图 8.13 中,参考系中运动容许条件可以分为两类:一类是两个铰参考系间的容许条件;另一类是统一柔性体内坐标系间的容许条件。在以往的研究中,这

165

两类容许性条件在运动铰约束和广义力计算中混在一起,其结果是需要分别设计刚体和柔性体的每个约束合力模块,这将使计算变得复杂。柔性体广义坐标的复杂性,使柔性体算法编程比刚体算法编程更繁琐、工作量更大。为了避免这些问题,引入虚拟构件的概念,在每一个铰和力的参考系中引入一个质量和转动惯量均为0的虚拟构件。在两个相邻变形体之间引入三个虚拟刚体,这样柔性体上没有铰或外力作用,仅仅承受构件坐标系和虚拟构件系的运动容许条件制约。因而,仅需设计刚体的铰和力模块,在铰模块中再增加一个柔性体铰。

2. 柔性构件和虚拟构件间的柔性体铰约束

鉴于刚体铰接已经很完善,多铰系统的建立比较容易。通过在两相邻刚体矢量上施加平行或正交强制条件表示铰。定义两个铰参考系中或铰参考系间的几何矢量来表示这些强制条件。通常铰参考坐标系与刚体坐标系不一致,可用虚拟构件的坐标系作为铰参考坐标系,故可简化连接虚拟构件的铰运动容许条件,减少整个雅克比矩阵的非零数。

虚拟构件坐标系的原点位置可表示为

$$r^{i+1} = R^i + A^i u^i = R^i + A^i(u_0^i + u_f^i) \tag{8.36}$$

式中:R^i 为刚体上某点的广义坐标;u_0^i、u_f^i 分别为刚体上的某一点相对刚体参考坐标系的未变形矢量和变形矢量;A^i 为刚体参考坐标系的姿态矩阵;u_f^i 为节点位置变形矢量,表示为一组振型的线性组合:

$$u_f^i = \Phi_R^i p_f^i \tag{8.37}$$

式中:Φ_R^i 为模态矩阵,该矩阵的列由平动模态振型组成;p_f^i 为一个模态坐标矢量。虚拟构件 $i+1$ 的姿态可由以下方法得到:

$$A^{i+1} = A^i A_f^i A^{i,i+1} \tag{8.38}$$

式中:A_f^i 为由转动变形而引起的相对姿态矩阵;$A^{i,i+1}$ 为未变形状态柔性体 i 的参考坐标系和虚拟构件 $i+1$ 间的姿态矩阵。如果采用布里恩角(1-2-3),那么 A_f^i 可表示为

$$A_f^i = \begin{bmatrix} \cos\varepsilon_y^i\cos\varepsilon_z^i & -\cos\varepsilon_y^i\sin\varepsilon_z^i & \sin\varepsilon_y^i \\ \cos\varepsilon_x^i\sin\varepsilon_z^i + \sin\varepsilon_x^i\sin\varepsilon_y^i\cos\varepsilon_z^i & \cos\varepsilon_x^i\cos\varepsilon_z^i - \sin\varepsilon_x^i\sin\varepsilon_y^i\sin\varepsilon_z^i & -\sin\varepsilon_x^i\cos\varepsilon_y^i \\ \sin\varepsilon_x^i\sin\varepsilon_z^i - \cos\varepsilon_x^i\sin\varepsilon_y^i\cos\varepsilon_z^i & \sin\varepsilon_x^i\sin\varepsilon_z^i + \cos\varepsilon_x^i\sin\varepsilon_y^i\sin\varepsilon_z^i & \cos\varepsilon_x^i\cos\varepsilon_y^i \end{bmatrix} \tag{8.39}$$

如果 $\varepsilon^i = \begin{bmatrix} \varepsilon_x^i & \varepsilon_y^i & \varepsilon_z^i \end{bmatrix}^T$,那么 A_f^i 可以近似表示为

$$A_f^i \approx \begin{bmatrix} 1 & -\varepsilon_z^i & \varepsilon_y^i \\ \varepsilon_z^i & 1 & -\varepsilon_x^i \\ -\varepsilon_y^i & \varepsilon_x^i & 1 \end{bmatrix} \tag{8.40}$$

旋转的变形矢量 $\boldsymbol{\varepsilon}^i$ 可用构件 i 转动振型的线性组合表示：

$$\boldsymbol{\varepsilon}^i = \boldsymbol{\Phi}_\theta^i \boldsymbol{p}_f^i \tag{8.41}$$

式中：$\boldsymbol{\Phi}_\theta^i$ 为模态矩阵，该矩阵的列由转动模态振型组成；$\boldsymbol{p}_f^i$ 为模态坐标矢量。联立方程，可得到柔性体坐标系和虚拟构件坐标系间的运动约束如下：

$$\boldsymbol{C}_R^i = r^{i+1} - R^i - \boldsymbol{A}^i (\boldsymbol{u}_0^i + \boldsymbol{u}_f^i) = 0 \tag{8.42}$$

$$\boldsymbol{C}_\theta^i = \begin{bmatrix} \boldsymbol{f}^T \boldsymbol{A}^{i^T} \boldsymbol{A}^{i+1} \boldsymbol{g} - \boldsymbol{f}^T \boldsymbol{A}_f^i \boldsymbol{A}^{i,i+1} \boldsymbol{g} \\ \boldsymbol{g}^T \boldsymbol{A}^{i^T} \boldsymbol{A}^{i+1} \boldsymbol{h} - \boldsymbol{g}^T \boldsymbol{A}_f^i \boldsymbol{A}^{i,i+1} \boldsymbol{h} \\ \boldsymbol{f}^T \boldsymbol{A}^{i^T} \boldsymbol{A}^{i+1} \boldsymbol{h} - \boldsymbol{f}^T \boldsymbol{A}_f^i \boldsymbol{A}^{i,i+1} \boldsymbol{h} \end{bmatrix} = 0 \tag{8.43}$$

为简化采用了式（8.43）中的 $\boldsymbol{C}_\theta^i$，在式（8.43）中推导姿态约束中用到了正交条件：

$$\begin{bmatrix} \boldsymbol{f} & \boldsymbol{g} & \boldsymbol{h} \end{bmatrix} = \begin{bmatrix} 1 & 0 & 0 \\ 0 & 1 & 0 \\ 0 & 0 & 1 \end{bmatrix} \tag{8.44}$$

式（8.42）和式（8.43）可用于描述柔性体 i 和虚拟构件 $i+1$ 间的柔性铰。对式（8.42）和式（8.43）进行变形，得

$$(\boldsymbol{C}_q^i)_{\text{flex}} \delta \boldsymbol{q}^i = \begin{bmatrix} (\boldsymbol{C}_R^i)_q \\ (\boldsymbol{C}_\theta^i)_q \end{bmatrix} \delta \boldsymbol{q} = 0 \tag{8.45}$$

式中：

$$\delta \boldsymbol{q}^i = \begin{bmatrix} \delta \boldsymbol{R}^{i^T} & \delta \boldsymbol{\pi}^{i^T} & \delta \boldsymbol{p}_f^{i^T} \delta \boldsymbol{r}^{i+1^T} & \delta \boldsymbol{\pi}^{i+1^T} \end{bmatrix}^T \tag{8.46}$$

雅可比约束矩阵 $(\boldsymbol{C}_q^i)_{\text{flex}}$ 可由以下方法得到：

$$(\boldsymbol{C}_R^i)_q = \begin{bmatrix} -\boldsymbol{I} & \boldsymbol{B}^i & -\boldsymbol{A}^i \boldsymbol{\Phi}_R^i \boldsymbol{I} & 0 \end{bmatrix} \tag{8.47}$$

$$(\boldsymbol{C}_\theta^i)_q = \begin{bmatrix} 0 & \boldsymbol{f}^T \boldsymbol{B}_g^i & \boldsymbol{f}^T \boldsymbol{B}_g^f \boldsymbol{\Phi}_\theta^i & 0 & -\boldsymbol{f}^T \boldsymbol{B}_g^{i+1} \\ 0 & \boldsymbol{g}^T \boldsymbol{B}_h^i & \boldsymbol{g}^T \boldsymbol{B}_h^i \boldsymbol{\Phi}_\theta^i & 0 & -\boldsymbol{g}^T \boldsymbol{B}_h^{i+1} \\ 0 & \boldsymbol{f}^T \boldsymbol{B}_h^i & \boldsymbol{f}^T \boldsymbol{B}_h^i \boldsymbol{\Phi}_\theta^i & 0 & -\boldsymbol{f}^T \boldsymbol{B}_h^{i+1} \end{bmatrix} \tag{8.48}$$

式中：

$$\begin{cases} \boldsymbol{B}^i = \boldsymbol{A}^i \operatorname{skew}(\overline{\boldsymbol{u}}^i) \\ \boldsymbol{B}_k^i = \boldsymbol{A}^{i^T} \operatorname{skew}(\boldsymbol{A}^{i+1} k) \boldsymbol{A}^i \\ \boldsymbol{B}_k^f = \operatorname{skew}(\boldsymbol{A}^{i,i+1} k) \\ \boldsymbol{B}_k^{i+1} = \boldsymbol{A}^{i^T} \boldsymbol{A}^{i+1} \operatorname{skew}(k) \end{cases} \quad k = g, h \tag{8.49}$$

式中：$\operatorname{skew}(\overline{\boldsymbol{u}}^i)$、$\operatorname{skew}(\boldsymbol{A}^{i+1} k)$、$\operatorname{skew}(\boldsymbol{A}^{i,i+1} k)$ 分别为矢量 $\overline{\boldsymbol{u}}^i$、$\boldsymbol{A}^{i+1}$ 和 k 的斜对称矢量矩阵，对式（8.45）、式（8.46）求两次时间导数，可得到加速度约束方程：

$$(\boldsymbol{C}_q^i)_{\text{flex}}\ddot{\boldsymbol{q}}^i = ((\boldsymbol{C}_q^i)_{\text{flex}}\dot{\boldsymbol{q}}^i)_q\dot{\boldsymbol{q}}^i = (\boldsymbol{Q}_c^i)_{\text{flex}}$$

$$= \begin{bmatrix} \boldsymbol{A}^i(\text{skew}(\overline{\boldsymbol{u}}^i)\overline{\boldsymbol{\omega}}) \times \overline{\boldsymbol{\omega}} - 2\boldsymbol{A}^i\text{skew}(\boldsymbol{\Phi}_R^i\dot{\boldsymbol{p}}_f^i)\overline{\boldsymbol{\omega}} \\ \boldsymbol{f}^T\boldsymbol{H}_g^1 + 2\boldsymbol{f}^T\boldsymbol{H}_g^2 + \boldsymbol{f}^T\boldsymbol{H}_g^3 + \boldsymbol{f}^T\boldsymbol{H}_g^4 \\ \boldsymbol{g}^T\boldsymbol{H}_h^1 + 2\boldsymbol{g}^T\boldsymbol{H}_h^2 + \boldsymbol{g}^T\boldsymbol{H}_h^3 + \boldsymbol{g}^T\boldsymbol{H}_h^4 \\ \boldsymbol{f}^T\boldsymbol{H}_h^1 + 2\boldsymbol{f}^T\boldsymbol{H}_h^2 + \boldsymbol{f}^T\boldsymbol{H}_h^3 + \boldsymbol{f}^T\boldsymbol{H}_h^4 \end{bmatrix} \tag{8.50}$$

式中:$\overline{\boldsymbol{\omega}}$ 为相对基准参考坐标系的角速度,故广义速度矢量为

$$\dot{\boldsymbol{q}}^i = \begin{bmatrix} \dot{\boldsymbol{R}}^{iT} & \overline{\boldsymbol{\omega}}^{iT} & \boldsymbol{p}_f^T & \dot{\boldsymbol{r}}^{i+1T} & \overline{\boldsymbol{\omega}}^{i+1T} \end{bmatrix}^T \tag{8.51}$$

以及

$$\begin{cases} \boldsymbol{H}_k^1 = \text{skew}(\overline{\boldsymbol{\omega}}^i)\text{skew}(\overline{\boldsymbol{\omega}}^i)\boldsymbol{A}^{iT}\boldsymbol{A}^{i+1}\boldsymbol{k} \\ \boldsymbol{H}_k^2 = \text{skew}(\overline{\boldsymbol{\omega}}^i)\boldsymbol{A}^{iT}\boldsymbol{A}^{i+1}\text{skew}(\boldsymbol{k})\text{skew}(\overline{\boldsymbol{\omega}}^{i+1}) \\ \boldsymbol{H}_k^3 = \boldsymbol{A}^{iT}\boldsymbol{A}^{i+1}\text{skew}(\overline{\boldsymbol{\omega}}^{i+1})\text{skew}(\overline{\boldsymbol{\omega}}^{i+1})\boldsymbol{k} \\ \boldsymbol{H}_k^4 = (\text{skew}(\boldsymbol{\Phi}_\theta^i\dot{\boldsymbol{p}}_f^i)\boldsymbol{A}^{iT}\boldsymbol{A}^{i,i+1}\boldsymbol{k}) \times (\boldsymbol{\Phi}_\theta^i\dot{\boldsymbol{p}}_f^i) \end{cases} \quad \boldsymbol{k} = \boldsymbol{g}, \boldsymbol{h} \tag{8.52}$$

8.4.1.2 运动方程

设含柔性构件的曲柄滑块机构如图 8.14(a)所示,虚拟构件的等效机构如图 8.14(b)所示。应用 A. A. Shabana 的多体系统动力学中运动方程的一般形式,可得到该机构的增广运动方程:

$$\begin{bmatrix} \boldsymbol{M} & \boldsymbol{C}_q^T \\ \boldsymbol{C}_q & 0 \end{bmatrix}\begin{bmatrix} \ddot{\boldsymbol{q}} \\ \boldsymbol{\lambda} \end{bmatrix} = \begin{bmatrix} \boldsymbol{Q}_e + \boldsymbol{Q}_v + \boldsymbol{Q}_s \\ \boldsymbol{Q}_c \end{bmatrix} \tag{8.53}$$

式中:$\boldsymbol{M}$ 为系统的质量矩阵;$\ddot{\boldsymbol{q}}$ 为包括了刚体和柔体的平移加速度、角加速度和柔性体模态加速度的矢量;$\boldsymbol{\lambda}$ 为拉格朗日乘子(矢量);$\boldsymbol{Q}_e$、$\boldsymbol{Q}_v$、$\boldsymbol{Q}_s$ 分别为应变能、力引起的速度、外力;矢量 $\boldsymbol{Q}_e$ 为速度的平方项。

1. 常规增广算法的系数矩阵

图 8.14(a)中系统的质量矩阵为

$$\boldsymbol{M} = \begin{bmatrix} \boldsymbol{M}_f^1 & 0 & 0 \\ 0 & \boldsymbol{M}_r^2 & 0 \\ 0 & 0 & \boldsymbol{M}_r^3 \end{bmatrix} \tag{8.54}$$

式中:$\boldsymbol{M}_f$、$\boldsymbol{M}_r$ 分别为柔性构件和刚性构件的质量矩阵,表示为

$$\boldsymbol{M}_f^1 = \begin{bmatrix} m_{rr} & 0 & \text{symmetric} \\ m_{\theta r} & m_{\theta\theta} & 0 \\ m_{fr} & m_{f\theta} & m_{ff} \end{bmatrix}_{(6+nf) \times (6+nf)} \tag{8.55}$$

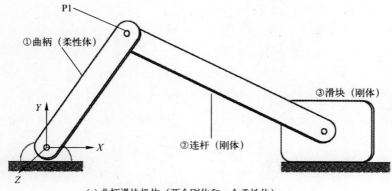

(a) 曲柄滑块机构（两个刚体和一个柔性体）

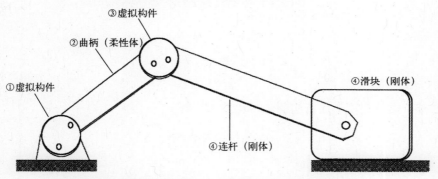

(b) 虚拟构件的等效机构（两个刚体、一个柔性体和一个虚拟构件）

图 8.14　含柔性体的曲柄滑块机构

$$\boldsymbol{M}_{\mathrm{r}}^{k} = \begin{bmatrix} m_{\mathrm{rr}}^{k} & 0 \\ 0 & m_{\theta\theta}^{k} \end{bmatrix}_{6\times 6} \qquad k=2,3 \tag{8.56}$$

式中：nf 为模态坐标的个数。柔性曲柄滑块机构的雅可比约束矩阵 $(\boldsymbol{C}_q)_c$ 为

$$(\boldsymbol{C}_q)_c = \begin{bmatrix} (\boldsymbol{C}_q^{01})_{\mathrm{flex,c}} \\ (\boldsymbol{C}_q^{12})_{\mathrm{flex,c}} \\ (\boldsymbol{C}_q^{23})_{\mathrm{joint}} \\ (\boldsymbol{C}_q^{30})_{\mathrm{joint}} \end{bmatrix} \tag{8.57}$$

式中：$(\cdot)_{\mathrm{flex,c}}$ 为柔性铰的雅可比约束矩阵；$(\cdot)_{\mathrm{joint}}$ 为关节的雅可比约束矩阵。

2. 虚拟构件增广算法的系数矩阵

图 8.14(b) 中系统的质量矩阵为

$$M = \begin{bmatrix} M_{\mathrm{v}}^{1} & & & & \\ & M_{\mathrm{f}}^{2} & & & \\ & & M_{\mathrm{v}}^{3} & & \\ & & & M_{\mathrm{r}}^{4} & \\ & & & & M_{\mathrm{r}}^{5} \end{bmatrix} \tag{8.58}$$

式(8.58)中,虚拟构件的质量矩阵 M_{v}^{k} 柔性构件的质量矩阵 M_{f}^{2}、刚性构件的质量矩阵 M_{r}^{k} 分别为

$$M_{\mathrm{v}}^{k} = \begin{bmatrix} 0 \end{bmatrix}_{6 \times 6} \quad k = 1,3 \tag{8.59}$$

$$M_{\mathrm{f}}^{2} = \begin{bmatrix} m_{\mathrm{rr}} & 0 & \mathrm{symmetric} \\ m_{\theta\mathrm{r}} & m_{\theta\theta} & 0 \\ m_{\mathrm{fr}} & m_{\mathrm{f}\theta} & m_{\mathrm{ff}} \end{bmatrix}_{(6+nf) \times (6+nf)} \tag{8.60}$$

$$M_{\mathrm{r}}^{k} = \begin{bmatrix} m_{\mathrm{rr}}^{k} & 0 \\ 0 & m_{\theta\theta}^{k} \end{bmatrix}_{6 \times 6} \quad k = 4,5 \tag{8.61}$$

带有柔性曲柄滑块机构的雅可比约束矩阵$(C_q)_{\mathrm{p}}$ 为

$$(C_q)_{\mathrm{p}} = \begin{pmatrix} (C_q^{01})_{\mathrm{joint}} \\ (C_q^{12})_{\mathrm{flex,p}} \\ (C_q^{23})_{\mathrm{flex,p}} \\ (C_q^{34})_{\mathrm{joint}} \\ (C_q^{45})_{\mathrm{joint}} \\ (C_q^{50})_{\mathrm{joint}} \end{pmatrix} \tag{8.62}$$

式中:$(\cdot)_{\mathrm{flex,p}}$为柔性铰的雅可比约束矩阵;$(\cdot)_{\mathrm{joint}}$为关节的雅可比约束矩阵。式(8.62)通过引进虚拟构件,可将雅可比约束矩阵明确地分为柔性铰和刚性铰模块。

3. 非奇异增广质量矩阵

如果雅可比约束 C_q 是行满秩矩阵,那么式(8.53)的系数矩阵就是非奇异的。基于同样的假设,下列方程只有平凡解,可证明式(8.53)矩阵是非奇异的。

$$M_{\mathrm{N}} y_1 + (C_q^{\mathrm{T}})_{\mathrm{N}} y_3 = 0 \tag{8.63}$$

$$(C_q^{\mathrm{T}})_{\mathrm{V}} y_3 = 0 \tag{8.64}$$

$$(C_q^{\mathrm{T}})_{\mathrm{N}} y_1 + (C_q^{\mathrm{T}})_{\mathrm{V}} y_2 = 0 \tag{8.65}$$

式中:M_{N}为非虚拟构件的质量矩阵;$(C_q^{\mathrm{T}})_{\mathrm{N}}$、$(C_q^{\mathrm{T}})_{\mathrm{V}}$分别为非虚拟构件和虚拟构

件的雅可比约束矩阵。式(8.63)左乘 $\boldsymbol{y}_1^{\mathrm{T}}$ 和式(8.64)左乘 $\boldsymbol{y}_2^{\mathrm{T}}$ 后,再联立式 (8.65)对其求和得到式(8.66)。

$$\boldsymbol{y}_1^{\mathrm{T}}\boldsymbol{M}_{\mathrm{N}}\boldsymbol{y}_1 + \boldsymbol{y}_3^{\mathrm{T}}((\boldsymbol{C}_q^{\mathrm{T}})_{\mathrm{N}}\boldsymbol{y}_1 + (\boldsymbol{C}_q^{\mathrm{T}})_{\mathrm{V}}\boldsymbol{y}_2) = \boldsymbol{y}_1^{\mathrm{T}}\boldsymbol{M}_{\mathrm{N}}\boldsymbol{y}_1 = 0 \qquad (8.66)$$

从式(8.66)中得到 $y_1 = 0$。再从式(8.63)和式(8.64)中可推导出:

$$\boldsymbol{C}_q^{\mathrm{T}}\boldsymbol{y}_3 = 0 \qquad (8.67)$$

既然矩阵 $\boldsymbol{C}_q$ 是行满秩的,y_3 必定是 0。从 $y_3 = 0$、$y_2 = 0$、$y_1 = 0$ 是式(8.63)、式(8.64)、式(8.65)的唯一解可以得出,式(8.53)的系数矩阵是非奇异的。

8.4.1.3　计算过程和评价

1. 算法流程

柔性多体动力学的算法结构如图 8.15 所示。原有铰模块和力模块仅适用于刚体,通过在铰库中增加一个柔性铰,可处理由刚性和柔性体组成的系统。

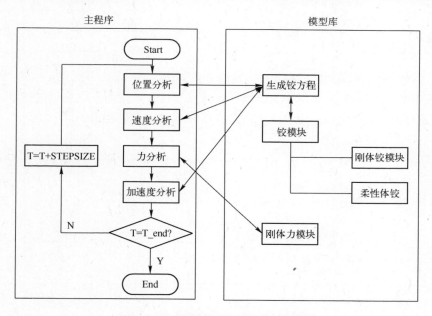

图 8.15　柔性多体动力学的程序结构

2. 算法评价

由于算法流程中重用了刚体铰和力模块,在刚体动力学程序中仅需增加柔性体铰和柔性体运动方程,所以该算法流程不仅易于实现而且便于维护,当需要扩展铰和力库时,避免了柔性体模块的额外耗费。但也需要注意,该算法流程引入了额外构件和铰,也将增加相应的计算量。

笛卡儿坐标算法实验研究表明,超过总计算时间 70% 的消耗,是用在各种方程矩阵的高斯消元上。式(8.53)直接高斯消元大约需要正比于矩阵规模3次方的计算量。若采用非零项结构,稀疏算法运算量仅随非零项的增加而增加。稀疏求解器使得注入元数量最小化,对非零项和注入元进行高斯消元,因而减少运算量。式(8.62)和式(8.66)分别显示了非零结构。由于虚拟构件的质量和惯量矩为0,质量矩阵中不增加非零项,非零项总数如表8.2所列。由于新增加的非零项分散在原有的非零项周围,不干扰非零项的总体结构。因此,可以采用与原始线性稀疏求解器类似的稀疏高斯消元重排序列,曲柄滑块机构的计算时间将缩减50%。

表8.2 曲柄滑块机构中的非零项

实 验 方 法	非零项的数目
常规的方法	$122 + 10 * n$ mode
虚拟构件法	$188 + 12 * n$ mode
注: * n mode 表示模态的数量	

常用铰(转动副、球铰和平动副)的非零项数量如表8.3所列。可以看出,系统中的柔性体数量越少,计算时间就越短。然而,柔性体系统有很多铰和力单元,通常拥有较为庞大的虚拟构件数,故其计算时间将显著增加。

表8.3 常用铰的非零项

铰	增加的非零项
转动副	$(33 + n$ mode$) * n$ virtua Ir
球铰	$(33 + 3 * n$ mode$) * n$ virtua Is
平动副	$(33 + n$ mode$) * n$ virtua If
注:n virtua Ir 表示由转动副连接的虚拟构件数量;n virtua Is 表示由球铰连接的虚拟构件数量;n virtua If 表示由平动副连接的虚拟构件数量	

8.4.2 柔性多体动力学的广义递归算法

为减少复杂的计算量,可在每个铰和力参考坐标系中引入虚拟刚性构件。在虚拟构件和原构件参考坐标系间引入了一个柔性铰,用速度变化法来推导铰空间的运动方程。将运动方程中变换矩阵的相关项分门别类,每类开发出相应的递归算法。由于相对坐标表示的方程求解时间与相对坐标的数量近似成正比关系,故由虚拟构件的虚拟铰引发的计算增加量很小,同时显著提高了程序的计算方便性。

172

8.4.2.1　相邻柔性体的相对坐标运动

1. 坐标系和虚拟构件

设两个相邻柔性体通过一个铰而连接,其参考系如图 8.16 所示。图 8.16
中,$X-Y-Z$ 坐标系为惯性参考系,$x'-y'-z'$ 坐标系为构件坐标系。

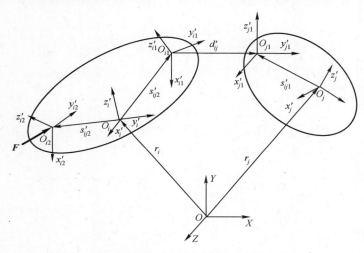

图 8.16　两个相邻的柔性体

$X-Y-Z$ 坐标系中 O 点的速度和虚位移分别为

$$\begin{bmatrix} \boldsymbol{r} \\ \boldsymbol{\omega} \end{bmatrix}\tag{8.68}$$

和

$$\begin{bmatrix} \boldsymbol{\delta r} \\ \boldsymbol{\delta \omega} \end{bmatrix}\tag{8.69}$$

假设在 $x'_{i1}-y'_{i1}-z'_{i1}$ 坐标系和 $x'_{j1}-y'_{j1}-z'_{j1}$ 坐标系之间存在一个铰,在 $x'_{i2}-y'_{i2}-z'_{i2}$ 坐标系的原点有一个力作用。参考系间运动容许条件可分为两类:一类为两
铰参考系间的容许条件;另一类为柔性体内参考系间的容许条件。现有很多专
业动力学计算软件,如 ADAMS,在运动铰约束和广义力算法中混合使用这两类
条件,其结果是将柔性体和刚体的铰模块和力模块分别编程计算,故计算时间较
长且容易编码出错,尤其对于柔性体复杂的广义坐标和应变能,柔性体计算更为
复杂。

为了减小程序量,如在 8.4.1 节中所述,在每个铰和力参考系中引入质量和
转动惯量为 0 的虚拟构件,通过虚拟铰将虚拟构件和柔性体连接起来。在两相
邻柔性体间的 3 个虚拟构件,除了表示柔性体参考系,以及虚拟构件参考系间运

动学容许条件的虚拟铰,柔性体上没有其他铰和作用力,故仅需要开发刚体的铰和力模块,在铰模块中增加一个柔性体铰。

2. 柔性铰的相对运动

设虚拟构件通过虚拟铰与原有柔性体相连,如图 8.17 所示。图 8.17 中虚拟构件参考系的原点为

$$\boldsymbol{r}_i = \boldsymbol{r}_{i-1} + \boldsymbol{A}_{i-1}(\boldsymbol{s}'_{0(i-1)i} + \boldsymbol{u}'_{(i-1)i}) \tag{8.70}$$

式中:$\boldsymbol{s}'_{0(i-1)i}$、$\boldsymbol{u}'_{(i-1)i}$ 分别为虚拟构件原点相对于柔性体参考系的未变形位置矢量和变形矢量;$\boldsymbol{A}_{i-1}$ 为柔性体参考系的姿态矩阵。变形矢量 $\boldsymbol{u}'_{(i-1)i}$ 可表示为一组模态振型的线性组合:

$$\boldsymbol{u}'_{(i-1)i} = \boldsymbol{\Phi}^R_{i-1}\boldsymbol{q}^f_{(i-1)i} \tag{8.71}$$

式中:$\boldsymbol{\Phi}^R_{i-1}$ 为模态矩阵,该矩阵的列由平移模态振型构成;$\boldsymbol{q}^f_{(i-1)i}$ 为模态坐标矢量;下标 i 和 $i-1$ 为参考系间的广义坐标。

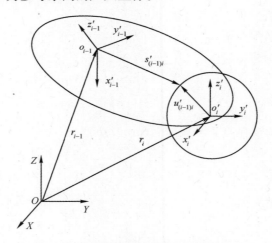

图 8.17　柔性体和虚拟构件之间的柔性铰

局部坐标系的角速度为

$$\boldsymbol{\omega}'_i = \boldsymbol{A}^T_{(i-1)i}\boldsymbol{\omega}'_{i-1} + \boldsymbol{A}^T_{(i-1)i}\boldsymbol{\Phi}^\theta_{i-1}\boldsymbol{q}^f_{(i-1)i} \tag{8.72}$$

设 $\tilde{\boldsymbol{s}}_{(i-1)i} = \boldsymbol{s}'_{0(i-1)i} + \boldsymbol{u}'_{(i-1)i}$,波浪符号表示斜对称矩阵,可得柔性铰的速度递归方程:

$$\boldsymbol{Y}_i = \boldsymbol{B}^f_{(i-1)i1}\boldsymbol{Y}_{i-1} + \boldsymbol{B}^f_{(i-1)i2}\dot{\boldsymbol{q}}^f_{(i-1)i} \tag{8.73}$$

式中:

$$\boldsymbol{B}^f_{(i-1)i1} = \begin{bmatrix} \boldsymbol{A}^T_{(i-1)i} & -\boldsymbol{A}^T_{(i-1)i}\tilde{\boldsymbol{s}}'_{(i-1)i} \\ 0 & \boldsymbol{A}^T_{(i-1)i} \end{bmatrix} \tag{8.74}$$

174

$$B^{\mathrm{f}}_{(i-1)i2} = \begin{bmatrix} A^{\mathrm{T}}_{(i-1)i} \boldsymbol{\Phi}^{\mathrm{R}}_{i-1} \\ A^{\mathrm{T}}_{(i-1)i} \boldsymbol{\Phi}^{\theta}_{i-1} \end{bmatrix} \tag{8.75}$$

需要注意的是,矩阵 $B^{\mathrm{f}}_{(i-1)i1}$ 和 $B^{\mathrm{f}}_{(i-1)i2}$ 仅是柔性体 $i-1$ 模态坐标的函数。

式(8.73)定义了一个内侧柔性体和一个外侧柔性体的运动学关系,内侧刚体和外侧柔性体的运动学关系也可以类似推导。同样,一个柔性体和一个虚拟构件间的虚拟位移递归关系为

$$\boldsymbol{Y}_i = B^{\mathrm{r}}_{(i-1)i1} \boldsymbol{Y}_{i-1} + B^{\mathrm{r}}_{(i-1)i2} \dot{\boldsymbol{q}}^{\mathrm{f}}_{(i-1)i} \tag{8.76}$$

式中:

$$B^{\mathrm{r}}_{(i-1)i1} = \begin{bmatrix} A^{\mathrm{T}}_{(i-1)i} & \hat{\boldsymbol{s}}'_{i(i-1)} A^{\mathrm{T}}_{(i-1)i} \\ 0 & A^{\mathrm{T}}_{(i-1)i} \end{bmatrix} \tag{8.77}$$

$$B^{\mathrm{r}}_{(i-1)i2} = \begin{bmatrix} -\hat{\boldsymbol{s}}'_{i(i-1)} \boldsymbol{\Phi}^{\theta}_{i-1} - \boldsymbol{\Phi}^{\mathrm{R}}_{i-1} \\ A^{\mathrm{T}}_{(i-1)i} \boldsymbol{\Phi}^{\theta}_{i-1} \end{bmatrix} \tag{8.78}$$

3. 刚性铰的相对运动

两个刚体间的刚性铰速度递归关系可通过式(8.76)类似推导得出:

$$\boldsymbol{Y}_i = B^{\mathrm{r}}_{(i-1)i1} \boldsymbol{Y}_{i-1} + B^{\mathrm{r}}_{(i-1)i2} \dot{\boldsymbol{q}}^{\mathrm{r}}_{(i-1)i} \tag{8.79}$$

式中:上标 r 为刚性铰的广义坐标。

$$B^{\mathrm{r}}_{(i-1)i1} = \begin{bmatrix} A^{\mathrm{T}}_{(i-1)i} & -A^{\mathrm{T}}_{(i-1)i} \hat{\boldsymbol{s}}'_{(i-1)i} + \tilde{\boldsymbol{d}}'_{(i-1)i} - A_{(i-1)i} \hat{\boldsymbol{s}}'_{(i-1)i} A^{\mathrm{T}}_{(i-1)i} \\ 0 & A^{\mathrm{T}}_{(i-1)i} \end{bmatrix} \tag{8.80}$$

$$B^{\mathrm{r}}_{(i-1)i2} = \begin{bmatrix} A^{\mathrm{T}}_{(i-1)i} \left((\tilde{\boldsymbol{d}}'_{(i-1)i})_{q(i-1)i} \right) + A^{\mathrm{T}}_{(i-1)i} \hat{\boldsymbol{s}}'_{(i-1)i} A^{\mathrm{T}}_{(i-1)i} H'_{(i-1)i} \\ A^{\mathrm{T}}_{(i-1)i} H'_{(i-1)i} \end{bmatrix} \tag{8.81}$$

式中:$H'_{(i-1)i}$ 由转动轴确定。矩阵 B 仅仅是 $\boldsymbol{q}^{\mathrm{r}}_{(i-1)i}$ 的函数。

4. 机械系统的图形描述

通过节点和连线表示构件和铰,基于图形理论的前处理过程,可获得确定计算顺序的通路矩阵和距离矩阵。一般计算程序中需要两种顺序:一种是从起始端构件向终端构件的正向顺序;另一种是从终端构件向起始端构件的反向顺序。

为系统地推导递归算法,将图 8.18 中构件分成四个不相交的部分(与广义坐标 $\boldsymbol{q}_k$ 相关):

$\mathrm{I}(\boldsymbol{q}_k) = \{$广义坐标为 $\boldsymbol{q}_k$ 的铰外侧相邻构件$\}$;

$\mathrm{II}(\boldsymbol{q}_k) = \{\mathrm{I}(\boldsymbol{q}_k)$ 的所有外侧构件,但不包括 $\mathrm{I}(\boldsymbol{q}_k)$ 中所有构件$\}$;

$\mathrm{III}(\boldsymbol{q}_k) = \{$起始端构件和 $\mathrm{I}(\boldsymbol{q}_k)$ 内侧构件间的所有构件,包括起始构件和

内侧构件,但不包括 $I(q_k)$ 中所有构件};

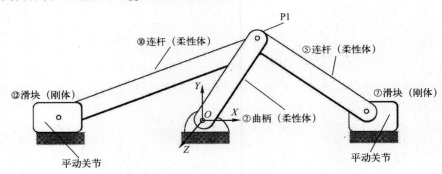

图 8.18 柔性曲柄滑块机构

$IV(q_k) = \{ I(q_k) \cup II(q_k) \cup III(q_k)$ 之外的所有构件$\}$。

图 8.18 系统的图形描述和计算顺序如图 8.19 所示。

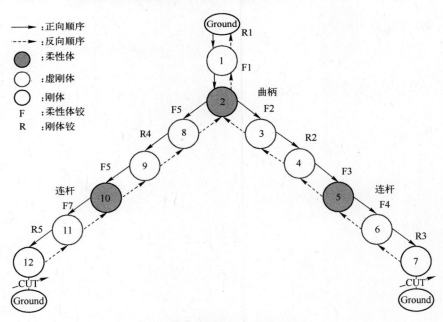

图 8.19 图形表示及计算顺序

$I(q34) = \{$构件 $4\}$

$II(q34) = \{$构件 5、6、$7\}$

$III(q34) = \{$构件 1、2、$3\}$

$IV(q34) = \{$构件 8、9、10、11、$12\}$

8.4.2.2　正向递归算法

1. 速度递归算法

设系统中所有构件的速度 $\overline{Y}$，可通过重复递归替换获得。依据铰的类型，沿图形中正向顺序，通过附加 $\dot{q}^{\mathrm{r}} = \dot{q}^{\mathrm{f}}$ 可得

$$\overline{Y} = \begin{bmatrix} \overline{Y} \\ \dot{q}^{\mathrm{f}} \end{bmatrix} = \begin{bmatrix} B_{zr} & B_{zf} \\ 0 & I \end{bmatrix} \begin{bmatrix} \dot{q}^{\mathrm{r}} \\ \dot{q}^{\mathrm{f}} \end{bmatrix} = B\dot{q} \tag{8.82}$$

式中：$\dot{q}^{\mathrm{r}}$、$\dot{q}^{\mathrm{f}}$ 分别为系统的相对坐标矢量和模态坐标矢量。令 Y、$\dot{q}^{\mathrm{r}}$ 和 $\dot{q}^{\mathrm{f}}$ 的维数分别为 nc、nr 和 nf，在给定的 $\dot{q} \in R^{nr+nf}$ 下，可通过数值递归替换来计算速度 $\overline{Y} \in R^{nr+nf}$。两种方法虽然结果相同，但数值递归替换法更有效，可计算给定 $\dot{q}$ 的矩阵乘法 $B\dot{q}$。式（8.82）中 $\dot{q}$ 是一个 R^{nr+nf} 任意矢量，适用于任何矢量 $x \in R^{nr+nf}$：

$$\overline{X} \equiv \begin{bmatrix} X \\ x \end{bmatrix} = Bx \tag{8.83}$$

和

$$\dot{\overline{X}} = B\dot{x} + \dot{B}x \tag{8.84}$$

式中：矢量 $\overline{X} \in R^{nr+nf}$ 是 B 和 x 的积，矩阵 B 取决于铰类型。$\overline{Y} \in R^{nr+nf}$ 到 $Bx \in R^{nr+nf}$ 的变换实际上是应用式（8.83）进行递归计算，提高了效率。

2. 递归算法

对于 $k = 1, 2, \cdots, (nr + nf)$，方程求关于 q_k 的偏微分，得到 $(Bx)_q$ 的递归算法：

$$(X_i)_{q_k} = (B_{(i-1)i1})_{q_k} X_{i-1} + B_{(i-1)i1}(X_{i-1})_{q_k} + (B_{(i-1)i2})_{q_k} X_{(i-1)i} \tag{8.85}$$

矩阵 B 仅取决于铰 $(i-1)i$ 的广义坐标，故对除 $q_{(i-1)i}$ 外的广义坐标偏导数都为 0，即如果 q_k 不属于构件 $\mathrm{I}(q_k)$，偏导数为 0。如果构件 i 是 $\mathrm{II}(q_k)$ 的一个元素，则式（8.85）变为

$$(X_i)_{q_k} = B_{(i-1)i1}(X_{i-1})_{q_k} \tag{8.86}$$

如果构件 i 属于 $\mathrm{III}(q_k) \cup \mathrm{IV}(q_k)$，$X_i$ 不受 q_k 的影响。式（8.86）简化为

$$(X_i)_{q_k} = 0 \tag{8.87}$$

当构件 $i \in \mathrm{I}(q_k)$ 时有两种递归算法：若构件 i 属于 $\mathrm{I}(q_k)$，则构件 $i-1$ 自然是其内侧构件，属于 $\mathrm{III}(q_k)$，则式（8.85）将化简为

$$(X_i)_{q_k} = (B_{(i-1)i1})_{q_k} X_{i-1} + (B_{(i-1)i2})_{q_k} X_{(i-1)i} \tag{8.88}$$

如果构件 i 和 $i-1$ 属于 $\mathrm{I}(q_k)$，式（8.88）递归算法将转化为

$$(X_i)_{q_k} = (B_{(i-1)i1})_{q_k} X_{i-1} + B_{(i-1)i1}(X_{i-1})_{q_k} + (B_{(i-1)i2})_{q_k} X_{(i-1)i} \tag{8.89}$$

式（8.89）用以计算图 8.19 所示系统的 $\overline{Y}_{q34}$。BX 和 $(BX)_q$ 的递归算法可类

似求得,在此不再赘述。

8.4.2.3 反向递归算法

1. 力递归算法

首先,需要将 R^{nr+nf} 中的矢量 G 变换到 R^{nr+nf} 中的新矢量 $g = B^T G$。这样的变换,可用于笛卡儿空间的已知力求解铰空间的广义力。$Q \in R^{nr+nf}$ 的虚功为

$$\delta W = \delta \bar{Z}^T \bar{Q} \equiv [\delta \bar{Z}^T \quad \delta q^{fT}] \begin{bmatrix} Q^c \\ Q^f \end{bmatrix} \qquad (8.90)$$

式中:$\delta \bar{Z}^T$ 为系统所有铰的运动容许;Q^c、Q^f 分别为笛卡儿力和模态力。用虚位移关系代入式(8.90)得

$$\delta W = \delta q^{rT} B_{zr}^T Q^c + \delta q^{fT} (B_{zr}^T Q^c + Q^f) = \delta q^{rT} Q^{r*} + \delta q^{fT} Q^{f*} \qquad (8.91)$$

式(8.91)中,$Q^{r*} = B_{zr}^T Q^c$,$Q^{f*} = B_{zr}^T Q^c + Q^f$。式(8.90)可写成

$$\delta W = \sum_{i(i-1) \in rjts} \delta q_{i(i+1)}^{rT} Q_{i(i+1)}^{r*} + \sum_{i(i+1) \in fjts} \delta q_{i(i+1)}^{fT} Q_{i(i+1)}^{f*} \qquad (8.92)$$

式(8.92)中,$rjts$ 和 $fjts$ 分别代表所有的刚体铰和柔性体铰。

其次,从终端构件往内侧构件方向对式(8.92)进行递归虚位移关系符号替换,并对方程关于相对虚位移和模态位移进行重组,得

$$\begin{aligned} \delta W = &\sum_{i(i+1) \in rjts} \delta q_{i(i+1)}^{rT} \{ \sum_{I \in I(q_{i(i+1)})} B_{i(i+1)2}^{rT} (Q_{i(i+1)}^c + S_{i+1}) \} \\ &+ \sum_{i(i+1) \in fjts} \delta q_{i(i+1)}^{fT} \{ Q_{i(i+1)}^f \sum_{I \in I(q_{i(i+1)})} B_{i(i+1)2}^{fT} (Q_{i(i+1)}^c + S_{i+1}) \} \end{aligned} \qquad (8.93)$$

此处,若 $i+1$ 为终端构件,$S_{i+1} \equiv 0$。

$$S_{i+1} \equiv \sum_{I \in I(q_{(i+1)(i+2)})} B_{(i+1)(i+2)}^T (Q_{i+2}^c + S_{i+2}) \qquad (8.94)$$

Q^{f*} 和 Q^{r*} 的递归算法可由式(8.93)和式(8.94)联立,得

$$Q_{i(i+1)}^* = Q_{i(i+1)} + \sum_{I \in I(q_{i(i+1)})} B_{i(i+1)2}^T (Q_{i+1}^c + S_{i+1}) \qquad (8.95)$$

式(8.95)中,对于刚性铰及连接内侧柔性体和外侧虚拟构件的柔性铰,$Q_{i(i+1)} = 0$;对于连接内侧虚拟构件和外侧柔性体的柔性铰,$Q_{i(i+1)} = Q_{i(i+1)}^f$。因为 $\bar{Q}$ 是 R^{nr+nf} 中的一个任意矢量,故适用于 R^{nr+nf} 的任意矢量 G。计算矩阵乘积 $B^T G$ 以提高计算效率:

$$g_{i(i+1)} = G_{i(i+1)} + \sum_{I \in I(q_{i(i+1)})} B_{i(i+1)2}^T (G_{i+1}^c + S_{i+1}) \qquad (8.96)$$

式(8.96)中,g 由 $B^T G$ 得到,$G_{i(i+1)}$ 可定义为式(8.96)中的 $Q_{i(i+1)}$,则

$$S_{i+1} \equiv 0 \qquad (8.97)$$

如果 $i+1$ 为终端构件,则

$$S_{i+1} = \sum_{I \in I(q_{(i+1)(i+2)})} B_{(i+1)(i+2)1}^T (Q_{i+2}^c + S_{i+2}) \qquad (8.98)$$

反向求解获得 $\boldsymbol{g} = \boldsymbol{B}^{\mathrm{T}}\boldsymbol{G}$($\boldsymbol{G}$ 是 $\boldsymbol{R}^{nr+nf}$ 的常量)时,式(8.98)需应用于所有铰。

2. 递归算法

在式(8.96)和式(8.98)推导中,用 $i-1$ 替换 $i+1$,并关于 q_k 求偏导可得到 $(\boldsymbol{B}^{\mathrm{T}}\boldsymbol{G})_{q_k}$ 的递归算法:

$$(\boldsymbol{g}_{(i-1)i})_{q_k} = (\boldsymbol{G}_{(i-1)i})_{q_k} + \sum_{I \in I(q_{(i-1)i})} (\boldsymbol{B}_{(i-1)i2}^{\mathrm{T}})_{q_k} (\boldsymbol{G}_i^c + \boldsymbol{S}_i) + \sum_{I \in I(q_{(i-1)i})} \boldsymbol{B}_{(i-1)i2}^{\mathrm{T}} (\boldsymbol{G}_i^c + \boldsymbol{S}_i)_{q_k} \tag{8.99}$$

$$(\boldsymbol{S}_{i-1})_{q_k} = \sum_{I \in I(q_{(i-1)i})} (\boldsymbol{B}_{(i-1)i2}^{\mathrm{T}})_{q_k} (\boldsymbol{G}_i^c + \boldsymbol{S}_i) + \sum_{I \in I(q_{(i-1)i})} \boldsymbol{B}_{(i-1)i2}^{\mathrm{T}} (\boldsymbol{G}_i^c + \boldsymbol{S}_i)_{q_k} \tag{8.100}$$

由于 $\boldsymbol{G} \in \boldsymbol{R}^{nr+nf}$ 是常矢量,故 $\boldsymbol{G}_{q_k} = 0$。如果 $i \in \mathrm{II}(\boldsymbol{q}_k) \cup \mathrm{III}(\boldsymbol{q}_k) \cup \mathrm{IV}(\boldsymbol{q}_k)$,则 $\boldsymbol{B}$ 不是 $\boldsymbol{q}_k$ 的函数,关于 $\boldsymbol{q}_k$ 的偏导数为 0。故式(8.99)和式(8.100)可简化为

$$(\boldsymbol{g}_{(i-1)i})_{q_k} = \sum_{I \in I(q_{(i-1)i})} \boldsymbol{B}_{(i-1)i2}^{\mathrm{T}} (\boldsymbol{S}_i)_{q_k} \tag{8.101}$$

$$(\boldsymbol{S}_{i-1})_{q_k} = \sum_{I \in I(q_{(i-1)i})} \boldsymbol{B}_{(i-1)i2}^{\mathrm{T}} (\boldsymbol{S}_i)_{q_k} \tag{8.102}$$

对于终端构件,$(\boldsymbol{S}_i)_{q_k} = 0$,故 $i \in \mathrm{II}(\boldsymbol{q}_k) \cup \mathrm{IV}(\boldsymbol{q}_k)$,$(\boldsymbol{S}_i)_{q_k} = 0$。因此,对于 $i \in \mathrm{II}(\boldsymbol{q}_k) \cup \mathrm{IV}(\boldsymbol{q}_k)$,式(8.101)变为

$$(\boldsymbol{g}_{(i-1)i})_{q_k} = 0 \tag{8.103}$$

在构件 $i \in \mathrm{II}(\boldsymbol{q}_k)$ 的情况下有两种递归算法。如果构件 $i \in \mathrm{II}(\boldsymbol{q}_k)$ 和 $i+1 \in \mathrm{II}(\boldsymbol{q}_k)$,且 $(\boldsymbol{S}_i)_{q_k} = 0$,则式(8.101)、式(8.102)可变为

$$(\boldsymbol{g}_{(i-1)i})_{q_k} = \sum_{I \in I(q_{(i-1)i})} (\boldsymbol{B}_{(i-1)i2}^{\mathrm{T}})_{q_k} (\boldsymbol{G}_i^c + \boldsymbol{S}_i) \tag{8.104}$$

$$(\boldsymbol{S}_{i-1})_{q_k} = \sum_{I \in I(q_{(i-1)i})} (\boldsymbol{B}_{(i-1)i2}^{\mathrm{T}})_{q_k} (\boldsymbol{G}_i^c + \boldsymbol{S}_i) \tag{8.105}$$

该递归算法可用来计算 $(\boldsymbol{B}^{\mathrm{T}}\boldsymbol{G})_q$,如求解图 8.19 所示系统的 $g_{34} = (\boldsymbol{B}^{\mathrm{T}}\boldsymbol{G})_{q_{34}}$。

8.4.2.4 求解控制方程

1. 运动方程的隐式积分

通过速度变换法获得铰空间的约束机械系统动力学方程:

$$\boldsymbol{F} = \boldsymbol{B}^{\mathrm{T}} (\boldsymbol{M}\overline{\boldsymbol{Y}} + \boldsymbol{\Phi}\boldsymbol{T}/(\boldsymbol{Z}^\lambda - \overline{\boldsymbol{Q}})) \tag{8.106}$$

式中:$\boldsymbol{\Phi}$、$\boldsymbol{\lambda}$ 分别为剪断铰的拉格朗日乘子;$\boldsymbol{M}$ 为质量矩阵;$\overline{\boldsymbol{Q}}$ 为力矢量(包括外力、应变能产生力合速度引起的力)。由运动方程、约束方程、$\dot{\boldsymbol{q}} = \boldsymbol{v}$ 和 $\dot{\boldsymbol{v}} = \boldsymbol{a}$ 构成了微分代数方程(DAE)。对于微分代数方程,应用"切空间法"可得到如下非线性方程系统:

$$H(p_n) = \begin{bmatrix} U_0^T(q_n + \beta_0 v_n + \beta_1) \\ U_0^T(v_n + \beta_0 a_n + \beta_2) \\ F(q_n, v_n, a_n, \lambda_n, t_n) \\ \Phi(q_n, t_n) \\ \dot{\Phi}(q_n, v_n, t_n) \\ \ddot{\Phi}(q_n, v_n, z_n, t_n) \end{bmatrix} \tag{8.107}$$

式中:$p_n^T = [q_n^T, v_n^T, a_n^T, \lambda_n^T]$,$\beta_0, \beta_1$ 和 β_2 由 BDF 法的系数决定。选择 U_0 以保证广矩阵$\begin{bmatrix} U_0^T & \Phi_q \end{bmatrix}^T$ 是非奇异阵。用牛顿法求解方程所示非线性系统:

$$H(p_n)\Delta p = -H \tag{8.108}$$

$$p_n^{(i+1)} = p_n^{(i)} + \Delta p \quad i = 1, 2, 3, \cdots \tag{8.109}$$

$$H(p_n) = \begin{bmatrix} U_0^T & \beta_0 U_0^T & 0 & 0 \\ 0 & U_0^T & \beta_0 U_0^T & 0 \\ F_q & F_v & F_a & F_\lambda \\ \Phi_q & 0 & 0 & 0 \\ \dot{\Phi}_q & \dot{\Phi}_v & 0 & 0 \\ \ddot{\Phi}_q & \ddot{\Phi}_v & \ddot{\Phi}_a & 0 \end{bmatrix} \tag{8.110}$$

考虑到 F_q 和 Φ_q 是 q、v、a、λ 的高度非线性函数,所以在推导矩阵 $H(p_n)$ 的非零表达式时应谨慎,以便能有效计算。

2. 广义递归算法的应用

通过观察式(8.110)中 $H(p_n)$ 可知,需要计算 F_q、F_v、F_a、Φ_q、$\dot{\Phi}_q$、$\ddot{\Phi}_q$ 的偏导数。在此仅讨论 F_q,其余参数可以此类推。在式(8.106)中,矩阵 B 关于矢量 p 求导得到三维矩阵。为了避免三维矩阵的符号变复杂,将方程对于每个广义坐标 q_k 逐个求导,故

$$F_{qk} = B_{qk}^T(M\dot{Y} + \Phi_{\bar{Z}}^T\lambda - \overline{Q}) \\ + B^T(M(\dot{Y})_{qk} + (\Phi_{\bar{Z}}^T\lambda - \overline{Q})_{qk}) \quad k = 1, 2, \cdots, nr + nf \tag{8.111}$$

式(8.111)中,$(\Phi_{\bar{Z}}^T\lambda - \overline{Q})$项很容易用笛卡儿坐标表示,利用应用链路原则可得

$$(\Phi_{\bar{Z}}^T\lambda - \overline{Q})_{qk} = (\Phi_{\bar{Z}}^T\lambda - \overline{Q})_z B_k \quad k = 1, 2, \cdots, nr + nf \tag{8.112}$$

利用 $\partial Z / \partial q = B, B_k$ 表示矩阵 B 中的第 k 列。利用 $B_{qk}^{\mathrm{T}} G (G = (M \dot{\bar{Y}} + \Phi_{\bar{Z}}^{\mathrm{T}} \lambda - \bar{Q}))$ 递归算法可求出第一项。所有 k 的 $(\Phi_{\bar{Z}}^{\mathrm{T}} \lambda - \bar{Q})$ 集构造了 $(\Phi_{\bar{Z}}^{\mathrm{T}} \lambda - \bar{Q})$ 阵。矩阵 $(\Phi_{\bar{Z}}^{\mathrm{T}} \lambda - \bar{Q})_{\bar{z}}^{\mathrm{T}}$ 由 $nr + nf$ 列 $R^{nc + nr}$ 矢量构成。因此，通过 $B_{qk}^{\mathrm{T}} G$（其中 G 是矩阵 $(\Phi_{\bar{Z}}^{\mathrm{T}} \lambda - \bar{Q})_{\bar{z}}^{\mathrm{T}}$ 的每列矢量）可求解 $(\Phi_{\bar{Z}}^{\mathrm{T}} \lambda - \bar{Q})$ 的数值结果。最终，通过 $B_{qk}^{\mathrm{T}} G$（其中 $G = (M \dot{\bar{Y}} + \Phi_{\bar{Z}}^{\mathrm{T}} \lambda - \bar{Q})$ 和 $\dot{\bar{Y}}_{qk}$ 递归获得）可得到方程的第二项。

8.4.3　仿真计算与验证

8.4.3.1　仿真实例设计

基于虚拟构件的动力学模型包括两个部分，分别是多刚体动力学建模和刚柔复合体动力学建模。多刚体动力学建模将所有部件作为刚性单元考虑；刚柔复合体动力学建模将对虚拟构件和铰的柔性多体动力学进行分析。仿真框架如图 8.20 所示，动力学建模框架如图 8.21 所示。

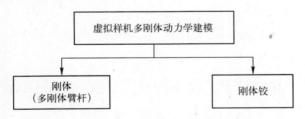

图 8.20　虚拟构件多刚体动力学建模框架

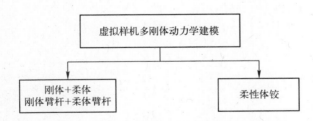

图 8.21　虚拟构件刚柔复合体动力学建模框架

8.4.3.2　仿真模型构建

1. 模型方案设计

针对不同在轨软接触机理模型，分别设计了五个动力学模型。其中模型 1、2、3 是三关节多刚体模型，模型 4 是三关节刚柔复合体模型，模型 5 是四关节多刚体模型。建模方案如表 8.4 所列。

表 8.4　建模方案

模　型		说　明
三关节	模型 1:多刚体	基座与关节、关节与关节之间全部刚性连接
	模型 2:多刚体 + 柔性体铰	在模型 1 的基础上,加入柔性关节部件
	模型 3:多刚体 + 柔性体铰 + 可控阻尼	在模型 2 的基础上,加入可控阻尼部件
四关节	模型 4:多刚体 + 柔性体铰 + 可控阻尼	在模型 3 的基础上增加一个关节

在 NX 软件中建立在轨软接触机构的三、四关节模型,分别如图 8.22、图 8.23 所示。

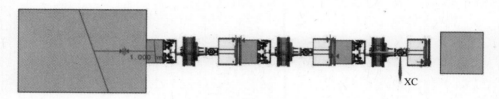

图 8.22　三关节模型

图 8.23　四关节模型

2. 模型参数设计

表 8.4 中的模型参数设置如表 8.5 所列。

表 8.5　仿真条件参数

参　数			值
仿真条件 1	静态参数	基座 质量/kg	200
		基座 外形尺寸/mm	1000 × 1000 × 1000
		基座 惯量/(kg·m²)	[54 54 33]
		目标卫星 质量/kg	30
		目标卫星 外形尺寸/mm	500 × 500 × 500
		目标卫星 惯量/(kg·m²)	[1.25 1.25 1.25]
		臂杆 质量/kg	30

（续）

参　　数			值	
仿真条件 2	碰撞参数	碰撞 1	碰撞形式	垂直碰撞
			平动速度/（mm/s）	1250
			转动速度	0
		碰撞 2	碰撞形式	垂直碰撞
			平动速度/（mm/s）	1250
			转动速度/（（°）/s）	90
		碰撞 3	碰撞形式	斜 45°碰撞
			平动速度/（mm/s）	1250
			转动速度/（（°）/s）	90
仿真条件 3	耦合部件参数	柔性铰	刚度系数/（N/mm）	10
		阻尼	系数/（N·s/mm）	5

为了便于描述，将离卫星本体基座最远端的关节称为关节 1，然后向基座方向依次为关节 2、关节 3 和关节 4。

设空间目标与在轨软接触机构末端碰撞典型的三种情况：

碰撞 1：空间目标沿着 Z 轴方向，以线速度 1250mm/s 与臂杆碰撞。

碰撞 2：空间目标沿着 Z 轴方向，以线速度 1250mm/s、角速度 90（°）/s 与臂杆碰撞。

碰撞 3：空间目标沿着斜 45°方向，以线速度 1250mm/s、角速度 90（°）/s 与臂杆碰撞。

8.4.3.3　刚柔复合体动力学模型特性参数分析与评价

1. 三关节模型刚柔复合体动力学仿真

在上节三种碰撞情况，对表 8.4 中的模型 1、2、3 进行仿真分析。主要对比在相同碰撞条件下，软接触机构刚柔动力学特性对卫星基座的扰动情况。

1）碰撞 1 条件（目标卫星沿着 Z 轴方向的线速度碰撞）的仿真计算

在碰撞 1 的条件下，目标卫星碰撞力/力矩通过在轨软接触机构模型各臂杆和关节耦合传导，对卫星基座本体产生的干扰量动力学分析结果如图 8.24 ～图 8.27 所示。

通过对图 8.24（a）（b）分析可知，在卫星基座受干扰的线位移和线加速度方面，对三个模型动力学仿真结果分析如下：在线位移方面，相比于模型 1（即三关节刚性臂杆＋刚性铰模式）和模型 2（即三关节刚性臂杆＋柔性铰），模型 3（即三关节刚性臂杆＋柔性铰＋可控阻尼）的卫星基座位移量变化最小，且较快收敛；模型

2 呈较大幅值振荡;模型 1 幅值增长发散。在线加速度方面,模型 1 连续出现了较大的脉冲式的峰值,对卫星基座影响较大;模型 2 的卫星基座位加速度变化幅值呈微小振荡变化;模型 3 在起始阶段出现一个较小峰值,在后续变化中趋于稳定。因此,在碰撞 1 条件下,模型 3 的卫星基座线位移峰值最小,模型 2 次之,模型 1 最大;模型 2 的卫星基座线加速度峰值最小,模型 3 次之,模型 1 最大。

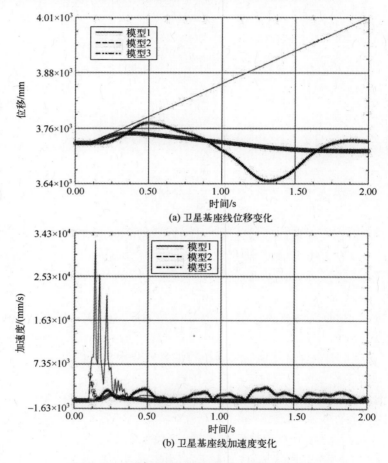

(a) 卫星基座线位移变化

(b) 卫星基座线加速度变化

图 8.24　卫星基座线位移和线加速度变化曲线

通过对图 8.25(a)(b)分析可知,在卫星基座受干扰的角位移和角加速度方面,对三个模型动力学仿真结果分析如下:在角位移的起始时刻,模型 1、2、3 的卫星基座角位移量同时出现了突变,峰值相近;在角位移的后续阶段,模型 2 幅值变化最大,模型 3 幅值变化居中,模型 1 幅值变化趋于稳定。在角加速度起始时刻,模型 1、2、3 先后出现了不同程度的脉冲式的峰值,其中模型 2 峰值最

大,模型 1 峰值次之,模型 3 峰值最小;在角速度的后续阶段,模型 1 幅值迅速趋
于稳定,模型 3 呈现微小变化,模型 2 则出现较大的连续多个波峰式幅值变化。
因此,在碰撞 1 条件下,模型 1 的卫星基座角位移峰值最小,模型 3 次之,模型 2
最大;模型 3 的卫星基座角加速度峰值最小,模型 1 次之,模型 2 最大。

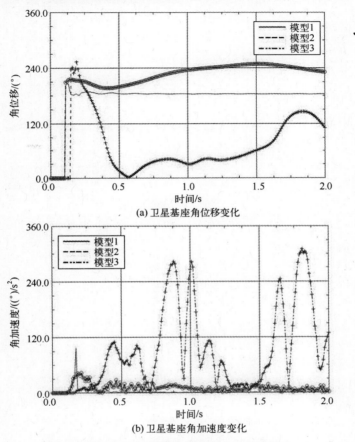

(a) 卫星基座角位移变化

(b) 卫星基座角加速度变化

图 8.25　卫星基座角位移和角加速度变化曲线

　　通过对图 8.26(a)(b)分析可知,在卫星基座受干扰力和力矩方面,对三个
模型动力学仿真结果分析如下:在干扰力的起始时刻,相比于模型 2、3,模型 1
出现了多个连续脉冲式的大幅值干扰力,模型 3 峰值次之,模型 2 最小;在干扰
力的后续阶段,模型 3 最先实现了对干扰力的稳定收敛,且幅值最小,模型 1 次
之,模型 2 则呈较小幅值振荡状态。在对卫星基座干扰力矩上,模型 1、2、3 先后
出现了不同程度的脉冲式的峰值,其中模型 2 最大,模型 1 次之,模型 3 最小;在
干扰力矩的后续阶段,模型 1 幅值迅速趋于稳定,模型 3 呈现微小振荡变化,模

型 2 则出现较大的连续多个波峰式幅值变化。因此,在碰撞 1 条件下,模型 2 对卫星基座干扰力峰值最小,模型 3 次之,模型 1 最大;模型 3 对卫星基座干扰力矩峰值最小,模型 1 次之,模型 2 最大。

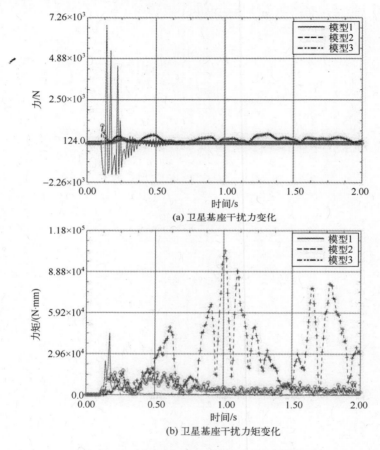

(a) 卫星基座干扰力变化

(b) 卫星基座干扰力矩变化

图 8.26　对卫星基座干扰力和干扰力矩变化曲线

　　在碰撞 1 条件下,对模型 2、3 关节 1 中柔性铰的线动和角动缓冲器进行受力分析,如图 8.27(a)(b)(c)(d)所示。从仿真分析结果可知,在关节 1 的 X、Y、Z 角动方向,相比于模型 2(即三关节刚性臂杆 + 柔性铰),由于模型 3(即三关节刚性臂杆 + 柔性铰 + 可控阻尼)利用角动缓冲器对目标卫星碰撞产生的角动力矩进行了幅值控制,故可对关节耦合力矩的缓冲和释放状态较为稳定;同理,对于 Z 轴的线动方向,模型 3 利用线动缓冲器对碰撞产生的力进行较好的幅值控制。

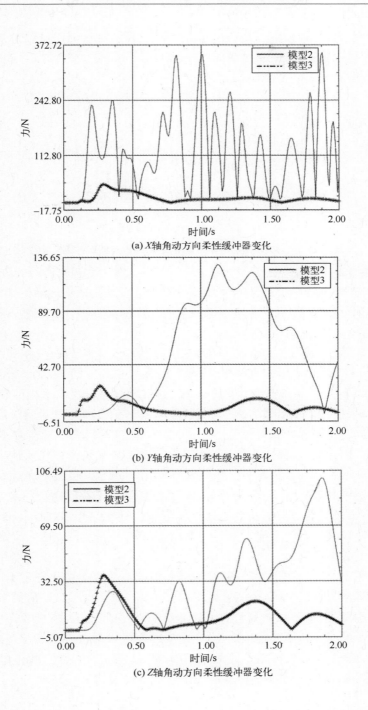

(a) X轴角动方向柔性缓冲器变化

(b) Y轴角动方向柔性缓冲器变化

(c) Z轴角动方向柔性缓冲器变化

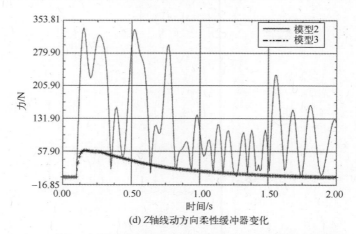

(d) Z轴线动方向柔性缓冲器变化

图 8.27　关节 1 在 XYZ 角动方向和 Z 轴线方向的缓冲器受力变化

2）碰撞 2 条件（目标卫星沿着 Z 轴方向的线速度 + 角速度碰撞）的仿真计算

在碰撞 2 的条件下，目标卫星碰撞力和力矩通过在轨软接触机构模型各臂杆和关节耦合传导，对卫星基座本体产生的干扰量动力学分析结果如图 8.28 ~ 图 8.31 所示。

通过对图 8.28（a）（b）分析可知，在卫星基座受干扰的线位移和线加速度方面，对三个模型动力学仿真结果分析如下：在线位移方面，相比于模型 1 和模型 2，模型 3 的卫星基座位移量变化最小，且较快收敛；模型 2 呈幅值较大，呈较长周期振荡；模型 1 幅值最大，且呈发散性增长。在线加速度起始阶段，模型 1 和模型 2 同时出现脉冲式大幅值变化，后都趋于收敛；模型 3 峰值较小，但后连续不收敛。因此，在碰撞 2 条件下，模型 3 的卫星基座线位移峰值最小，模型 2 次之，模型 1 最大；模型 2 的卫星基座线加速度峰值最小，模型 1 和模型 2 相近。

通过对图 8.29（a）（b）分析可知，在卫星基座受干扰的角位移和角加速度方面，对三个模型动力学仿真结果分析如下：在角位移的起始时刻，模型 1、2、3 的卫星基座角移量同时出现了突变，模型 2 峰值最大，模型 3 次之，模型 1 最小；在角位移变化的后续阶段，模型 2 幅值变化最大，模型 3 幅值变化居中，模型 1 幅值变化趋于稳定。在角加速度起始时刻，模型 1、2、3 先后出现了不同程度的波峰式的峰值，其中模型 2 峰值最大，模型 3 峰值次之，模型 1 峰值最小；在角速度的后续阶段，模型 2 和模型 3 呈现微小变化，且快速收敛，模型 2 则出现较大的连续多个波峰式幅值变化。因此，在碰撞 2 条件下，模型 1 的卫星基座角位移峰值最小，模型 3 次之，模型 2 最大；模型 1 的卫星基座角加速度峰值最小，模型 3 次之，模型 2 最大。

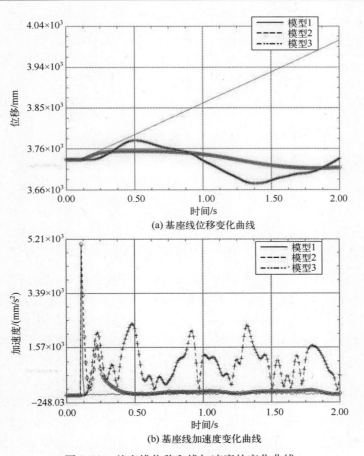

(a) 基座线位移变化曲线

(b) 基座线加速度变化曲线

图 8.28　基座线位移和线加速度的变化曲线

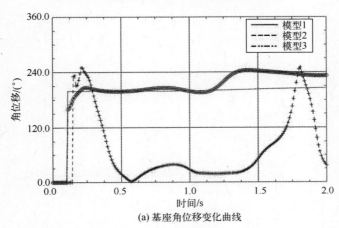

(a) 基座角位移变化曲线

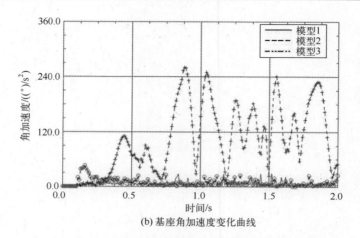

(b) 基座角加速度变化曲线

图 8.29 基座角位移和角加速度的变化曲线

通过对图 8.30(a)(b) 分析可知,在卫星基座受干扰力和力矩方面,对三个模型动力学仿真结果分析如下:在干扰力的起始时刻,相比于模型 2,模型 1 和模型 3 出现了脉冲式的大幅值干扰力,模型 2 峰值较小;在干扰力的后续阶段,模型 1 和模型 2 较快实现稳定收敛,且幅值最小,模型 2 效果出现了波峰式干扰力,不收敛。在对卫星基座干扰力矩上,模型 1、2、3 先后出现了不同程度的脉冲式的峰值,其中模型 2 最大,模型 3 次之,模型 1 最小;在干扰力矩的后续阶段,模型 1 幅值迅速趋于稳定,模型 3 呈现微小变化,模型 2 则出现较大的连续多个波峰式幅值变化。因此,在碰撞 2 条件下,模型 2 对卫星基座干扰力峰值最小,模型 1 和模型 3 相近;模型 1 对卫星基座干扰力矩峰值最小,模型 3 次之,模型 2 最大。

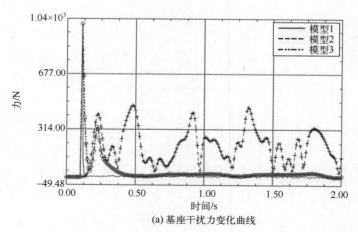

(a) 基座干扰力变化曲线

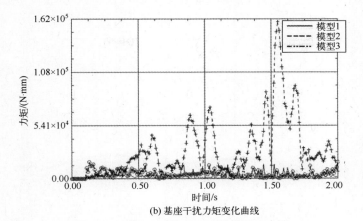

(b) 基座干扰力矩变化曲线

图 8.30 基座的干扰力和干扰力矩变化曲线

在碰撞 2 条件下,对模型 2、3 关节 1 中柔性铰的线动和角动缓冲器进行受力分析,如图 8.31(a)(b)(c)(d)所示。仿真结论与碰撞条件 1 相似,这里不在赘述。

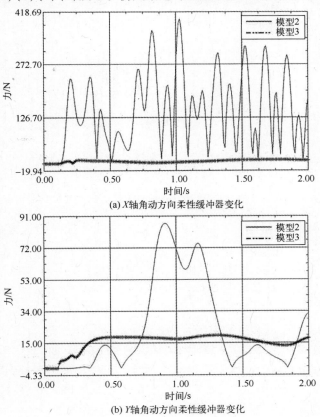

(a) X轴角动方向柔性缓冲器变化

(b) Y轴角动方向柔性缓冲器变化

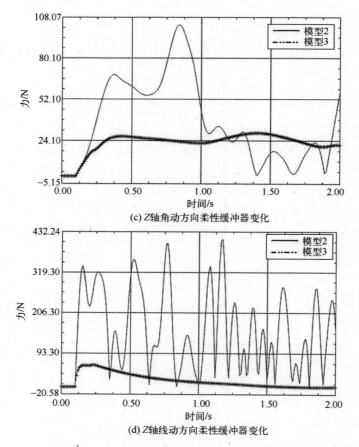

(c) Z轴角动方向柔性缓冲器变化

(d) Z轴线动方向柔性缓冲器变化

图 8.31　关节 1 在 XYZ 角动方向和 Z 轴线方向的缓冲器受力变化

3）碰撞 3 条件（目标卫星沿着斜 45°方向的线速度＋角速度碰撞）的仿真计算

在碰撞 3 的条件下，目标卫星碰撞力/力矩通过在轨软接触机构模型各臂杆和关节耦合传导，对卫星基座本体产生的干扰量动力学分析结果如图 8.32～图 8.35 所示。

通过对图 8.32（a）（b）分析可知，在卫星基座受干扰的线位移和线加速度方面，对三个模型动力学仿真结果分析如下：在线位移方面，相比于模型 1 和模型 2，模型 3 的卫星基座位移量变化最小，且较快收敛；模型 2 幅值较大，呈缓慢衰减状态；模型 1 幅值最大，且呈发散性增长。在线加速度方面：模型 1 波峰值较小，后趋于收敛稳定；模型 2 和模型 3 先后出现波峰式较大幅值变化，后模型

3 趋于收敛稳定,而模型 2 持续呈波峰变化,不收敛。因此,在碰撞 3 条件下:模型 3 的卫星基座线位移峰值最小,模型 2 次之,模型 1 最大;模型 1 的卫星基座线加速度峰值最小,模型 3 次之,模型 2 最大。

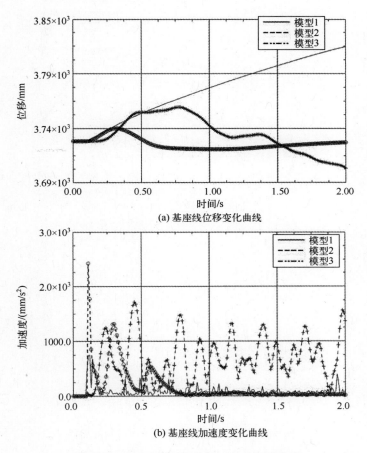

(a) 基座线位移变化曲线

(b) 基座线加速度变化曲线

图 8.32　基座线位移和线加速度的变化曲线

　　通过对图 8.33(a)(b)分析可知,在卫星基座受干扰的角位移和角加速度方面,对三个模型动力学仿真结果分析如下:在角位移的起始时刻,模型 1、2、3 的卫星基座角移量同时出现了突变,波峰值相近;在角位移的后续阶段,模型 2 幅值变化最大,且连续出现峰值较大的波谷;模型 1 也出现一个较大波峰;模型 3 趋于稳定。在角加速度方面,模型 1 和模型 3 呈现微小变化,且快速收敛稳定,模型 2 则出现较大的连续多个波峰式幅值变化。因此,在碰撞 3 条件下,模型1、2、3的卫星基座角位移峰值相近;模型1的卫星基座角加速度峰值最小,模型3次之,模型2最大。

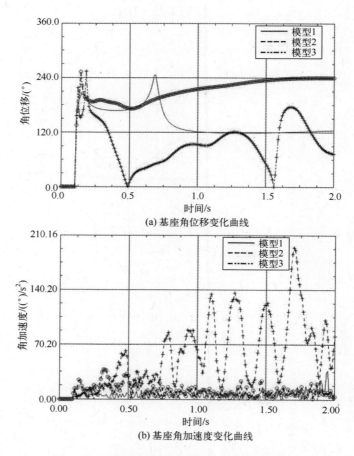

(a) 基座角位移变化曲线

(b) 基座角加速度变化曲线

图8.33　基座线角位移和角加速度的变化曲线

　　通过对图8.34(a)(b)分析可知,在卫星基座受干扰力和力矩方面,对三个模型动力学仿真结果分析如下:在干扰力的起始时刻,模型1峰值较小,模型2居中,模型3最大;在干扰力的后续阶段,模型1最先实现了对干扰力稳定收敛,且幅值最小,模型3次之,模型2呈连续波峰变化,不收敛。在对卫星基座干扰力矩上,模型1、2、3先后出现了不同程度的脉冲式的峰值,其中模型2最大,模型3次之,模型1最小;在干扰力矩的后续阶段,模型1幅值迅速趋于稳定,模型3呈现振荡变化,模型2则出现较大的连续多个波峰式幅值变化。因此,在碰撞3条件下,模型1对卫星基座干扰力峰值最小,模型3次之,模型2最大;模型1

对卫星基座干扰力矩峰值最小,模型 3 次之,模型 2 最大。

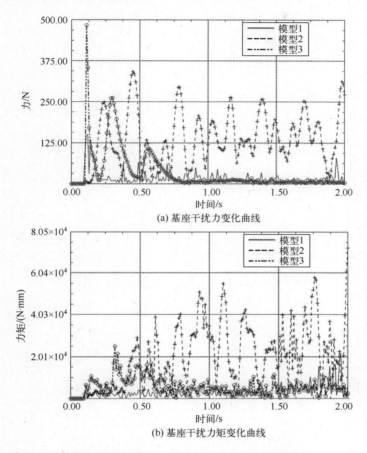

(a) 基座干扰力变化曲线

(b) 基座干扰力矩变化曲线

图 8.34　基座的干扰力和干扰力矩变化曲线

在碰撞 3 条件下,对模型 2、3 关节 1 中柔性铰的线动和角动缓冲器进行受力分析,如图 8.35(a)(b)(c)(d)所示。仿真分析方法与碰撞 1 条件类似,这里不在赘述。

2. 四关节模型刚柔复合体动力学仿真

在碰撞 3 情况下,对模型 4 动力学特性进行仿真分析。与模型 3(三关节多刚体模型)相比,模型 4 是在模型 3 基础上增加一个可控柔性铰关节,其目的就是比对分析在轨软接触机构在关节数目增加情况下,对刚柔复合多体动力学特性的影响。通过仿真分析,综合研判在相同碰撞条件下,目标卫星碰撞动量对卫星基座干扰动量及在轨软接触柔性关节对干扰动量的缓冲控制能力。图 8.36 ~

图 8.39 中模型 3 用直线条表示,模型 4 用双点线表示。

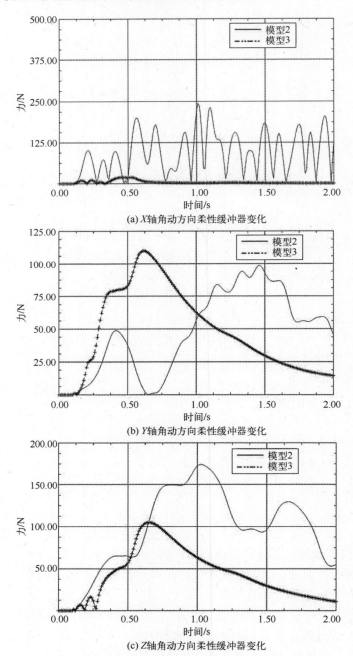

(a) X轴角动方向柔性缓冲器变化

(b) Y轴角动方向柔性缓冲器变化

(c) Z轴角动方向柔性缓冲器变化

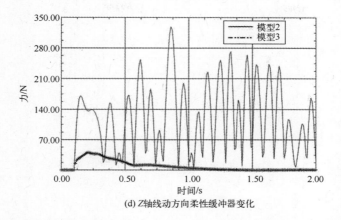

(d) Z轴线动方向柔性缓冲器变化

图 8.35　关节 1 在 *XYZ* 角动方向和 *Z* 轴线动方向的缓冲器力变化

通过对图 8.36(a)(b)分析可知,在卫星基座受干扰的线位移和线加速度方面,对两个模型动力学仿真结果分析如下:在线位移方面,模型 3 第一个峰值

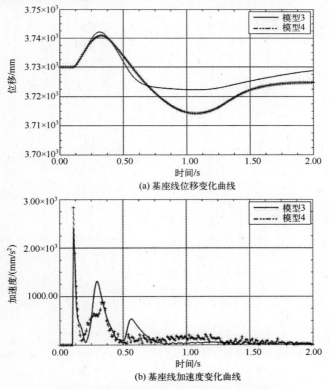

(a) 基座线位移变化曲线

(b) 基座线加速度变化曲线

图 8.36　基座线线位移和线加速度的变化曲线

略大,模型4第二个峰值较大,后两个模型趋于平稳收敛。在线加速度起始阶段,模型4第一个波峰值较大,后趋于收敛稳定;模型3第二个峰值较大,后趋于收敛稳定。因此,在碰撞3条件下,模型4的卫星基座线位移峰值较大;模型4的卫星基座线加速度峰值较大。

通过对图8.37(a)(b)分析可知,在卫星基座受干扰的角位移和角加速度方面,对两个模型动力学仿真结果分析如下:在角位移的起始时刻,模型3的卫星基座角移量出现了突变;在角位移的后续阶段,模型3和模型4趋于稳定。在角加速度方面,模型3和模型4都出现连续多个波峰式幅值变化,两个模型最大波峰值相近,模型3其他峰值较大。因此,在碰撞3条件下,模型3的卫星基座角位移峰值较大;模型3和模型4的卫星基座角加速度峰值相近。

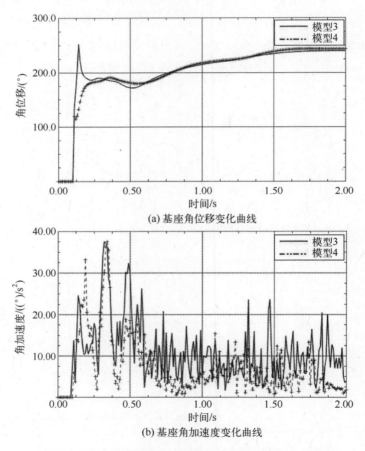

(a) 基座角位移变化曲线

(b) 基座角加速度变化曲线

图8.37 基座线角位移和角加速度的变化曲线图

通过对图 8.38(a)(b)分析可知,在卫星基座受干扰力和力矩方面,对两个模型动力学仿真结果分析如下:在干扰力的起始时刻,模型 4 峰值较大,模型 3 峰后续值较大,后两个模型逐渐稳定收敛。在对卫星基座干扰力矩上,模型 3 和模型 4 最大峰值相近,但后续连续峰值模型 3 较大,且两个模型无明显收敛。因此,在碰撞 3 条件下,模型 4 对卫星基座干扰力峰值较大;模型 3 和模型 4 对卫星基座干扰力矩峰值相近。

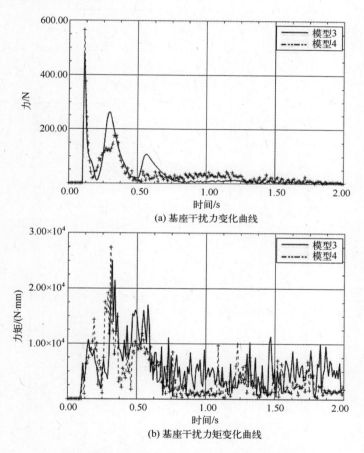

(a) 基座干扰力变化曲线

(b) 基座干扰力矩变化曲线

图 8.38　基座的干扰力和干扰力矩变化曲线

在碰撞 3 条件下,对模型 3、4 关节 1 中柔性铰的线动和角动缓冲器进行受力分析,如图 8.39(a)(b)(c)(d)所示。仿真分析方法与上节类似,这里不在赘述。

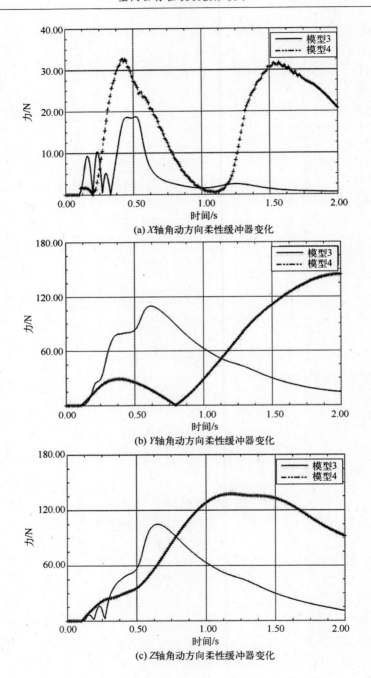

(a) X轴角动方向柔性缓冲器变化

(b) Y轴角动方向柔性缓冲器变化

(c) Z轴角动方向柔性缓冲器变化

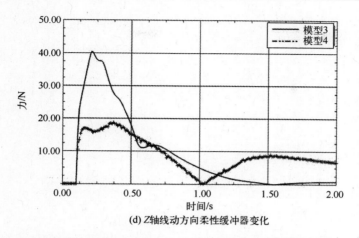

(d) Z轴线动方向柔性缓冲器变化

图8.39 关节1在XYZ旋转方向和Z轴线方向的弹簧受力变化

8.5 碰撞后—基于凯恩方程的柔体动力学模型建立

8.5.1 凯恩方程描述

8.5.1.1 质点系下的凯恩方程

假设惯性系下存在一个由 n 个质点组成的质点系,系统的自由度为 l,选取 l 个独立广义坐标 $q_i(i=1,2,\cdots,l)$,则 t 时刻质点 P_i 在惯性系下的位置矢量为

$$\boldsymbol{r}_i(\ \cdot\ )=\boldsymbol{r}_i(q_1 \quad q_2 \quad \cdots \quad q_l \quad t) \tag{8.113}$$

将式(8.113)对 t 求导,质点 P_i 的线速度可表示为

$$\boldsymbol{v}_i=\frac{\mathrm{d}\boldsymbol{r}_i}{\mathrm{d}t}=\sum_{j=1}^{l}\frac{\partial \boldsymbol{r}_i}{\partial \boldsymbol{q}_j}\dot{q}_j=\sum_{j=1}^{l}\frac{\partial \boldsymbol{v}_i}{\partial \dot{q}_j}\dot{q}_j=\sum_{j=1}^{l}\boldsymbol{v}_{i,j}\dot{q}_j \tag{8.114}$$

式中:$\dot{q}_j$ 为广义速度;$\boldsymbol{v}_{i,j}=\dfrac{\partial \boldsymbol{r}_i}{\partial \boldsymbol{q}_i}=\dfrac{\partial \boldsymbol{v}_i}{\partial \dot{q}_i}$ 为质点 P_i 的速度对于广义速度 $\dot{q}_j$ 的偏速度。故质点 P_i 的虚位移为

$$\delta \boldsymbol{r}_i=\sum_{j=1}^{l}\frac{\partial \boldsymbol{r}_i}{\partial \boldsymbol{q}_j}\delta q_j=\sum_{j=1}^{l}\boldsymbol{v}_{i,j}\delta q_j \tag{8.115}$$

根据达朗贝尔原理、虚位移原理:理想约束任意时刻,质点系上主动力和惯性力在虚位移上做的功为0。对于上述质点系,应用虚位移原理,系统的动力学方程为

$$\sum_{i=1}^{n}(\boldsymbol{F}_i-m_i\boldsymbol{a}_i)\cdot\delta \boldsymbol{r}_i=0 \tag{8.116}$$

式中:F_i 质点 P_i 所受的主动力矢量;m_i 为质点 P_i 的质量;a_i 为质点 P_i 的加速度矢量。将式(8.115)代入式(8.116),得

$$\sum_{i=1}^{n} \left[(F_i - m_i a_i) \cdot \sum_{j=1}^{l} v_{i,j} \delta q_j \right] = 0 \qquad (8.117)$$

经整理得到

$$\sum_{j=1}^{l} \left[\sum_{i=1}^{n} (F_i - m_i a_i) \cdot v_{i,j} \delta q_j \right] = 0 \qquad (8.118)$$

由于 l 个广义坐标是相互独立的,则

$$\sum_{i=1}^{n} (F_i - m_i a_i) \cdot v_{i,j} = 0 \qquad (8.119)$$

故可得到凯恩方程:

$$F_j + F_j^* = 0 \quad j = 1, 2, \cdots, l \qquad (8.120)$$

式中:$F_j = \sum_{i=1}^{n} F_i \cdot v_{i,j}$ 为广义主动力;$F_j^* = \sum_{i=1}^{n} - m_i a_i \cdot v_{i,j}$ 为广义惯性力。

8.5.1.2　刚体系统的凯恩方程

假设一个刚体 $\mathbf{B}_k$ 中包含 n 个质点,其所受主动力情况如图 8.40 所示。

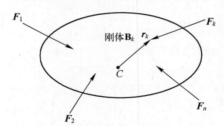

图 8.40　刚体 $\mathbf{B}_k$ 的受力情况

刚体 $\mathbf{B}_k$ 的质心为 C,将刚体各质点处所受的主动力向质心处等效,$\mathbf{B}_k$ 所受的等效主动力 $\mathbf{F}_c$ 和等效主动力矩 $\mathbf{M}_c$ 如下:

$$\begin{cases} F_c = \sum_{i=1}^{n} F_i \\ M_c = \sum_{i=1}^{n} r_i \times F_i \end{cases} \qquad (8.121)$$

式中:r_i 为 F_i 作用点距离质心 C 的矢量。

接下来分析刚体 $\mathbf{B}_k$ 所受的等效惯性力(矩)$\mathbf{F}_c^*$ 和 $\mathbf{M}_c^*$。假设刚体 $\mathbf{B}_k$ 内质点 P_i 的质量为 m_i,其加速度为 a_i,将各个质点所受的惯性力(矩)向质心处等效,即

$$F_c^* = \sum_{i=1}^{n} F_i^* = - \sum_{i=1}^{n} m_i \cdot a_i \tag{8.122}$$

$$M_c^* = \sum_{i=1}^{n} r_i \times F_i^* \tag{8.123}$$

由理论力学得到,刚体 $\mathbf{B}_k$ 内质点 P_i 的加速度为

$$a_i = a_c + a_{ic} = a_c + \boldsymbol{\alpha} \times r_i + \boldsymbol{\omega} \times (\boldsymbol{\omega} \times r_i) \tag{8.124}$$

式中: a_c 为刚体内质心加速度; $\boldsymbol{\alpha}$ 为刚体 B_k 的角加速度; $\boldsymbol{\omega}$ 为刚体 B_k 运动的角速度。将式(8.124)代入式(8.122)得

$$\begin{aligned} F_c^* &= - \sum_{i=1}^{n} m_i \cdot a_i = - \sum_{i=1}^{n} m_i \cdot [a_c + \boldsymbol{\alpha} \times r_i + \boldsymbol{\omega} \times (\boldsymbol{\omega} \times r_i)] \\ &= - \sum_{i=1}^{n} m_i \cdot a_c - \boldsymbol{\alpha} \times \sum_{i=1}^{n} m_i \cdot r_i - \boldsymbol{\omega} \times \left(\boldsymbol{\omega} \times \sum_{i=1}^{n} m_i \cdot r_i \right) \end{aligned} \tag{8.125}$$

由于 C 为质心, $\sum_{i=1}^{n} m_i \cdot r_i = 0$,因此等效惯性力为

$$F_c^* = - \sum_{i=1}^{n} m_i \cdot a_c = - M \cdot a_c \tag{8.126}$$

同样,将式(8.123)代入式(8.124)可得

$$\begin{aligned} M_c^* &= - \sum_{i=1}^{n} r_i \times m_i \cdot a_i = - \sum_{i=1}^{n} m_i r_i [a_c + \boldsymbol{\alpha} \times r_i + \boldsymbol{\omega} \times (\boldsymbol{\omega} \times r_i)] \\ &= - \sum_{i=1}^{n} m_i r_i \times (\boldsymbol{\alpha} \times r_i) - \boldsymbol{\omega} \times \left[\sum_{i=1}^{n} m_i \cdot r_i \times (\boldsymbol{\omega} \times r_i) \right] \\ &= - \boldsymbol{I} \cdot \boldsymbol{\alpha} - \boldsymbol{\omega} \times (\boldsymbol{I} \cdot \boldsymbol{\omega}) \end{aligned}$$

$$\tag{8.127}$$

式中: $\boldsymbol{I}$ 为刚体 B_k 对质心 C 的惯性张量。由此得到广义主动力、广义惯性力:

$$\begin{aligned} F_j &= F_c \cdot \frac{\partial v_c}{\partial \dot{q}_i} + M_c \cdot \frac{\partial \boldsymbol{\omega}_i}{\partial \dot{q}_i} \\ F_j^* &= F_c^* \cdot \frac{\partial v_c}{\partial \dot{q}_i} + M_c^* \cdot \frac{\partial \boldsymbol{\omega}_i}{\partial \dot{q}_i} \end{aligned} \tag{8.128}$$

由此可得到系统凯恩动力学方程的推导步骤:

(1) 建立坐标系,根据自由度数目,选取广义坐标和广义速度;

(2) 运动学分析,计算系统的偏角速度及其导数、偏线速度及其导数;

(3) 动力学分析,计算系统的等效主动力(矩)和等效惯性力(矩);

(4) 将步骤(2)和(3)代入式(8.128),通过整理得到动力学方程。

从上述的推导过程可以看出,凯恩动力学方程通过引入偏角速度和偏线速度的概念,不用计算内力,也不需要拉格朗日方程复杂微分计算,对于多自由度复杂系统的动力学推导计算比较有利。

8.5.2 基于凯恩方程的柔性动力学模型

在轨软接触机构与空间目标接触耦合过程和之后卫星基座本体通常处于自由漂浮状态(简称漂浮基)。在漂浮基软接触机构运动过程中,漂浮基和柔性软接触机构相互影响,软接触机构对漂浮基产生反作用力,干扰卫星基座姿态的稳定状态,因此其动力学建模和控制一般较为复杂。

目前,漂浮基柔性空间多体系统主要根据系统动量守恒进行动力学建模,但如此建立的动力学方程是非线性的,基于该模型的控制方法设计起来比较困难。为了克服该问题,本节将漂浮基视为在轨软接触机构的拓展臂杆进行动力学建模。Gu 于 1993 年提出的漂浮基扩展机械臂模型表述如下:对于自由漂浮状态下的空间多体系统,卫星基座通常具有 6 个自由度,可将卫星基座视为具有 6 个自由度关节的虚拟臂杆的末端,设该虚拟臂质量为 0,长度为基座端面到质心的距离。采用这种方法,将漂浮基视为是一个关节(6 自由度)的刚体段,其关节中柔性缓冲单元阻尼系数为 0。因此,N 关节 $6N$ 自由度漂浮基多体系统可等效为具有 $(N+1)$ 个关节 $(6N+6)$ 个自由度的地面多臂杆系统。接下来根据凯恩方法对该多臂杆系统进行建模。

8.5.2.1 坐标系及动力学参量

1. 选取广义坐标

建立绝对惯性系 $OXYZ$,并在第 k 段刚体端面处建立连体系 $o_k x_k y_k z_k (k=1, 2, \cdots, N+1)$,如图 8.41 所示。

接下来选取系统的广义坐标和广义速度。根据机器人知识,系统广义坐标数就是自由度数。在该多臂系统中,系统共 $6N+6$ 个自由度,每个自由度处柔性缓冲单元的变形导致相邻刚体段的相对运动。因此,选取两个相邻的刚体段 k 和 $k-1$ 之间相对运动的线速度 v_k^{k-1} 和角速度 ω_k^{k-1} 为广义速度 y_l,两段相对运动的线位移 s_k^{k-1} 和角位移 θ_k^{k-1} 为广义坐标 x_l,具体描述如式(8.129)。

$$y_l = \begin{cases} \omega_{km}^{k-1} & l=3(k-1)+m \\ v_{km}^{k-1} & l=3N+3+3(k-1)+m \end{cases} \quad m=1,2,3 \quad k=1,2,\cdots,N+1$$

$$x_l = \begin{cases} \theta_{km}^{k-1} & l=3(k-1)+m \\ s_{km}^{k-1} & l=3N+3+3(k-1)+m \end{cases} \quad m=1,2,3 \quad k=1,2,\cdots,N+1$$

$$\text{(8.129)}$$

式中:m 表示沿三个轴的分量,共 $6N+6$ 个广义速度 y_l,$(6N+6)$ 个广义坐标 x_l。

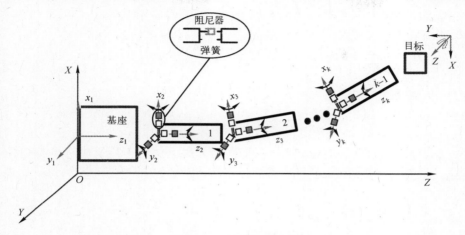

图 8.41　柔性多臂杆模型

2. 变换矩阵

根据机器人学,若坐标系 $i-1$ 依次绕 X 轴、Y 轴、Z 轴转动角度 α、β、γ,得到系 i,则系 $i-1$ 相对于系 i 的相对变换矩阵为

$$\boldsymbol{A}_i^{i-1} = \mathrm{Rot}(\boldsymbol{X},\alpha) \cdot \mathrm{Rot}(\boldsymbol{Y},\beta) \cdot \mathrm{Rot}(\boldsymbol{Z},\gamma) \tag{8.130}$$

式中,$\mathrm{Rot}(\boldsymbol{X},\alpha) = \begin{bmatrix} 1 & 0 & 0 \\ 0 & \cos\alpha & -\sin\alpha \\ 0 & \sin\alpha & \cos\alpha \end{bmatrix}$,$\mathrm{Rot}(\boldsymbol{Y},\beta) = \begin{bmatrix} \cos\beta & 0 & \sin\beta \\ 0 & 1 & 0 \\ -\sin\beta & 0 & \cos\beta \end{bmatrix}$,$\mathrm{Rot}(\boldsymbol{Z},$

$\gamma) = \begin{bmatrix} \cos\gamma & -\sin\gamma & 0 \\ \sin\gamma & \cos\gamma & 0 \\ 0 & 0 & 1 \end{bmatrix}$。

在上述柔性多臂杆系统中,用第 k 段相对于 $k-1$ 段依次沿 X 轴、Y 轴、Z 轴的相对转动角度 θ_{k1}^{k-1}、θ_{k2}^{k-1}、θ_{k3}^{k-1}、描述 k 段相对于 $k-1$ 段的相对转动,则 $o_k x_k y_k z_k$ 相对于 $o_{k-1} x_{k-1} y_{k-1} z_{k-1}$ 的相对变换矩阵为

$\boldsymbol{A}_k^{k-1} = \mathrm{Rot}(\boldsymbol{X},\theta_{k1}^{k-1}) \cdot \mathrm{Rot}(\boldsymbol{Y},\theta_{k2}^{k-1}) \cdot \mathrm{Rot}(\boldsymbol{Z},\theta_{k3}^{k-1})$

$= \begin{bmatrix} c\theta_{k2}^{k-1} \cdot c\theta_{k3}^{k-1} & -c\theta_{k2}^{k-1} \cdot s\theta_{k3}^{k-1} & s\theta_{k2}^{k-1} \\ c\theta_{k1}^{k-1} \cdot s\theta_{k3}^{k-1} + s\theta_{k1}^{k-1} \cdot s\theta_{k2}^{k-1} \cdot c\theta_{k3}^{k-1} & c\theta_{k1}^{k-1} \cdot c\theta_{k3}^{k-1} - s\theta_{k1}^{k-1} \cdot s\theta_{k2}^{k-1} \cdot s\theta_{k3}^{k-1} & -s\theta_{k1}^{k-1} \cdot c\theta_{k2}^{k-1} \\ s\theta_{k1}^{k-1} \cdot s\theta_{k3}^{k-1} - c\theta_{k}^{k-1} \cdot s\theta_{k2}^{k-1} \cdot c\theta_{k3}^{k-1} & s\theta_{k1}^{k-1} \cdot c\theta_{k3}^{k-1} + c\theta_{k1}^{k-1} \cdot s\theta_{k2}^{k-1} \cdot s\theta_{k3}^{k-1} & c\theta_{k1}^{k-1} \cdot c\theta_{k2}^{k-1} \end{bmatrix}$

$$\tag{8.131}$$

重复利用式(8.131),则 $o_k x_k y_k z_k$ 相对于惯性系 $oxyz$ 的绝对变换阵为

$$A_k^R = A_1^R \cdot A_2^1 \cdots A_k^{k-1} \tag{8.132}$$

3. 偏角速度及其导数

惯性系下，第 k 段刚体的角速度为

$$\boldsymbol{\omega}_k^R = A_0^R \boldsymbol{\omega}_1^0 + A_1^R \boldsymbol{\omega}_2^1 + \cdots + A_{k-1}^R \boldsymbol{\omega}_k^{k-1} = \sum_{i=1}^{k} A_{i-1}^R \boldsymbol{\omega}_i^{i-1} \tag{8.133}$$

偏角速度为

$$\boldsymbol{\omega}_{k1} = \frac{\partial \boldsymbol{\omega}_k^R}{\partial \boldsymbol{y}_l} \quad k = 1,2,\cdots,N+1, l = 1,2,\cdots,6N+6 \tag{8.134}$$

将式(8.129)代入式(8.134)，可得到第 k 段刚体对于广义坐标的偏角速度 $\boldsymbol{\omega}_{k1}$：

$$\boldsymbol{\omega}_{k1} = \begin{cases} \dfrac{\partial \boldsymbol{\omega}_k^R}{\partial \boldsymbol{\omega}_{im}^{i-1}} & l = 3(i-1) + m \\ & \qquad\qquad m = 1,2,3, i = 1,2,\cdots,N+1 \\ \dfrac{\partial \boldsymbol{\omega}_k^R}{\partial \boldsymbol{v}_{im}^{i-1}} & l = 3N + 3(i-1) + m \end{cases}$$

$$\tag{8.135}$$

综合式(8.133)和式(8.135)，当 $l \leqslant 3k$ 时，第 k 段刚体对于 $\boldsymbol{\omega}_{im}^{i-1}$ 的偏角速度为变换矩阵 A_{i-1}^R 的第 m 列。当 $3k < l \leqslant 6N+6$ 时，第 k 段刚体对于 $\boldsymbol{\omega}_{im}^{i-1}$ 的偏角速度为零矢量。可以用一个矩阵存储第 k 段刚体相对于 $\boldsymbol{\omega}_{im}^{i-1}$ 的偏角速度：

$$W_{k1} = \begin{bmatrix} A_0^R & A_1^R & \cdots & A_{k-1}^R & \mathbf{0} \end{bmatrix} \quad l = 1,2,\cdots,6N+6 \tag{8.136}$$

故第 k 段刚体的角速度可用 $\boldsymbol{\omega}_{im}^{i-1}$ 和 W_{kl} 表示：

$$\boldsymbol{\omega}_k^R = W_{kl} \cdot \{y_l\} \tag{8.137}$$

接下来计算偏角速度的导数。设固定参考系 R 中有一运动刚体 B，角速度为 $\boldsymbol{\omega}_B^R$，$\boldsymbol{c}$ 是 B 上一非零矢量，则矢量 $\boldsymbol{c}$ 在惯性系 R 的投影 $\boldsymbol{c}^R$ 为

$$\boldsymbol{c}^R = A_B^R \cdot \boldsymbol{c} \tag{8.138}$$

式中：A_B^R 为 B 系相对于 R 系的变换矩阵。对式(8.138)求导，由于 $\boldsymbol{c}$ 固定在刚体 B 上，是固定不变的，得

$$\frac{^R\mathrm{d}\boldsymbol{c}}{\mathrm{d}t} = \frac{\mathrm{d}\boldsymbol{c}^R}{\mathrm{d}t} = \frac{\mathrm{d}A_B^R}{\mathrm{d}t} \cdot \boldsymbol{c} \tag{8.139}$$

式中：$\dfrac{^R\mathrm{d}\boldsymbol{c}}{\mathrm{d}t}$ 为在 R 系中对 c 求导。由矢量知识得

$$\frac{^R\mathrm{d}\boldsymbol{c}}{\mathrm{d}t} = \frac{\mathrm{d}\boldsymbol{c}}{\mathrm{d}t} + \boldsymbol{\omega}_B^R \times \boldsymbol{c}^R = \boldsymbol{\omega}_B^R \times A_B^R \cdot \boldsymbol{c} \tag{8.140}$$

联立式(8.139)、式(8.140)，得

$$\frac{\mathrm{d}\boldsymbol{A}_B^R}{\mathrm{d}t} = \boldsymbol{\omega}_B^R \times \boldsymbol{A}_B^R \tag{8.141}$$

其矩阵的计算形式为

$$\frac{\mathrm{d}\boldsymbol{A}_B^R}{\mathrm{d}t} = \widetilde{\boldsymbol{\omega}}_B^R \cdot \boldsymbol{A}_B^R \tag{8.142}$$

其中 $\widetilde{\boldsymbol{\omega}}_B^R = \begin{bmatrix} 0 & -\omega_{B3}^R & \omega_{B2}^R \\ \omega_{B3}^R & 0 & -\omega_{B1}^R \\ -\omega_{B2}^R & \omega_{B1}^R & 0 \end{bmatrix}$ 为 $\boldsymbol{\omega}_B^R$ 的对偶矩阵。

因此,用一个矩阵存储第 k 段刚体相对于 ω_{im}^{i-1} 的偏角速度的导数:

$$\dot{\boldsymbol{W}}_{kl} = \begin{bmatrix} \dot{\boldsymbol{A}}_0^R & \dot{\boldsymbol{A}}_1^R & \cdots & \dot{\boldsymbol{A}}_{k-1}^R & 0 \end{bmatrix} \quad l = 1,2,3,\cdots,6N+6 \tag{8.143}$$

刚体 k 的角加速度:

$$\dot{\boldsymbol{\omega}}_k^R = \dot{\boldsymbol{W}}_{kl} \cdot \{\boldsymbol{y}_l\} + \boldsymbol{W}_{kl} \cdot \{\dot{\boldsymbol{y}}_l\} \tag{8.144}$$

4. 偏线速度及其导数

柔性多臂杆离散模型如图 8.42 所示,设 $\boldsymbol{P}_k^R$ 为第 k 段刚体质心在绝对惯性系 R 下的位置矢量。

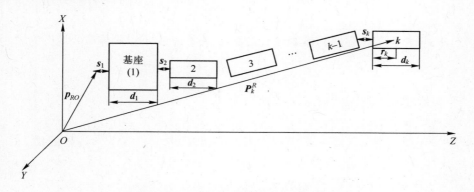

图 8.42 柔性多臂杆离散模型的示意图

$$\boldsymbol{p}_k^R = \boldsymbol{p}_{RO} + \boldsymbol{A}_0^R \cdot \boldsymbol{s}_1^0 + \sum_{i=1}^{k-1} \boldsymbol{A}_i^R \cdot (\boldsymbol{d}_i + \boldsymbol{s}_{i+1}^i) + \boldsymbol{A}_k^R \cdot \boldsymbol{r}_k \tag{8.145}$$

式中:$\boldsymbol{p}_{RO}$ 为刚体 1 坐标系原点在惯性系 R 下的位置矢量;$\boldsymbol{s}_i^{i-1}$ 为 i 相对于 $i-1$ 的弹性变形在 $o_{i-1}x_{i-1}y_{i-1}z_{i-1}$ 下的矢量;$\boldsymbol{d}_i$ 为刚体 i 的末端在 $o_{i-1}x_{i-1}y_{i-1}z_{i-1}$ 下的位置矢量;$\boldsymbol{r}_k$ 为刚体 k 质心在 $o_kx_ky_kz_k$ 下的位置矢量。

p_k^R 对时间求导,第 k 段刚体质心在惯性系 R 下的线速度为

$$v_k^R = \dot{P}_k^R = A_0^R \cdot \dot{s}_1^0 + \sum_{i=1}^{k-1} \left[\dot{A}_i^R \cdot (d_i + s_{i+1}^i) + A_i^R \cdot \dot{s}_{i+1}^i \right] + \dot{A}_k^R \cdot r_k \quad (8.146)$$

刚体 k 对 y_l 的偏线速度为

$$v_{kl} = \begin{cases} \dfrac{\partial v_k^R}{\partial \omega_{im}^{i-1}} & l = 3(i-1) + m \\[2ex] \dfrac{\partial v_k^R}{\partial v_{im}^{i-1}} & l = 3N + 3(i-1) + m \end{cases} \quad m = 1,2,3, i = 1,2,\cdots,N+1$$

$$(8.147)$$

将式(8.146)代入式(8.147)得

$$v_{kl} = \begin{cases} \sum_{i=1}^{k-1} \omega_{il} \times A_i^R \cdot (d_i + s_{i+1}^i) + \omega_{kl} \times A_k^R \cdot r_k & l \leqslant 3k \\[1ex] 0 & 3k \leqslant l \leqslant 3N + 3 \\[1ex] \omega_{k(l-3N-3)} & 3N + 3 \leqslant l \leqslant 3N + 3k + 3 \\[1ex] 0 & 3N + 3k + 3 \leqslant l \leqslant 6N + 6 \end{cases}$$

$$(8.148)$$

用一个矩阵 v_{kl} 存储刚体 k 对 y_l 的偏线速度,故第 k 段刚体质心速度为

$$v_k^R = v_{kl} \cdot \{y_l\} \quad (8.149)$$

刚体 k 对 y_l 的偏线速度的导数为

$$\dot{v}_{kl} = \begin{cases} \sum_{i=1}^{k-1} \dot{\omega}_{il} \times A_i^R \cdot (d_i + s_{i+1}^i) + \sum_{i=1}^{k-1} \omega_{il} \times \dot{A}_i^R \cdot (d_i + s_{i+1}^i) + \sum_{i=1}^{k-1} \omega_{il} \times A_i^R \cdot \dot{s}_{i+1}^i \\[1ex] \quad + \dot{\omega}_{kl} \times A_k^R \cdot r_k + \omega_{kl} \times \dot{A}_k^R \cdot r_k \quad l \leqslant 3k \\[1ex] 0 \quad\quad 3k \leqslant l \leqslant 3N + 3 \\[1ex] \dot{\omega}_{k(l-3N-3)} \quad\quad 3N + 3 \leqslant l \leqslant 3N + 3k + 3 \\[1ex] 0 \quad\quad 3N + 3k + 3 \leqslant l \leqslant 6N + 6 \end{cases}$$

$$(8.150)$$

同理,刚体 k 质心的加速度为

$$a_k^R = \dot{v}_{kl} \cdot \{y_l\} + v_{kl} \cdot \{\dot{y}_l\} \quad (8.151)$$

208

8.5.2.2　凯恩运动学方程

整理式(8.131)、式(8.133)、式(8.146),利用机器人学相关知识,得到刚体 k 广义坐标和广义速度的关系式,即运动学微分方程:

$$
\begin{Bmatrix} \dot{\theta}_{k1}^{k-1} \\ \dot{\theta}_{k2}^{k-1} \\ \dot{\theta}_{k3}^{k-1} \end{Bmatrix} = \frac{1}{\cos\theta_{k2}^{k-1}} \begin{bmatrix} \cos\theta_{k2}^{k-1} & \sin\theta_{k1}^{k-1}\cdot\sin\theta_{k2}^{k-1} & -\cos\theta_{k1}^{k-1}\cdot\sin\theta_{k2}^{k-1} \\ 0 & \cos\theta_{k1}^{k-1}\cdot\cos\theta_{k2}^{k-1} & \sin\theta_{k1}^{k-1}\cdot\cos\theta_{k2}^{k-1} \\ 0 & -\sin\theta_{k1}^{k-1}\cdot & \cos\theta_{k1}^{k-1} \end{bmatrix} \begin{Bmatrix} \omega_{k1}^{k-1} \\ \omega_{k2}^{k-1} \\ \omega_{k3}^{k-1} \end{Bmatrix}
$$

$$
\begin{Bmatrix} v_{k1}^{k-1} \\ v_{k2}^{k-1} \\ v_{k3}^{k-1} \end{Bmatrix} = \frac{\mathrm{d}}{\mathrm{d}t} \begin{Bmatrix} s_{k1}^{k-1} \\ s_{k2}^{k-1} \\ s_{k3}^{k-1} \end{Bmatrix} \tag{8.152}
$$

8.5.2.3　凯恩柔性动力学方程

1. 刚体 k 的受力计算

以刚体 k 为例,为实现对空间目标碰撞能的缓冲和卸载,第 k 段刚体左端和右端连接的关节分别装有沿 6 个自由度方向的柔性缓冲器及阻尼器。软接触机构末端受到碰撞时,关节被迫运动,导致柔性缓冲器中弹簧变形。刚体 k 将受到弹性变形力以及可控阻尼力。空间环境中忽略重力,第 k 段刚体的受力分析如图 8.43 所示,第 k 段刚体所受的主动力包括左侧关节沿 X 轴、Y 轴、Z 轴以及绕 X 轴、Y 轴、Z 轴的 6 个自由度方向的弹性变形力和力矩 $\boldsymbol{F}_{kz}$、$\boldsymbol{M}_{kz}$,阻尼力和力矩 $\boldsymbol{Fu}_{kz}$、$\boldsymbol{Mu}_{kz}$ 及右侧 6 个自由度方向柔性缓冲器弹簧变形力和力矩 $\boldsymbol{F}_{ky}$、$\boldsymbol{M}_{ky}$,以及阻尼力和力矩 $\boldsymbol{Fu}_{ky}$、$\boldsymbol{Mu}_{ky}$。

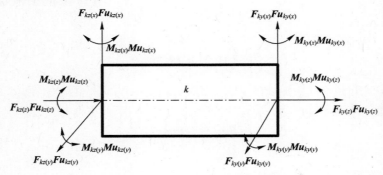

图 8.43　刚体 k 的受力分析

根据弹簧弹性力的计算公式:$F = k \cdot x$,得到第 k 段坐标系下,第 k 段刚体左右两侧弹性力:

$$\left\{\begin{matrix} F_{kz} \\ M_{kz} \\ F_{ky} \\ M_{ky} \end{matrix}\right\}_k = \left[\begin{matrix} K_1 & & & \\ & K_2 & & \\ & & K_3 & \\ & & & K_4 \end{matrix}\right]\left[\begin{matrix} A^k_{k-1} & & & \\ & A^k_{k-1} & & \\ & & E & \\ & & & E \end{matrix}\right] \cdot \left\{\begin{matrix} s^{k-1}_k \\ \theta^{k-1}_k \\ s^k_{k+1} \\ \theta^k_{k+1} \end{matrix}\right\} \quad (8.153)$$

式中：K_1、K_2 为左侧弹性系数矩阵；K_3、K_4 为右侧弹性系数矩阵。

将刚体 k 受到的弹性力由 k 坐标系变换到惯性系下：

$$\left\{\begin{matrix} F_{kz} \\ M_{kz} \\ F_{ky} \\ M_{ky} \end{matrix}\right\}_R = \left[\begin{matrix} A^R_k & & & \\ & A^R_k & & \\ & & A^R_k & \\ & & & A^R_k \end{matrix}\right]\left\{\begin{matrix} F_{kz} \\ M_{kz} \\ F_{ky} \\ M_{ky} \end{matrix}\right\}_k \quad (8.154)$$

将式(8.153)与式(8.154)统一起来，得

$$\begin{cases} F^R_{kz} = A^R_k \cdot K_1 \cdot A^k_{k-1} \cdot s^{k-1}_k \\ M^R_{kz} = A^R_k \cdot K_2 \cdot A^k_{k-1} \cdot \theta^{k-1}_k \\ F^R_{ky} = A^R_k \cdot K_3 \cdot s^k_{k+1} \\ M^R_{ky} = A^R_k \cdot K_4 \cdot \theta^k_{k+1} \end{cases} \quad (8.155)$$

式中：F^R_{kz}、M^R_{kz} 分别为惯性系下刚体 k 左端受到的弹性力和力矩；F^R_{ky}、M^R_{ky} 为惯性系下刚体 k 右端受到的弹性力和力矩。对于刚体 k，由于弹簧作用力是相互的，得到刚体 k 左端受到的弹性力与刚体 $k-1$ 右端受到的弹性力，大小相等，方向相反，即

$$\begin{cases} F_{kz} = -F_{(k-1)y} \\ M_{kz} = -M_{(k-1)y} \end{cases} \quad (8.156)$$

同时，由于在轨软接触机构中可控阻尼器作用力也是相互的，刚体 k 左端受到的阻尼力与刚体 $k-1$ 右端受到的阻尼力，大小相等，方向相反，即

$$\begin{cases} Fu_{kz} = -Fu_{(k-1)y} \\ Mu_{kz} = -Mu_{(k-1)y} \end{cases} \quad (8.157)$$

2. 等效主动力(矩)计算

将刚体 k 两端受到的弹性力(矩)和阻尼力(矩)向质心处等效，得到刚体 k 受到的等效主动力 F_{kc} 和力矩 M_{kc}。

（1）卫星基座本体($k=1$)处于自由漂浮状态，左侧没有弹簧及阻尼器，故左侧不受力作用，仅受右侧在轨软接触机构第一关节内部弹簧及阻尼器的作用

力,将受力向质心等效如下:

$$\begin{cases} \boldsymbol{F}_{1c} = \boldsymbol{F}_{1y} + \boldsymbol{Fu}_{1y} \\ \boldsymbol{M}_{1c} = \boldsymbol{M}_{1y} + \boldsymbol{Mu}_{1y} + \boldsymbol{A}_1^R \cdot \boldsymbol{r}_1 \times (\boldsymbol{F}_{1y} + \boldsymbol{Fu}_{1y}) \end{cases} \tag{8.158}$$

（2）在轨软接触机构中间段（$1 < k < N+1$）,左侧受弹性力、阻尼力,右侧受弹性力作用,则

$$\begin{cases} \boldsymbol{F}_{kc} = \boldsymbol{F}_{kz} + \boldsymbol{Fu}_{kz} + \boldsymbol{F}_{ky} + \boldsymbol{Fu}_{ky} \\ \boldsymbol{M}_{kc} = \boldsymbol{M}_{kz} + \boldsymbol{Mu}_{kz} + \boldsymbol{M}_{ky} + \boldsymbol{Mu}_{ky} + \boldsymbol{A}_k^R \times \boldsymbol{r}_k \times (\boldsymbol{F}_{kz} + \boldsymbol{Fu}_{kz} + \boldsymbol{F}_{ky} + \boldsymbol{Fu}_{ky}) \end{cases} \tag{8.159}$$

（3）在轨软接触机构末端（$k = N+1$）,左侧受弹性力、阻尼力,右侧受空间目标的瞬时冲击力,则

$$\begin{cases} \boldsymbol{F}_{(N+1)c} = \boldsymbol{F}_{(N+1)z} + \boldsymbol{Fu}_{(N+1)z} + \boldsymbol{F} \\ \boldsymbol{M}_{(N+1)c} = \boldsymbol{M}_{(N+1)z} + \boldsymbol{Mu}_{(N+1)z} + \boldsymbol{M} + \boldsymbol{A}_{N+1}^R \times \boldsymbol{r}_{(N+1)} \times (-\boldsymbol{F}_{(N+1)z} + \boldsymbol{Fu}_{(N+1)z} + \boldsymbol{F}) \end{cases} \tag{8.160}$$

式中:$\boldsymbol{F}$、$\boldsymbol{M}$ 分别为在轨软接触机构末端所受的瞬时冲击力和力矩。

将式（8.155）～式（8.157）代入式（8.158）～式（8.160）,得到每段质心所受的等效主动力及力矩。

3. 等效惯性力（矩）计算

第 k 段所受的等效惯性力和力矩矩 $\boldsymbol{F}_{kc}^*$、$\boldsymbol{M}_{kc}^*$ 如下:

$$\begin{cases} \boldsymbol{F}_{kc}^* = -m_k \boldsymbol{a}_{kc} \\ \boldsymbol{M}_{kc}^* = -\boldsymbol{I}_k \cdot \dot{\boldsymbol{\omega}}_k - \boldsymbol{\omega}_k \times (\boldsymbol{I}_k \cdot \boldsymbol{\omega}_k) \end{cases} \tag{8.161}$$

式中:m_k 为第 k 段质量;$\boldsymbol{I}_k$ 为第 k 段惯性张量;$\dot{\boldsymbol{\omega}}_k$ 为第 k 段角加速度;$\boldsymbol{a}_{kc}$ 为第 k 段质心加速度;$\boldsymbol{\omega}_k$ 为第 k 段角速度。

4. 凯恩柔性动力学方程

在轨软接触机构模型的凯恩方程描述如下:

$$\boldsymbol{F}_j + \boldsymbol{F}_j^* = 0 \quad j = 1, 2, \cdots, 6N+6 \tag{8.162}$$

式中:$F_j = \sum_{k=1}^{N+1} (\boldsymbol{F}_{kc} \cdot \boldsymbol{v}_{kj} + \boldsymbol{M}_{kc} \cdot \boldsymbol{\omega}_{kj})$ 为广义主动力;$F_j^* = \sum^{N+1} (\boldsymbol{F}_{kc}^* \cdot \boldsymbol{v}_{kj} + \boldsymbol{M}_{kc}^* \cdot \boldsymbol{\omega}_{kj})$ 为广义惯性力。

将上述计算的偏角速度、偏线速度、等效主动力（矩）、等效惯性力（矩）代入式（8.161）。通过整理,基于自由度漂浮基的 N 关节 $6N$ 自由度的在轨软接触机构动力学方程为

$$\{\dot{y}_\eta\} = [\boldsymbol{a}_{l\eta}]^{-1}\{\boldsymbol{f}_l\} \qquad (8.163)$$

式中:$\dot{y}_\eta$ 为广义速度的导数;

$$[\boldsymbol{a}_{l\eta}] = \sum_{k=1}^{N+1} \boldsymbol{v}_{kl} \cdot m_k \cdot \boldsymbol{V}_{k\eta} + \sum_{k=1}^{N} \boldsymbol{\omega}_{kl} \cdot \boldsymbol{I}_{kc} \cdot \boldsymbol{\omega}_{k\eta}$$

$$\{\boldsymbol{f}_l\} = \{\boldsymbol{F}_l\} - \sum_{k=1}^{N+1} \boldsymbol{v}_{kl} \cdot m_k \cdot \dot{\boldsymbol{V}}_{k\eta} \cdot \{\boldsymbol{y}_\eta\} - \sum_{k=1}^{N+1} \boldsymbol{\omega}_{kl} \cdot [\boldsymbol{\omega}_k^R \times (\boldsymbol{I}_k \cdot \boldsymbol{\omega}_k^R)]$$

$$- \sum_{k=1}^{N+1} \boldsymbol{\omega}_{kl} \cdot \boldsymbol{I}_{kc} \cdot \dot{\boldsymbol{W}}_{k\eta} \cdot \{\boldsymbol{y}_\eta\}$$

式(8.163)是 $6N+6$ 个非线性微分方程组,方程组包含 $6N+6$ 个广义坐标和 $6N+6$ 个广义速度,共 $12N+12$ 个未知量。为求解上述动力学方程组,需要与运动学方程式(8.152)联立,确保得到 $12N+12$ 个关于广义坐标和广义速度的方程组,从而对 $12N+12$ 个未知量进行求解。

5. 基于龙格库塔方法的凯恩动力学正逆解

由于上述动力学方程是一组关于广义坐标和广义速度的非线性、耦合微分方程组,难以采用一般的解析方法进行求解。根据龙格 – 库塔方法计算精度高、无须复杂计算、编程简单等特点,本节基于龙格 – 库塔方法对凯恩动力学方程进行数值求解。

对于一阶微分方程组:

$$\begin{cases} \dfrac{\mathrm{d}y}{\mathrm{d}x} = f(x, y) \\ y(x_0) = y_0 \end{cases} \qquad (8.164)$$

应用四阶龙格 – 库塔方法:

$$y_{n+1} = y_n + \frac{h}{6}(k_1 + 2k_2 + 2k_3 + k_4) \qquad (8.165)$$

式(8.165)中:

$$\begin{cases} k_1 = f(x_n, y_n) \\ k_2 = f\left(x_n + \dfrac{1}{2}h, y_n + \dfrac{1}{2}hk_1\right) \\ k_3 = f\left(x_n + \dfrac{1}{2}h, y_n + \dfrac{1}{2}hk_2\right) \\ k_4 = f(x_n + h, y_n + hk_3) \end{cases}$$

对于 m 个一阶微分方程组:

$$
\begin{cases}
\dfrac{\mathrm{d}y_1}{\mathrm{d}x} = f_1(x, y_1, y_2, \cdots, y_m) \\[2mm]
\dfrac{\mathrm{d}y_2}{\mathrm{d}x} = f_2(x, y_1, y_2, \cdots, y_m) \\[1mm]
\quad\vdots \\[1mm]
\dfrac{\mathrm{d}y_m}{\mathrm{d}x} = f_m(x, y_1, y_2, \cdots, y_m) \\[2mm]
y_1(x_0) = y_{1,0} \\[1mm]
y_2(x_0) = y_{2,0} \\[1mm]
\quad\vdots \\[1mm]
y_m(x_0) = y_{m,0}
\end{cases}
\tag{8.166}
$$

应用四阶龙格－库塔方法：

$$
y_{i,n+1} = y_{i,n} + \frac{h}{6}(k_{i,1} + 2k_{i,2} + 2k_{i,3} + k_{i,4})
\tag{8.167}
$$

式(8.167)中：

$$
\begin{cases}
x_{n+1} = x_n + h \\[2mm]
k_{i,1} = f_i(x_n, y_{1,n}, y_{2,n}, \cdots, y_{m,n}) \\[2mm]
k_{i,2} = f_i\left(x_n + \dfrac{1}{2}h, y_{1,n} + \dfrac{1}{2}hk_{1,1}, y_{2,n} + \dfrac{1}{2}hk_{2,1}, \cdots, y_{m,n} + \dfrac{1}{2}hk_{m,1}\right) \\[2mm]
k_{i,3} = f_i\left(x_n + \dfrac{1}{2}h, y_{1,n} + \dfrac{1}{2}hk_{1,2}, y_{2,n} + \dfrac{1}{2}hk_{2,2}, \cdots, y_{m,n} + \dfrac{1}{2}hk_{m,2}\right) \\[2mm]
k_{i,4} = f_i(x_n + h, y_{1,n} + hk_{1,3}, y_{2,n} + hk_{2,3}, \cdots, y_{m,n} + hk_{m,3})
\end{cases}
$$

8.5.3　仿真验证

8.5.3.1　仿真实例设计

为验证上述建立的 N 关节漂浮基在轨软接触机构模型动力学方程的有效性,本节使用 Matlab 和 ADAMS 软件为仿真平台,通过仿真计算以验证其正确性。以 4 关节 16 自由度漂浮基在轨软接触机构为研究对象,如图 8.44 所示,考虑关节处柔性缓冲器及阻尼器作用,建立动力学模型。

该柔性多臂杆系统每个关节有 4 个自由度,分别是绕 X 轴、Y 轴、Z 轴旋转以及沿 Z 轴平动,在每个自由度方向安装由柔性缓冲器及阻尼器组成的可控阻尼单元。假设在轨软接触机构臂末端瞬时力,持续时间 0.1s。仿真参数表如表 8.6 所列。

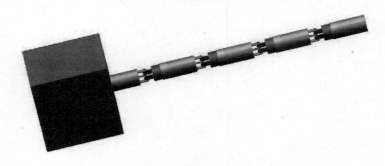

图 8.44 4 关节 16 自由度漂浮基在轨软接触机构

表 8.6 仿真参数

项 目		指 标
空间 软接触机构 基本参数	卫星基座质量/kg	200
	卫星基座惯性矩/$(kg \cdot m^2)$	$I_x = I_y = 53.3, I_z = 66.7$
	臂杆质量(每段)kg	8
	臂杆惯性矩(每段)/$(kg \cdot m^2)$	$I_x = I_y = 2.5, I_z = 5$
	柔性缓冲器弹簧弹性系数	$f_{wx} = f_{wy} = f_{wz} = 5(N \cdot m)/rad$ $f_z = 5N/m$
瞬时碰撞	斜线 + 旋转碰撞	$F_x = F_y = F_z = 5N, M_x = M_y = M_z = 5N \cdot m$

运用 Solidworks 软件对在轨软接触机构进行三维建模,导入 ADAMS 后,施加材料属性、运动副、作用力等参数,利用 ADAMS 自带的求解器进行仿真分析,得到空间柔性多体系统的动力学响应。

8.5.3.2 仿真计算分析

根据上述基于龙格 – 库塔动力学模型计算方法,在 Matlab 中编制相应的程序,仿真计算结果如图 8.45 所示。图 8.45 分别是 ADAMS 和 Matlab 两种仿真情况下的在轨软接触机构动力学响应,以及各关节各个自由度方向的广义位移,即关节的振动位移。

由图 8.45 分析可知,基于 Matlab 所建立的凯恩柔性多体动力学的仿真结果,与用 ADAMS 动力学计算结果基本保持一致,这也验证了本章基于凯恩方程推导的漂浮基在轨软接触机构是有效的。从各柔性关节变形的曲线及其幅值来看,仅关节 1 绕 X 轴、Y 轴的振动角度以及关节 4 绕 X 轴、Y 轴的振动角度有微小差别,这也反映了在空间多关节多自由度复杂柔性多体系统中,采用不同的建模方法将导致仿真计算结果存在细微差别,但这不影响本节凯恩动力学模型的正确性。

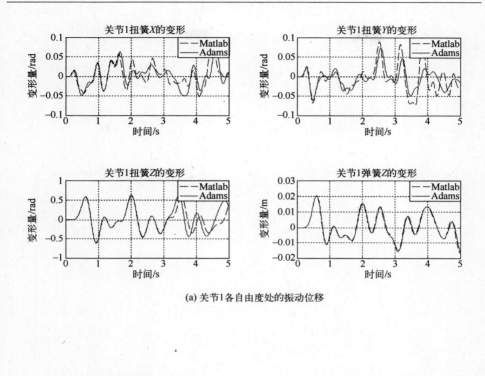

(a) 关节1各自由度处的振动位移

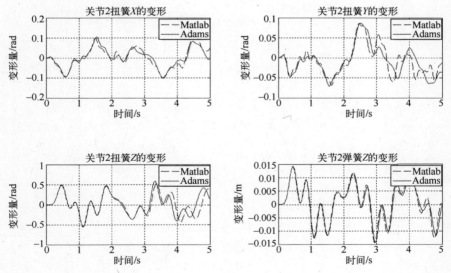

(b) 关节2各自由度处的振动位移

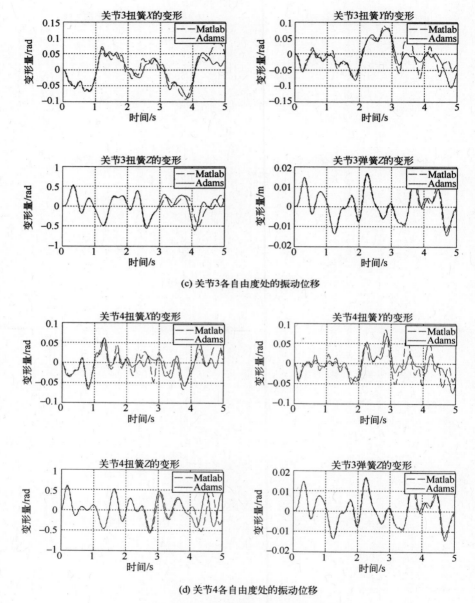

(c) 关节3各自由度处的振动位移

(d) 关节4各自由度处的振动位移

图 8.45　各关节自由度处的振动位移

第三篇　在轨软接触机构路径规划方法

第9章　软接触机构路径规划算法

9.1　臂杆末端的速度序列规划算法

9.1.1　末端线速度序列规划算法

在给定在轨软接触机构路径规划任务的初始和终止位姿后,需要首先计算臂杆末端的速度序列,然后利用广义雅可比矩阵对机构进行路径规划。

假设在轨软接触机构末端的位置的变化轨迹为

$$\boldsymbol{P}_e = \boldsymbol{P}_e(t) \quad t_0 \leqslant t \leqslant t_f \tag{9.1}$$

则规划的软接触机构末端线速度为

$$\boldsymbol{v}_e(t) = \dot{\boldsymbol{P}}_e(t) \quad t_0 \leqslant t \leqslant t_f \tag{9.2}$$

假设路径规划约束时间为 t_f,初始位置为 $\boldsymbol{P}_{e0}[x_{e0}, y_{e0}, z_{e0}]^T$,终止位置为 $\boldsymbol{P}_{ef}[x_{ef}, y_{ef}, z_{ef}]^T$,这里选择梯形法来规划其末端速度,设初始速度为 0,加速和减速部分的时间为 t_s。

首先由初始点和终止点坐标计算出路径首末端直线距离长度为

$$d = \sqrt{\sum_{i=x,y,z} (\boldsymbol{P}_{f,i} - \boldsymbol{P}_{0,i})^2} \tag{9.3}$$

末端最大速度为

$$v_{em} = \frac{d}{t_f - t_s} \tag{9.4}$$

加速度大小为

$$a = \frac{v_{em}}{t_s} \qquad (9.5)$$

故在轨软接触机构末端线速度分为加速段、匀速段和减速段,具体表达式为

$$v_e = \begin{cases} a \cdot t & t \leqslant t_s \\ v_{em} & t_s < t \leqslant t_f - t_s \\ a \cdot (t_f - t) & t > t_f - t_s \end{cases} \qquad (9.6)$$

9.1.2 末端角速度序列规划算法

设在轨软接触机构末端的姿态变化轨迹为

$$\boldsymbol{\psi}_e = \boldsymbol{\psi}_e(t) \qquad t_0 \leqslant t \leqslant t_f \qquad (9.7)$$

末端角速度为

$$\boldsymbol{\omega}_e(t) = \boldsymbol{r}\,\dot{\phi}(t) \qquad t_0 \leqslant t \leqslant t_f \qquad (9.8)$$

末端姿态规划约束时间为 t_f,初始姿态为 $\boldsymbol{\psi}_{e0}[\alpha_{e0}, \beta_{e0}, \gamma_{e0}]^T$,终止姿态 $\boldsymbol{\psi}_{ef}[\alpha_{ef}, \beta_{ef}, \gamma_{ef}]^T$,加速和减速部分的时间为 t_s。

在轨软接触机构末端初始时刻到终止时刻的姿态旋转矩阵为

$$\boldsymbol{R} = \boldsymbol{A}_{e0}^{-1}\boldsymbol{A}_{ef} \qquad (9.9)$$

式中:

$$\begin{cases} \boldsymbol{A}_{e0} = R_z(\alpha_{e0})R_y(\beta_{e0})R_x(\gamma_{e0}) \\ \boldsymbol{A}_{ef} = R_z(\alpha_{ef})R_y(\beta_{ef})R_x(\gamma_{ef}) \end{cases}$$

根据欧拉转角可计算出末端指向欧拉转角为

$$\boldsymbol{e}_0 = \frac{1}{2}\begin{bmatrix} \boldsymbol{R}_{23} - \boldsymbol{R}_{32} \\ \boldsymbol{R}_{31} - \boldsymbol{R}_{13} \\ \boldsymbol{R}_{12} - \boldsymbol{R}_{21} \end{bmatrix} = \boldsymbol{r}\sin(\phi_0) \qquad (9.10)$$

式(9.10)表示软接触机构末端坐标绕单位矢量 $\boldsymbol{r}$ 旋转 ϕ_0 角后,指向从初始姿态转到终止姿态,根据7.1节可知,单位矢量 $\boldsymbol{r}$ 即为欧拉转轴,而 ϕ_0 角即为欧拉转角,则表达式为

$$\boldsymbol{r} = \frac{\boldsymbol{e}_0}{|\boldsymbol{e}_0|} \qquad (9.11)$$

$$\phi_0 = \arcsin(|\boldsymbol{e}_0|) \qquad (9.12)$$

同理可以得到软接触机构末端各轴向的最大角速度为

$$\boldsymbol{\omega}_{em} = \frac{\phi_0}{t_f - t_s}\boldsymbol{r}_e \qquad (9.13)$$

角加速度为

$$\boldsymbol{\alpha} = \frac{\boldsymbol{\omega}_{\mathrm{em}}}{t_{\mathrm{s}}} \qquad (9.14)$$

9.2　笛卡儿路径规划算法

笛卡儿路径规划主要是指在轨软接触机构能够从起始点沿着给定的轨迹到达终止点的关节角度(角速度)序列规划,可以分为直线路径规划、圆弧路径规划以及视觉引导下的自主路径规划。本节主要探讨直线路径规划方法,其他可以类推。

9.2.1　自由漂浮模式末端连续位姿规划算法

9.2.1.1　路径规划算法

关于在轨软接触机构在自由漂浮模式下的路径规划方法,哈尔滨工业大学的徐文福已经进行了较为成熟的研究。本书采用该文献中提出的方法对在轨软接触机构在自由漂浮模式下的路径规划任务进行仿真计算验证。根据末端运动速度,用运动学逆解的方法求出关节角速度,当广义雅可比矩阵满秩时,臂杆的关节角速度为

$$\dot{\boldsymbol{q}}_{\mathrm{md}} = (\boldsymbol{J}^{*})^{-1} \begin{bmatrix} \boldsymbol{v}_{\mathrm{e}} \\ \boldsymbol{\omega}_{\mathrm{e}} \end{bmatrix} \qquad (9.15)$$

则关节角度为

$$\boldsymbol{q}_{\mathrm{md}} = \boldsymbol{q}_{\mathrm{m}} + \dot{\boldsymbol{q}}_{\mathrm{md}} \Delta t \qquad (9.16)$$

9.2.1.2　仿真计算与验证

以笛卡儿直线路径规划为例,在轨软接触结构初始和终止位姿分别为 $\boldsymbol{X}_{\mathrm{e0}} = [\boldsymbol{P}_{\mathrm{e0}}, \boldsymbol{\psi}_{\mathrm{e0}}]$, $\boldsymbol{X}_{\mathrm{ef}} = [\boldsymbol{P}_{\mathrm{ef}}, \boldsymbol{\psi}_{\mathrm{ef}}]$,在轨软接触机构末端沿 $\boldsymbol{X}_{\mathrm{e0}}$ 到 $\boldsymbol{X}_{\mathrm{ef}}$ 直线路径运动。具体起点和终点分别为 $\boldsymbol{P}_{\mathrm{e0}}(2.8\mathrm{m},0\mathrm{m},0\mathrm{m},0°,0°,0°)$ 和 $\boldsymbol{P}_{\mathrm{ef}}(3.2\mathrm{m},0.4\mathrm{m},0\mathrm{m},0°,0°,30°)$。采用 9.1 节中在轨软接触机构末端的速度序列规划方法,梯形法加速和减速时间取为 4s,末端线速度和角速度计算结果如图 9.1 所示。

采用式(9.15)来计算在轨软接触机构的各个关节角速度,计算结果如图 9.2 所示。由于仅完成平面内的路径规划任务,图 9.2 中给出了第一、三、五个关节的角速度序列,其余三个关节的角速度序列为 0 值。

为了验证计算结果的正确性,利用 Maplesim 软件建立在轨软接触机构的初始构型,如图 9.3(a)所示,将规划出来的关节角速度序列输入到 Maplesim 软件中,经过 20s 的仿真,最终构型如图 9.3(b)所示。

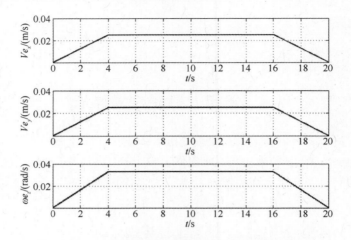

图9.1　自由漂浮模式下规划的末端线速度和角速度

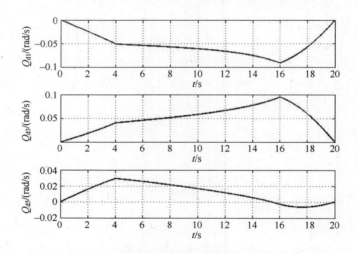

图9.2　自由漂浮下末端连续规划时关节角的变化曲线

由图9.3分析可知,图中直线为末端的运动轨迹,在轨软接触机构末端的位置和姿态均已规划到期望的结果。此外,软接触机构运动对卫星基座的位置和姿态造成扰动,这符合自由漂浮的基本特性。将 Maplesim 仿真结果与自由漂浮模式下末端连续规划算法计算结果进行比对分析,以卫星基座质心处的线速度变化作为比较内容,计算结果如图9.4所示。

由图9.4分析可知,自由漂浮模式下连续位姿规划算法计算结果与 Maplesim 仿真结果,在卫星基座质心 X、Y 方向线速度曲线上基本一致。

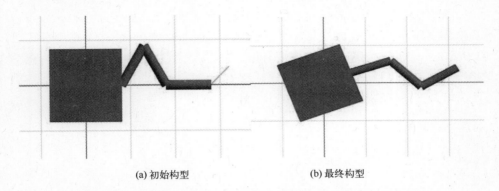

(a) 初始构型　　　　　　　　　　　(b) 最终构型

图 9.3　自由漂浮下末端连续规划时在轨软接触机构的构型变化

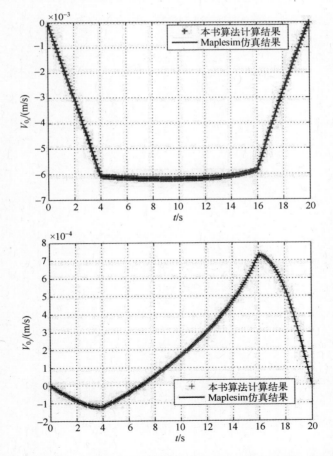

图 9.4　自由漂浮下末端连续规划时基座质心的线速度变化曲线

图9.5 给出了在轨软接触机构末端位置和末端姿态的变化曲线。从中可以看出,末端的最终位置跟踪结果为(3.2001m,0.3998m,0m),误差精度分别为0.025%、-0.05%、0%,最终姿态跟踪结果为(0°,0°,30.03°),误差精度为0%、0%、0.1%。位姿跟踪误差均保持较小的量级。仿真验证结果验证了本节连续位姿路径规划算法较为准确。

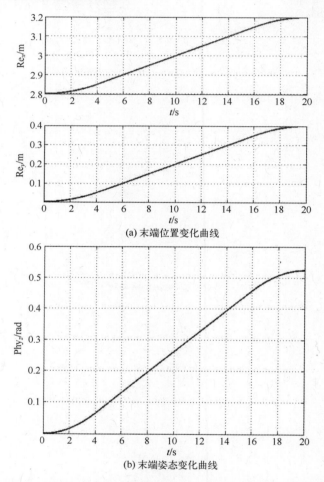

(a) 末端位置变化曲线

(b) 末端姿态变化曲线

图9.5 自由漂浮下末端连续规划时末端的位置和姿态变化曲线

9.2.2 自由漂浮模式基座姿态无扰的规划算法

9.2.2.1 路径规划算法

自由漂浮模式下基座姿态无扰路径规划算法这里不详细介绍,详细推导可参照相关文献。

9.2.2.2　仿真计算与验证

由于该规划方法要求对基座姿态不产生或较小产生扰动,故只能单独规划末端的位置(或姿态)。这里选择对其位置进行规划,则末端线速度与图 9.1 中所示相同。其他初始条件与 9.2.1 节中设置相同,对其进行计算可得实际关节角运动序列。

同样,将规划出来的关节角速度序列输入到 Maplesim 软件中,经过 20s 的仿真,最终构型如图 9.6(b)所示。

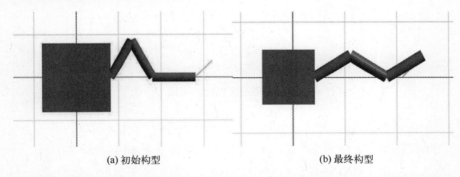

(a) 初始构型　　　　　　　　　　　(b) 最终构型

图 9.6　自由漂浮模式下基座姿态无扰时在轨软接触机构的初始构型和最终构型

从图 9.6 中可以看出,在轨软接触机构的末端经过直线的运动轨迹,达到了期望的位置。此外,软接触机构卫星基座的姿态没有发生变化,也说明机构路径规划算法对卫星基座不造成扰动。将 Maplesim 仿真结果与自由漂浮模式下基座无扰规划算法计算结果进行比对分析,以卫星基座质心处的线速度变化作为比较内容,计算结果如图 9.7 所示。

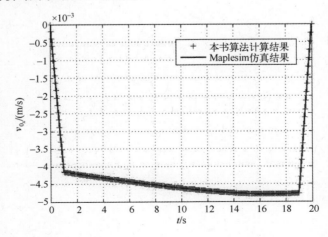

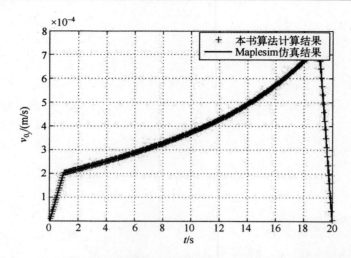

图9.7 自由漂浮模式下基座姿态无扰时基座质心的线速度变化曲线

由图9.7分析可知，自由漂浮模式下基座无扰规划算法计算结果与 Maplesim 仿真结果，在卫星基座质心 X、Y 方向线速度曲线上基本一致。

图9.8给出了在轨软接触机构末端位置和卫星基座姿态的变化曲线。从中可以看出，末端的最终位置跟踪结果为(3.2001m,0.3998m,0m)，误差精度分别为 0.025%、−0.05%、0%，说明软接触机构较为精准地跟踪了直线路径，并且对基座的姿态不造成扰动。

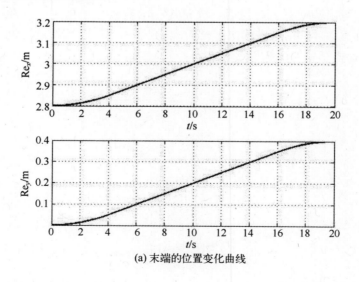

(a) 末端的位置变化曲线

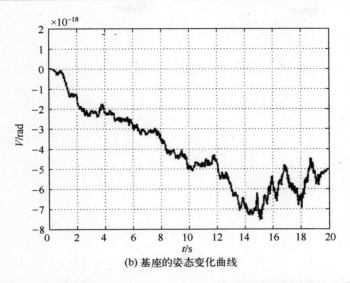

(b) 基座的姿态变化曲线

图 9.8 自由漂浮模式下基座姿态无扰时末端位置和基座的姿态变化曲线

9.2.3 自由飞行模式末端连续位姿规划算法

9.2.3.1 路径规划算法

由于在该模式下利用了反作用飞轮稳定卫星基座姿态,故可对软接触机构末端位姿同时进行规划。自由飞行模式下在轨软接触机构的广义雅可比矩阵为

$$
\begin{bmatrix} \dot{\boldsymbol{\Theta}}_\mathrm{m} \\ \dot{\boldsymbol{\Theta}}_\mathrm{rw} \end{bmatrix} = \begin{bmatrix} (\boldsymbol{J}_{\mathrm{g\_m}}^* - \boldsymbol{J}_{\mathrm{g\_rw}}^* \boldsymbol{H}_\mathrm{rw}^+ \boldsymbol{H}_\Theta)^+ \\ -\boldsymbol{H}_\mathrm{rw}^+ \boldsymbol{H}_\Theta (\boldsymbol{J}_{\mathrm{g\_m}}^* - \boldsymbol{J}_{\mathrm{g\_rw}}^* \boldsymbol{H}_\mathrm{rw}^+ \boldsymbol{H}_\Theta)^+ \end{bmatrix} \begin{bmatrix} \boldsymbol{v}_\mathrm{e} \\ \boldsymbol{\omega}_\mathrm{e} \end{bmatrix} \tag{9.17}
$$

式中:$\dot{\boldsymbol{\Theta}}_\mathrm{m}$、$\dot{\boldsymbol{\Theta}}_\mathrm{rw}$ 分别为机构关节和飞轮的期望角速度序列。

9.2.3.2 仿真计算与验证

按照 9.1.1 节中规划的末端线速度,采用式(9.17)规划算法计算关节和反作用飞轮的角速度。为了可以更直观地分析仿真结果,以四臂杆的在轨软接触机构模型为研究对象。末端速度序列的规划方法与 9.1 节中相同,假设末端的起点和终点分别为 $\boldsymbol{P}_\mathrm{e0}$(3.3m,0.866m,0m,0°,0°,60°) 和 $\boldsymbol{P}_\mathrm{ef}$(3.7m,1.266m,0m,0°,0°,30°),则规划的末端速度序列如图 9.9 所示。

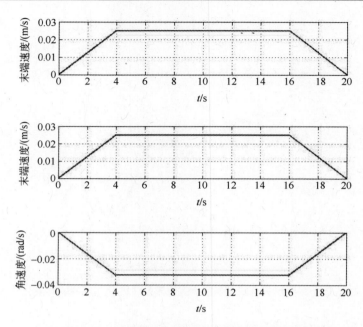

图 9.9　自由飞行模式下规划的末端线速度和角速度

飞轮动力学参数设计为：飞轮的最大角动量为 $4N \cdot m \cdot s$；最大转速为 $628.32rad/s$；惯量为 $0.00641kg \cdot m^2$。采用式(9.17)进行路径规划计算，关节和反作用飞轮的角速度计算结果如图 9.10 所示。

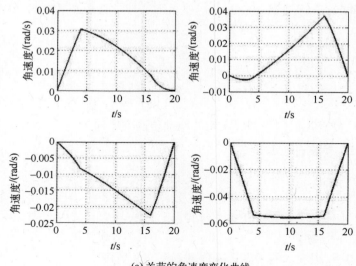

(a) 关节的角速度变化曲线

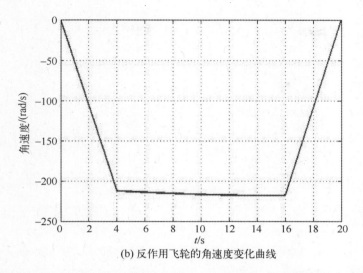

(b) 反作用飞轮的角速度变化曲线

图 9.10 自由飞行下末端连续规划时关节和反作用飞轮的角速度变化曲线

将各个关节和飞轮的角速度序列输入到 MapleSim 软件中进行仿真验证,经过 20s 的仿真,最终构型如图 9.11(b)所示。

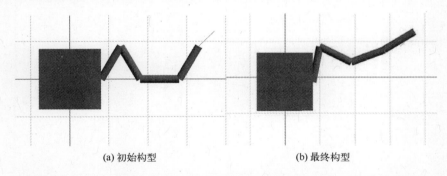

(a) 初始构型   (b) 最终构型

图 9.11 自由飞行下末端连续规划时在轨软接触机构的初始构型和最终构型

由图 9.11 分析可知,在轨软接触机构的末端经过直线运动轨迹,已规划到期望的位置;末端的姿态也规划达到了期望的目标。图 9.12 和图 9.13 给出了软接触机构末端位姿和卫星基座姿态的变化曲线。

由图 9.12 分析可知,通过反作用飞轮的控制作用,软接触机构的运动对卫星基座的姿态变化影响甚小。由图 9.12 分析可知,在轨软接触机构末端的最终位置跟踪结果为(3.7001m,1.2668m,0m),其误差精度为 0.025%、0.05%、0%。

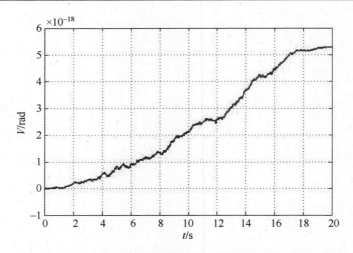

图 9.12　自由飞行下末端连续规划时卫星基座的姿态变化曲线

末端的最终姿态跟踪结果为$(0°,0°,30.03°)$,其误差精度为 0% 、0% 、0.03% 。末端位置和姿态的跟踪误差均保持在较小的量级。此外,软接触机构基座姿态基本没有发生变化,说明利用卫星基座飞轮的稳定作用,自由飞行模式下末端连续位姿规划运动对卫星基座基本没有造成扰动。

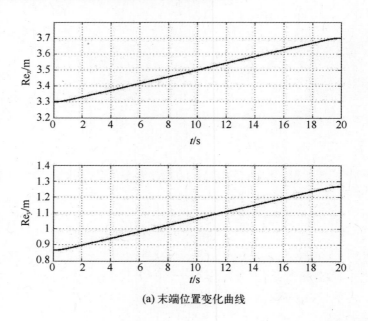

(a) 末端位置变化曲线

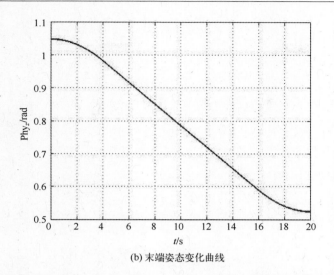

(b) 末端姿态变化曲线

图 9.13　自由飞行下末端连续规划时末端的位置和姿态变化曲线

9.3　沿指定路径的时间最优规划算法

9.2 节已经对自由飞行模式下在轨软接触机构末端的连续位姿规划进行了研究,但实际路径规划中,必须考虑反作用飞轮的力矩限制。因此本节针对这一限制条件,对在轨软接触机构沿指定路径的时间最优规划算法进行研究。

9.3.1　基本算法设计

由式(7.41)可知,反作用飞轮的力矩可通过角动量公式表示为

$$\boldsymbol{\tau}_{rw} = \frac{d}{dt}(\boldsymbol{H}_{rw}\dot{\boldsymbol{\Theta}}_{rw}) \tag{9.18}$$

将式(7.45)代入式(9.18),进行整理得

$$
\begin{aligned}
\boldsymbol{\tau}_{rw} &= \frac{d}{dt}(\boldsymbol{H}_{rw}\dot{\boldsymbol{\Theta}}_{rw}) \\
&= \frac{d}{dt}(-\boldsymbol{H}_{\Theta}\dot{\boldsymbol{\Theta}}_{m}) \\
&= \frac{d}{dt}(-\boldsymbol{H}_{\Theta}\boldsymbol{A}^{+}\dot{\boldsymbol{x}}_{e}^{d}) \\
&= -\frac{d(\boldsymbol{H}_{\Theta}\boldsymbol{A}^{+})}{dt}\dot{\boldsymbol{x}}_{e}^{d} - \boldsymbol{H}_{\Theta}\boldsymbol{A}^{+}\ddot{\boldsymbol{x}}_{e}^{d}
\end{aligned}
\tag{9.19}
$$

式中：$A = J_{g\_m}^* - J_{g\_rw}^* H_{rw}^+ H_\Theta$；$x_e^d$ 为指定路径位置和姿态的变化函数。

路径变化函数可以表示为

$$\begin{cases} x_e^d = f(s) \\[2mm] \dot{x}_e^d = \dfrac{\mathrm{d}f}{\mathrm{d}s}\dot{s} \\[2mm] \ddot{x}_e^d = \dfrac{\mathrm{d}^2 f}{\mathrm{d}s^2}\dot{s}^2 + \dfrac{\mathrm{d}f}{\mathrm{d}s}\ddot{s} \end{cases} \tag{9.20}$$

式（9.20）中，s 的变化区间为 $[0 \quad S_T]$。将式（9.20）代入式（9.19），可得

$$\tau_{rw} = m(s)\ddot{s} + d(s,\dot{s}) \tag{9.21}$$

式中：$m(s) = -H_\Theta A^+ \dfrac{\mathrm{d}f}{\mathrm{d}s}$；$d(s,\dot{s}) = -H_\Theta A^+ \dfrac{\mathrm{d}^2 f}{\mathrm{d}s^2}\dot{s}^2 - \dfrac{\mathrm{d}(H_\Theta A^+)}{\mathrm{d}t}\dfrac{\mathrm{d}f}{\mathrm{d}s}\dot{s}$。

假设反作用飞轮的力矩限制为 $[\tau_L \quad \tau_U]$，则有

$$\tau_L \leqslant m(s)\ddot{s} + d(s,\dot{s}) \leqslant \tau_U \tag{9.22}$$

对式（9.22）进行求解，可得

$$LB(s,\dot{s}) \leqslant \ddot{s} \leqslant UB(s,\dot{s}) \tag{9.23}$$

对式（9.23）中进一步求解如下：

$$UB(s,\dot{s}) = \begin{cases} \dfrac{\tau_U - d(s,\dot{s})}{m(s)} & m(s) > 0 \\[3mm] \infty & m(s) = 0 \\[3mm] \dfrac{\tau_L - d(s,\dot{s})}{m(s)} & m(s) < 0 \end{cases}$$

$$LB(s,\dot{s}) = \begin{cases} \dfrac{\tau_L - d(s,\dot{s})}{m(s)} & m(s) > 0 \\[3mm] \infty & m(s) = 0 \\[3mm] \dfrac{\tau_U - d(s,\dot{s})}{m(s)} & m(s) < 0 \end{cases} \tag{9.24}$$

9.3.2 时间最优规划算法设计

考虑到 $\dot{s} = \dfrac{\mathrm{d}s}{\mathrm{d}t}$，则时间最优规划算法的目标函数可变为

$$\min J = \int_0^T dt = \int_0^{S_T} \frac{ds}{\dot{s}} \tag{9.25}$$

由式（9.25）可以看出，为了满足目标函数的需要，$\dot{s}$ 在每个步长的积分点处应为极大值。这里采用类似于 Bang – Bang 控制的控制律：$\ddot{s}$ 不断地从一个边界值切换到另一个边界值，即在 $UB(s,\dot{s})$ 和 $LB(s,\dot{s})$ 之间切换。为了准确说明 $\ddot{s}$ 进行切换的条件，这里给出路径变量 s 变化的相平面示意图，如图 9.14 所示。

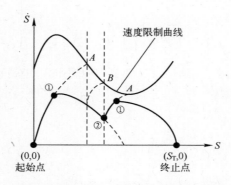

图 9.14　路径变量 s 变化的相平面示意图

具体实现过程如下：

（1）从起始点 $(s,\dot{s})=(0,0)$ 开始，对加速曲线 $\ddot{s}=UB(s,\dot{s})$ 进行积分，当与速度限制曲线相交时，中止积分过程，此交点为 A 点。

（2）从 A 点开始沿着加速曲线以单位步长后退取点，同时以该点为积分初始值，对减速曲线 $\ddot{s}=LB(s,\dot{s})$ 进行积分，当减速曲线不与速度限制曲线相交时，并且与 S 轴交于最大值，则在加速曲线上所取的点即为切换点①，如果与 S 轴交于 $(S_T,0)$ 点，则过程结束。

（3）从切换点①开始沿着减速曲线进行积分，在曲线可找到一点在 S 轴上的投影与 A 点相同，该点开始对式 $\ddot{s}=UB(s,\dot{s})$ 积分，则与速度限制曲线相交于 B 点。

（4）在减速曲线可找到一点在 S 轴上的投影与 B 点相同，即为切换点②，从该点开始对式 $\ddot{s}=UB(s,\dot{s})$ 积分。

（5）回到步骤（2）。

9.3.3　仿真计算与验证

与 9.2.1 节仿真的初始位姿和终止位姿条件相同，软接触机构末端为直线

路径规划,则路径变化函数可表示为

$$
\boldsymbol{f}(s) = \begin{bmatrix} f_x(s) \\ f_y(s) \\ f_z(s) \\ f_{\text{roll}}(s) \\ f_{\text{pitch}}(s) \\ f_{\text{yaw}}(s) \end{bmatrix} = \begin{bmatrix} 3.3 + 0.4s \\ 0.866 + 0.4s \\ 0 \\ 0 \\ 0 \\ \dfrac{\pi}{3} - \dfrac{\pi}{6}s \end{bmatrix} \tag{9.26}
$$

反作用飞轮的动力学参数与 9.2.3.2 节中相同,其力矩限制为 $[\,-1 \quad 1\,]$N·m,采用上述方法对在轨软接触机构进行时间最优控制,路径变量 s 在相平面上的变化轨迹如图 9.15 所示。

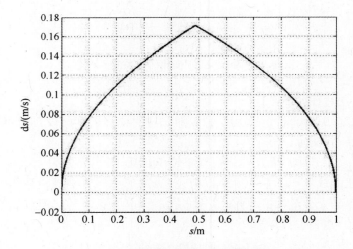

图 9.15 路径变量 s 的轨迹变化曲线

由图 9.15 分析可知,对加速曲线 $\ddot{s} = \mathrm{UB}(s,\dot{s})$ 进行积分,没有同速度限制曲线相交,$t = 5.72\mathrm{s}$ 时,即 $s = 0.4871$ 时,对减速曲线 $\ddot{s} = \mathrm{LB}(s,\dot{s})$ 进行积分,可与 S 轴交于 $(0.9989, 0.0003)$,即满足切换点①的条件,则计算过程结束。计算结果如图 9.16 所示。

由图 9.16(a) 分析可知,由于 $\boldsymbol{m}(s) < 0$,采用反作用飞轮的限制力矩 $\boldsymbol{\tau}_L$,则角加速度为 $-100\mathrm{rad/s^2}$,在经过切换点 $t = 5.72\mathrm{s}$ 后,反作用飞轮的角加速度切

换为 $100rad/s^2$。图 9.16(a)中角加速度曲线相比 $\pm 100rad/s^2$ 有较小的偏离量，这在理论上主要是由于对广义雅可比矩阵求解广义逆而造成的误差。从图 9.16(b)可以看出，基座的姿态基本没有发生变化，保持在 10^{-18} 的数量级上，满足自由飞行的要求。图 9.17 给出了在轨软接触机构末端的位置和姿态变化曲线。由图 9.17 可知，软接触机构的末端在 $t=11.71s$ 时，即可规划到期望的位置和姿态。

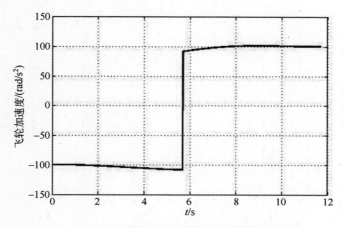

(a) 反作用飞轮的角加速度变化曲线

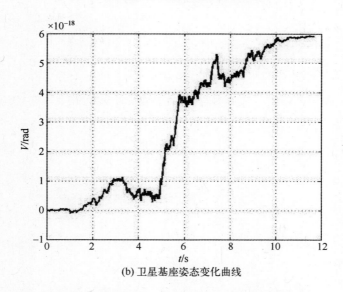

(b) 卫星基座姿态变化曲线

图 9.16　沿指定路径时间最优控制算法的计算结果

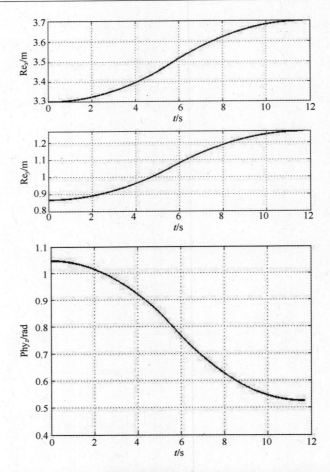

图 9.17　沿指定路径时间最优控制算法的末端位姿变化曲线图

第10章　软接触机构轨迹跟踪控制算法

10.1　基本控制算法设计

10.1.1　控制律设计

在轨软接触机构的刚性动力学方程为

$$H(\boldsymbol{\Theta})\ddot{\boldsymbol{\Theta}} + C(\boldsymbol{\Theta},\dot{\boldsymbol{\Theta}})\dot{\boldsymbol{\Theta}} = \boldsymbol{\tau} \qquad (10.1)$$

式中：$H(\boldsymbol{\Theta}) \in \boldsymbol{R}^{6\times6}$ 为系统的惯量矩阵；$C(\boldsymbol{\Theta},\dot{\boldsymbol{\Theta}}) \in \boldsymbol{R}_{6\times6}$ 为系统的离心力和哥氏力矩阵。这两个矩阵具有以下两个特性：

特性1：惯量矩阵 $H(\boldsymbol{\Theta})$ 为对称正定矩阵；

特性2：$H(\boldsymbol{\Theta}) - 2C(\boldsymbol{\Theta},\dot{\boldsymbol{\Theta}})$ 是一个斜对称矩阵，即对部分矢量 $\boldsymbol{x}$，存在如下关系：

$\boldsymbol{x}^{\mathrm{T}}(H(\boldsymbol{\Theta}) - 2C(\boldsymbol{\Theta},\dot{\boldsymbol{\Theta}}))\boldsymbol{x} = 0$。取 $\boldsymbol{\Theta}_{\mathrm{d}}$ 为期望角度，则 $\boldsymbol{e} = \boldsymbol{\Theta} - \boldsymbol{\Theta}_{\mathrm{d}}$ 为误差信号，设计滑模面为

$$\boldsymbol{S} = \dot{\boldsymbol{e}} + \boldsymbol{\lambda}\boldsymbol{e} \quad \boldsymbol{\lambda} = \mathrm{diag}(\lambda_1, \lambda_2, \cdots, \lambda_n), \lambda_i > 0 \qquad (10.2)$$

控制律设计如下：

$$T = H_0(\ddot{\boldsymbol{\Theta}}_{\mathrm{d}} + \boldsymbol{\lambda}\dot{\boldsymbol{e}}) + C_0(\dot{\boldsymbol{\Theta}}_{\mathrm{d}} + \boldsymbol{\lambda}\boldsymbol{e}) - \boldsymbol{A}\boldsymbol{S} - \boldsymbol{\Gamma}\mathrm{sgn}(\boldsymbol{S}) \qquad (10.3)$$

式中：H_0、C_0 分别为矩阵 H、C 的名义值；$\boldsymbol{A}$ 为正定矩阵，$\boldsymbol{A} = \mathrm{diag}(a_1, a_2, \cdots, a_n)$；$\boldsymbol{\Gamma}$ 为控制增益矩阵，$\boldsymbol{\Gamma} = \mathrm{diag}(k_1, k_2, \cdots, k_n)$。

为了证明控制律的稳定性，选取李雅普诺夫函数如下：

$$V = \frac{1}{2}\boldsymbol{S}^{\mathrm{T}}H(\boldsymbol{\Theta})\boldsymbol{S} \qquad (10.4)$$

对 V 求导：

$$\dot{V} = \frac{1}{2}\boldsymbol{S}^{\mathrm{T}}\dot{H}\boldsymbol{S} + \boldsymbol{S}^{\mathrm{T}}H\dot{\boldsymbol{S}} = \frac{1}{2}\boldsymbol{S}^{\mathrm{T}}(\dot{H} - 2C)\boldsymbol{S} + \boldsymbol{S}^{\mathrm{T}}C\boldsymbol{S} + \boldsymbol{S}^{\mathrm{T}}H\dot{\boldsymbol{S}} \qquad (10.5)$$

根据特性2对式(10.5)进行化简，可得

$$\dot{V} = S^{\mathrm{T}} CS + S^{\mathrm{T}} H\dot{S}$$

$$= S^{\mathrm{T}}(H(\ddot{\boldsymbol{\Theta}}_{\mathrm{d}} + \lambda\dot{e}) + C(\dot{\boldsymbol{\Theta}}_{\mathrm{d}} + \lambda e) + T) \tag{10.6}$$

$$= S^{\mathrm{T}}(\Delta H(\ddot{\boldsymbol{\Theta}}_{\mathrm{d}} + \lambda\dot{e}) + \Delta C(\dot{\boldsymbol{\Theta}}_{\mathrm{d}} + \lambda e) - \boldsymbol{\Gamma}\mathrm{sgn}(S)) - S^{\mathrm{T}} AS$$

式(10.6)中,符号函数 $\mathrm{sgn}(S)$ 的意义为

$$\mathrm{sgn}(S) = \begin{cases} -1 & S < 0 \\ 0 & S = 0 \\ 1 & S > 0 \end{cases} \tag{10.7}$$

令控制增益矩阵 $\boldsymbol{\Gamma}$ 中的参数 $k_i > |\Delta H|_{\max} |\ddot{\boldsymbol{\Theta}}_{\mathrm{d}} + \lambda\dot{e}| + |\Delta C|_{\max} |\dot{\boldsymbol{\Theta}}_{\mathrm{d}} + \lambda e|$,则

$$\dot{V} \leqslant 0 \tag{10.8}$$

由于 V 正定,而 $\dot{V}$ 负定,可知系统是稳定的。

10.1.2　仿真计算与验证

初始条件与9.2.1节中的设定相同,让在轨软接触机构末端分别跟踪直线、正弦曲线以及9.1节规划出的速度序列,滑模控制参数的选取如下所示:

$$\begin{cases} \boldsymbol{\lambda} = \begin{bmatrix} 20 & 20 & 20 \end{bmatrix}, A = \begin{bmatrix} 50 & 50 & 50 \end{bmatrix} \\ k_i = |\Delta H|_{\max} |\ddot{\boldsymbol{\Theta}}_{\mathrm{d}} + \lambda\dot{e}| + |\Delta C|_{\max} |\dot{\boldsymbol{\Theta}}_{\mathrm{d}} + \lambda e| + 0.01 \end{cases} \tag{10.9}$$

10.1.2.1　直线跟踪仿真

令关节角的期望值为

$$\boldsymbol{\Theta}_{\mathrm{d}} = \begin{bmatrix} 1 & 2 & 3 \end{bmatrix}^{\mathrm{T}} \tag{10.10}$$

图10.1和图10.2分别给出了三个关节跟踪曲线、跟踪误差曲线和控制力矩曲线。

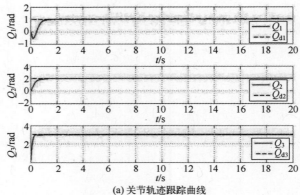

(a) 关节轨迹跟踪曲线

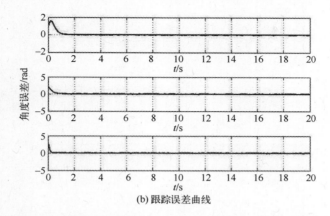

(b) 跟踪误差曲线

图 10.1　传统滑模控制算法跟踪直线时的关节轨迹曲线和误差曲线

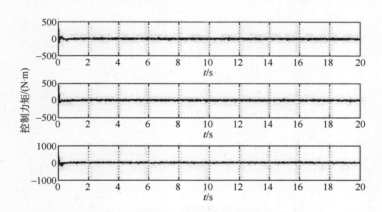

图 10.2　传统滑模控制算法跟踪直线时控制力矩曲线

由图 10.1 分析可知,在滑模控制作用下,三个关节都在 1s 之内,由初始的 0°很快变化到期望角度。从误差曲线来看,收敛前的最大误差为 3rad,收敛后的误差保持在 0.0044rad 左右,说明三个关节均较好地跟踪了期望角度。由图 10.2分析可知,三个关节控制力矩在初始时刻时幅值较大,而稳定后基本保持在较小的范围内,但关节力矩存在着抖振的情况。

10.1.2.2　正弦曲线跟踪仿真

令关节角的期望函数为

$$\boldsymbol{\Theta}_{\mathrm{d}} = \begin{bmatrix} \sin(t) & \sin(t) & \sin(t) \end{bmatrix}^{\mathrm{T}} \qquad (10.11)$$

图 10.3 和图 10.4 给出了三个关节跟踪曲线、跟踪误差曲线以及控制力矩曲线。

237

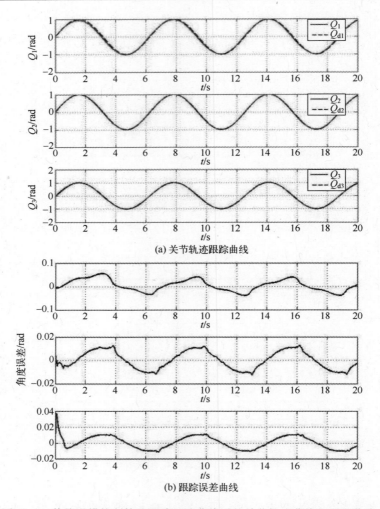

(a) 关节轨迹跟踪曲线

(b) 跟踪误差曲线

图 10.3 传统滑模控制算法跟踪正弦曲线时的关节轨迹曲线和误差曲线

由图 10.3 分析可知,三个关节角度曲线与期望的正弦曲线基本吻合,从误差曲线的变化来看,每个关节角的跟踪误差均保持在 0.5rad 的范围内。说明三个关节角度都很好地跟踪了期望的正弦曲线。由图 10.4 分析可知,三个关节控制力矩在稳定后基本保持在较小的范围内,但关节力矩同样存在着抖振的情况。

10.1.2.3 路径规划结果跟踪仿真

采用滑模控制算法来跟踪 9.2.1 节规划算法计算的速度序列,关节轨迹跟踪曲线、跟踪误差曲线以及控制力矩曲线如图 10.5 和图 10.6 所示。

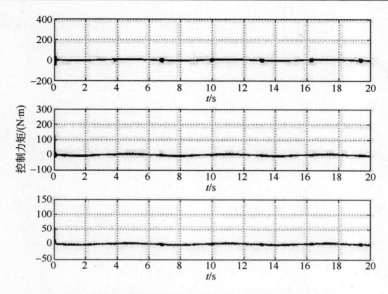

图 10.4　传统滑模控制算法跟踪正弦曲线时控制力矩曲线

从图 10.5 中可以看出,三个关节角度都很好地跟踪了期望的路径规划结果,并且误差的精度都保持在很小的范围内。从图 10.6 中可以看出,三个关节控制力矩曲线存在严重的抖振情况,控制器无法精准地提供需要的控制力矩。

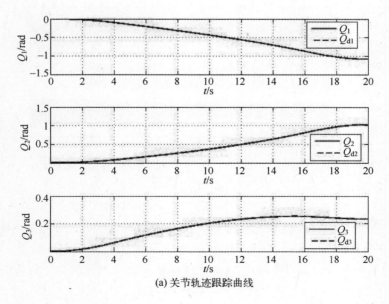

(a) 关节轨迹跟踪曲线

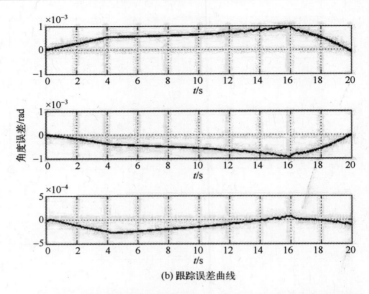

(b) 跟踪误差曲线

图 10.5　传统滑模控制算法跟踪速度序列的关节轨迹曲线和误差曲线

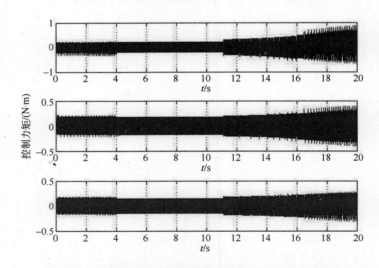

图 10.6　传统滑模控制算法跟踪速度序列的控制力矩曲线

10.2　增益矩阵自适应调整的模糊滑模控制算法设计

由 10.1.2 节的仿真结果可知,基于传统的滑模控制算法会导致控制力矩出现较大的抖振,尤其对工程应用,关节控制力矩的抖振情况会更加剧烈。因此,关节控制器必须具有自适应能力,以适应控制对象及环境的变化。本节对增益矩阵进行自适应模糊调整,实现对任意连续函数的精确逼近,且降低关节控制力矩的抖振。

10.2.1　模糊控制律设计

取 $\boldsymbol{\Theta}_d$ 为期望关节角度,$e = \boldsymbol{\Theta} - \boldsymbol{\Theta}_d$ 为误差角度,设计滑模面为

$$S = \dot{e} + \boldsymbol{\lambda} e, \quad \boldsymbol{\lambda} = \mathrm{diag}(\lambda_1, \lambda_2, \cdots, \lambda_n), \lambda_i = 0 \tag{10.12}$$

由式(10.3)可知,传统滑模控制律为

$$\boldsymbol{T} = \boldsymbol{H}_0(\ddot{\boldsymbol{\Theta}}_d + \boldsymbol{\lambda}\dot{e}) + \boldsymbol{C}_0(\dot{\boldsymbol{\Theta}}_d + \boldsymbol{\lambda}e) - \boldsymbol{A}S - \boldsymbol{\Gamma} \tag{10.13}$$

式中:$\boldsymbol{H}_0$、$\boldsymbol{C}_0$ 分别为矩阵 $\boldsymbol{H}$、$\boldsymbol{C}$ 的名义值;$\boldsymbol{A}$ 为正定矩阵,$\boldsymbol{A} = \mathrm{diag}(a_1, a_2, \cdots, a_n)$;$\boldsymbol{\Gamma}$ 为控制增益矩阵,$\boldsymbol{\Gamma} = \mathrm{diag}(k_1, k_2, \cdots, k_n)$。

选取李雅普诺夫函数如下:

$$V = \frac{1}{2}S^{\mathrm{T}}\boldsymbol{H}(\boldsymbol{\Theta})S \tag{10.14}$$

类似于式(10.6)的推导,有

$$\begin{aligned}
\dot{V} &= S^{\mathrm{T}}\boldsymbol{C}S + S^{\mathrm{T}}\boldsymbol{H}\dot{S} \\
&= S^{\mathrm{T}}(\Delta\boldsymbol{H}(\ddot{\boldsymbol{\Theta}}_d + \boldsymbol{\lambda}\dot{e}) + \Delta\boldsymbol{C}(\dot{\boldsymbol{\Theta}}_d + \boldsymbol{\lambda}e) - \boldsymbol{A}S - \boldsymbol{\Gamma})
\end{aligned} \tag{10.15}$$

令 $\Delta\boldsymbol{T} = \Delta\boldsymbol{H}(\ddot{\boldsymbol{\Theta}}_d + \boldsymbol{\lambda}\dot{e}) + \Delta\boldsymbol{C}(\dot{\boldsymbol{\Theta}}_d + \boldsymbol{\lambda}e)$,则式(10.15)为

$$\begin{aligned}
\dot{V} &= S^{\mathrm{T}}(\Delta\boldsymbol{T} - \boldsymbol{\Gamma}) - S^{\mathrm{T}}\boldsymbol{A}S \\
&= \sum_{i=1}^{n}(s_i\Delta T_i - s_ik_i) - S^{\mathrm{T}}\boldsymbol{A}S
\end{aligned} \tag{10.16}$$

由式(10.16)可知,为了保证 $\dot{V}$ 负定,应保证 $s_ik_i \geqslant 0$,即要求 s_i 和 k_i 的符号相同,同时,对于式中的 $(s_i\Delta T_i - s_ik_i)$,当 $|s_i|$ 较大时,为了保证 $\dot{V}$ 较大,则希望 $|k_i|$ 较大;当 $|s_i|$ 较小时,表达式 $(s_i\Delta T_i - s_ik_i)$ 则较小,为了保证对 $\dot{V}$ 的值不造成较大影响和产生抖振,则希望 $|k_i|$ 较小,但需要 $|k_i| > |\Delta T_i|$;当 $|s_i|$ 为 0 时,表达式 $(s_i\Delta T_i - s_ik_i)$ 也为 0,则 $|k_i|$ 的值也可以为 0。

从上述分析可以看出,$|s_i|$ 和 $|k_i|$ 可以用以下模糊系统来进行描述:

$$IF \quad |s_i| \quad is \quad A_i^m, \quad THEN \quad |k_i| \quad is \quad B_i^m$$

式中:A_i^m、B_i^m 为模糊集。

模糊量用五个语言变量来描述,NM、NS、ZO、PS、PM 分别表示负中、负小、

零、正小、正中,这里选择隶属函数为

$$\mu_A(x_i) = \exp\left(-\left(\frac{x_i - \alpha}{\sigma}\right)^2\right) \tag{10.17}$$

式中:A 表示模糊量 NM 等;x_i 代入 s_i 的值;α 为 A 的中间值;σ 为 A 的宽度。

给出模糊系统输出为

$$k_i = \frac{\sum_{m=1}^{M} \theta_{k_i}^m \prod_{i=1}^{n} \mu_A^m(s_i)}{\sum_{m=1}^{M} \prod_{i=1}^{n} \mu_A^m(s_i)} = \boldsymbol{\theta}_{k_i}^{\mathrm{T}} \boldsymbol{\Psi}_{k_i}(s_i) \tag{10.18}$$

式中:

$$\boldsymbol{\theta}_{k_i} = [\theta_{k_i}^1 \quad \theta_{k_i}^2 \quad \cdots \quad \theta_{k_i}^M]^{\mathrm{T}}$$

$$\boldsymbol{\Psi}_{k_i}(s_i) = [\psi_{k_i}^1(s_i) \quad \psi_{k_i}^2(s_i) \quad \cdots \quad \psi_{k_i}^M(s_i)]^{\mathrm{T}}, \psi_{k_i}^j(s_i) = \frac{\prod_{i=1}^{n} \mu_A^m(s_i)}{\sum_{m=1}^{M} \prod_{i=1}^{n} \mu_A^m(s_i)}, \quad j = 1, 2, \cdots, M$$

10.2.2 自适应控制律设计

将控制律代入可得

$$H\dot{S} = -(C + A)S + \Delta T - \boldsymbol{\Gamma} \tag{10.19}$$

假设 $k_i = \boldsymbol{\theta}_{k_{id}}^{\mathrm{T}} \boldsymbol{\Psi}_{k_i}(s_i)$ 为 ΔT 的期望补偿,则存在 $\omega_i > 0$,使

$$|\Delta T_i - \boldsymbol{\theta}_{k_{id}}^{\mathrm{T}} \boldsymbol{\Psi}_{k_i}(s_i)| \leq \omega_i \tag{10.20}$$

定义 $\tilde{\boldsymbol{\theta}}_{k_i} = \boldsymbol{\theta}_{k_i} - \boldsymbol{\theta}_{k_{id}}$,则有

$$k_i = \tilde{\boldsymbol{\theta}}_{k_i}^{\mathrm{T}} \boldsymbol{\Psi}_{k_i}(s_i) + \boldsymbol{\theta}_{k_{id}}^{\mathrm{T}} \boldsymbol{\Psi}_{k_i}(s_i) \tag{10.21}$$

定义自适应控制律为

$$\dot{\tilde{\boldsymbol{\theta}}}_{k_i} = s_i \boldsymbol{\Psi}_{k_i}(s_i) \tag{10.22}$$

选取李雅普诺夫函数如下:

$$V = \frac{1}{2} S^{\mathrm{T}} H(\boldsymbol{\Theta}) S + \frac{1}{2} \sum_{i=1}^{n} (\tilde{\boldsymbol{\theta}}_{k_i}^{\mathrm{T}} \tilde{\boldsymbol{\theta}}_{k_i}) \tag{10.23}$$

类似于式(10.15)的推导,有

$$\dot{V} = \frac{1}{2} S^{\mathrm{T}} \dot{H} S + S^{\mathrm{T}} H\dot{S} + \sum_{i=1}^{n} (\tilde{\boldsymbol{\theta}}_{k_i}^{\mathrm{T}} \dot{\tilde{\boldsymbol{\theta}}}_{k_i})$$

$$= \sum_{i=1}^{n} (s_i \Delta T_i - s_i k_i) - S^{\mathrm{T}} A S + \sum_{i=1}^{n} (\tilde{\boldsymbol{\theta}}_{k_i}^{\mathrm{T}} \dot{\tilde{\boldsymbol{\theta}}}_{k_i}) \tag{10.24}$$

由于 $k_i = \tilde{\boldsymbol{\theta}}_{k_i}^{\mathrm{T}} \boldsymbol{\Psi}_{k_i}(s_i) + \boldsymbol{\theta}_{k_{id}}^{\mathrm{T}} \boldsymbol{\Psi}_{k_i}(s_i)$，则

$$\dot{V} = -\boldsymbol{S}^{\mathrm{T}} \boldsymbol{A} \boldsymbol{S} + \sum_{i=1}^{n} (s_i \Delta T_i - s_i (\tilde{\boldsymbol{\theta}}_{k_i}^{\mathrm{T}} \boldsymbol{\Psi}_{k_i}(s_i) + \boldsymbol{\theta}_{k_{id}}^{\mathrm{T}} \boldsymbol{\Psi}_{k_i}(s_i))) + \sum_{i=1}^{n} (\tilde{\boldsymbol{\theta}}_{k_i}^{\mathrm{T}} \dot{\tilde{\boldsymbol{\theta}}}_{k_i})$$

$$= -\boldsymbol{S}^{\mathrm{T}} \boldsymbol{A} \boldsymbol{S} + \sum_{i=1}^{n} (s_i (\Delta T_i - \boldsymbol{\theta}_{k_{id}}^{\mathrm{T}} \boldsymbol{\Psi}_{k_i}(s_i))) + \sum_{i=1}^{n} (\tilde{\boldsymbol{\theta}}_{k_i}^{\mathrm{T}} (\dot{\tilde{\boldsymbol{\theta}}}_{k_i} - s_i \boldsymbol{\Psi}_{k_i}(s_i)))$$

$$(10.25)$$

将自适应律式(10.22)代入式(10.24)中，得

$$\dot{V} = -\boldsymbol{S}^{\mathrm{T}} \boldsymbol{A} \boldsymbol{S} + \sum_{i=1}^{n} (s_i (\Delta T_i - \boldsymbol{\theta}_{k_{id}}^{\mathrm{T}} \boldsymbol{\Psi}_{k_i}(s_i))) \qquad (10.26)$$

存在正实数 $0 < \gamma_i < 1$，使得式(10.20)满足

$$| s_i (\Delta T_i - \boldsymbol{\theta}_{k_{id}}^{\mathrm{T}} \boldsymbol{\Psi}_{k_i}(s_i)) | \leqslant \gamma_i | s_i |^2 = \gamma_i s_i^2 \qquad (10.27)$$

故式(10.26)可变为

$$\dot{V} \leqslant -\boldsymbol{S}^{\mathrm{T}} \boldsymbol{A} \boldsymbol{S} + \sum_{i=1}^{n} \gamma_i s_i^2 = \sum_{i=1}^{n} (\gamma_i - a_i) s_i^2 \qquad (10.28)$$

从式(10.28)中可知，当 $a_i > \gamma_i$ 时，$\dot{V} \leqslant 0$，即 $\lim\limits_{t \to \infty} s = 0$。

10.2.3 仿真计算与验证

10.2.3.1 控制参数设计

初始条件与 10.1.2 节一致，对在轨软接触机构进行正弦曲线跟踪，其控制参数为

$$\begin{cases} \boldsymbol{\lambda} = \begin{bmatrix} 30 & 30 & 30 \end{bmatrix} \\ \boldsymbol{A} = \begin{bmatrix} 50 & 50 & 50 \end{bmatrix} \end{cases} \qquad (10.29)$$

模糊控制的隶属函数为

$$\begin{cases} \mu_{\mathrm{NM}}(x_i) = \exp(-((x_i + \pi/6)/(\pi/24))^2) \\ \mu_{\mathrm{NS}}(x_i) = \exp(-((x_i + \pi/12)/(\pi/24))^2) \\ \mu_{\mathrm{ZO}}(x_i) = \exp(-(x_i/(\pi/24))^2) \\ \mu_{\mathrm{PS}}(x_i) = \exp(-((x_i - \pi/12)/(\pi/24))^2) \\ \mu_{\mathrm{PM}}(x_i) = \exp(-((x_i + \pi/6)/(\pi/24))^2) \end{cases} \qquad (10.30)$$

其隶属函数如图 10.7 所示。

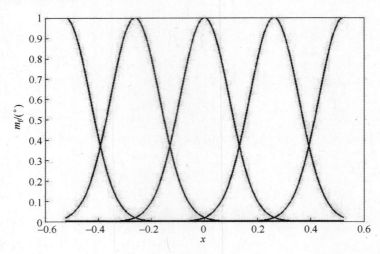

图 10.7　模糊控制的隶属函数

10.2.3.2　无外部干扰时的正弦曲线跟踪

在没有施加外部干扰时,其轨迹跟踪仿真结果如图 10.8 和图 10.9 所示。

由图 10.8 分析可知,三个关节角度都较好地跟踪了期望的正弦曲线,并且误差精度都控制在很小的范围内。由图 10.9 中分析可知,三个关节控制力矩基本消除了抖振情况。

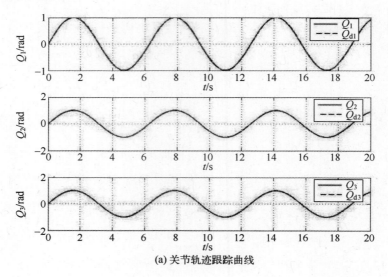

(a) 关节轨迹跟踪曲线

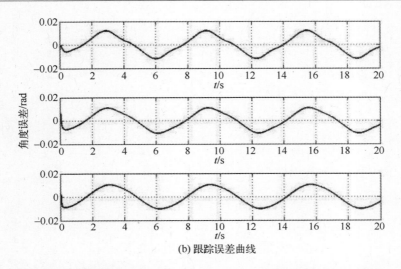

(b) 跟踪误差曲线

图 10.8 改进滑模控制算法跟踪正弦曲线时的关节轨迹曲线和误差曲线

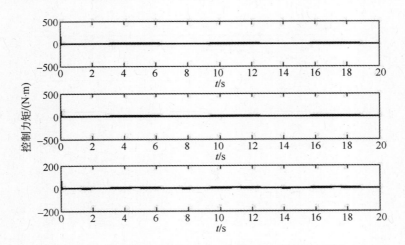

图 10.9 改进滑模控制算法跟踪正弦曲线时控制力矩曲线

10.2.3.3 无外部干扰时的路径规划结果跟踪

在没有施加外部干扰时,跟踪 9.2.1 节规划算法计算的速度序列,其轨迹跟踪结果如图 10.10 和图 10.11 所示。

由图 10.10 分析可知,三个关节角度都较好地跟踪了期望的速度序列,并且误差的精度都控制在很小的范围内。由图 10.11 分析可知,三个关节控制力矩基本消除了抖振情况。

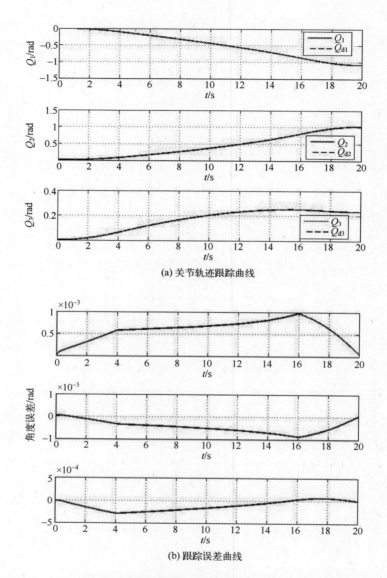

(a) 关节轨迹跟踪曲线

(b) 跟踪误差曲线

图 10.10　改进滑模控制算法跟踪速度序列的关节轨迹曲线和误差曲线

10.2.3.4　施加外部干扰时的轨迹跟踪

对增益矩阵自适应调整的模糊滑模控制算法的抗干扰特性进行探讨。在对其外部施加幅值为 10 的白噪声干扰条件下,分别对改进后的滑模控制算法和传统滑模控制算法进行仿真比对,结果如图 10.12 和图 10.13 所示。

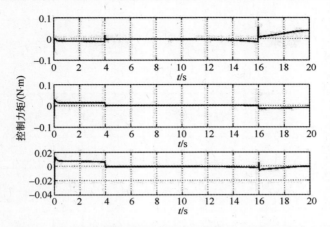

图10.11　改进滑模控制算法跟踪速度序列的控制力矩曲线

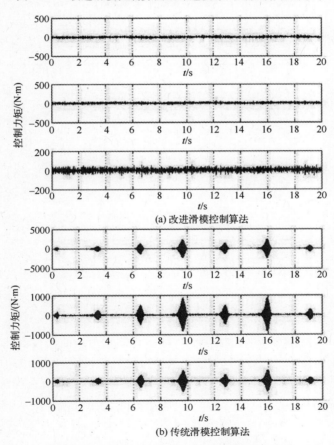

(a) 改进滑模控制算法

(b) 传统滑模控制算法

图 10.12　两种控制算法的控制力矩曲线比对

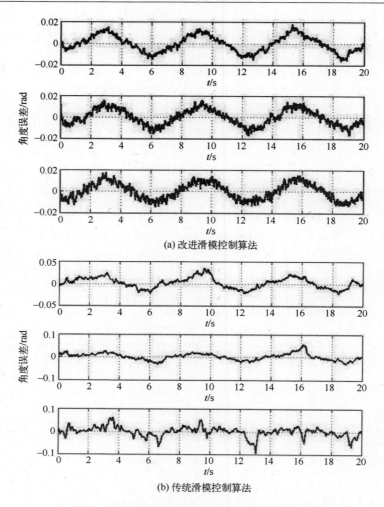

图 10.13　两种算法的轨迹跟踪误差曲线比对

　　由图 10.12 分析可知,采用改进后的滑模控制算法,三个关节控制力矩的量程单位在 500N·m 内,而采用传统的滑模控制算法,三个关节控制力矩的量程在 5000N·m 内。改进后的滑模控制算法,其控制力矩曲线仅在小范围内存在抖振的情况,而传统的滑模控制算法,其抖振情况比较剧烈。由图 10.13 分析可知,采用改进后的滑模控制算法,其轨迹跟踪误差的最大幅值在 0.02 附近,而传统的滑模控制算法,其轨迹跟踪误差的最大幅值分别在 0.05、0.1、0.1 附近,相比于改进后的滑模控制算法,传统滑模控制精度较差,且存在较大抖振。

第 11 章　软接触机构路径规划中的参数辨识方法

空间多体系统动力学参数辨识是其运动学动力学控制的基础。目前国内外很多学者针对空间多体系统质量特性参数的在轨辨识开展了研究。Wilson 提出了基于指数加权递归最小二乘法,利用速率陀螺的测量数据,辨识系统惯量和质心位置,以及每个推力器的特性参数,然而无法辨识航天器的质量。Y. Murotsu 等利用卫星基座本体上的测速仪检测数据,基于动量守恒来直接确定出卫星基座本体的质量、质心位置和转动惯量。但该方法采用依次驱动各个关节来进行激励,在激励过程中会因为机械臂柔性因素而产生振动干扰。K. Yoshida 和 S. Abiko 提出了基于角动量守恒的动力学参数辨识方法,但假定卫星基座本体和各臂杆的质心位置已知。徐文福等将惯量与质量、质心解耦后进行辨识,但是需要飞轮和推力器分别对航天器进行激励,对航天器燃料消耗较大。

11.1　臂杆特性参数辨识

这里作如下假设:在轨软接触机构执行在轨任务时,在轨软接触机构各个臂杆的质量和质心位置不发生变化,为初始的理论值。这里主要对其转动惯量进行辨识。

在轨软接触机构在自由飞行时,可通过反作用飞轮来对基座的姿态进行控制,以确保臂杆的运动不对卫星基座造成扰动。利用反作用飞轮的控制效果,采用欧拉方程对在轨软接触机构各臂杆的转动惯量进行计算。具体计算流程如图 11.1 所示。

由图 11.1 可知,首先锁定在轨软接触机构的卫星基座和前 $n-1$ 个臂杆,仅最后一个臂杆自由转动,对其关节施加驱动力矩,利用反作用飞轮来保证基座和前 $n-1$ 个臂杆的组合体不发生姿态变化,测定末端臂杆角加速度,采用欧拉方程即可辨识结果。以此类推,锁定基座和前 $n-2$ 个臂杆,可辨识末端两个臂杆的转动惯量,即可完成在轨软接触机构各个臂杆转动惯量的辨识过程。

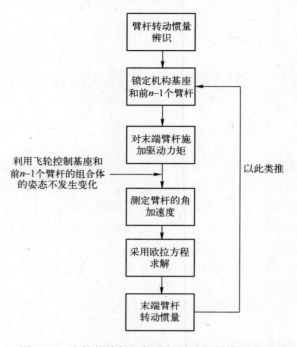

图 11.1　在轨软接触机构臂杆转动惯量辨识流程

11.2　自由漂浮模式下基座的质量特性参数辨识

11.2.1　辨识算法研究

在轨软接触机构在自由漂浮模式下工作时,其卫星基座位置和姿态均为自由状态,其线动量和角动量方程守恒。基于该方程,通过软接触机构上的敏感设备来测量相应的速度响应,来计算卫星基座的质量特性参数。

辨识算法的基本思路是:对软接触机构的某一关节施加驱动,通过加速度计和陀螺仪来测量卫星基座和臂杆的线速度、角速度,利用动量守恒方程来进行求解计算。

11.2.1.1　软接触机构各矢量参数表示方法

对于辨识算法中所涉及的各矢量参数进行说明,具体如图 11.2 所示。

图 11.2 中各矢量参数的符号定义如下:a_0 为基座线速度的测量参考点到基座质心位置的矢量;r_0 为系统质心到基座质心的距离矢量;p_0 为系统质心到参考点的距离矢量;p_i 为系统质心到各臂杆质心的距离矢量。所要辨识的质量

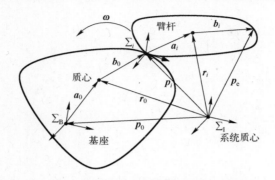

图 11.2　自由漂浮模式下辨识算法的矢量参数示意图

特性参数为:基座的质量 m_0;$\boldsymbol{I}_0$ 为转动惯量。

11.2.1.2　本体坐标系

考虑到 $\boldsymbol{a}_0$ 在卫星基座本体坐标系下不随在轨软接触机构的运动而发生变化,所以在本体坐标系下建立动量守恒方程。定义本体坐标系:原点位于加速度计的安装位置,即测量基座线速度的测量参考点。$O_s Z$ 轴为基座的转动方向。

11.2.1.3　软接触机构线动量方程

假设初始线动量为 0,根据线动量守恒定律,有

$$\boldsymbol{P} = \boldsymbol{P}_0 + \boldsymbol{P}_R = m_0 \dot{\boldsymbol{r}}_0 + \sum_{i=1}^{n} m_i \dot{\boldsymbol{r}}_i$$

$$= m_0 (\dot{\boldsymbol{p}}_0 + \boldsymbol{\omega}_0 \times \boldsymbol{a}_0) + \sum_{i=1}^{n} m_i \dot{\boldsymbol{r}}_i = 0 \tag{11.1}$$

式中:$\dot{\boldsymbol{p}}_0$ 为参考点处的线速度,可通过线加速度计测得;$\boldsymbol{\omega}_0$ 为参考点处的角速度,与基座角速度相同,可通过陀螺仪测得。

对式(11.1)进行整理,则有如下线性方程组:

$$\left[\sum_{i=1}^{n} m_i \dot{\boldsymbol{r}}_i \quad \boldsymbol{\omega}_0^{\times} \right] \begin{bmatrix} \dfrac{1}{m_0} \\ \boldsymbol{a}_0 \end{bmatrix} = -\dot{\boldsymbol{p}}_0 \tag{11.2}$$

式中:$(\ )^{\times}$ 为叉乘矩阵。

11.2.1.4　软接触机构的角动量方程

假设初始角动量为 0,根据角动量守恒定律,有

$$L = L_0 + L_R = I_0 \boldsymbol{\omega}_0 + \boldsymbol{r}_0 \times m_0 \dot{\boldsymbol{r}}_0 + \sum_{i=1}^{n} (I_i \boldsymbol{\omega}_i + \boldsymbol{r}_i \times m_i \dot{\boldsymbol{r}}_i)$$

$$= I_0 \boldsymbol{\omega}_0 + (\boldsymbol{p}_0 + \boldsymbol{a}_0) \times \left(\boldsymbol{P} - \sum_{i=1}^{n} m_i \dot{\boldsymbol{r}}_i \right) + \sum_{i=1}^{n} (I_i \boldsymbol{\omega}_i + \boldsymbol{r}_i \times m_i \dot{\boldsymbol{r}}_i) = 0$$

$$(11.3)$$

对式(11.3)进行整理,得

$$\left[\sum_{i=1}^{n} m_i \dot{\boldsymbol{r}}_i \quad \boldsymbol{W} \right] \begin{bmatrix} \boldsymbol{a}_0 \\ \boldsymbol{I}_0 \end{bmatrix} = \boldsymbol{p}_0 \times \sum_{i=1}^{n} m_i \dot{\boldsymbol{r}}_i - \sum_{i=1}^{n} (I_i \boldsymbol{\omega}_i + \boldsymbol{r}_i \times m_i \dot{\boldsymbol{r}}_i) \quad (11.4)$$

式中:$\dot{\boldsymbol{r}}_i$ 可通过各个臂杆上的线加速度计测得;$\boldsymbol{\omega}_i$ 可通过陀螺仪测得,则式(11.4)中等号右侧的参数均可测出,则 $\boldsymbol{W}$ 的表示矩阵为

$$\boldsymbol{W} = \begin{bmatrix} \omega_1 & \omega_2 & \omega_3 & 0 & 0 & 0 \\ 0 & \omega_1 & 0 & \omega_2 & \omega_3 & 0 \\ 0 & 0 & \omega_1 & 0 & \omega_2 & \omega_3 \end{bmatrix} \quad (11.5)$$

11.2.1.5 方程联立求解

将式(11.2)、式(11.5)联立,可得

$$\begin{bmatrix} \sum\limits_{i=1}^{n} m_i \dot{\boldsymbol{r}}_i & \boldsymbol{\omega}_0^{\times} & O_{3\times6} \\ O_{3\times1} & \sum\limits_{i=1}^{n} m_i \dot{\boldsymbol{r}}_i^{\times} & \boldsymbol{W} \end{bmatrix} \begin{bmatrix} \dfrac{1}{m_0} \\ \boldsymbol{a}_0 \\ \boldsymbol{I}_0 \end{bmatrix} = \begin{bmatrix} -\dot{\boldsymbol{p}}_0 \\ \boldsymbol{p}_0 \times \sum\limits_{i=1}^{n} m_i \dot{\boldsymbol{r}}_i - \sum\limits_{i=1}^{n} (I_i \boldsymbol{\omega}_i + \boldsymbol{r}_i \times m_i \dot{\boldsymbol{r}}_i) \end{bmatrix}$$

$$(11.6)$$

将式(11.6)写成如下分量形式:

$$\boldsymbol{Ax} = \boldsymbol{b} \quad (11.7)$$

则式(11.7)的最小二乘解为

$$\boldsymbol{x} = (\boldsymbol{A}^{\mathrm{T}} \boldsymbol{A})^{-1} \boldsymbol{A}^{\mathrm{T}} \boldsymbol{b} \quad (11.8)$$

11.2.2 仿真计算与验证

对11.2.1节中所提出的方法进行仿真验证,在轨软接触机构基座的质量、质心位置和转动惯量如表11.1第二列所列。采用在轨软接触机构的简化模型在 Maplesim 软件中进行仿真计算,如图11.3所示。

仿真过程:对在轨软接触机构的某一关节施加驱动力矩,按照一定的采样频率来记录卫星基座及每个臂杆的角速度和线速度。驱动力矩上限取值为 10N·m。为了保证一定数量的采样数据,仿真总时间为5s,采样频率100Hz。仿真结束后的

模型如图11.3(b)所示。

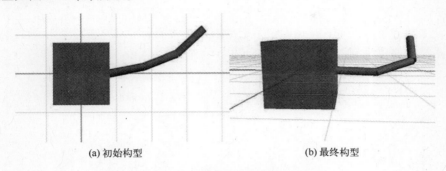

(a) 初始构型　　　　　　　　　　　　　　　(b) 最终构型

图11.3　在轨软接触机构的构型变化

根据式(11.6)来计算卫星基座的质量、转动惯量和质心位置,结果如表11.1所列。

表11.1　自由漂浮模式下的基座质量特性参数辨识结果

参　　数	理论值 x	辨识值 $\tilde{x}$	辨识误差 $(x - \tilde{x})/x$
m_0/kg	600	600.0006	1.7241×10^{-6}
a_{0x}/mm	696.8	696.8002	3.4495×10^{-7}
a_{0y}/mm	590.3	590.3001	-7.4593×10^{-7}
a_{0z}/mm	649.6	649.6002	1.8532×10^{-7}
$I_{0xx}/(\text{kg} \cdot \text{m}^2)$	32	31.9576	-0.01696
$I_{0yy}/(\text{kg} \cdot \text{m}^2)$	28	27.9462	-0.002998
$I_{0zz}/(\text{kg} \cdot \text{m}^2)$	32	31.9886	-0.000456

从表11.1可以看出,基座质量和质心位置的辨识精度较高,基座误差精度约在 10^{-6} 量级,质心位置误差精度约在 10^{-7} 量级,可以忽略不计。而基座转动惯量的辨识结果约在 10^{-3} 量级。

11.3　自由飞行模式下基座的质量特性参数辨识

11.3.1　辨识算法研究

在轨软接触机构在自由飞行模式下,卫星基座的姿态在反作用飞轮作用下保持稳定。利用空间多体系统(包含飞轮)的线动量和角动量守恒方程,通过改变在轨软接触的构型,来改变在轨软接触机构的质量分布情况,从而辨识基座的质量特性参数。

具体思路是：锁定每个臂杆的关节，利用飞轮进行姿态控制，按一定采样周期记录角速度和线加速度，每次控制结束后，改变臂杆构型使整个在轨软接触机构系统的质量分布发生变化，并重新进行仿真，直到可以辨识所需参数。

11.3.1.1　在轨软接触机构各矢量参数表示方法

对于辨识算法中所涉及的各矢量参数进行说明，具体如图 11.4 所示。

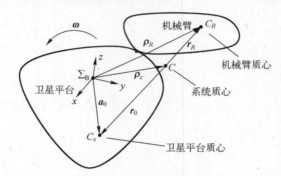

图 11.4　自由飞行模式下辨识算法的矢量参数示意图

图 11.4 中各符号的定义如下：$\boldsymbol{a}_0$ 为基座的质心位置矢量；$\boldsymbol{\rho}_c$ 为在轨软接触机构的质心位置矢量；$\boldsymbol{\rho}_R$ 为软接触机构质心位置矢量；$\boldsymbol{r}_0$ 为系统质心到基座质心的距离矢量；$\boldsymbol{r}_R$ 为系统质心到软接触机构质心的距离矢量。本体坐标系原点处的线速度为 $\boldsymbol{v}_0$；卫星平台质心处的线速度为 $\boldsymbol{v}_{c_s}$；软接触机构质心处的线速度为 $\boldsymbol{v}_{c_R}$。

11.3.1.2　建立各矢量参数的基本关系式

如图 11.4 所示，锁定臂杆的各个关节，则有

$$\begin{cases} \boldsymbol{v}_{c_s} = \boldsymbol{v}_s + \boldsymbol{\omega}_s^{\times} \boldsymbol{\rho}_s \\ \boldsymbol{v}_{c_R} = \boldsymbol{v}_s + \boldsymbol{\omega}_s^{\times} \boldsymbol{\rho}_R \end{cases} \tag{11.9}$$

式中：$\boldsymbol{\rho}_s$ 为所求的卫星基座质心位置。式中的矢量叉乘运算可参照式(7.1)，而 $\boldsymbol{\rho}_R$ 的关系式可以由图 11.5 得出。

$$\boldsymbol{\rho}_R = \frac{\sum_{i=1}^{n} m_i \boldsymbol{\rho}_i}{\sum_{i=1}^{n} m_i} \tag{11.10}$$

式中：

$$\boldsymbol{\rho}_i = a_0 + \boldsymbol{R}_i a_i + \sum_{i=1}^{n-1} R_i l_i \quad i = 1, 2, \cdots, 5 \tag{11.11}$$

式中：$\boldsymbol{\rho}_i$ 为卫星基座质心到第 i 个连杆质心的距离；$\boldsymbol{R}_i$ 为第 i 个连杆坐标系相对

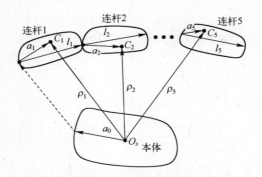

图 11.5　在轨软接触机构各臂杆的位置矢量参数

于本体坐标系的转换矩阵;a_i 为第 i 个关节到第 i 个连杆质心的距离。

11.3.1.3　质量质心位置的辨识方法

假设在激励过程中不受外力,整个系统(包括飞轮)的线动量守恒,初始线动量假设为 0,则方程可表示为

$$P = P_s + P_R = m_s v_{c_s} + m_R v_{c_R}$$
$$= m_s (v_s + \omega_s^\times \rho_s) + m_R (v_s + \omega_s^\times \rho_R) = 0 \tag{11.12}$$

对方程进行整理得

$$\frac{m_R}{m_s}(v_s + \omega_s^\times \rho_R) + \omega_s^\times \rho_s = -v_s \tag{11.13}$$

式中:m_R 为各臂杆质量和;m_s 为卫星基座本体质量;ρ_s 为卫星基座本体质心位置;ω_s 可以通过陀螺仪测得;v_s 可由线加速度测得。

将式(11.13)写成如下分量形式:

$$A_1 x_1 = b_1 \tag{11.14}$$

式中:

$$A_1 = \begin{bmatrix} v_s + \omega_s^\times \rho_R & \omega_s^\times \end{bmatrix} \in R^{3 \times 4} \tag{11.15}$$

$$x_1 = \begin{bmatrix} \dfrac{m_R}{m_s} & \rho_{sx} & \rho_{sy} & \rho_{sz} \end{bmatrix}^T \in R^{4 \times 1} \tag{11.16}$$

$$b_1 = \begin{bmatrix} -v_{sx} & -v_{sy} & -v_{sz} \end{bmatrix}^T \in R^{3 \times 1} \tag{11.17}$$

对式(11.14)组成的线性方程组进行求解,即可辨识卫星基座的质量和质心位置,其方程解可用最小二乘方法求得。

11.3.1.4　转动惯量的辨识方法

使用飞轮进行卫星基座姿态控制的过程中,系统的角动量守恒,假设为 0,角动量近似等于 L_w 和 L_b 相加,即

$$L = 0 \approx L_w + L_b \tag{11.18}$$

255

式中:L_w 为飞轮相对于其质心的角动量;L_b 为在轨软接触机构相对于系统质心的角动量,由 L_s 和 L_R 两部分组成,表达式分别为

$$L_w = I_w \boldsymbol{\omega}_w \tag{11.19}$$

式中:I_w 为飞轮的转动惯量;$\boldsymbol{\omega}_w$ 为飞轮的旋转角速度。

$$L_b = L_s + L_R = I_s \boldsymbol{\omega}_s + \boldsymbol{r}_s \times m_s \boldsymbol{v}_{c_s} + I_R \boldsymbol{\omega}_s + \boldsymbol{r}_R \times m_R \boldsymbol{v}_{c_R}$$

$$= I_s \boldsymbol{\omega}_s + I_R \boldsymbol{\omega}_s + \frac{m_R m_s}{m_R + m_s} (\boldsymbol{\rho}_s - \boldsymbol{\rho}_R) \times [\boldsymbol{\omega}_s^\times (\boldsymbol{\rho}_s - \boldsymbol{\rho}_R)] = -L_w \tag{11.20}$$

式中:I_s 为基座相对 C_s 的转动惯量;I_R 为本体坐标系下整个软接触机构对于 C_R 的转动惯量,计算公式为

$$I_R = \sum_{i=1}^{n} I_i \tag{11.21}$$

式中

$$I_i = R_i^i I_i R_i + m_i [(\Delta \boldsymbol{\rho}_i^T \Delta \boldsymbol{\rho}_i) E - \Delta \boldsymbol{\rho}_i \Delta \boldsymbol{\rho}_i^T] \quad i = 1, 2, \cdots, 5 \tag{11.22}$$

式中:$\Delta \boldsymbol{\rho}_i = \boldsymbol{\rho}_i - \boldsymbol{\rho}_R$;$E$ 为 3×3 的单位矩阵;I_i 为本体坐标系下第 i 个连杆相对于 C_R 的转动惯量;I_i 为第 i 个连杆在其连杆坐标系下绕质心的转动惯量。

由于前面已经辨识出基座的质量和质心,则式(11.21)中只有基座的转动惯量是未知参数,写成分量形式为

$$By = c \tag{11.23}$$

式中:

$$B = \begin{bmatrix} \omega_{sx} & 0 & 0 \\ 0 & \omega_{sy} & 0 \\ 0 & 0 & \omega_{sz} \end{bmatrix} \tag{11.24}$$

$$y = \begin{bmatrix} I_{sxx} & I_{syy} & I_{szz} \end{bmatrix}^T \tag{11.25}$$

$$c = \left[-L_w - I_R \boldsymbol{\omega}_s - \frac{m_R m_s}{m_R + m_s} (\boldsymbol{\rho}_s - \boldsymbol{\rho}_R) \times [\boldsymbol{\omega}_s^\times (\boldsymbol{\rho}_s - \boldsymbol{\rho}_R)] \right] \tag{11.26}$$

类似于式(11.14)的方法,可根据测量数据,采用最小二乘法求解 y,从而辨识基座的转动惯量。

11.3.2 仿真计算与验证

本节对上面所提出的方法进行仿真验证,设在轨软接触机构由基座、三臂杆和飞轮系统组成,飞轮系统采用三正交一斜装的安装方式,其基座的质量、质心位置和转动惯量如表11.2第二列所列。设飞轮的最大角动量为4N·m·s;最

大转速为 628. 32rad/s;惯量为 0. 00641kg·m²。在 Maplesim 中对在轨软接触机构进行建模,初始构型与 11. 2. 2 节中的初始构型相同,如图 11. 3(a)所示。陀螺仪和线加速度计的测量值可由 Maplesim 仿真得出。

仿真开始时,转动关节,在确定软接触机构构型后,锁定关节,利用飞轮实现在轨软接触机构的姿态控制,当飞轮的转速达到稳定时,按一定采样周期记录本体的角速度和线加速度后,仿真结束。分别对三种构型进行仿真实验(图 11. 3(a)、图 11. 6(a)和图 11. 6(b)),采用 11. 3. 1 节的方法辨识质量和质心。结果如表 11. 2 所列。

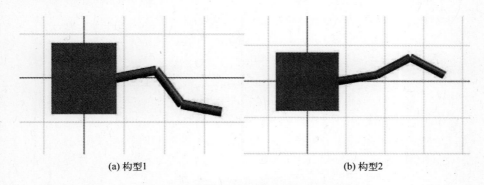

(a) 构型1　　　　　　　　　　　　　(b) 构型2

图 11.6　在轨软接触机构的构型变化

表 11.2　自由飞行模式下的基座质量特性参数辨识结果

参　　数	理论值 x	辨识值 $\tilde{x}$	辨识误差 $(x-\tilde{x})/x$
m_0/kg	600	699. 987	$2. 7861 \times 10^{-5}$
$\boldsymbol{a}_{0x}/\text{mm}$	0. 2408	0. 24086	$-2. 4605 \times 10^{-4}$
$\boldsymbol{a}_{0y}/\text{mm}$	0. 3173	0. 317345	$-5. 4533 \times 10^{-4}$
$\boldsymbol{a}_{0z}/\text{mm}$	0. 2536	0. 25357	$4. 6543 \times 10^{-4}$
$\boldsymbol{I}_{0xx}/(\text{kg}\cdot\text{m}^2)$	25	24. 9683	$-0. 0013$
$\boldsymbol{I}_{0yy}/(\text{kg}\cdot\text{m}^2)$	18	17. 9246	$-0. 0042$
$\boldsymbol{I}_{0zz}/(\text{kg}\cdot\text{m}^2)$	24	23. 9886	$-0. 0005$

由表 11. 2 可知,基座质量和质心位置辨识结果较为理想,精度较高,基座质量误差精度约在 10^{-5} 量级,质心位置误差精度约在 10^{-4} 量级,可以忽略不计。而转动惯量的辨识误差相对较大,约在 10^{-3} 量级。

本节提出的辨识方法之所以要改变软接触机构构型,目的是为了改变在轨软接触机构的质量分布,从而可以辨识基座的质量特性参数,而软接触机构与卫星基座的质量比不同,必然对软接触机构特性参数辨识有所影响。因此,有必要分析软接触机构与卫星基座的质量比与辨识精度之间的关系。

对图 11.3(a)、图 11.6(a) 和图 11.6(b) 中所示的三种构型进行仿真,设软接触机构与卫星基座质量比在 3% ~50% 之间,图 11.7 给出了质量比和各特性参数辨识精度的关系曲线。

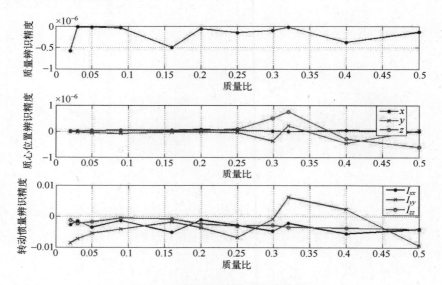

图 11.7　质量比的影响因素曲线

由图 11.7 分析可知:对卫星基座的质量和质心位置的辨识精度没有发生太大的变化,都维持在 10^{-5} 的数量级上;而对转动惯量在 10^{-3} ~ 10^{-2} 之间。上述辨识精度的前提是建立在精确的基座线加速度和角速度测量的基础上,在轨软接触机构在轨运行时,测量必然存在较多误差,就需要在动力学模型加入噪声进行辨识。

11.4　两种辨识算法的比较分析

通过对自由漂浮和自由飞行两种模式下的辨识算法进行探讨,均可以实现对所需特性参数较高的精度辨识,本节分别对其性能进行比较分析,如表 11.3 所列。

表 11.3　两种辨识算法优劣性的比对分析

算　法	优　点	缺　点	适 用 范 围
辨识算法 1	① 仅需对其中的某一关节进行激励,辨识过程易于实现; ② 利用一个方程即可辨识所有参数,辨识效率较高	① 需要测量卫星基座和各个臂杆的线速度及角速度,涉及的数据较多,容易受到干扰,影响精度; ② 在激励过程中会因为臂杆的柔性因素而产生振动干扰	该算法的过程易于实现,不需要飞轮参与,适用于任务过程中的实时辨识
辨识算法 2	① 仅需要测量卫星基座的线速度和角速度,不容易受到干扰,精度较高; ② 仅需要对反作用飞轮进行激励即可,不需要消耗燃料; ③ 锁定各臂杆的关节,可以有效减少多臂杆柔性因素引起的振动,避免不必要的干扰	① 需要两个步骤才能辨识所需参数,效率较低; ② 需要在三种不同构型下分别进行激励,才能辨识所有参数,过程较为繁琐	该计算过程较为繁琐,但不需消耗燃料,可适用于任务完成或者准备阶段的离线辨识

第四篇　在轨软接触机构刚柔复合控制方法

第 12 章　基于期望函数约束的
刚柔复合控制算法

12.1　控制框架设计

在轨软接触机构臂杆末端执行器与目标卫星发生接触碰撞是瞬间完成的，为了保证卫星基座受到的干扰动量最小，需要在轨软接触机构柔性可控阻尼单元能够快速响应。在轨软接触机构以及柔性可控阻尼单元的动力学模型都是非线性的，计算量较大。由第 5 章软接触机构机理模型可知，由于磁流变阻尼器的非线性特性，柔性可控阻尼单元并不能在任何时刻都能提供期望的阻尼力（力矩）。因此，对在轨软接触机构碰撞动量缓冲是一个复杂的控制过程。

本章在对月球探测器软着陆控制技术的基础上，提出采用两层控制框架。主要控制策略为：外层控制以在轨软接触机构基座受到的干扰动量最小为期望函数，采用线性二次型最优控制方法，计算机构各关节的最优驱动力矩；内层控制为柔性阻尼单元中的磁流变阻尼器的控制过程，即以外层控制的计算结果（各关节的最优驱动力矩）为期望函数，以磁流变阻尼器动力学模型为理论基础，采用 BP 神经网络（由于权值的调整是基于反向传播（Back Propagation）的思想来实现的，因此称为 BP 神经网络）进行训练，保证阻尼器可以提供期望的阻尼力（力矩）。缓冲过程的控制框图如图 12.1 所示。

由图 12.1 可知，在轨软接触机构臂杆的末端执行器与目标卫星发生接触碰

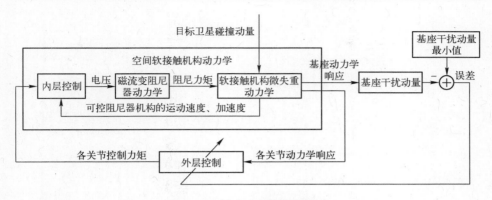

图 12.1　缓冲过程的控制框图

撞后,卫星基座和各臂杆、各关节产生动力学响应。以卫星基座受到的干扰动量最小为期望函数,考虑到动量的计算公式与卫星基座的加速度直接相关,可采用卫星基座加速度最小作为期望函数。采用线性二次型最优控制方法,计算各关节柔性可控阻尼的最优驱动力矩,并将计算结果作为内层控制的输入信号。以磁流变阻尼器的动力学模型为理论基础,基于 BP 神经网络的训练结果,计算可控阻尼器内部相应的电压值,将其结果代入磁流变阻尼器的动力学方程,可得到各关节所需的阻尼力矩,通过反复迭代,完成控制过程。

12. 2　控制对象模型

在轨软接触机构柔性可控阻尼单元主要包括弹性元件和阻尼元件,其中弹性元件主要将软接触机构受到的脉冲曲线响应转换为正弦曲线响应,而阻尼元件则负责将正弦曲线响应衰减为可控谐波曲线,直到收敛为 0。由于弹性元件具有较强的柔性特性,所以在轨软接触机构的动力学表现为较复杂的刚柔耦合的特性。考虑到动力学建模以及控制方法的复杂性,本章仅考虑阻尼元件(考虑磁流变阻尼器在控制过程中的柔性特性)参与碰撞后的动量缓冲控制过程。

本节首先对磁流变阻尼器的机理和影响因素进行探讨,对磁流变阻尼器的各种动力学模型进行研究,比较分析每种模型的性能效果。其次选择非线性滞回模型作为本章磁流变阻尼器的动力学模型,并基于 BP 神经网络方法实现内层控制。

12. 2. 1　柔性可控阻尼器机理分析

磁流变阻尼器的机理是指磁流变液在外加磁场的作用下从流动状态在极短时间内变成黏性状态,其黏度系数会瞬间增大几个数量级从而失去流动特性,当撤去外加磁场时,该液体又会瞬间从黏性状态变回流动状态,如图 12.2 所示。

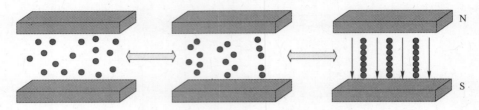

图 12.2　磁流变阻尼器工作机理示意图

对磁流变阻尼器工作机理分析可知,磁流变机理主要具有四个特性:

(1)可逆性。通过改变外加磁场的强度,磁流变液的流动特性可以在流动状态和黏性状态之间变换,具有良好的可逆性。

(2)可控性。通过精确控制磁场中电流(电压)大小来实现磁流变液黏度系数的精确控制。

(3)连续性。磁流变液的黏度系数可以实现连续变化。

(4)快速性。磁流变液可以在毫秒级时间内完成磁流变效应的响应。

影响磁流变液工作特性的因素主要有屈服应力、工作温度、响应时间、沉淀稳定性和零场黏度等:

(1)屈服应力。磁流变液的屈服应力是发生剪切流动的临界应力值,当屈服应力较大时,说明阻尼器内部不容易发生剪切流动,这样不仅会提高响应的性能,而且可使磁流变阻尼器的尺寸做得更小,并降低其功耗。

(2)工作温度。航天器执行在轨服务任务时,其面向太阳的一面由于接收太阳光的辐射,其温度可达 100 多度,而背向太阳的温度则为 –100 多度,航天器的温控系统经过被动、主动控制保温后,其工作温度的范围可达 –50 ~ 150℃。由于磁流变液的工作温度范围主要取决于基础液,目前由 Lord 公司生产的几种磁流变液工作温度范围在 –40 ~ 130℃,如 MRF – 336AG、MRF – 140CG 以及 MRF – 132AD,基本可以满足空间环境要求。

(3)响应时间。磁流变液响应时间是影响其性能的重要因素,目前磁流变液的响应时间均可保证在毫秒级内,对磁流变液性能所造成的影响较小。

(4)沉降稳定性。磁流变液的悬浮相密度是悬浮介质密度的 7 ~ 8 倍,在重力作用下磁流变液容易发生沉降,而低重力的空间环境,能够降低磁流变液的沉降。

(5)零磁场黏度。磁流变液在撤去外加磁场时的阻尼特性为零磁场黏度。当外加磁场为 0 时,磁流变液变为流动状态,此时液体的黏度系数是评价磁流变液性能的一个重要因素。影响此时液体黏度系数的主要因素有悬浮相种类、浓度、剪切速度和温度等。

12.2.2　柔性可控阻尼器动力学模型计算

磁流变液动力学模型主要反映剪切应力与外加磁场以及流动状态等相关参数之间的关系,其剪切应力外在表现是液体的黏度以及产生的阻尼力。目前国内外的专家学者关于磁流变液动力学模型的研究成果很多,主要有 Bingham 模型、Bouc – Wen 模型、Herschel – Bulkley 模型、非线性滞回双黏性模型,以及 Spencer 模型等。

12.2.2.1　Bingham 模型

Shames 等对电流变体的 Bingham 模型进行研究,并在此基础上提出了磁流变阻尼器力学模型,其理论基础为:以磁流变液的屈服应力为临界点,认为剪切应力与剪切率为线性关系,当达到液体的屈服应力时,发生剪切流动,如图 12.3 所示。

该模型的数学表达式为

$$\tau = \begin{cases} \tau_y \mathrm{sgn}\left(\dfrac{\mathrm{d}u}{\mathrm{d}y}\right) + \mu\,\dfrac{\mathrm{d}u}{\mathrm{d}y} & \tau > \tau_y \\[2mm] 0 & \tau \leqslant \tau_y \end{cases} \tag{12.1}$$

式中:τ_y 为对应不同磁场强 H 的磁流变液的屈服应力,可通过磁流变液的剪切应力实验测试出来;$\dfrac{\mathrm{d}u}{\mathrm{d}y}$ 为磁流变液的剪切应变率。

磁流变液的力学模型可通过一个摩擦阻尼器和一个线性阻尼器来表示,如图 12.4 所示。

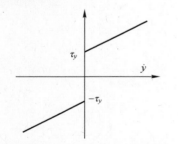

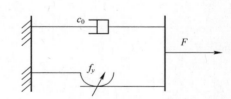

图 12.3　Bingham 模型应力与应变率模型　　　图 12.4　Bingham 的模型简图

由图 12.4 可得到磁流变阻尼器的力与速度关系的表达式:

$$F = f_y \mathrm{sgn}(\dot{x}) + c_0(\dot{x}) \tag{12.2}$$

式中:$f_y = f_a + f_b I$;$c_0 = c_a + c_b I$;I 为磁场中的电流。

Bingham 模型的优点是计算简单,并易于分析,该模型主要描述了磁流变液在达到屈服应力后会发生剪切流动,即在后屈服阶段,其关键参数为屈服应力。其缺点是不能对磁流变阻尼器的前屈服阶段,即达到屈服应力前的运动特性进行描述,而这一阶段存在双黏性特征、滞后特性和剪切变稀等现象。

12.2.2.2　Modified – Bingham 模型

Wei Zhou 等对 Bingham 模型进行修改,提出了 Modified – Bingham 模型的表达式:

$$F = f_y(1 - e^{-\beta|\dot{x}|})\operatorname{sgn}(\dot{x}) + c_0(\dot{x}) + d_0 \tag{12.3}$$

式中:$f_y = f_a + f_b u$;$c_0 = c_a + c_b u$;$\dot{u} = -\eta(u - I)$。

该模型主要进行两个方面的改进:①增加了修正因子 $(1 - e^{-\beta|\dot{x}|})$,以修正磁流变液发生滞后现象时动力学模型产生的误差;②为了使表达式中参数在时变电流情况下依然有效,将各参数变成与电压有关的表达式,并采用一阶滤波器,给出了电压与时变电流之间的关系,η 反映了阻尼器的响应时间。

12.2.2.3　Bouc – Wen 模型

针对 Bingham 模型不能对磁流变液的低速特性进行描述的局限性,Bouc – Wen 在 Bingham 模型中加入了滞回环,提出了 Bouc – Wen 模型,如图 12.5 所示。

由图 12.5 可知,磁流变液的力学模型通过线性阻尼器、滞回环以及弹性元件来表示,其阻尼力表达式如下:

$$F_d = c_0\dot{x} + k_0 x + \alpha z \tag{12.4}$$

式中:$z = -\gamma|\dot{x}|z|z|^{n-1} - \beta\dot{x}|z|^n + A\dot{x}$ 为滞变位移;c_0 为阻尼器阻尼系数;k_0 为弹性系数;γ、β、A 分别为常数;α、c_0、k_0 均为随电压变化的变量。

Bouc – Wen 模型相比于 Bingham 模型更能准确反映磁流变液在低速时的非线性特点,但由于该模型中需要识别的参数太多,仍不能很好描述磁流变阻尼器的低速特性。

12.2.2.4　修正的 Bouc – Wen 模型

Spencer 在 Bouc – Wen 模型的基础上提出了修正的 Bouc – Wen 模型,如图 12.6 所示。

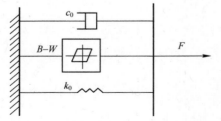 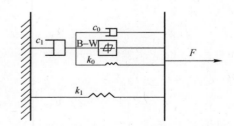

图 12.5　Bouc – Wen 模型简图　　　图 12.6　修正的 Bouc – Wen 模型简图

阻尼力表达式为

$$F = \alpha z + k_0(x - y) + c_0(\dot{x} - \dot{y}) + k_1(x - x_0) = c_1\dot{y} + k_1(x - x_0) \tag{12.5}$$

式中: $\dot{z} = -\gamma |\dot{x} - \dot{y}| z |z|^{n-1} - \beta(\dot{x} - \dot{y})|z|^n + A(\dot{x} - \dot{y})$ 为滞变位移; k_1 为补偿刚度; c_0 为速度较大时的黏滞阻尼系数; c_1 为黏性元件,作为力—速度关系中低速时的衰减; k_0 为高速时的控制刚度; x_0 为弹簧 k_1 的初始位置。该动力学模型可以较为准确地描述磁流变液的阻尼力,但由于表达式中参数较多,在对阻尼力特性参数进行优化时容易出现发散。

12.2.2.5 Herschel – Bulkley 模型

Bingham 模型的理论依据是假设达到磁流变液屈服应力后,剪切应力与剪切率为线性正比关系,而实际实验结果表明:当剪切速率较高时,磁流变液黏度与剪切应力为反比关系,表现为剪切稀化的现象;而剪切速率较低时,则表现剪切稠化现象。Bingham 模型显然不能描述这种现象。

针对上述问题,Yang 提出了 Herschel – Bulkley 模型,通过在模型中引入一个系数因子来表征磁流变液剪切稀化。该因子在不同外加载荷下可能具有不同的系数。剪切应力—剪切应变率的关系式为

$$\tau = \begin{cases} \tau_y \mathrm{sgn}\left(\dfrac{\mathrm{d}u}{\mathrm{d}y}\right) + K\left(\dfrac{\mathrm{d}u}{\mathrm{d}y}\right)^n & \tau > \tau_y \\ 0 & \tau \leqslant \tau_y \end{cases} \tag{12.6}$$

式中: K 为流体的黏度系数; n 为流体的行为指数,即代表磁流变液的不同流动状态。当 $n > 1$ 时,表示了磁流变液的剪切稠化现象;当 $n < 1$ 时,表示了磁流变液的剪切稀化现象; $n = 1$ 时,Herschel – Bulkley 模型即等效成 Bingham 黏塑性模型,流体的黏度系数 K 就是后屈服黏度,即 $K = \mu$。

12.2.2.6 非线性滞回模型

为了描述磁流变液在低速时的非线性滞回特性,翁建生等根据多次的阻尼器特性实验数据,对速度和阻尼力关系曲线中的非线性回归进行分析,着重对上行和下行两条单值曲线进行分析,提出了一种非线性滞回模型。该模型是基于前屈服阶段为非线性塑性流动、后屈服阶段为线性黏性流动的假设。阻尼力表达式为

$$F = f_0 + C_b \dot{x} + \frac{2}{\pi} f_y \arctan(k(\dot{x} - \mathrm{sgn}(\ddot{x})\dot{x})) \tag{12.7}$$

式中: f_0 为补偿力; C_b 为屈服后的黏性系数; f_y 为屈服应力; k 为曲线形状系数; C_b、f_y、k 为与电压有关的参数; $\dot{x}$ 为速度响应; $\ddot{x}$ 为加速度响应。

该动力学模型可以较为准确地反映磁流变液的非线性滞回特性,避免了Bouc – Wen 模型以及修正 Bouc – Wen 模型存在参数过多的缺点。但该模型是通过对某一特定型号磁流变液进行实验分析所得,不具备通用性。

基于当前空间交会对接任务研究进展,空间对接机构与目标卫星的相对姿

态保持的精度大约在 ±1°,机构末端执行器受到目标卫星的接触碰撞后,磁流变阻尼器中磁流变液处于低速流动状态,所以需要考虑磁流变液在低速时的非线性滞回特性。

本章以非线性滞回模型为理论基础分析磁流变阻尼器的动力学特性。目前国内外所研究的磁流变阻尼器的动力学参数确立方法主要采用实验测量的方法,通过大量的实验数据,利用最小二乘法等优化方法对磁流变特性曲线进行拟合以识别动力学模型中的参数。通过研究国内外相关文献,本章选择以美国 LORD 公司生产的 MRF – 336AG 型磁流变液作为原型,其屈服应力、工作范围均满足空间条件的需要。选用非线性滞回模型作为理论模型,其阻尼力的表达式为

$$f = 20 + \frac{1}{1 + 10.34\mathrm{e}^{-1.04u}}\dot{x} + \frac{2}{\pi}\frac{300}{1 + \mathrm{e}^{-1.1(u-2.3)}}\arctan\left[40\left(\dot{x} - \frac{40}{1 + 1.81\mathrm{e}^{-0.2u}}\mathrm{sng}\ddot{x}\right)\right]$$

$$(12.8)$$

式中:$\dot{x}$ 为磁流变液的速度响应;$\ddot{x}$ 为磁流变液的加速度响应;u 为通电线圈中的电压值。

12.3 内层控制算法

12.3.1 内层控制策略设计

内层控制以柔性可控阻尼单元中的磁流变阻尼器作为控制对象,以实时跟踪外层控制的计算结果(各关节的最优驱动力矩)为控制目的,即以各关节驱动力矩为期望函数,对磁流变阻尼器产生的阻尼力矩进行跟踪控制。由磁流变阻尼器动力学模型可知,如式(12.8)所示,磁流变液的阻尼力(力矩)与磁流变液的速度、加速度以及通电线圈中的电压值相关。其中,磁流变液的运动速度和加速度响应可以由在轨软接触机构动力学模型来计算得出,需要建立阻尼力与电压值的表达式。本节采用 BP 神经网络进行海量数据训练,以得到准确的电压值,再利用式(12.8)对电压值、速度和加速度响应进行计算,即可得到磁流变阻尼器的实时阻尼力(力矩)。内层控制框图中的控制模块主要由柔性阻尼单元、神经网络模型和磁流变阻尼器动力学模型组成,如图 12.7 所示。

由图 12.7 可知,输入信号有磁流变液的运动速度 $\dot{x}$ 和加速度 $\ddot{x}$ 响应,以及期望的控制力矩 F_d,输出信号为磁流变阻尼器的阻尼力矩 F_{MR}。控制流程为:①通过在轨软接触机构的传感器元件对各柔性控阻尼处的速度 $\dot{x}$、加速度 $\ddot{x}$ 等进行实时监测,可得到磁流变液的速度和加速度响应,在基于神经网络对这些数据进行训练后较为准确地计算出期望的电压值;②利用神经网络输出的电压值

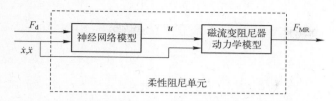

图 12.7　内层控制模块组成框图

u 以及速度 $\dot{x}$ 和加速度参数 $\ddot{x}$,依据磁流变阻尼器的动力学模型来可计算出相应的阻尼力 F_{MR},并将其作用于柔性阻尼单元,从而实现对在轨软接触机构碰撞动量过程的缓冲控制。

12.3.2　BP 神经网络基本理论

BP 神经网络是 Rumelhart 等提出的一种多层前馈型神经网络,主要工作过程分为两个阶段:①正向传播过程,通过输入层来给出初始值,经过其中的隐含层来计算实际输出值;②反向传播过程,当输出层的实际输出值与期望值有偏差时,可通过逐层递归的计算误差来调节权值,以实现误差趋于稳定。BP 神经网络的模型如图 12.8 所示。

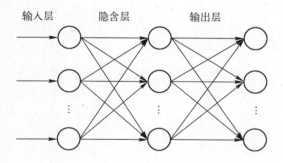

图 12.8　BP 神经网络模型

BP 神经网络训练主要是利用梯度最速下降法,对神经网络中的权值和阈值进行修正,即

$$x_{k+1} = x_k - \alpha_k g_k \tag{12.9}$$

式中:x_k 为神经网络算法中的权值和阈值;g_k 为函数的梯度;α_k 为神经网络的训练速率。

神经网络具有强大的非线性映射能力,在非线性函数拟合、模型参数辨识、最优化等领域具有广泛应用。针对磁流变阻尼器具有的高度非线性特点,本节采用神经网络对磁流变阻尼器进行训练建模。

12.3.3 基于神经网络的磁流变阻尼器控制算法

从内层控制模块的组成框架(图12.7)可知,神经网络模型的输入信号为磁流变液的速度、加速度响应,以及期望的阻尼力,输出信号为当前磁流变阻尼器通电线圈中的电压值,则构建的基于神经网络的磁流变阻尼器逆模型如图12.9所示。

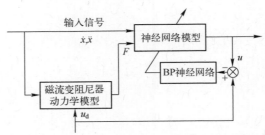

图 12.9　基于神经网络的磁流变阻尼器逆模型训练框架

从图12.9中可以看出,输入信号为速度 $\dot{x}$、加速度参数 $\ddot{x}$,以及阻尼力 F,输出信号为当前阻尼器的电压值。训练过程如下:在磁流变阻尼器的电压取值范围内设定大量的随机样本值,作为训练模型期望的理论电压值 u_d 样本集;同时在在轨软接触机构柔性可控单元运动速度门限中选取一系列速度及加速度样本值,经过不同组合,采用式(12.8)可计算出阻尼力 F 样本集。逐一对应选取这些阻尼力与速度、加速度响应样本值,经过神经网络模型可计算出实际的电压值 u 样本值,通过与期望的理论电压值 u_d 样本值均方误差,来调整神经网络模型中的权值和阈值,经过不断迭代,最终实现最小误差电压值的输出。

本节采用单隐层 BP 神经网络进行建模,网络结构为 $3 \times 10 \times 1$,即输入数为3,隐层单元数为10,输出层单元数为1。隐层神经元的传递函数采用双曲正切S形函数 tansig,即

$$f(x) = \frac{1}{1 + e^{-x}} \qquad (12.10)$$

输出层神经元采用线性传递函数 purelin,如图12.10所示。

可证明采用双曲正切S形函数和线性传递函数的神经网络可学习输入和输出间的任意非线性关系。以期望输出和神经网络输出的均方误差为网络的评价函数,网络训练函数用最小均方误差

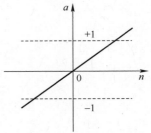

图 12.10　线性传递函数

LM(Levenberg Marquardt)算法来实现,即

$$x_{k+1} = x_k - \left[\boldsymbol{J}^{\mathrm{T}} J + \mu I \right]^{-1} \boldsymbol{J}^{\mathrm{T}} \boldsymbol{e} \qquad (12.11)$$

式中:$\boldsymbol{J}$ 为网络训练误差的一阶导数,是权值和阈值的函数;$\boldsymbol{e}$ 为网络训练误差向量;$\boldsymbol{J}^{\mathrm{T}}\boldsymbol{e}$ 为梯度表达式。

12.3.4　仿真计算与验证

采用 12.3.3 节的神经网络结构设定,设定训练误差精度为 10^{-6},最大训练次数为 5000。期望理论电压数据选取在 0 ~ 7.5V 之间的随机数,在磁流变阻尼器的活塞杆施加正弦运动激励(可等效为磁流变液运动参数),正弦运动幅值约为 0.015m,角频率为 4π,对其进行采样的时间范围为 10s,采样频率为 50Hz,总共获得 500 个数据点。取前 400 个数据来训练输入样本,则训练结果如图 12.11 所示。

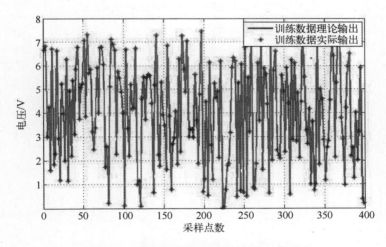

图 12.11　神经网络模型的训练数据比对曲线

由图 12.11 可知,训练数据的实际输出可以跟踪理论的输出值,证明经过前 400 次训练,其误差已满足精度要求。为了验证神经网络的训练效果,取后 100 个数据样本进行测试,图 12.12 为测试数据实际输出和理论输出的比对图,以及测试数据的误差曲线图。

由图 12.12(a)可知,测试数据的实际输出与理论输出结果吻合较好,由图 12.12(b)可知,跟踪误差约在 10^{-2} 数量级之内,说明神经网络模型具备较准的预测输出能力。

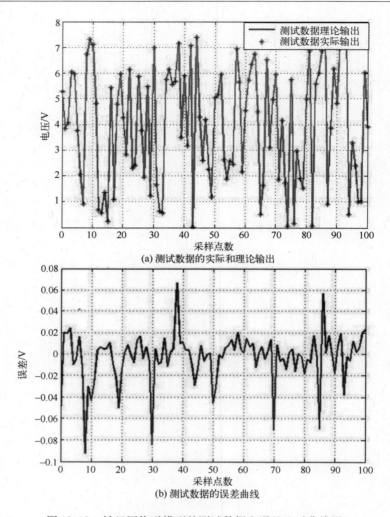

图 12.12　神经网络逆模型的测试数据和误差比对曲线图

12.4　外层控制算法

　　本节对在轨软接触机构各关节驱动力矩的最优控制方法进行探讨。在轨软接触机构在与目标卫星接触操作过程中,为了保证卫星基座的姿控系统不对接触过程产生扰动,通常要求在自由漂浮模式下完成在轨目标接触操作任务。

　　首先基于8.5节中凯恩方程方法,建立了在轨软接触机构的线性化动力学方程;其次以在轨软接触机构卫星基座加速度最小为期望函数,建立卫星基座加速度与各关节速度和加速度的表达式;在此基础上,采用线性二次型最优控制算法(Linear Quadratic Regulator, LQR)计算各关节的最优控制力矩;最后进行仿真验证分析。

12.4.1 外层控制策略设计

对于自由漂浮状态下的在轨软接触机构,臂杆与卫星基座之间存在着动力学耦合关系,导致动力学方程不能线性化。参照 8.5 节中采用 You – Liang Gu 提出的扩展机械臂方法来实现在轨软接触机构动力学方程的线性化,基本策略是:对于在轨软接触机构,卫星基座质心处有 3 个线动方向自由度和 3 个角动方向自由度,可将卫星基座看成具有 6 自由度的扩展臂杆,故在轨软接触机构可看成具有 $n+6$ 个自由度的多臂杆机构,即为扩展多臂杆模型。为便于控制策略方程推导,本章利用拉格朗日方程可建立扩展多臂杆动力学模型,即

$$\frac{\mathrm{d}}{\mathrm{d}x}\left(\frac{\delta L}{\delta \dot{q}}\right) - \frac{\delta L}{\delta q} = \tau \tag{12.12}$$

式中:L 为拉格朗日函数,对于在轨软接触机构来而言,系统的总动能守恒,则 $L = K$;$q \in R^{n+6}$ 为扩展多臂杆系统的广义坐标矢量,$q = \begin{bmatrix} q_b & q_m \end{bmatrix}^T$;$q_b \in R^6$ 为卫星基座作为扩展臂杆的广义坐标矢量,$q_m \in R^n$ 为 n 个关节的实际臂杆的广义坐标矢量;$\dot{q} \in R^{n+6}$ 为广义坐标矢量 q 对时间的一阶导数;$\tau = \begin{bmatrix} \tau_b & \tau_m \end{bmatrix}^T$,$\tau \in R^{n+6}$ 为对各臂杆关节施加的驱动力矩矢量;$\tau_b \in R^6$ 为作用在扩展臂杆上的力矩;$\tau_m \in R^n$ 为作用在实际臂杆关节上的力矩。

由式(12.12)可得在轨软接触机构的动力学模型,并可被线性参数化为

$$H(q)\ddot{q} + C(q, \dot{q})\dot{q} = \begin{bmatrix} \tau_b \\ \tau_m \end{bmatrix} \tag{12.13}$$

式中:$H(q)$ 为系统惯量矩阵;$C(q, \dot{q})$ 为系统向心力和哥氏力项。当在轨软接触机构处于自由漂浮模式下时,$\tau_b = 0$。$H(q)$ 和 $C(q, \dot{q})$ 的推导参照 8.2.1 节。

12.4.2 基于线性二次型最优控制算法设计

本节采用线性二次型最优控制算法来实现外层控制律的设计。线性二次型最优控制算法中,易于构成闭环控制,评价函数是状态变量和控制变量的二次型积分,在现代控制理论中发展较为成熟。外层控制控制结构如图 12.13 所示。

由图 12.13 可知,在轨软接触机构在受到目标卫星的碰撞力作用下,基于动力学学模型,会产生相应的速度和加速度响应,本节以卫星基座,即扩展臂杆的加速度最小为期望函数,利用线性二次型控制算法可得到相应的最优控制力矩来完成控制过程。

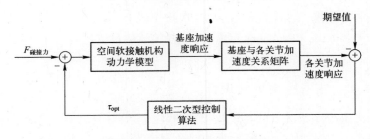

图 12.13 外层控制结构示意图

由式(12.13)得

$$\ddot{\boldsymbol{q}} = -\boldsymbol{H}(\boldsymbol{q})^{-1}\boldsymbol{C}(\boldsymbol{q},\dot{\boldsymbol{q}})\dot{\boldsymbol{q}} + \boldsymbol{H}(\boldsymbol{q})^{-1}\begin{bmatrix} 0 \\ \boldsymbol{\tau}_{\mathrm{m}} \end{bmatrix} \tag{12.14}$$

将式(12.14)转化为线性时变系统的状态空间方程,即

$$\begin{cases} \dot{\boldsymbol{x}}(t) = \boldsymbol{A}(t)\boldsymbol{x}(t) + \boldsymbol{B}(t)\boldsymbol{u}(t) \\ \boldsymbol{y}(t) = \boldsymbol{C}(t)\boldsymbol{x}(t) + \boldsymbol{D}(t)\boldsymbol{u}(t) \end{cases} \tag{12.15}$$

式中:$\boldsymbol{x}(t) = \dot{\boldsymbol{q}}$;$\boldsymbol{u}(t) = \begin{bmatrix} 0 \\ \boldsymbol{I}_{\mathrm{m}} \end{bmatrix}$;$\boldsymbol{A}(t) = -\boldsymbol{H}(\boldsymbol{q})^{-1}\boldsymbol{C}(\boldsymbol{q},\dot{\boldsymbol{q}})$;$\boldsymbol{B}(t) = \boldsymbol{H}(\boldsymbol{q})^{-1}$。

为了分析线性化后系统的能控性,构造能控性判别矩阵:

$$\boldsymbol{M} = \begin{bmatrix} \boldsymbol{B} & \boldsymbol{AB} & \boldsymbol{A}^2\boldsymbol{B} & \cdots & \boldsymbol{A}^{n-1}\boldsymbol{B} \end{bmatrix} \tag{12.16}$$

由线性系统能控性判据可知,系统完全能控的充要条件是 $\mathrm{rank}(\boldsymbol{M}) = n + 6$。将式(12.15)代入式(12.16),可得 $\mathrm{rank}(\boldsymbol{M}) = n + 6$,因此线性化后的系统可控。

给定 $\boldsymbol{A}$ 矩阵和 $\boldsymbol{B}$ 矩阵后,控制问题就可以转化为式(12.15)所示系统的调节器设计问题,取 LQR 控制的评价函数为

$$J = \frac{1}{2}\int_0^{t_f}\left[x^{\mathrm{T}}(t)\boldsymbol{Q}x(t) + u^{\mathrm{T}}(t)\boldsymbol{R}u(t)\right]\mathrm{d}t \tag{12.17}$$

式中:$\boldsymbol{Q}$ 为 6×6 维半正定的状态加权矩阵,为基座的加速度与各关节速度和加速度的表达式,可通过相关推导得出;$\boldsymbol{R}$ 为 3×3 维半正定的控制加权矩阵。

根据最优控制理论可知,使评价函数式最小的控制量为

$$u(t) = -\boldsymbol{K}\Delta x(t) \tag{12.18}$$

式中:$\Delta x(t)$ 为当前状态与参考状态的差值。

定义反馈增益矩阵 $\boldsymbol{K}$ 为

$$\boldsymbol{K} = \boldsymbol{R}^{-1}\boldsymbol{B}^{\mathrm{T}}\boldsymbol{P} \tag{12.19}$$

式中:$\boldsymbol{P}$ 为代数黎卡提方程的解:

$$\boldsymbol{A}^{\mathrm{T}}\boldsymbol{P} + \boldsymbol{P}\boldsymbol{A} - \boldsymbol{P}\boldsymbol{B}\boldsymbol{R}^{-1}\boldsymbol{B}^{\mathrm{T}}\boldsymbol{P} + \boldsymbol{Q} = 0 \tag{12.20}$$

12.4.3　仿真计算与验证

仿真初始条件设定:在轨软接触机构及其卫星基座,以及目标卫星的动力学参数与 4.4.2 节中的设定相同。同时设在轨软接触机构与目标卫星的相对线加速度为 $0.1\text{m}/\text{s}^2$,碰撞持续时间为 0.1s,则可得到目标卫星对在轨软接触机构末端施加的瞬时冲击力 100N,根据 LQR 控制方法来控制瞬时碰撞冲击力,其中控制律中的 $\boldsymbol{R}$ 矩阵选取为 $\boldsymbol{R}=0.1\boldsymbol{E}^{3\times3}$。

图 12.14、图 12.15 和图 12.16 给出了在轨软接触机构卫星基座线速度和线加速度、各关节的角加速度和角速度变化曲线,以及控制力矩的变化曲线。

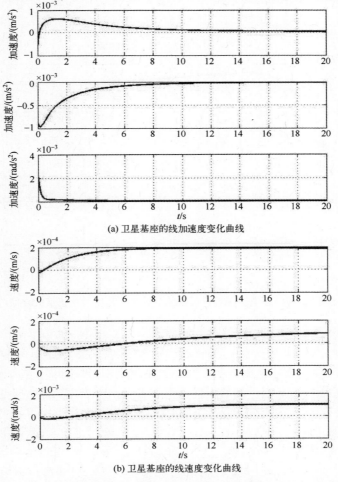

(a) 卫星基座的线加速度变化曲线

(b) 卫星基座的线速度变化曲线

图 12.14　在轨软接触机构卫星基座的线加速度和线速度变化曲线

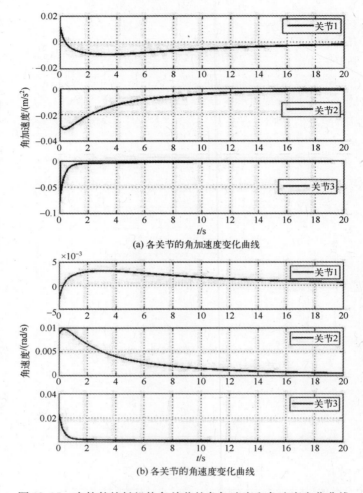

(a) 各关节的角加速度变化曲线

(b) 各关节的角速度变化曲线

图 12.15　在轨软接触机构各关节的角加速度和角速度变化曲线

　　由图 12.14(a)可知,在仿真初始时刻,在轨软接触机构末端由于受到瞬时碰撞力的作用,卫星基座质心的加速度在可控阻尼力矩的作用下,对脉冲响应进行衰减,随后收敛至零值附近稳定。仿真结果表明,采用 LQR 算法,可以有效衰减在轨软接触机构基座受到的干扰动量,使基座质心位置的加速度响应为最小值。从图 12.14(b)可以看出,基座质心位置的角速度在可控阻尼力矩作用下也趋于收敛稳定值,没有收敛到零值的原因是受到瞬时干扰动量作用,根据能量守恒定律,只会收敛于非零的稳定值。而收敛后的角速度,可以借助反作用飞轮或推力器来实现姿态回调,这就表明采用磁流变旋转阻尼器可以很好地缓冲衰减接触时的干扰动量,确保了卫星基座不因为状态变化而失稳,从而降低在轨软接

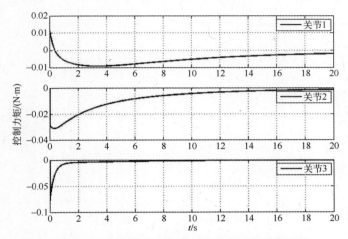

图 12.16　在轨软接触机构各关节控制力矩变化曲线

触机构在轨操作时的风险。

从图 12.15(a)可以看出,在轨软接触机构各关节受到瞬间的干扰动量,三个关节的角加速度在可控阻尼力矩的作用下,分别趋于零值。其中,关节 3 的角加速度在 10.53s 时达到稳定,而关节 1 和关节 2 的角加速度在 20s 时,尚没有达到稳定,但非常接近稳定状态。图 12.15(b)中三个关节的角速度也分别趋于稳定。

比较图 12.15 和图 12.16 可以看出,每个关节上施加的控制力矩与其自身的角速度值是相互对应的,控制力矩值也是趋于零。其中,关节 3 上的控制力矩 10.53s 时约等于零,这也与图 12.16 相对应,而关节 1 和关节 2 的控制力矩值在仿真结束时,也趋近于零。

12.5　综合实例仿真与评价

12.5.1　仿真实例设计

为了验证内层控制和外层控制在整个动量缓冲控制性能将 12.3 节和 12.4 节中的控制算法应用于在轨软接触机构,以图 12.1 所示的控制流程,进行仿真验证。内层控制采用 BP 神经网络训练模型参数,外层控制采用 LQR 算法中的控制矩阵参数,初始条件以及动力学参数与 12.4.3 节相同开展仿真评价。

12.5.2　仿真计算与验证

图 12.17 所示为在轨软接触机构三个关节的期望阻尼力矩以及磁流变阻尼

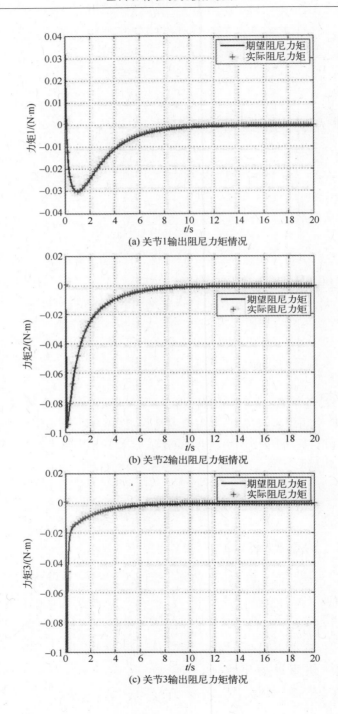

(a) 关节1输出阻尼力矩情况

(b) 关节2输出阻尼力矩情况

(c) 关节3输出阻尼力矩情况

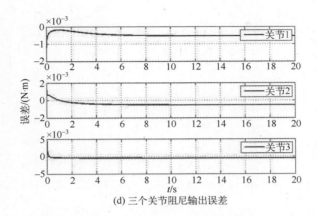

(d) 三个关节阻尼输出误差

图 12.17　控制力矩的跟踪仿真结果

器实际输出力矩的比对曲线。

由图 12.17 可知,磁流变阻尼器实际输出的力矩与期望力矩吻合较好,从误差曲线上看,误差为 10^{-3} 量级,误差较小,说明内层控制可以实现磁流变阻尼器控制力矩精确跟踪。

为了可以更直观地评价本节控制方法的性能,与未安装可控可控阻尼器(空间硬接触情况)和被动控制(阻尼器处于被动状态)的在轨软接触机构进行比较分析,被动控制的可控阻尼单元中的控制电压设为恒定电压值 5V。图 12.18 给出了三种情况下三个关节角速度随时间的变化曲线,图 12.19 给出了卫星基座的加速度随时间的变化曲线。

从图 12.18 可以看出,在未引入磁流变阻尼器前,空间硬接触各关节的角速度为发散趋势,而这势必会对卫星基座的姿态造成扰动;在轨软接触机构采用被动控制时,关节 1 的角速度曲线的收敛时间要比主动控制方法要早 30s,但其角速度的幅值是主动控制方法计算结果的 1 倍;关节 2 的角速度曲线在采用被动控制时,其幅值比主动控制方法的计算结果要小;关节 3 的角速度被动控制和主动控制方法的结果相差不大。

从图 12.19 可以看出,在未引入磁流变阻尼器前,在轨软接触机构发生了硬接触情况,卫星基座加速度曲线均为脉冲响应;而采用被动控制时,卫星基座加速度在 X、Y 方向的幅值均大于主动控制方法的计算结果,而在 Z 方向,两者幅值相当。说明采用主动控制方法可以有效减小卫星基座受到的碰撞干扰动量,实现了空间操作软接触机构控制的基本目标。

277

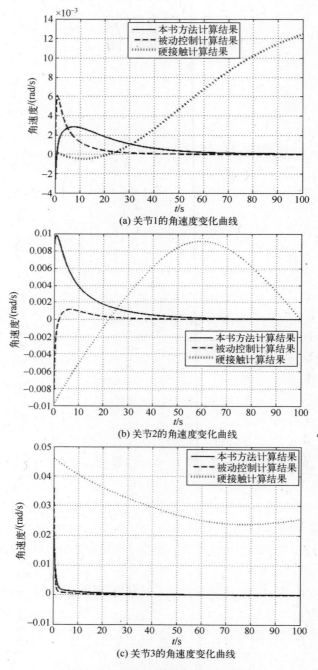

(a) 关节1的角速度变化曲线

(b) 关节2的角速度变化曲线

(c) 关节3的角速度变化曲线

图 12.18　各关节的角速度变化曲线

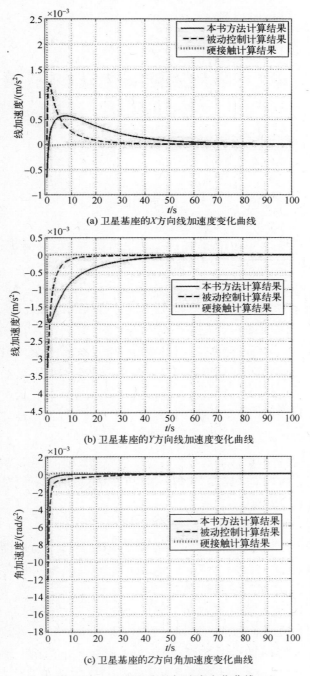

(a) 卫星基座的 X 方向线加速度变化曲线

(b) 卫星基座的 Y 方向线加速度变化曲线

(c) 卫星基座的 Z 方向角加速度变化曲线

图 12.19　卫星基座的加速度变化曲线

第 13 章　基于微粒群优化的刚柔复合控制算法

13.1　控制框架设计

基于微粒群算法和柔性可控阻尼器正逆模型,实现在轨软接触机构碰撞动量的控制,具体控制框架设计思路如下:

在轨软接触机构末端受到空间目标碰撞后,通过运动传感器检测到 t 时刻各关节位移 $x(t)$。利用 t 时刻关节位移 $x(t)$、微粒群算法以及凯恩动力学模型,通过迭代求出 t 时刻的最优阻尼力。

具体算法如下:首先,定义微粒群规模 m,根据磁流变阻尼器数量确定微粒群维数 d,每个磁流变阻尼器期望阻尼力大小等于微粒群中微粒的位置。初始化微粒群中每个微粒的位置为 z_{ij},将 $x(t)$ 和 z_{ij} 代入在轨软接触机构凯恩动力学方程,计算各关节 $t+1$ 时刻的位移 $x(t+1)$,再通过 $x(t+1)$ 计算出适应值 F_{g1},将此时位置作为 p_{ij} 和 p_{gi}。

其次,更新微粒的当前位置,并将 $x(t)$ 和微粒位置代入凯恩动力学方程以及目标函数继续计算 F_{g2},比较 F_{g2} 和 F_{g1} 的大小,将更小适应值对应的粒子位置作为 p_{ij} 和 p_{gi},并得到对应 F_g。

再次,判断当前 $F_g < 1$ 或 $n \geqslant n_{\max}$ 是否成立,若不满足要求,则重复上述步骤。若满足要求,说明满足算法终止条件,意味着此时迭代的微粒位置(即期望阻尼力大小)能使下一时刻关节的位移小于要求范围,输出当前的全局最优位置 p_{gi},作为阻尼器 t 时刻的期望阻尼力 $u(t)$。

最后,利用阻尼器正逆模型,控制阻尼器输出该期望最优阻尼力 $u(t)$,并作用于软接触机构柔性可控阻尼,再通过传感器检测得到 $t+1$ 时刻各关节的振动位移 $x(t+1)$。重复利用上述步骤,计算 $t+1$ 时刻的最优阻尼力 $u(t+1)$,如此循环。其控制框架如图 13.1 所示。

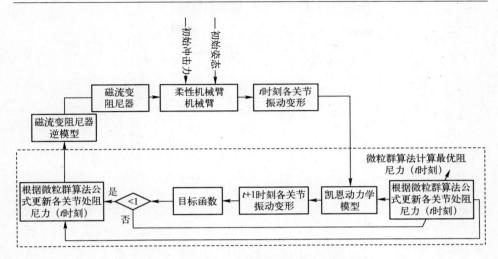

图 13.1　基于微粒群优化的刚柔复合控制框架

13.2　控制对象模型

13.2.1　凯恩动力学模型

根据在轨软接触机构特点,将可控阻尼关节简化为弹簧和阻尼单元,将臂杆简化为刚体段,因此软接触机构可离散为由 N 个弹簧和阻尼单元连接的多刚体段模型。对于自由漂浮状态下的在轨软接触机构,其基座有 6 个自由度,可以视为具有 6 个自由度的虚拟臂杆。采用这种方法,N 关节漂浮基在轨软接触机构可等效为具有 $(6N+6)$ 个自由度的固定基座软接触机构系统,采用凯恩方法对该漂浮基多体系统进行动力学建模。凯恩方程详细推导见 8.5 节。

13.2.2　基于神经网络磁流变阻尼器正模型

13.2.2.1　正模型构建

类似于 12.3.3 节逆模型构建方式,所建立的基于神经网络磁流变阻尼器正模型,如图 13.2 所示。

根据式(12.8)可知,磁流变阻尼器的阻尼力与电压、磁流变液位移和速度有关。因此神经网络正模型的输入参数为相磁流变液位移、速度、电压,输出参数为阻尼力。

根据多次实验经验,神经网络结构设计如下:单隐层 BP 神经网络,结构为

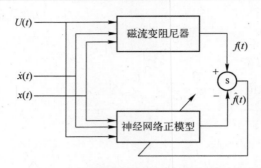

图 13.2　基于神经网络的磁流变阻尼器正模型

$3 \times 9 \times 1$，即输入为速度、位移、电压共 3 个单元，单隐层节点数目为 9，输出为阻尼力 1 个单元。采用 tansig 和 purelin 作为分别作为神经元隐形传输和输出层函数，与 12.3.3 节一致。为减少迭代次数和全局误差，保证更好的学习效果，选取均方误差，即

$$\mathrm{MSE} = \frac{1}{mp} \sum_{p=1}^{p} \sum_{j=1}^{m} (\hat{y}_{pj} - y_{pj})^2 \tag{13.1}$$

式中：m 为神经网络输出单元数目；p 为训练数据总数；$\hat{y}_{pj}$ 为期望输出；y_{pj} 为实际输出。

　　与式（12.11）一致，本节采用 LM 训练算法对所建立的磁流变阻尼器神经网络正模型进行训练：以当前时刻的电压、磁流变液位移及速度作为网络输入，以期望阻尼力为目标，以实际阻尼力为网络输出，通过比较期望和实际输出的均方误差，利用 LM 训练算法调整权值、阈值。

13.2.2.2　仿真计算与验证

　　采用 13.2.2.1 节的神经网络结构设定，设定训练误差精度为 10^{-6}，最大训练次数为 5000。期望理论电压数据选取在 0 ~ 5V 之间的随机数，在磁流变阻尼器的活塞杆施加正弦运动激励（可等效为磁流变液运动参数），正弦运动幅值约为 0.015m，角频率为 4π，对其进行采样的时间范围为 10s，采样频率为 200Hz，总共获得 500 个数据点。取前 400 个数据来训练输入样本，后 100 个数据作为测试数据。神经网络训练结束后，取其中 50 个训练数据和 25 个测试数据进行仿真验证。图 13.3（a）以训练数据作为输入样本，图 13.3（b）以测试数据作为输入样本，图 13.3（c）为测试数据的输出结果均方误差。

　　从图 13.3（c）中可以看出，磁流变阻尼器神经网络正模型的实际输出与期望输出相差不大，误差在 0.02N 以下，说明得到神经网络正模型能较好地模拟磁流变阻尼器的实际输出特性。

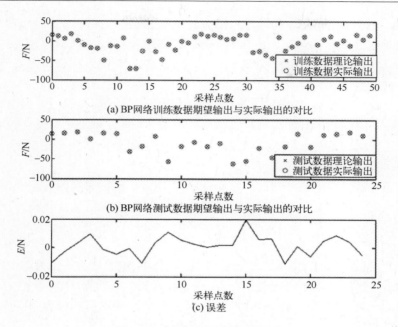

图 13.3　输出力与期望力的对比

13. 2. 3　基于神经网络磁流变阻尼器逆模型

13. 2. 3. 1　控制结构设计

根据 13.1 节控制框架,基于神经网络阻尼器逆模型控制目标可描述为:目标控制算法依据在轨软接触机构运动状态计算出期望阻尼力后,磁流变阻尼器逆模型求解出期望的输入电压,并将电压输给实际的磁流变阻尼器,从而实现期望阻尼力的输出,具体控制框架如图 13.4 所示。

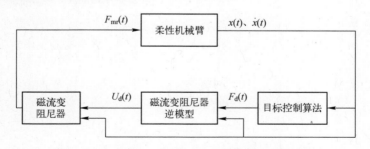

图 13.4　基于磁流变阻尼器的柔性软接触机构控制方法

传感器系统实时监测,并将在轨软接触机构的运动参数传输给目标控制器,包括臂杆的速度、位移等状态参量。目标控制算法依据 t 时刻的运动信息,迭代

计算出 t 时刻的期望阻尼力 $F_d(t)$，磁流变阻尼器逆模型利用 $F_d(t)$ 求解出 t 时刻的期望电压 $U_d(t)$，基于该电压，电压驱动器控制磁流变阻尼器产生相应的阻尼力 $F_{mr}(t)$，并将其作用于在轨软接触臂杆，进而实现对碰撞动量的缓冲与控制。

从以上分析可知，精确的阻尼器逆模型是确保控制效果的关键因素。由于磁流变阻尼器的输出特性具有非线性和磁滞效应，利用神经网络建立磁流变阻尼器的逆模型，从而可以根据期望阻尼力和运动参数逆向求解期望电压。

13.2.3.2　逆模型构建

磁流变阻尼器逆模型的输入为期望阻尼力和磁流变液当前的运动参数，输出为期望电压。根据多次实验经验，神经网络结构设计如下：单隐层 BP 神经网络，结构为 $3 \times 13 \times 1$。采用 tansig 和 purelin 作为分别作为神经元隐形传输和输出层函数，与 12.3.3 节相似。

综上，逆模型的训练方法如图 13.5 所示。网络输出 $u(k)$，作为阻尼器的输入控制量。磁流变阻尼器的输出 $y(k)$ 与参考输入信号 $r(k)$ 产生误差 $e(k)$，根据误差，通过神经网络学习算法，不断调节神经网络的权值和阈值，从而完成对神经网络的训练。

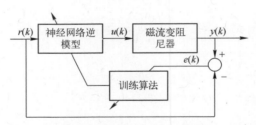

图 13.5　基于神经网络的磁流变阻尼器逆模型训练框架

使用 Matlab 软件，编制程序，生成神经网络逆模型，程序参数设计与 13.2.2.1 节一致，利用数据进行训练。图 13.6 所示分别为输入训练和测试数据，神经网络逆模型输出电压与理论电压值的对比图。

从图 13.6(c) 分析可知，神经网络逆模型实际输出电压与理论输出电压误差较小，约在 10^{-3} 量级，说明经过训练的神经网络逆模型能较好地实现目标电压输出。

13.2.3.3　仿真计算与验证

衡量上述磁流变阻尼器控制方法的性能，结合给定目标控制算法来验证其性能。以单关节四自由度分布在轨软接触机构为控制对象，其中每个关节的自由度分别是绕 X 轴、Y 轴、Z 轴的转动以及沿 Z 轴的直线运动，在每个关节自由

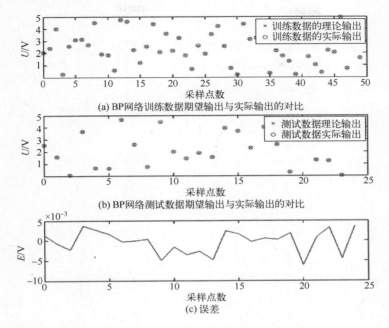

图 13.6 输出电压与理论电压的对比

度处设置磁流变阻尼器。

仿真实例设计如下：对在轨软接触机构末端施加瞬时碰撞力，作用时间为 0.1s。目标控制算法根据软接触机构的运动状态，计算出能够实现动量控制的期望阻尼力，利用磁流变阻尼器逆模型输出期望电压，再利用磁流变阻尼器正逆模型输出实际阻尼力，并将其施加给软接触机构各关节，通过比较期望阻尼力和实际阻尼力的差值，验证所建立的基于神经网络的磁流变阻尼器正逆模型的有效性。

本节采用 Matlab 和 ADAMS 进行联合仿真验证。首先在 Solidworks 中建立各部件模型，装配得到卫星基座和臂杆的三维模型，然后将该模型导入 ADAMS 系统中，在 ADAMS 中定义材料、运动副、驱动、力等信息，创建状态变量，定义输入输出变量，得到在轨软接触机构的虚拟动力学模型，如图 13.7 所示。通过 Controls 模块输出得到在轨软接触机构模型的 Simulink 模块。

在 Matlab/Simulink 联合仿真控制模块中，计算期望阻尼力的目标控制算法为

$$\boldsymbol{F}_d = -b\dot{\boldsymbol{x}}_r \tag{13.2}$$

式中：b 为一常参数；$\dot{\boldsymbol{x}}_r$ 为阻尼器磁流变液的运动速度，即磁流变器活塞的运动速度。所构建的仿真框架如图 13.8 所示。

图 13.7　ADAMS 单关节四自由度分布可控柔性臂

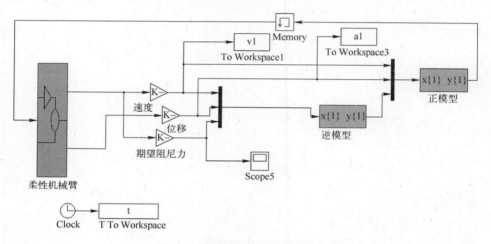

图 13.8　Matlab/Simulink 仿真验证框架

　　具体运行设计如下:首先,在轨软接触机构末端受到瞬时冲击碰撞力作用后,由 ADAMS 获得各臂杆的速度和位移等运动参数;其次,在 Matlab 中读入该信息,并利用目标控制算法求解出期望阻尼力;再利用基于神经网络的磁流变阻尼器逆正模型串联计算得到实际输出阻尼力;最后,将 Matlab 中阻尼力输入给 ADAMS 进行动力学仿真计算。仿真验证运行框架如图 13.9 所示。

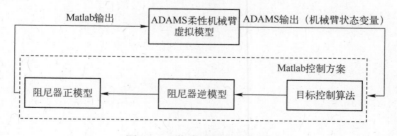

图 13.9　仿真验证运行框架

　　图 13.10(a)为轴向方向线动磁流变阻尼器实际输出力与目标期望力的对比曲线。图 13.10(b)(c)为磁流变阻尼器两端速度、加速度曲线,图 13.10(d)为阻尼力的误差曲线。

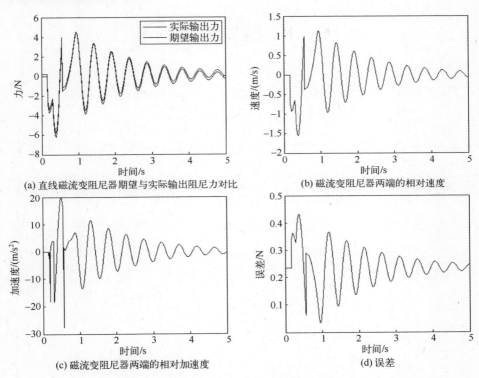

图 13.10　轴线方向磁流变阻尼器的阻尼力、速度、加速度及误差曲线

　　由图 13.10(a)可知,期望阻尼力和实际阻尼力基本吻合。由图 13.10(d)可知,阻尼力误差在 0.45N 以下,阻尼力的输出精度约为 92.75% 。这也说明在轴线方向上磁流变器正逆模型控制的有效性和精确性。

　　图 13.11(a)、图 13.12(a)、图 13.13(a)分别为 3 个自由度方向角动(旋转)磁流变阻尼器的期望阻尼力矩与实际阻尼力矩的对比曲线,图 13.11(b)(c)、图 13.12(b)(c)、图 13.13(b)(c)分别为磁流变阻尼器两端角速度、角加速度曲线,图 13.11(d)、图 13.12(d)、图 13.13(d)为磁流变器输出阻尼力矩的误差曲线。

　　由图 13.11、图 13.12、图 13.13 可知,期望阻尼力矩和实际阻尼力矩的变化曲线基本一致,且输出阻尼力误差均在 0.37N·m 以下,输出阻尼力矩的精度约为 90.75%,这也说明在轴线方向上磁流变器正逆模型控制的有效性和精确性。

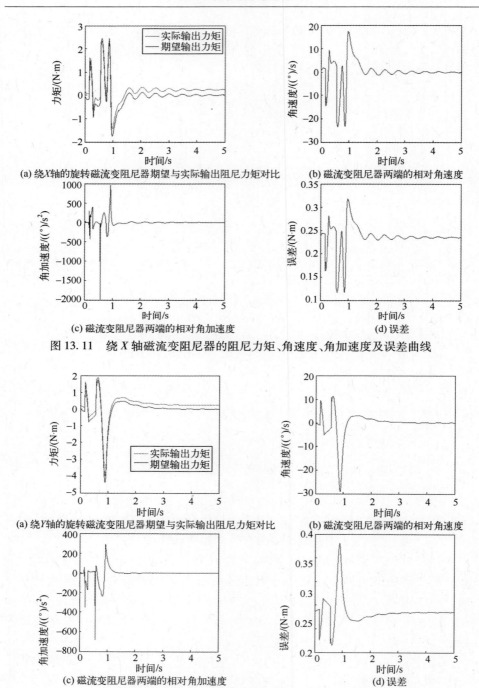

图 13.11　绕 X 轴磁流变阻尼器的阻尼力矩、角速度、角加速度及误差曲线

图 13.12　绕 Y 轴磁流变阻尼器的阻尼力矩、角速度、角加速度及误差曲线

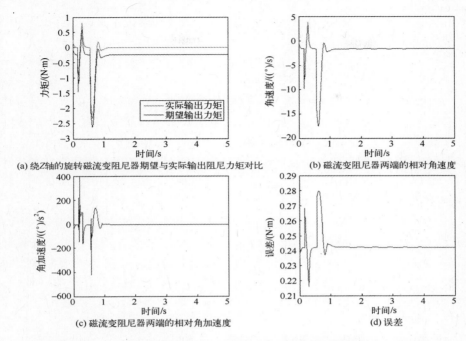

(a) 绕Z轴的旋转磁流变阻尼器期望与实际输出阻尼力矩对比

(b) 磁流变阻尼器两端的相对角速度

(c) 磁流变阻尼器两端的相对角加速度

(d) 误差

图 13.13　绕 Z 轴磁流变阻尼器的阻尼力矩、角速度、角加速度及误差曲线

　　同时上述仿真结果也表明,实际输出力与期望阻尼力还存在较小误差,该误差与所建立的 BP 神经网络结构,以及训练数据样本数及遍历范围等条件有一定的关系。由于磁流变阻尼器具有很强的非线性和磁滞特性,所构建的神经网络很难同时满足上述条件,故所建立的神经网络正逆向模型会产生一定的误差。

13.3　基于微粒群的刚柔复合控制算法

　　13.2 节设计了基于神经网络的磁流变阻尼器的控制方案,本节主要讨论最优期望阻尼力的计算问题。对于 N 关节 $6N$ 自由度的在轨软接触机构,需要同时计算 $6N$ 个最优阻尼力,可对 $6N$ 个自由度方向上的关节动量同时实施控制,本质上是研究磁流变阻尼器协同优化控制问题。由于在轨软接触机构是一个复杂刚柔耦合、基座和多臂杆耦合的动力学系统,阻尼器的作用是相互的,各关节各自由度方向的碰撞动量也是互相影响的。同时,关节数目较多时,需要控制的磁流变阻尼器数目就较多,很难直接求出阻尼器的耦合作用关系。因此,计算多个期望阻尼力值实现在轨软接触机构的动量控制问题比较复杂。

　　微粒群算法是一种研究自然生物系统的社会智能交互行为的优化算法,运行速度快、参数较少、容易编程。微粒群算法不需要探讨内部关系,常用于进行大型复杂问题的优化求解。

13.3.1 微粒群基本理论

自然界中动物寻找的食物并非是均匀分布的,有的呈簇状分布,有的呈斑状分布,但无论食物的分布和总量如何,群体生活成员通过共享信息、交换个体信息,从而发现食物。鸟类的栖息也是如此。生物学家 Heppner 提出了鸟类栖息模型,对鸟类运动进行建模仿真。鸟群初始都是无目标的飞行,直到有鸟飞到栖息地,接着引导其他鸟飞向栖息地。这类鸟类觅食、飞行的问题与求解优化问题过程是类似的。

Kennedy 和 Eberhart 根据上述仿生模型,提出了用以求解优化问题的微粒群优化算法。将鸟群简化为质量为 0,同时以一定速度飞行的微粒群。微粒群中每个微粒都有各自的飞行速度和位置,并随着自身及整个群体的运动状态而改变。在复杂空间内通过微粒运动找到最优解。与传统的数学优化方法相比,微粒群算法无须建立关于问题本身精确的数学模型,适合于复杂最优问题的求解。

13.3.1.1 标准微粒群算法

1. 优化问题

优化问题可表述为

$$\min f(x) \quad x \in [x_{\min}, x_{\max}]^d \tag{13.3}$$

式中:d 为维数,通过选取合适 x,使得目标函数 $f(x)$ 最小。对于式(13.3)的优化问题,自变量 x 对应微粒位置,利用微粒群算法,通过不断迭代微粒位置,得到使目标函数获得最优解 x。

2. 算法原理

假设在 d 维空间,存在微粒群,其中包含 m 个质量为 0 的微粒,这些微粒具有一定的飞行速度,并受个体和群体飞行经验的影响。定义微粒状态如下:

$z_i = \{z_{i1}, z_{i2}, z_{i3}, \cdots, z_{id}\} \{i = 1, 2, \cdots, m\}$ 为第 i 个微粒的位置;

$v_i = \{v_{i1}, v_{i2}, v_{i3}, \cdots, v_{id}\} \{i = 1, 2, \cdots, m\}$ 为第 i 个微粒的飞行速度;

$P_i = \{P_{i1}, P_{i2}, P_{i3}, \cdots, P_{id}\} \{i = 1, 2, \cdots, m\}$ 为第 i 个微粒历次飞行中的最好位置,即对应的适应值最好的位置,也称为个体问题最好位置。

对于式(13.3)优化问题,目标函数值越小,适应值越好。个体最好位置更新如下:

$$p_j = \begin{cases} p_j(t-1) & f(p_j(t)) > f(p_j(t-1)) \\ z_{ij}(t) & f(p_j(t)) \leqslant f(p_j(t-1)) \end{cases} \tag{13.4}$$

$\boldsymbol{P}_g = \{P_{g1}, P_{g2}, P_{g4}, \cdots, P_{gd}\}$ 为所有微粒经历位置中的最好位置,记为全局历史最好位置,更新如下:

$$\boldsymbol{p}_g(t) = \arg\,\min\{f(\boldsymbol{p}_j(t)) \mid j = 1, 2, \cdots, m\} \tag{13.5}$$

对第 t 代第 i 个微粒的第 j 维($1 \leqslant j \leqslant d$),标准微粒群算法的进化方程如下:

$$\boldsymbol{v}_{ij}(t+1) = \omega \cdot \boldsymbol{v}_{ij}(t) + c_1 \cdot \mathrm{rand}_1() \cdot [\boldsymbol{p}_{ij}(t) - z_{ij}(t)] +$$

$$c_2 \cdot \mathrm{rand}_2() \cdot [\boldsymbol{p}_{gj}(t) - z_{ij}(t)] \tag{13.6}$$

$$z_{ij}(t+1) = \boldsymbol{v}_{ij}(t+1) + z_{ij}(t) \tag{13.7}$$

式中:c_1 为认知学习系数;c_2 为社会学习系数;ω 为惯性权重;$\mathrm{rand}_1()$、$\mathrm{rand}_2()$ 为随机函数。式(13.26)可将其看作三个部分之和。第一部分表示微粒先前速度所起的作用,使得算法具有一定的全局搜索能力。第二部分表示微粒个体的认知部分,只受该个体历次最好位置的影响,与群体中其他微粒的运动无关。第三部分是社会部分,受群体中其他微粒位置的影响。如果没有第二部分,微粒缺乏个体认识能力,容易陷入局部最优。如果没有第三部分,整个迭代算法不存在群体的约束概念。只有这三部分共同作用才能保证算法具有较强的搜索能力。

3. 算法步骤

标准微粒群算法的流程如下:

(1)微粒群初始化。定义微粒群规模大小,在定义域内随机初始化各微粒的位置以及速度,个体历史最好位置等于各微粒初始位置,全体历史最好位置为适应值最好的微粒位置,此时进化代数 t 为0。

(2)参数初始化。

(3)利用式(13.6)、式(13.7)计算微粒 $t+1$ 时的飞行速度和位置。

(4)微粒适应值计算。将微粒的位置信息代入目标函数,计算该位置对应的适应值。

(5)根据式(13.4)、式(13.5)更新各微粒的个体历史最好位置以及群体历史最好位置。

(6)判断是否满足算法终止条件(满足适应值要求或最大迭代次数),若满足,则终止迭代步骤,输出最优解;否则返回步骤(3)。

具体流程如图13.14所示。

13.3.1.2 参数选择策略

微粒群算法的优化搜索收敛性能,很大程

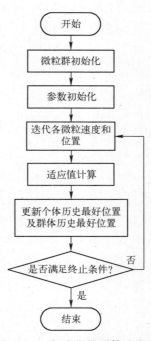

图13.14 标准微粒群算法流程

度上取决算法参数的设置,如惯性权重 ω、认知学习系数 c_1、社会学习系数 c_2、群体规模 m 等。下面将讨论参数的选取方法。

1. 惯性权重 ω

ω 的大小直接影响了算法的收敛性。增加 ω 可以提高全局搜索能力,而减小 ω 可以增强局部搜索能力。Shi 和 Eberhart 讨论了惯性权重的选取规则,发现当 $\omega \in [0.8,1.2]$ 时,算法收敛时间很短,当 $\omega > 1.2$ 时,搜索过程中容易陷入局部最优。通过调整 ω 的大小,在全局和局部搜索中找到最优。ω 越大,个体先前速度的影响越大,使得微粒搜索范围越广;ω 越小,个体先前速度的影响越小,能在当前范围内进行更为细化的搜索。

为了使算法兼具局部和全局搜索能力,Shi 和 Eberhart 接着提出了一种随着迭代次数增加,ω 线性下降的方法,计算如下:

$$\omega = \omega_{max} - \frac{\omega_{max} - \omega_{min}}{n_{max}} \times n \tag{13.8}$$

式中:ω_{max}、ω_{min} 分别为惯性权重的允许极值;n_{max} 为最大迭代次数;n 为当前的迭代次数。这样的设计使得算法初始迭代计算时,ω 较大,微粒群能较快地搜索至最优解的大概位置,在迭代后期阶段,ω 减小,减慢了搜索速度,开始局部搜索,逐渐逼近至最优位置,提高了算法性能。

2. 认知学习系数 c_1 和社会学习系数 c_2

对于 c_1、c_2 取值方法的相关研究文献较少。Shi 和 Eberhart 提出 $c_1 = c_2 = 2.0$。Ozcan 和 Mohan 认为 $c_1 = c_2 = 1.494$。Sobieszczanski - Sobieski 通过实验发现:较小的 c_1 与较大的 c_2 能增强算法的整体搜索性能,提高收敛性。Ratnaweera 等提出 c_1 与 c_2 的选取应该与惯性权重一样,是随迭代次数而进行不断变化。

3. 微粒群规模 m

微粒群规模 m 是算法的一个重要参数,表示微粒个数。Shi 和 Eberhart 早期提出 m 对算法的搜索精度影响不大;王维博建议将群体规模设为 20~50。张雯雱等通过对两个经典测试函数仿真实验,提出 m 的大小影响了算法的搜索精度和收敛性。一般而言,若希望加快计算速度,可将 m 设为 40,若对算法的收敛性和搜索性能要求较高,可将 m 取在 50~80 之间。当 m 大于 80 时,对算法的搜索精度影响不明显。

13.3.1.3 算法的收敛性

算法的收敛性与各参数的设置有关系。Bergh 首先对微粒群优化算法的收敛性进行了研究,证明了标准微粒群算法并不是全局和局部的收敛算法。接着崔志华和曾建潮提出了标准微粒群优化算法的渐近收敛条件,即

$$\begin{cases} \omega - \varphi - 1 < 0 \\ (1 - \omega + \varphi)^2 - 4\varphi \geqslant 0 \end{cases} \qquad (13.9)$$

式中：

$$\varphi = c_1 \cdot \text{rand}_1() + c_2 \cdot \text{rand}_2()$$

只要参数 ω、c_1、c_2 满足式(13.9)，微粒群优化算法是渐近收敛稳定的。

此外，Clerc 在标准方程中引入收缩因子，对微粒群算法进行改进保证了收敛性。其速度进化方程为

$$\boldsymbol{v}_{ij}(t+1) = k \times (\omega \cdot \boldsymbol{v}_{ij}(t) + c_1 \cdot \text{rand}_1() \cdot [\boldsymbol{p}_{ij}(t) - \boldsymbol{z}_{ij}(t)] +$$
$$c_2 \cdot \text{rand}_2() \cdot [\boldsymbol{p}_{gj}(t) - \boldsymbol{z}_{ij}(t)]) \qquad (13.10)$$

式中：$k = \dfrac{2}{\left| 2 - \varphi - \sqrt{\varphi^2 - 4\varphi} \right|}$ 为收缩因子；$\varphi = c_1 + c_2$，$\varphi > 4$。

13.3.1.4　优化设计步骤

通过对于微粒群算法的分析研究，可以看出应用该算法进行特定问题优化求解的设计步骤如下：

（1）确定优化问题的目标函数。目标函数对应的适应值大小是优化计算的唯一准则。根据具体问题表述，选择合适的目标函数，用以计算适应值，确定后续优化过程。

（2）选取微粒群算法模型。应用不同微粒群算法模型，在实际求解过程中表现出不同的收敛性能。根据问题的优化要求，选择微粒群算法模型。

（3）选择合适的算法参数。算法参数包括惯性权重 ω、认知学习系数 c_1、社会学习系数 c_2、群体规模 m 以及其他辅助参数等。

（4）确定算法终止条件。微粒群算法的迭代过程中，有可能微粒飞行多次迭代后，适应值不会发生明显改进，此时再迭代不仅不能提高精度，而且会增加运算时间。因此为了增加算法的可控性，保证优化时间，设计算法的终止条件是非常必要的。通常做法是：设定最大迭代次数或设定最低的适应值。当达到最大迭代次数或适应值后，则结束本次迭代过程。

（5）编程计算。根据设计的优化算法，在一定软件平台上进行编程计算，得到优化方案。

13.3.2　基于微粒群刚柔复合控制算法设计

N 关节 $6N$ 自由度的在轨软接触机构在受到空间目标碰撞后，会产生碰撞动量。通过控制 N 个关节处 $6N$ 个柔性可控磁流变阻尼器，实现碰撞动量的平稳控制，确保卫星平台和多臂杆机构的稳定。期望阻尼力的合理选择是动量控制的关键。本节主要探讨如何使用微粒群算法求出 $6N$ 个阻尼器每一时刻的最

优阻尼力,从而实现动量的最优控制。

13.3.2.1　目标函数设计

在轨软接触机构控制目标某种程度上是将碰撞动量最终衰减为0,即各关节处柔性缓冲器的弹性变形为0。对于多臂杆系统,需要将每个关节处沿各方向的动量均衰减为0,这是一个多目标优化控制问题,采用加权系数计算。因此,目标函数设计为

$$\min F(t) = \min\left(a_1 \frac{|x_1|}{\max(x_1)} + a_2 \frac{|x_2|}{\max(x_2)} + \cdots + a_{6N} \frac{|x_{6N}|}{\max(x_{6N})} \right) \quad (13.11)$$

式中:$x_1, x_2, \cdots, x_{6N}$ 分别为在轨软接触机构各关节处沿6个方向的柔性缓冲器的弹性变形量,可通过第8章建立的动力学模型计算得到;$\max(x_n), n = 1, 2, \cdots, 6N$ 为各臂杆最大允许弹性变形量;$a_1, a_2, \cdots, a_{6N}$ 为加权系数,且满足 $a_1 + a_2 + \cdots + a_{6N} = 1$。加权系数决定了对各关节动量的控制要求。

13.3.2.2　微粒群算法设计

在在轨软接触机构的微粒群振动控制中,选用惯性权重线性递减、学习认知系数线性递减、社会认知学习系数线性递增的标准微粒群算法,使得迭代初始阶段,加快收敛速度,粒子较快达到全局最优位置附近,迭代后期,放缓收敛速度,在局部空间找到最优点,保证了算法的最佳搜索性能和收敛速度。算法中微粒的飞行速度及位置计算见式(13.6)、式(13.7),对相关参数修订如下:

$$\begin{cases} \omega = \omega_{\max} - \dfrac{\omega_{\max} - \omega_{\min}}{n_{\max}} \times t \\[2mm] c_1 = c_{1\max} - \dfrac{c_{1\max} - c_{1\min}}{n_{\max}} \times t \\[2mm] c_2 = c_{2\min} + \dfrac{c_{2\max} - c_{2\min}}{n_{\max}} \times t \end{cases} \quad (13.12)$$

根据13.3.1.2节的参数选择策略,初步设置为 $\omega \in [0.5, 0.9]$,$c_1 \in [0.5, 2.5]$,$c_2 \in [0.5, 2.5]$,$m = 10$。

13.3.2.3　算法终止条件

在轨软接触机构的碰撞动量完全控制衰减至0比较困难,因此将算法的终止条件设为各关节处柔性缓冲器的弹性变形量(即关节磁流变阻尼器磁流变液位移,本节简称关节阻尼器位移)处于设定的范围。对于目标函数(式(13.11)),当关节弹性变形量小于设定的最大值为 $F(t) < 1$ 时,即可认为达到控制的要求,终止此次微粒群迭代,输出对应的微粒位置也就是期望最优阻尼力即可。

13.3.2.4　计算流程设计

综合利用微粒群算法和阻尼器正逆模型,实现在轨软接触机构的动量控制,

总体控制框图如 13.1 所示,具体流程如下:

(1) 在轨软接触机构末端受到碰撞后,通过运动传感器检测到 t 时刻关节阻尼器位移位移 $\boldsymbol{x}(t)$。

(2) 利用 t 时刻关节阻尼器位移 $\boldsymbol{x}(t)$、微粒群算法以及凯恩动力学模型,通过迭代求出 t 时刻的最优阻尼力。具体算法如下:

① 定义微粒群规模 m,根据磁流变阻尼器的数量确定微粒维数 d,每个磁流变阻尼器期望阻尼力大小等于微粒群中微粒的位置。初始化微粒群中每个微粒的位置 z_{ij},将 $\boldsymbol{x}(t)$ 和 z_{ij} 代入凯恩动力学方程(式(8.163)),计算各关节 $t+1$ 时刻的阻尼器位移 $\boldsymbol{x}(t+1)$,再把 $\boldsymbol{x}(t+1)$ 代入式(13.31)计算适应值 F_{g1},将此时位置作为 $\boldsymbol{p}_{ij}$ 和 $\boldsymbol{p}_{gj}$。

② 根据式(13.6)、式(13.7)更新微粒的当前位置,并将 $\boldsymbol{x}(t)$ 和微粒位置代入凯恩动力学方程(式(8.163))以及目标函数(式(13.11))继续计算 F_{g2},比较 F_{g2} 和 F_{g1} 的大小,将适应值较小时对应的粒子位置作为 $\boldsymbol{p}_{ij}$ 和 $\boldsymbol{p}_{gj}$,并得到对应的 F_g。

③ 判断当前 $F_g < 1$ 或 $n \geqslant n_{max}$ 是否成立,若不满足要求,则重复步骤②。若满足要求,说明满足算法终止条件,意味着此时迭代的微粒位置(即期望阻尼力大小)能使下一时刻关节阻尼器位移小于要求的范围,即输出当前的全局最好位置 $\boldsymbol{p}_{gj}$,作为阻尼器 t 时刻的期望阻尼力 $\boldsymbol{u}(t)$。

(3) 利用 13.2 节得到的阻尼器正逆模型,输出该期望最优阻尼力 $\boldsymbol{u}(t)$,并作用于多臂杆关节柔性控制器。再通过传感器检测得到 $t+1$ 时刻各关节的阻尼器位移 $\boldsymbol{x}(t+1)$。重复利用步骤(2)计算 $t+1$ 时刻的最优阻尼力 $\boldsymbol{u}(t+1)$,如此循环。

13.4　基于 PID 刚柔复合控制算法设计

13.4.1　控制器的设计

PID 控制器原理简单、容易实现,本节将 PID 控制器用于在轨软接触机构最优阻尼力控制,实现动量控制目标。假设每个关节处的期望阻尼均采用 PID 控制器进行计算。每个关节的最优阻尼力计算设计为

$$u(t) = k_p e(t) + k_I \sum e(t) + k_d [e(t) - e(t-1)] \tag{13.13}$$

式中:$u(t)$ 为 t 时刻各关节的期望阻尼力;k_p、k_I、k_d 为比例、积分、微分常数;$e(t) = x_d(t) - x(t)$ 为 t 时刻期望的关节阻尼器位移与实际位移之差。

由于理想控制目标是任意时刻关节阻尼器位移 $x_d(t)$ 为 0,速度 $\dot{x}_d(t)$ 为 0,因此上述控制率可改写为

$$u(t) = - k_{\mathrm{p}} x(t) - k_{\mathrm{I}} \sum x(t) - k_{\mathrm{d}} [x(t) - x(t-1)] \qquad (13.14)$$

由式(13.14)可知,给定 k_{p}、k_{I}、k_{d},通过比较 t 时刻各关节处阻尼器位移与期望位移的偏差,可以计算出 t 时刻各关节处的期望阻尼力。

13.4.2 参数选择

保证 PID 控制效果的关键是 k_{p}、k_{I}、k_{d} 的选取。首先依据系统性能要求以及参数初步确定,然后分别对几组 PID 参数进行仿真比对,最后根据控制效果选取最佳的 k_{p}、k_{I}、k_{d}。参数优化步骤如下:

(1)先确定比例系数 k_{p}。先将 k_{I}、k_{d} 设为 0,逐步增大 k_{p},同时观察响应,直到系统的输出曲线响应快速,微调量小,此时仍存在静态误差。

(2)加入积分环节 k_{I}。先将 k_{I} 设得小一些,同时稍微减小 k_{p},然后慢慢增大 k_{I},观察响应曲线,从而消除静态误差。

(3)加入微分环节 k_{d}。逐渐增大 k_{d},并微调 k_{p}、k_{I},通过试凑法,得到满足要求的响应曲线。

13.5 综合实例仿真与评价

13.5.1 仿真实例设计

为了比对微粒群控制方案和 PID 控制效果,本节将在 Matlab 软件中编程仿真验证。以 3 关节 12 自由度在轨软接触机构为研究对象(图 13.15),其中每个

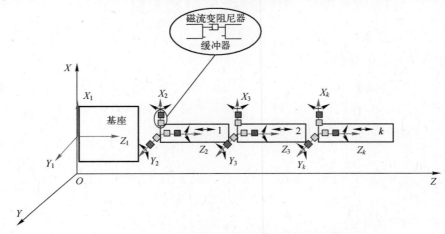

图 13.15　3 关节 12 自由度软接触机构结构简图

关节有 4 个自由度,3 个角动柔性可控阻尼器分别绕 X 轴、Y 轴、Z 轴转动,1 个线动柔性可控阻尼器沿 Z 轴直线运动。在每个关节处安装缓冲器和磁流变阻尼器,共 12 个。

在轨软接触机构参数如表 13.1 所列。

表 13.1　仿真参数表

项　　目		指　　标
软接触机构基本参数	基座质量/kg	200
	基座惯性矩/(kg·m^2)	$I_x = I_y = 53.3, I_z = 66.7$
	软接触机构质量(每段)/kg	8
	软接触机构惯性矩(每段)/(kg·m^2)	$I_x = I_y = 2.5, I_z = 5$
	缓冲器弹簧弹性系数	$f_{wx} = f_{wy} = f_{wz} = 5(N \cdot m)/rad$ $f_z = 5N \cdot m$
瞬时碰撞	斜线 + 旋转碰撞	$F_x = F_y = F_z = 5N, M_x = M_y = M_z = 5N \cdot m$

角动柔性可控阻尼器的力矩输出范围:$[-5,5]N \cdot m$,线动柔性可控阻尼器的力输出范围:$[-5,5]N$。微粒群优化算法相关参数设置如下:微粒群规模 10,粒子维数 12,认知学习系数 $c_1 \in [0.5,2.5]$ 线性递减,社会学习系数 $c_2 \in [0.5,2.5]$ 线性递增,惯性系数 $\omega \in [0.5,0.9]$ 线性递减,最大迭代次数 $n_{max} = 80$。PID 参数:$k_p = 5$、$k_I = 1$、$k_d = 3$。假设在轨软接触机构末端受碰撞力,持续时间 0.1s,采样时间 10s,采样频率 100Hz。

13.5.2　仿真计算与验证

在 Matlab 软件中编写动力学模型、微粒群控制算法、PID 控制算法,分别对在轨软接触机构在无可控阻尼、微粒群、PID 三种方案下的关节位移(或振动位移)情况进行仿真。其中无可控阻尼是指不安装阻尼器,控制力为 0N。

图 13.16(a)(b)(c)分别为无可控阻尼、微粒群控制、PID 控制情况下,在轨软接触机构三个关节处各自由度的碰撞动量振动位移对比图。

由图 13.16 可知,施加关节阻尼控制的在轨软接触机构各关节振动位移明显小于无可控阻尼性能。微粒群控制下关节最大振动位移小于 PID 控制下的最大振动位移,同时振动收敛更短。表 13.2 是三种条件下,各关节各自由度最大振动幅值的对比。由表 13.2 可知,对于关节 1 绕 X 轴的自由度方向,无可控阻尼情况下,最大振动幅值为 0.0864rad;PID 控制下最大振动幅值为 0.0215rad;微粒群控制下最大振动幅值为 0.0078rad;微粒群控制振动幅值相对于无可控阻尼情况减少了 90.97%,相对于 PID 控制减少了 63.72%。以关节 1 综合结果为

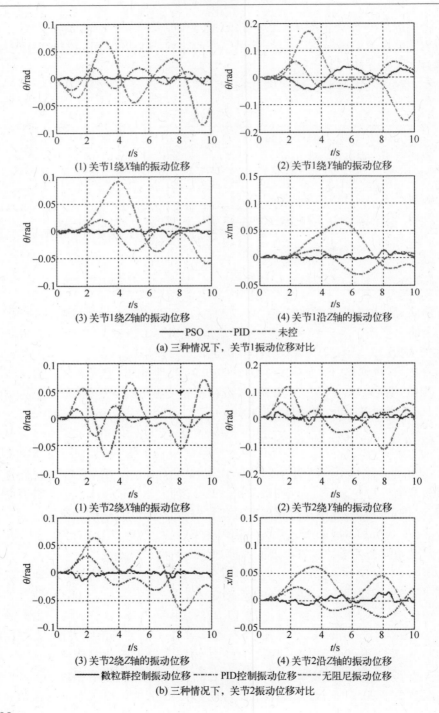

(1) 关节1绕X轴的振动位移

(2) 关节1绕Y轴的振动位移

(3) 关节1绕Z轴的振动位移

(4) 关节1沿Z轴的振动位移

——— PSO ——·—— PID ——————未控

(a) 三种情况下，关节1振动位移对比

(1) 关节2绕X轴的振动位移

(2) 关节2绕Y轴的振动位移

(3) 关节2绕Z轴的振动位移

(4) 关节2沿Z轴的振动位移

——— 微粒群控制振动位移 ——·—— PID控制振动位移 ——————无阻尼振动位移

(b) 三种情况下，关节2振动位移对比

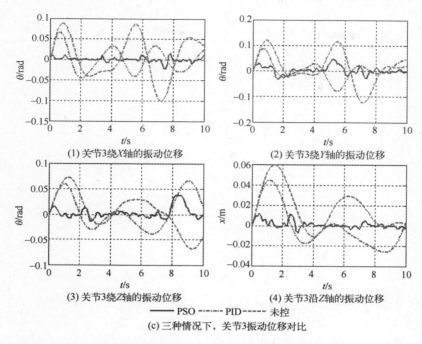

(1) 关节3绕X轴的振动位移

(2) 关节3绕Y轴的振动位移

(3) 关节3绕Z轴的振动位移

(4) 关节3沿Z轴的振动位移

———— PSO ----- PID ----- 未控

(c) 三种情况下, 关节3振动位移对比

图 13.16　三种情况下, 各关节碰撞振动位移对比

例, 各自由度的振动情况, 微粒群控制相对于无可控阻尼情况, 振动位移最多减少了 90.97%, 相对于 PID 控制最多减少了 68.23%。同理, 对于关节 2, 微粒群优化控制相对于无可控阻尼情况最多减少了 98.71%, 相对于 PID 控制最多减少了 97.25%; 对于关节 3, 微粒群优化控制相对于无可控阻尼情况最多减少了 94.67%, 相对于 PID 控制最多减少了 65.56%。对振动收敛稳定时间而言, 微粒群控制下, 关节振动稳定时间明显短于 PID 控制。综合分析可知, 微粒群控制和 PID 控制的关节振动衰减效果明显优于无可控阻尼情况, 同时微粒群控制对于关节振动衰减效果优于 PID 控制。

表 13.2　三种控制情况下, 各关节最大振动位移对比

关节	自由度方向	最大振动幅值(rad 或 m)			微粒群相对其他方法的减小率/%	
		微粒群	PID	未控	PID	未控
1	绕 X 轴方向	0.0078	0.0215	0.0864	63.72	90.97
1	绕 Y 轴方向	0.0761	0.0581	0.1694	−30.98	55.08
1	绕 Z 轴方向	0.0115	0.0362	0.0901	68.23	87.24

（续）

关节	自由度方向	最大振动幅值（rad 或 m）			微粒群相对其他方法的减小率 /%	
		微粒群	PID	未控	PID	未控
1	沿 Z 轴方向	0.0141	0.0307	0.0647	54.07	78.21
2	绕 X 轴方向	0.0009	0.0327	0.0698	97.25	98.71
2	绕 Y 轴方向	0.0200	0.0544	0.1130	63.24	82.30
2	绕 Z 轴方向	0.0147	0.0357	0.0678	58.82	78.32
2	沿 Z 轴方向	0.0155	0.0292	0.0614	46.92	74.76
3	绕 X 轴方向	0.0228	0.0662	0.1015	65.56	77.54
3	绕 Y 轴方向	0.0470	0.0880	0.1234	46.59	61.91
3	绕 Z 轴方向	0.0388	0.0667	0.728	41.83	94.67
3	沿 Z 轴方向	0.0122	0.0446	0.0595	72.65	79.50

　　在轨软接触机构受到碰撞后，不仅产生关节振动，卫星漂浮基座也会受到扰动，卫星基座姿态也会发生变化，因此卫星基座姿态受扰动程度也是衡量柔性关节控制算法的重要条件。图 13.17 为无可控阻尼、微粒群控制、PID 控制三种情况下，卫星基座姿态角变化对比图。图 13.18 为卫星基座姿态角速度变化对比图。虚线条表示无可控阻尼振动位移，实线条表示微粒群控制振动位移，点划线

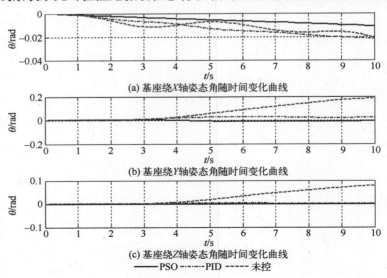

(a) 基座绕 X 轴姿态角随时间变化曲线

(b) 基座绕 Y 轴姿态角随时间变化曲线

(c) 基座绕 Z 轴姿态角随时间变化曲线

—— PSO　------ PID　----- 未控

图 13.17　三种控制情况下卫星基座姿态角对比

条表示 PID 控制振动位移。

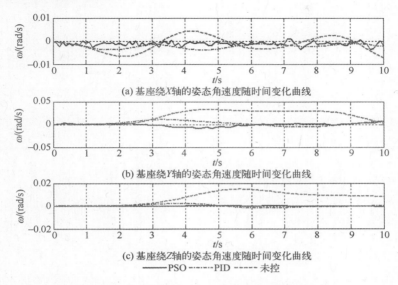

(a) 基座绕X轴的姿态角速度随时间变化曲线

(b) 基座绕Y轴的姿态角速度随时间变化曲线

(c) 基座绕Z轴的姿态角速度随时间变化曲线

———— PSO　---------- PID　----- 未控

图 13.18　三种控制情况下卫星基座姿态角速度对比

由图 13.17、图 13.18 中可知：无可控阻尼时，卫星漂浮基座最大姿态角为 0.1836rad，最大姿态角速度为 0.0328rad/s；施加 PID 控制后，卫星基座最大姿态角为 0.0275rad，最大姿态角速度为 0.0108rad/s；微粒群控制后，卫星基座最大姿态角度为 0.0124rad，最大姿态角速度为 0.0089rad/s。微粒群控制相对于无可控阻尼，卫星基座最大姿态角减少了 93.25%，最大角速度减少了 72.87%。同时，相对于 PID 控制，微粒群控制下，卫星基座最大姿态角减少了 54.91%，最大角速度减少了 17.59%。微粒群对于基座姿态控制效果优于 PID 控制，说明微粒群算法对基座姿态干扰动量控制是有效的。

图 13.19 是微粒群和 PID 控制器计算出来的各关节的期望阻尼力。微粒群计算的期望最优阻尼力变化较快，PID 算法计算的期望最优阻尼力连续。当关节振动剧烈时，选取较大的期望阻尼力抑制振动。当关节振动不明显时，选取较小的期望阻尼力即可满足在轨软接触机构动量控制的要求。

由图 13.16 ~ 图 13.19 中各关节最大振动位移、振动衰减时间、基座姿态变化等指标综合分析，可以看出相对于无可控阻尼情况和 PID 控制，微粒群控制下的在轨软接触机构各关节最大振动位移最小，振动收敛时间最短、卫星基座姿态比较稳定，说明采用微粒群算法进行在轨软接触机构的动量控制是可行有效的。

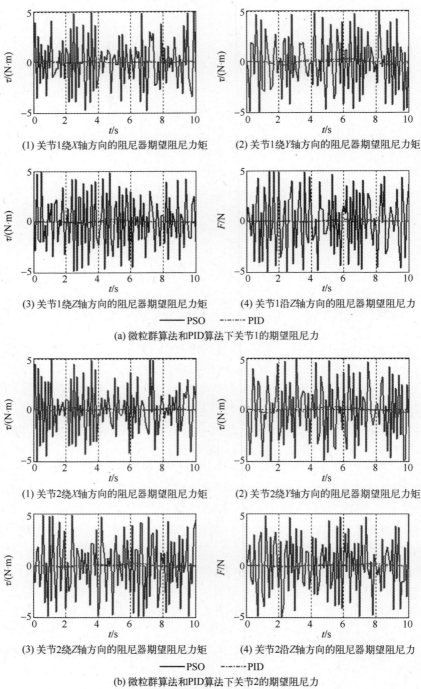

(1) 关节1绕X轴方向的阻尼器期望阻尼力矩

(2) 关节1绕Y轴方向的阻尼器期望阻尼力矩

(3) 关节1绕Z轴方向的阻尼器期望阻尼力矩

(4) 关节1沿Z轴方向的阻尼器期望阻尼力

—— PSO   ----- PID

(a) 微粒群算法和PID算法下关节1的期望阻尼力

(1) 关节2绕X轴方向的阻尼器期望阻尼力矩

(2) 关节2绕Y轴方向的阻尼器期望阻尼力矩

(3) 关节2绕Z轴方向的阻尼器期望阻尼力矩

(4) 关节2沿Z轴方向的阻尼器期望阻尼力

—— PSO   ----- PID

(b) 微粒群算法和PID算法下关节2的期望阻尼力

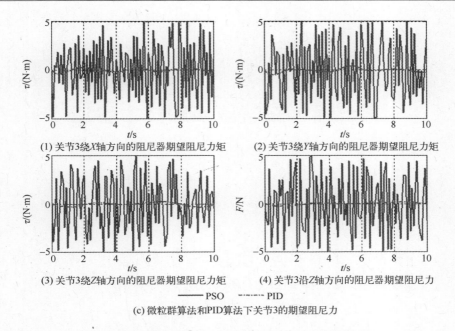

(1) 关节3绕X轴方向的阻尼器期望阻尼力矩　(2) 关节3绕Y轴方向的阻尼器期望阻尼力矩

(3) 关节3绕Z轴方向的阻尼器期望阻尼力矩　(4) 关节3沿Z轴方向的阻尼器期望阻尼力

——— PSO　　- - - - PID

(c) 微粒群算法和PID算法下关节3的期望阻尼力

图 13.19　微粒群算法和 PID 算法下关节 3 的期望阻尼力

第五篇　在轨软接触技术验证

第14章　在轨软接触机构数值仿真系统的构建与技术验证

根据在轨服务任务操控需求,在轨软接触机构数值仿真系统设计的主要目的就是为在轨软接触机构提供机构模型和高精度的动力学仿真环境,可对在轨软接触机构的典型在轨服务任务进行仿真,且支持仿真过程中数据采集、传输及可视化显示。同时,需要考虑该数值仿真系统与实物验证系统能够有效对接。因此,在轨软接触机构的数值仿真系统在设计时需重点考虑以下三点功能:一是高精度的在轨软接触机构三维实体仿真以及动力学特性计算;二是仿真过程数据的实时采集、传递及仿真结果的可视化显示;三是支持与半实物仿真功能对接,即可支持以后在轨软接触机构的实物验证。

14.1　数值仿真系统的构建

14.1.1　仿真系统总体框架设计

仿真系统主要由人机交互软件、控制调度软件、控制算法软件、动力学分析软件和可视化软件组成,数值系统总体结构如图14.1所示。

图14.1中,人机交互软件主要负责将在轨软接触机构的特征参数传递给控制调度软件;控制调度软件负责各个专业软件的数据交互和运行;控制算法软件主要依据在轨软接触机构运动学、动力学等参数通过数值计算得到仿真所需的

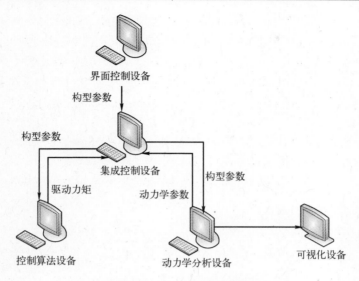

界面控制设备

构型参数

构型参数

集成控制设备

构型参数

驱动力矩

动力学参数

控制算法设备

动力学分析设备

可视化设备

图 14.1　综合系统总体结构

控制力和力矩,并通过控制调度软件,传递给动力学分析软件进行相应仿真分析,并最终在可视化软件中进行三维动画显示。

14.1.2　分系统构建

根据空数值仿真系统软件框架,所构建的各分系统中主要包括机构仿真模块、控制算法模块、集成控制模块、可视化模块,具体分系统组成如图 14.2 所示。

为了满足数值仿真系统对于未来实物仿真的设计需要,采用 LabVIEW(Laboratory Virtual Instrument Engineering Workbench)软件为主要开发环境。LabVIEW 是美国 NI 公司(National Instruments)开发的图形化编程软件,相比于传统的 C 语言编程,该软件具有强大的界面开发能力。

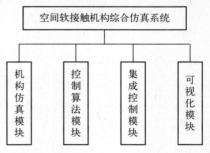

图 14.2　数值仿真系统组成

14.1.2.1　机构仿真模块

机构仿真模块主要功能是对在轨软接触机构模型进行三维建模,并测试其基本动力学特性,其运行流程如图 14.3 所示。

为了实现在轨软接触机构的高精度仿真,本节采用三维建模软件 Pro/E(Pro/Engineer)开展机构模型构建。该软件采用了参数化设计和模块组装方式,可以进行草图绘制、零件制作等操作。本节采用 ADAMS 作为机构的动力学分析软件,该软件采用拉格朗日方程作为其求解器,可对系统各种动力学特性进行分析,并输出期望的特征参数曲线。由图 14.3 可知,首先根据任务初始化构型参数,在 Pro/E 软件 Solidedge 环境下建立在轨软接触机构的三维实体模型,后将其转换为以 Parasolid 为内核的 x-t 格式,并导入 ADAMS 中进行分析,以测试其基本动力学性能。通过在关节上施加驱动力矩等,对机构中各传动零件的运动状态进行分析,以满足仿真任务要求。

14.1.2.2 控制算法模块

控制算法模块主要完成在轨操控任务中所涉及的各种控制算法,其算法流程如图 14.4 所示。

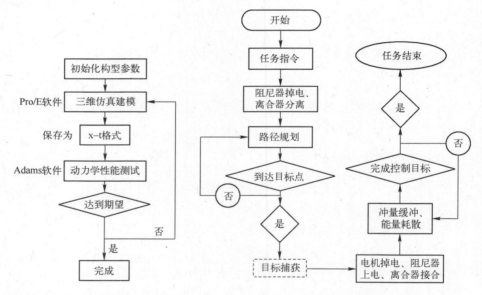

图 14.3 机构仿真模块仿真流程   图 14.4 控制算法模块运行流程

由图 14.4 可知,在接触空间目标前,首先,在轨软接触机构工作在刚性模式下,根据设置的初始化参数,对机构末端执行器位置和姿态进行相应的路径规划计算,得到所需的关节角速度序列;其次,在在轨软接触机构末端执行器与目标卫星发生接触时,在轨软接触机构工作状态转换为柔性控制模式,根据第四篇中讨论的控制算法,计算碰撞动量控制所需的最优阻尼力和力矩。

14.1.2.3 集成控制模块

集成控制模块主要完成对机构仿真模块和控制算法模块的集成控制功能。该模块主要在 Matlab/Simulink 环境中对 ADAMS 软件进行集成,从而完成数据的实时采集、调度、传输,以及图像的可视化显示。其控制流程如图 14.5 所示。

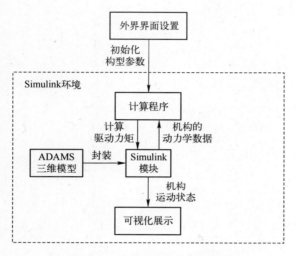

图 14.5　集成控制模块运行流程

由图 14.5 可知,集成控制模块接收外部界面所发送的初始化构型参数,并基于控制算法模块中的计算程序来生成驱动力和力矩。ADAMS 通过 ADAMS/Control 模块将其封装为 Simulink 模块,接收计算程序提供的驱动力和力矩,并进行动力学分析,将动力学计算结果反馈给计算程序,同时可视化软件显示在轨软接触机构的运行状态。

14.2　在轨软接触机构路径规划技术仿真验证

14.2.1　仿真环境设计

本节在建立在轨软接触机构仿真系统的基础上,以在轨路径规划为任务背景,开展各子系统协同仿真,路径规划仿真系统主界面如图 14.6 所示。

由图 14.6 可知,路径规划仿真系统主要包括构型设计、任务模式选择、任务设定、结果显示等功能。其中,构型设计区域负责对在轨软接触机构的初始构型参数进行设定;任务模式选择区域可对路径规划的任务模式进行选择;任务设定区域主要对路径规划的期望位姿进行设定;结果显示区域可对实时的计算结果进行显示。

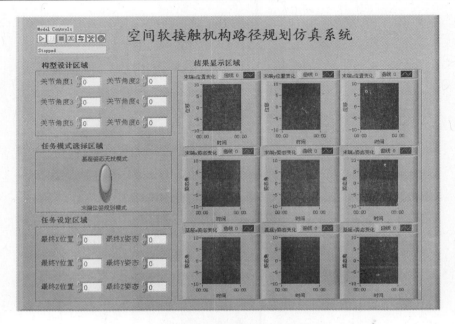

图 14.6　在轨软接触机构路径规划仿真系统主界面

14.2.2　仿真计算与验证

14.2.2.1　末端位姿连续规划仿真结果

对第 9 章笛卡儿路径规划算法中自由漂浮末端连续位姿进行路径规划,机构末端的初始位置、姿态以及末端规划期望的最终位置和姿态参数设置如表 14.1 所列。

表 14.1　在轨软接触机构初始位姿和末端最终位姿参数

末端初始位置/m			末端初始姿态/(°)		
X	Y	Z	α	β	γ
1.1604	-2.3860×10^{-4}	0.2099	0	30	0
末端最终位置/m			末端最终姿态/(°)		
X	Y	Z	α	β	γ
0.6104	0	0.4099	0	15	0

仿真中卫星基座的动力学参数设置如下: $m = 600\mathrm{kg}$, $I = \begin{bmatrix} 50 & 50 & 50 \end{bmatrix}\mathrm{kg \cdot m^2}$,每个臂杆的动力学参数相同,为 $m = 20\mathrm{kg}$, $I = \begin{bmatrix} 5 & 5 & 5 \end{bmatrix}\mathrm{kg \cdot m^2}$。末端速度的加速和减速时间为 4s,则仿真计算结果如图 14.7 所示。

图 14.7 给出在轨软接触机构路径规划仿真系统的实时结果展示,对图中软接触机构末端位置和姿态的曲线变化进行详细展现,如图 14.8 所示。

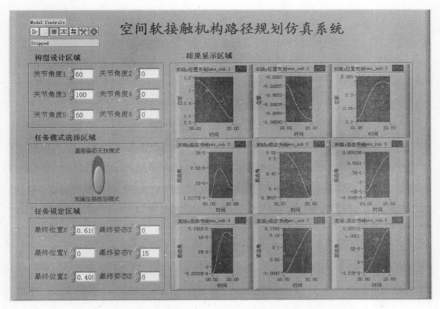

图 14.7　在轨软接触机构末端连续位姿规划实时仿真结果

在轨软接触机构末端实际规划位置的仿真结果为$[0.5603 \quad -4.3 \times 10^{-4}$ $0.3408]$，姿态为$[4.2 \times 10^{-4} \quad 0.3698 \quad 1.2 \times 10^{-4}]$，其单位为 rad，换算为角度为$[0° \quad 18.18° \quad 0°]$。规划的末端位置误差分别为$[0.0501\text{m} \quad 0 \quad 0.0691\text{m}]$，姿态误差为$[0° \quad 3.18° \quad 0°]$。考虑在轨软接触机构动力学中有关电动机、齿轮、传动杆件等零部件参数无法精确测量的因素，基本认为在轨软接触机构完成了末端位姿连续规划的任务。在轨软接触机构的初始构型和规划结束的最终构型如图 14.9 所示。

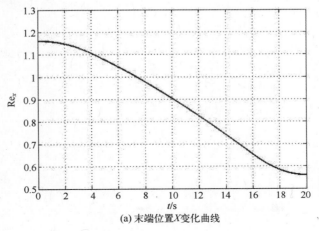

(a) 末端位置X变化曲线

309

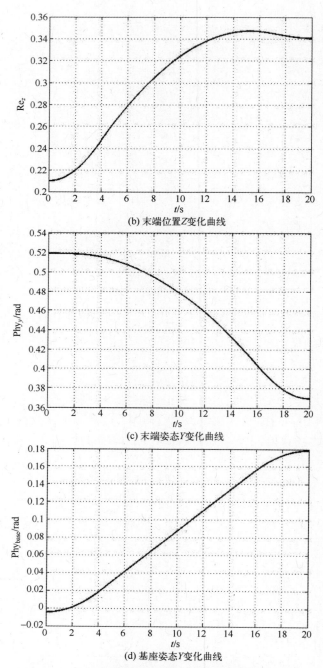

(b) 末端位置Z变化曲线

(c) 末端姿态Y变化曲线

(d) 基座姿态Y变化曲线

图 14.8　在轨软接触机构末端连续位姿规划仿真结果

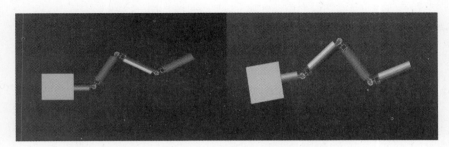

图 14.9   在轨软接触机构的初始构型和最终构型

从图 14.9 中可以看出，在轨软接触机构的末端基本达到了规划的位姿，路径规划的误差精度保持在可接受范围内，说明达到了预期效果。

14.2.2.2   基座姿态无扰规划仿真结果

在轨软接触机构的初始位姿与 14.2.2.1 节相同，由于需要对基座的姿态不产生扰动，则这里仅对机构末端的位置进行规划，期望的机构末端位置为 $[0.6604 \quad 0 \quad -0.1901]$，则仿真计算结果如图 14.10 所示。

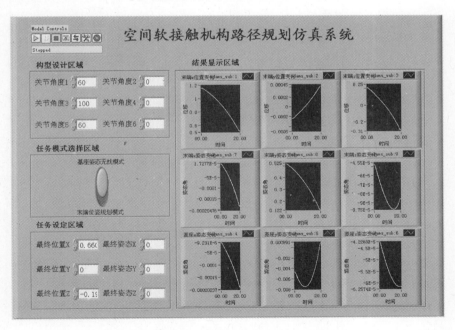

图 14.10   在轨软接触机构基座姿态无扰实时仿真结果

图 14.10 给出在轨软接触机构路径规划仿真系统的实时计算结果。图 14.11 和图 14.12 给出了在轨软接触机构末端位置跟踪曲线和基座姿态变化曲线。

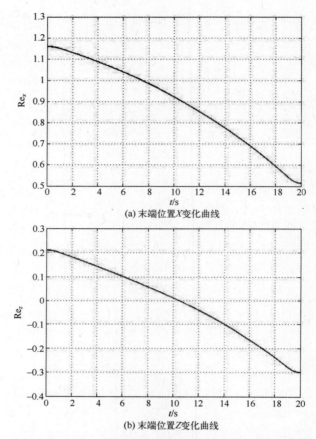

(a) 末端位置X变化曲线

(b) 末端位置Z变化曲线

图 14.11　在轨软接触机构基座姿态无扰末端位置跟踪曲线

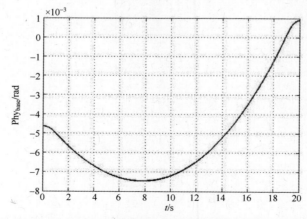

图 14.12　在轨软接触机构基座姿态无扰时基座姿态变化曲线

从图 14.11 中可以看出,对在轨软接触机构进行基座姿态无扰的路径规划,其末端实际规划的位置为 $[0.5645 \quad 0.0004 \quad -0.3002]$,其位置跟踪误差为 $[0.0959 \quad 0.0004 \quad 0.1101]$。

从图 14.12 中可以看出,对基座的姿态扰动基本保持在 10^{-3} 量级,基本认为对基座的姿态不造成扰动。

从图 14.13 中可以看出,路径规划运动对在轨软接触机构的基座姿态基本没有扰动,而末端也规划到期望的位置,可认为实验任务基本达到了预期效果。

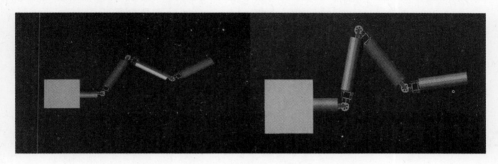

图 14.13 在轨软接触机构的初始构型和最终构型

14.3 基于期望函数约束的在轨软接触机构刚柔复合控制技术仿真验证

14.3.1 仿真环境设计

为了仿真验证在轨软接触机构与空间目标碰撞后的控制效果,根据第 12 章研究的控制算法,进行在轨软接触机构碰撞动量控制过程的仿真验证,仿真结算结果如图 14.14 所示。

图 14.14 给出了在轨软接触机构碰撞动量控制仿真系统的示意图,包括构型设计、目标卫星和主卫星设定,以及结果显示区域。其中目标卫星和主卫星设定区域主要对其质量特性参数进行设定。

14.3.2 仿真计算与验证

采用第 9 章的控制算法,对三臂杆在轨软接触机构进行仿真验证。设定基座的动力学参数为:$m = 600\text{kg}$,$I = [50 \quad 50 \quad 50]\text{kg} \cdot \text{m}^2$,每个臂杆的动力学参数相同,为 $m = 20\text{kg}$,$I = [5 \quad 5 \quad 5]\text{kg} \cdot \text{m}^2$。其他动力学参数与 12.4.3 节相同,计算结果如图 14.15 所示。

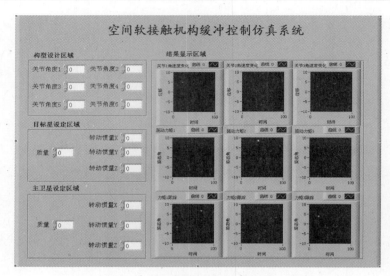

图 14.14　在轨软接触机构碰撞动量控制仿真系统

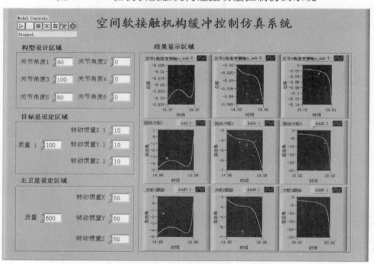

图 14.15　在轨软接触机构碰撞动量控制仿真结果

　　图 14.15 给出在轨软接触机构碰撞动量控制仿真的实时结果展示,对图中软接触机构基座质心位置的加速度曲线变化进行详细分析。

　　图 14.16 给出了在轨软接触机构卫星基座的加速度变化曲线,图 14.17 给出了各关节柔性关节控制力矩的实时跟踪结果。

　　图 14.16 给出了在轨软接触机构碰撞动量控制过程中卫星基座加速度的变化曲线,可以看出,在轨软接触机构在 3.73s 左右与目标卫星发生了接触碰撞,

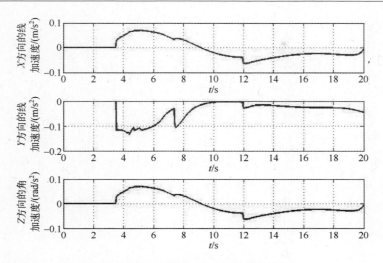

图 14.16　卫星基座的加速度变化曲线

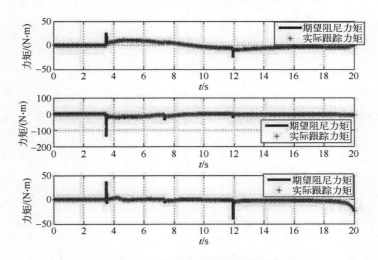

图 14.17　各柔性关节控制力矩的跟踪结果

此时,柔性阻尼单元磁流变缓冲器开始施加控制阻尼力,各加速度曲线为收敛趋势;在大约 7.2s 时,目标卫星与机构发生了二次碰撞,导致卫星基座的加速度又发生了突变,在柔性缓冲器作用下,又趋于收敛状态;在仿真进行到 12s 时,软接触机构与目标卫星又一次发生碰撞,之后,曲线基本趋于收敛。上述仿真结果证明了第 9 章中控制算法是有效的,可以基本实现对空间目标碰撞的动量的有效控制。

　　图 14.17 给出了磁流变阻尼力矩的实时结果,可以看出,实际输出的力矩与期望力矩基本吻合,说明第 9 章中训练的 BP 神经网络可以实现阻尼力矩的跟

踪过程,基本达到了预期的目标。

14.4 基于微粒群的在轨软接触机构刚柔复合控制技术仿真验证

14.4.1 仿真参数设计

为验证在轨软接触机构碰撞动量对卫星基座干扰动量耦合效果,对不同臂杆数目的在轨软接触机构进行仿真:①单关节四自由度;②两关节四自由度。对于每一类臂杆,空间目标碰撞动量又分为三种类型:①直线碰撞;②直线加旋转碰撞;③斜线加旋转碰撞。仿真初始条件如表14.2所列。

表 14.2　仿真参数表设置

项　目		指　标
软接触机构基本参数	基座质量/kg	200
	基座惯性矩/$(kg \cdot m^2)$	$I_x = I_y = 53.3, I_z = 66.7$
	软接触机构质量(每段)/kg	8
	软接触机构惯性矩(每段)/$(kg \cdot m^2)$	$I_x = I_y = 2.5, I_z = 5$
	缓冲器弹簧弹性系数	$f_{wx} = f_{wy} = f_{wz} = 5N/rad$　$f_z = 5N/m$
外部冲量(瞬时力时间0.1s)	直线	$F_z = 5N$
	直线 + 旋转	$F_z = 5N, M_x = M_y = M_z = 5N \cdot m$
	斜线 + 旋转碰撞	$F_x = F_y = F_z = 5N, M_x = M_y = M_z = 5N \cdot m$
PSO	认知学习系数 c_1	2
	惯性系数 ω	0.9 ~ 0.5 线性递减
	社会学习系数 c_2	2

14.4.2 仿真计算与验证

14.4.2.1 单关节四自由度

1. 直线碰撞

对于单关节四自由度的在轨软接触机构,空间目标直线碰撞的仿真初始构型如图14.18所示。

由图14.19(a)可知,对柔性关节不施加阻尼控制时,仅靠柔性缓冲器,最大耦合力在0.4N左右,对卫星基座姿态产生影响。由图14.19(b)可知,施加微粒群算法

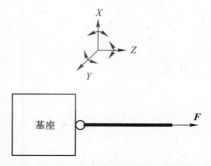

图 14.18　受直线碰撞的初始构型

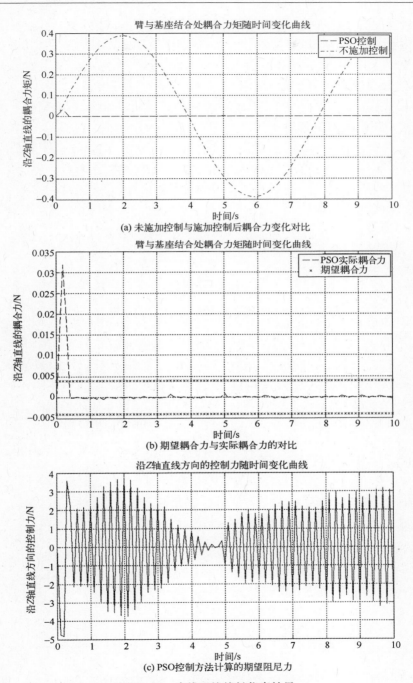

图 14.19　直线碰撞接触仿真结果

（PSO）控制后,对卫星基座最大干扰耦合力约在 0.02N,相比于不施加阻尼控制,干扰力减少了 95%,干扰耦合力基本稳定在期望耦合力范围之内,可基本确保基座姿态的稳定。

2. 直线加旋转碰撞

对于单关节四自由度的在轨软接触机构,空间目标在直线 + 旋转状态下碰撞的仿真初始构型如图 14.20 所示。

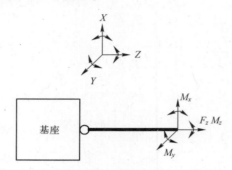

图 14.20　受直线加旋转碰撞的初始构型

由图 14.21(a)(b)可知,使用 PSO 控制算法计算出的关节阻尼力能有效减小卫星基座干扰耦合力矩。在 0.5s 内干扰耦合力矩收敛在期望力矩范围之内,虽然在图 14.21(b)中某些点的实际耦合力矩超过期望值,但其误差不大,对卫星基座稳定性影响不大。根据图 14.21(c)和(d),采用 PSO 控制后,卫星基座的姿态角和角速度变化不大,基本稳定在 0rad 和 0rad/s 左右。

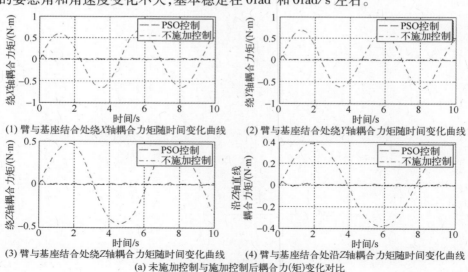

(1) 臂与基座结合处绕X轴耦合力矩随时间变化曲线　(2) 臂与基座结合处绕Y轴耦合力矩随时间变化曲线

(3) 臂与基座结合处绕Z轴耦合力矩随时间变化曲线　(4) 臂与基座结合处沿Z轴耦合力矩随时间变化曲线

(a) 未施加控制与施加控制后耦合力(矩)变化对比

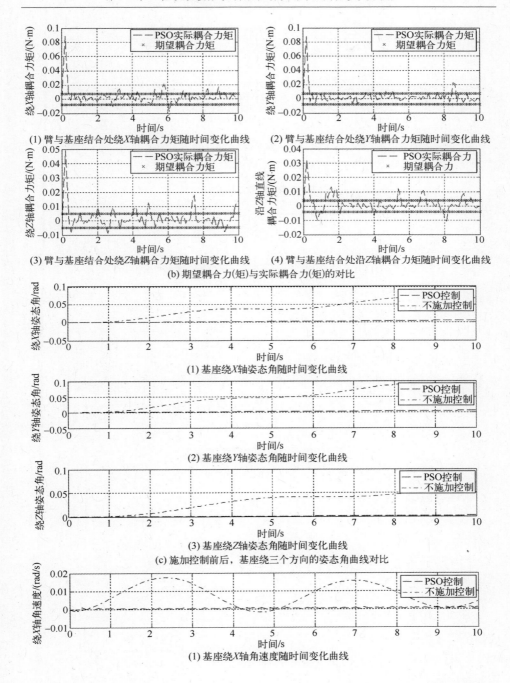

(1) 臂与基座结合处绕X轴耦合力矩随时间变化曲线

(2) 臂与基座结合处绕Y轴耦合力矩随时间变化曲线

(3) 臂与基座结合处绕Z轴耦合力矩随时间变化曲线

(4) 臂与基座结合处沿Z轴耦合力矩随时间变化曲线

(b) 期望耦合力(矩)与实际耦合力(矩)的对比

(1) 基座绕X轴姿态角随时间变化曲线

(2) 基座绕Y轴姿态角随时间变化曲线

(3) 基座绕Z轴姿态角随时间变化曲线

(c) 施加控制前后,基座绕三个方向的姿态角曲线对比

(1) 基座绕X轴角速度随时间变化曲线

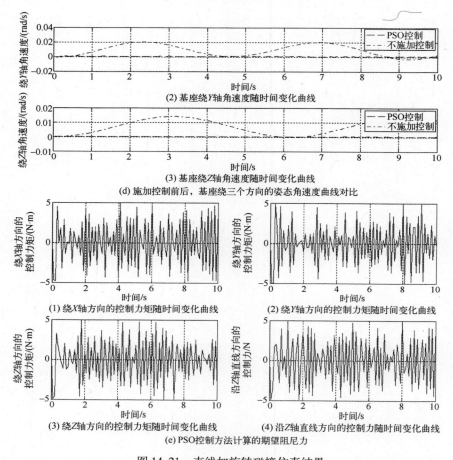

(2) 基座绕Y轴角速度随时间变化曲线

(3) 基座绕Z轴角速度随时间变化曲线

(d) 施加控制前后，基座绕三个方向的姿态角速度曲线对比

(1) 绕X轴方向的控制力矩随时间变化曲线　　(2) 绕Y轴方向的控制力矩随时间变化曲线

(3) 绕Z轴方向的控制力矩随时间变化曲线　　(4) 沿Z轴直线方向的控制力随时间变化曲线

(e) PSO控制方法计算的期望阻尼力

图 14.21　直线加旋转碰撞仿真结果

3. 斜线加旋转碰撞

对于单关节四自由度的在轨软接触机构,空间目标在斜线 + 旋转状态下碰撞的仿真初始构型如图 14.22 所示。

由图 14.23(a)(b)可知,对于受到斜线加旋转碰撞的在轨软接触机构,相对于未施加关节控制时,使用 PSO 控制方法的卫星基座干扰耦合力矩较小并保持在期望范围之内。由图 14.23(c)(d),对于PSO 控制方法而言,卫星基座的三个姿态角和角速度变化不大,说明空间目标的碰撞对卫星基座位姿态影响不大。

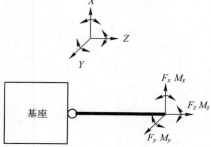

图 14.22　受斜线加旋转碰撞的初始构型

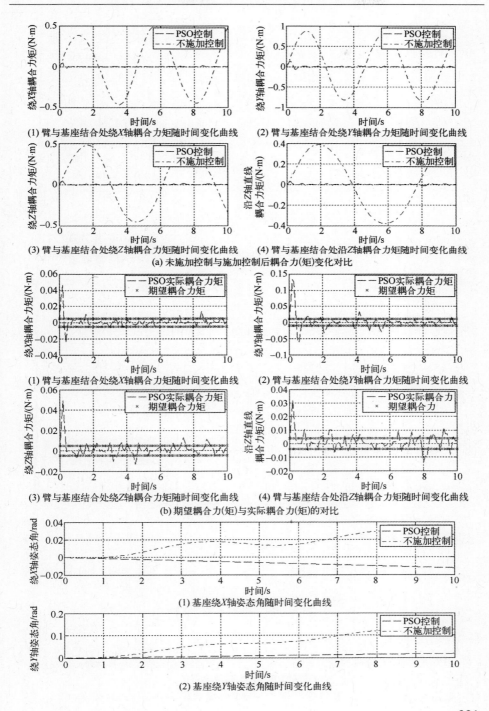

(1) 臂与基座结合处绕 X 轴耦合力矩随时间变化曲线

(2) 臂与基座结合处绕 Y 轴耦合力矩随时间变化曲线

(3) 臂与基座结合处绕 Z 轴耦合力矩随时间变化曲线

(4) 臂与基座结合处沿 Z 轴耦合力矩随时间变化曲线

(a) 未施加控制与施加控制后耦合力(矩)变化对比

(1) 臂与基座结合处绕 X 轴耦合力矩随时间变化曲线

(2) 臂与基座结合处绕 Y 轴耦合力矩随时间变化曲线

(3) 臂与基座结合处绕 Z 轴耦合力矩随时间变化曲线

(4) 臂与基座结合处沿 Z 轴耦合力矩随时间变化曲线

(b) 期望耦合力(矩)与实际耦合力(矩)的对比

(1) 基座绕 X 轴姿态角随时间变化曲线

(2) 基座绕 Y 轴姿态角随时间变化曲线

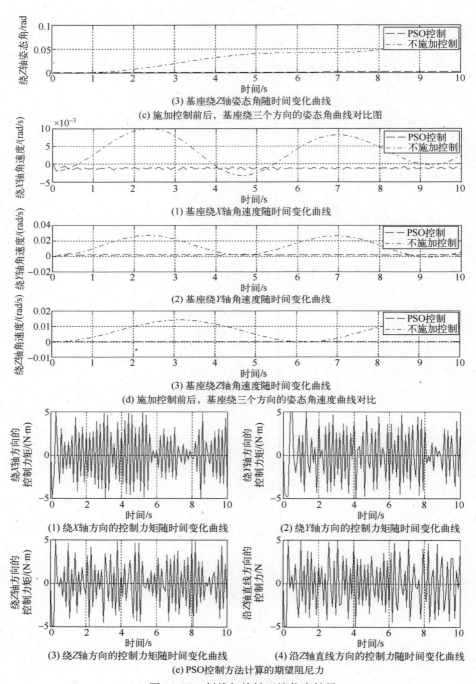

(3) 基座绕Z轴姿态角随时间变化曲线

(c) 施加控制前后，基座绕三个方向的姿态角曲线对比图

(1) 基座绕X轴角速度随时间变化曲线

(2) 基座绕Y轴角速度随时间变化曲线

(3) 基座绕Z轴角速度随时间变化曲线

(d) 施加控制前后，基座绕三个方向的姿态角速度曲线对比

(1) 绕X轴方向的控制力矩随时间变化曲线

(2) 绕Y轴方向的控制力矩随时间变化曲线

(3) 绕Z轴方向的控制力矩随时间变化曲线

(4) 沿Z轴直线方向的控制力随时间变化曲线

(e) PSO控制方法计算的期望阻尼力

图 14.23 斜线加旋转碰撞仿真结果

根据上述三个典型案例的仿真,对于单关节四自由度在轨软接触机构,PSO 控制算法能有效减小对卫星基座的干扰耦合力矩,并使干扰力矩控制在期望范围内。同时,采用 PSO 控制后,卫星基座姿态角变化较小,能够确保卫星基座姿态的稳定。

14.4.2.2　两关节四自由度

1. 直线碰撞

对于两关节四自由度的在轨软接触机构,空间目标在直线状态下碰撞的仿真初始构型如图 14.24 所示。

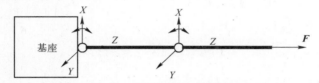

图 14.24　受直线碰撞的初始构型

由图 14.25(a)(b)可知,对于受直线碰撞的两关节四自由度在轨软接触机构,关节转动不作用,只有关节线动运动,因此只将线动关节耦合力作为 PSO 控制优化目标。采用 PSO 控制后卫星基座干扰耦合力减小至期望范围。同时由图 14.25 可知,两关节的线动位移也得到了有效控制。

2. 直线加旋转碰撞

对于两关节四自由度的在轨软接触机构,空间目标在直线 + 旋转状态下碰撞的仿真初始构型如图 14.26 所示。

臂与基座结合处沿Z轴耦合力随时间变化曲线

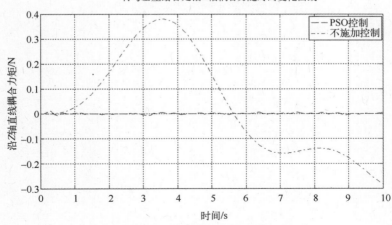

(a) 未施加控制与施加控制后耦合力变化对比

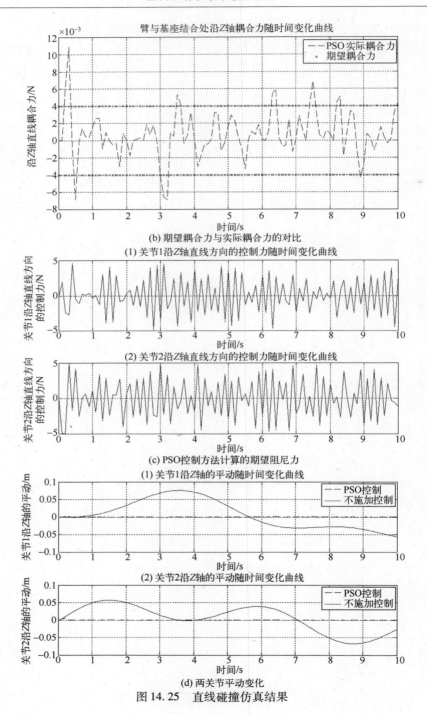

(b) 期望耦合力与实际耦合力的对比

图 14.25　直线碰撞仿真结果

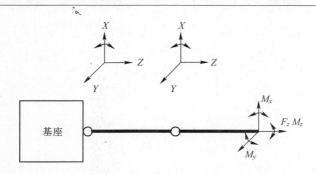

图 14.26　受直线加旋转碰撞的初始构型

由图 14.27 可知,对于受直线 + 旋转碰撞的两关节四自由度在轨软接触机构,未施加关节控制阻尼力时,对卫星基座干扰耦合力矩较大,且关节角动位移在 $[-0.2,0.2]$ rad 之间,关节直线位移在 $[-0.1,0.1]$ m 之间,卫星基座姿态不稳定。施加 PSO 控制后,卫星基座干扰耦合力矩在较短时间内迅速衰减,且经过一段时间后稳定在 0 附近。由图 14.27(c)可知,对于卫星基座绕 X 轴的姿态角,控制前后的最大姿态角分别约为 0.09rad 和 0.01rad,PSO 控制相对于未施加关节阻尼控制状态,卫星基座最大姿态角变化减小了 88.9%。但卫星基座绕 Y 轴、Z 轴的最大姿态角基本没有变化,是由于关节旋转自由度是绕 X 轴的,只在这个方向安装了柔性可控的磁流变阻尼器。

(1) 臂与基座结合处绕X轴转动方向的耦合力矩随时间变化曲线

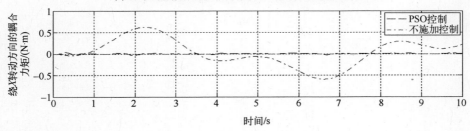

(2) 臂与基座结合处沿Z轴耦合力随时间变化曲线

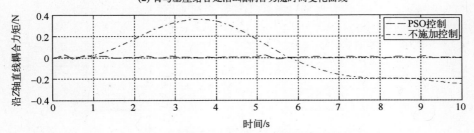

(a) 未施加控制与施加控制后耦合力变化对比图

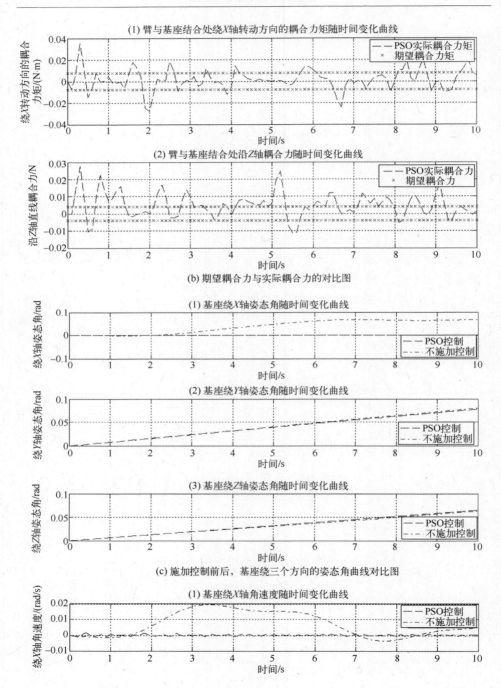

(b) 期望耦合力与实际耦合力的对比图

(c) 施加控制前后，基座绕三个方向的姿态角曲线对比图

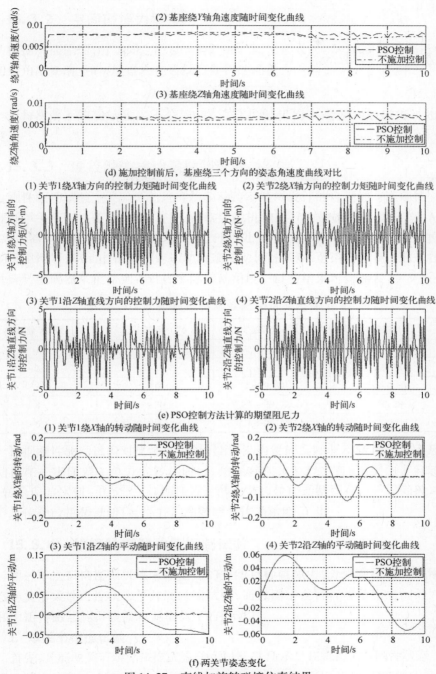

图 14.27 直线加旋转碰撞仿真结果

3. 斜线加旋转碰撞

对于两关节四自由度的在轨软接触机构,空间目标在斜线＋旋转状态下碰撞的仿真初始构型如图 14.28 所示。

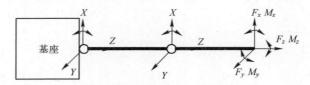

图 14.28　受斜线加旋转碰撞的初始构型

由图 14.29 可知,受斜线＋旋转碰撞的在轨软接触机构对卫星基座干扰耦合力矩较大,且变化明显。经过 PSO 控制后,能有效控制对卫星基座的干扰力矩。虽然某些时刻耦合力矩超过期望范围,但其数值相对于未施加控制的小很多。同时,卫星基座绕 X 轴的姿态角和角速度减小很多,说明 PSO 控制算法能够有效减小碰撞动量对卫星基座的扰动。

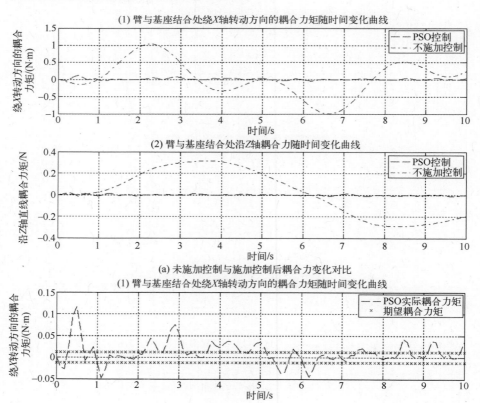

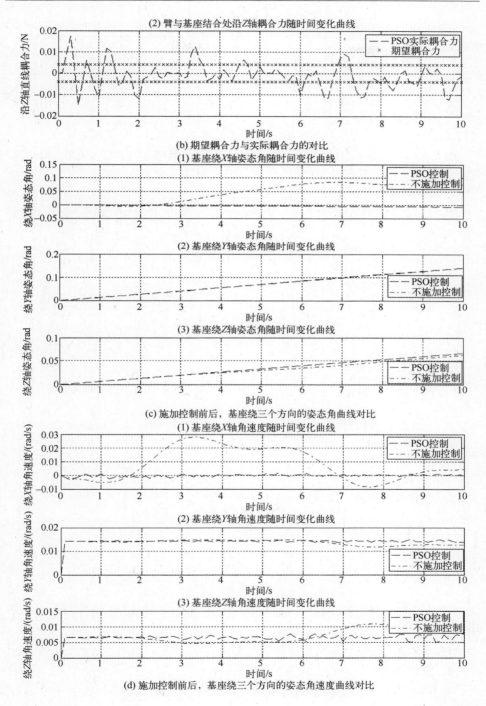

(2) 臂与基座结合处沿Z轴耦合力随时间变化曲线

(b) 期望耦合力与实际耦合力的对比

(1) 基座绕X轴姿态角随时间变化曲线

(2) 基座绕Y轴姿态角随时间变化曲线

(3) 基座绕Z轴姿态角随时间变化曲线

(c) 施加控制前后，基座绕三个方向的姿态角曲线对比

(1) 基座绕X轴角速度随时间变化曲线

(2) 基座绕Y轴角速度随时间变化曲线

(3) 基座绕Z轴角速度随时间变化曲线

(d) 施加控制前后，基座绕三个方向的姿态角速度曲线对比

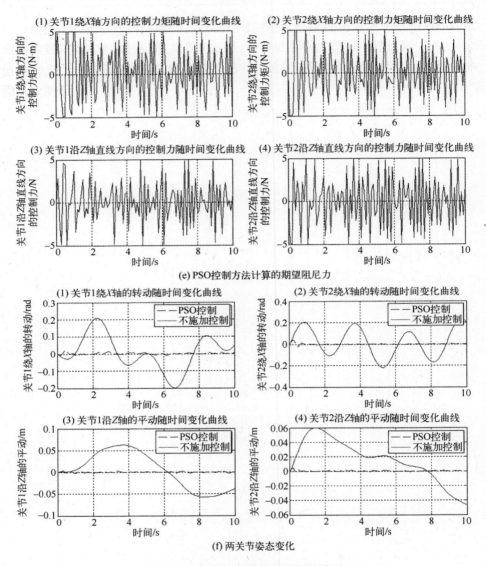

图 14.29　直斜线加旋转碰撞仿真结果

通过以上对两关节四自由度在轨软接触机构三种碰撞情况的仿真,说明采用 PSO 控制算法能有效减小干扰耦合力矩,确保卫星基座稳定。

14.4.2.3　两关节四自由度其他构型

1. 直线碰撞

在空间目标在直线碰撞状态下,对于两关节四自由度的在轨软接触机构其他初始构型如图 14.30 所示。

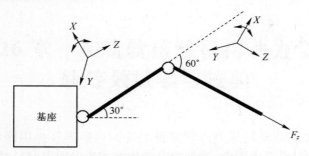

图 14.30　受直线碰撞的其他初始构型

由图 14.31 可知,受直线碰撞的其他构型两关节四自由度在轨软接触机构,由于线动和角动的耦合作用,关节线动作用引发角动作用,因此需要对四个关节阻尼器同时实施 PSO 控制。由仿真结果可知,采用 PSO 控制后,卫星基座干扰耦合力矩减小较多,同时两个关节的位移变化也较小。

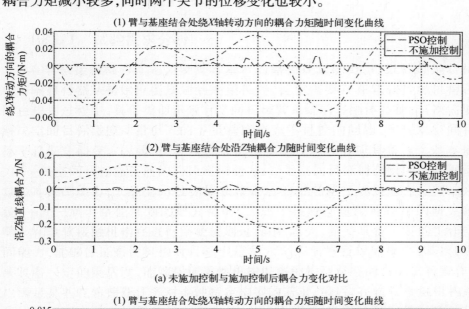

(a) 未施加控制与施加控制后耦合力变化对比

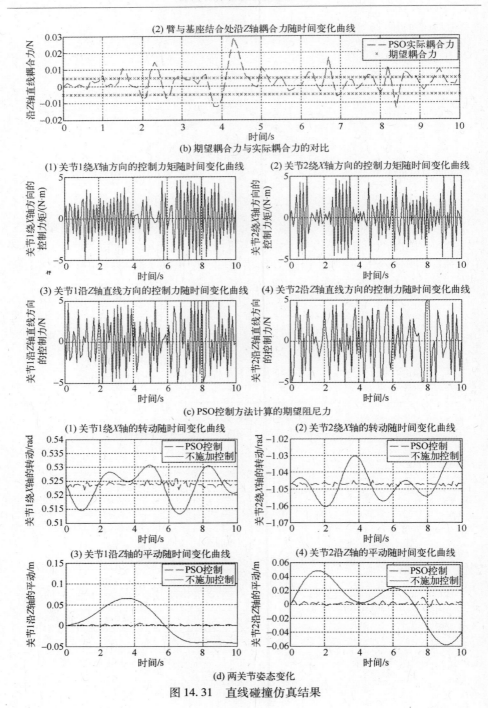

(b) 期望耦合力与实际耦合力的对比

(c) PSO控制方法计算的期望阻尼力

(d) 两关节姿态变化

图 14.31　直线碰撞仿真结果

2. 直线加旋转碰撞

在空间目标在直线 + 旋转碰撞状态下,对于两关节四自由度的在轨软接触机构其他初始构型如图 14.32 所示。

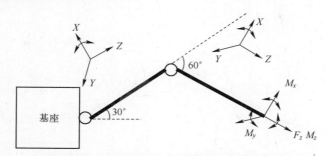

图 14.32　受直线加旋转碰撞的其他初始构型

由图 14.33(a)(b)可知,采用 PSO 控制后,对卫星基座干扰力矩相对于未施加关节阻尼控制要小很多。图 14.33(c)(d)看出施加 PSO 控制后,对卫星基座姿态角和角速度影响较小,基座姿态较为稳定,由图 14.33(f)可知机构关节位移同样较小。

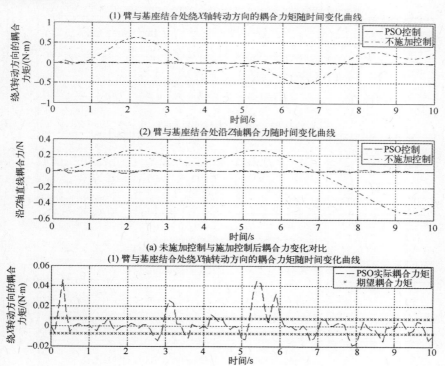

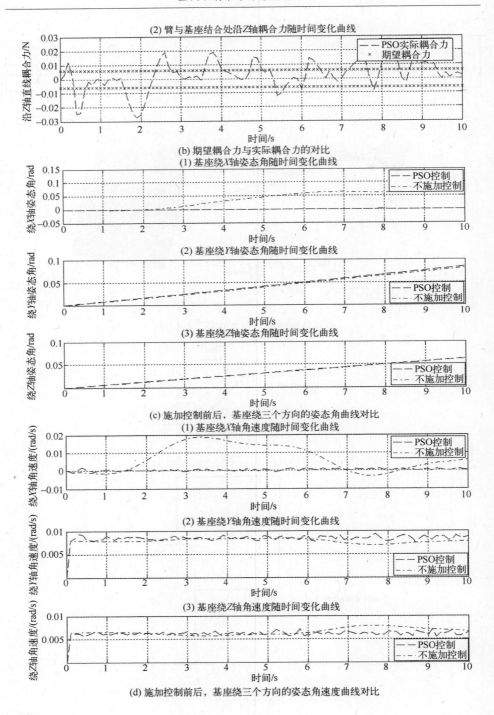

(2) 臂与基座结合处沿Z轴耦合力随时间变化曲线

(b) 期望耦合力与实际耦合力的对比

(1) 基座绕X轴姿态角随时间变化曲线

(2) 基座绕Y轴姿态角随时间变化曲线

(3) 基座绕Z轴姿态角随时间变化曲线

(c) 施加控制前后，基座绕三个方向的姿态角曲线对比

(1) 基座绕X轴角速度随时间变化曲线

(2) 基座绕Y轴角速度随时间变化曲线

(3) 基座绕Z轴角速度随时间变化曲线

(d) 施加控制前后，基座绕三个方向的姿态角速度曲线对比

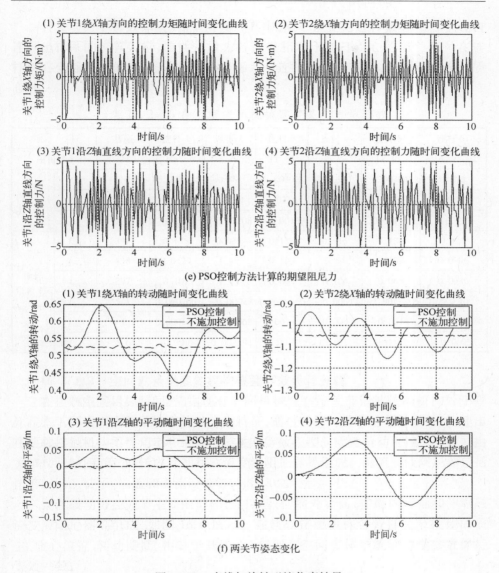

(e) PSO控制方法计算的期望阻尼力

(f) 两关节姿态变化

图 14.33　直线加旋转碰撞仿真结果

3. 斜线加旋转碰撞

在空间目标在斜线 + 旋转碰撞状态下,对于两关节四自由度的在轨软接触机构其他初始构型如图 14.34 所示。

由图 14.35 可知,受斜线 + 旋转碰撞的两关节四自由度在轨软接触机构其他构型,未施加关节阻尼控制时,对卫星基座干扰最大耦合力矩达到 1N·m,采用

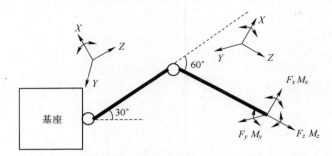

图 14.34　受斜线加旋转碰撞的其他初始构型

PSO 控制后,最大干扰耦合力矩约为 $0.15\text{N}\cdot\text{m}$,减小了 85%。由图 $14.35(\text{c})(\text{d})$ 可知,卫星基座绕 X 轴的姿态角和角速度减小至 0rad 左右,而绕 Y 轴、Z 轴的姿态角基本不变,这是由于关节只包含绕 X 轴的旋转自由度,只在这个方向安装了柔性磁流变阻尼器。同时,由图 $14.35(\text{f})$ 可知,关节位移变化较小,说明 PSO 控制可以有效减小干扰耦合力矩和关节位移变化,确保卫星基座的稳定。

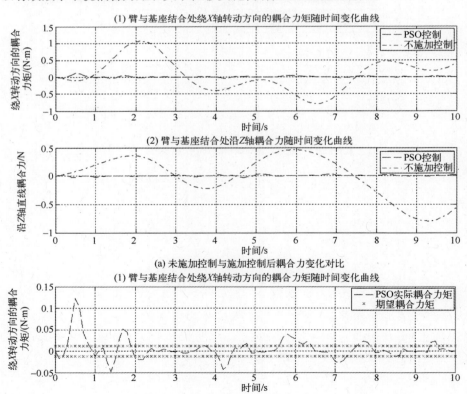

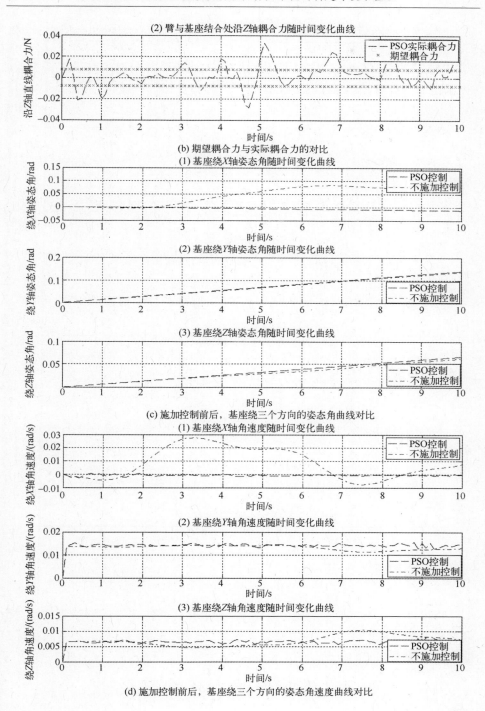

(2) 臂与基座结合处沿Z轴耦合力随时间变化曲线

(b) 期望耦合力与实际耦合力的对比

(1) 基座绕X轴姿态角随时间变化曲线

(2) 基座绕Y轴姿态角随时间变化曲线

(3) 基座绕Z轴姿态角随时间变化曲线

(c) 施加控制前后，基座绕三个方向的姿态角曲线对比

(1) 基座绕X轴角速度随时间变化曲线

(2) 基座绕Y轴角速度随时间变化曲线

(3) 基座绕Z轴角速度随时间变化曲线

(d) 施加控制前后，基座绕三个方向的姿态角速度曲线对比

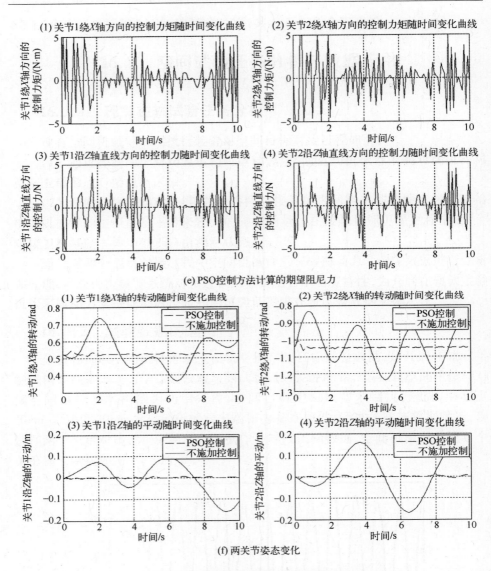

图 14.35 直斜线加旋转碰撞仿真结果

　　根据以上三个典型案例的仿真结果,说明对其他特殊构型的两关节四自由度在轨软接触机构,PSO 控制算法控制效果仍然很好,能够有效减小空间目标碰撞动量对卫星基座的扰动。

第15章　在轨软接触机构气浮式实物模型系统的构建与技术验证

本章在第14章数值仿真基础上开展了气浮式实物模型系统的构建研究,为在轨软接触关键技术提供地面验证平台支撑。具体内容如下:

首先,基于磁流变原理分别设计线动式微型磁流变阻尼器与角动式微型磁流变阻尼器。针对所设计的磁流变阻尼器,搭建了磁流变阻尼器非线性阻尼特性实验平台,并通过实验平台完成磁流变阻尼特性实验。其次,基于地面气浮实验平台约束条件,设计了平面内基于2关节4自由度可控阻尼的在轨软接触实验机构。最后,完成了2关节4自由度具有柔性可控阻尼特性的在轨软接触机构物理样机研制。基于气浮实验平台,开展了平面内2关节4自由度在轨软接触机构技术应用实验验证。

15.1　关节柔性可控阻尼部件的构建与验证

在空间环境中,航天器处于高速飞行模式,采用传统刚性空间机械臂开展空间目标捕获时,捕获碰撞冲击通过刚性机械臂直接传递给主卫星,容易使主卫星平台失控,发生翻滚。在轨软接触机构通过在臂杆关节处设计磁流变可控阻尼部件,可实现空间捕获过程中碰撞冲击动量的缓冲和稳定控制。

磁流变阻尼器内部的磁流变液在磁场作用下,能够在毫秒级实现阻尼液的剪切屈服应力/力矩的改变。本章通过搭建磁流变阻尼器特性实验平台,对线动式微型磁流变阻尼器与角动式微型磁流变阻尼器物理样机开展非线性阻尼特性试验。通过试验数据,对神经网络模型进行训练、学习,建立磁流变阻尼器正、逆模型,从而实现对阻尼器的精确控制。

15.1.1　单关节线动柔性可控阻尼部件构建

线动式微型磁流变阻尼器作为在轨软接触机构关节的线性柔性部件,可将沿臂杆轴向的碰撞冲击进行缓冲控制。对该类型阻尼器的设计需满足安装尺寸较小、结构简单、输出阻尼力精细的要求。商业化生产的磁流变阻尼器产品多用于建筑、车辆领域,该类产品阻尼力较大,不适应空间精确操控需求。因此本章根据在轨软接触机构关节构尺寸与性能指标,设计相应的线动式微型磁流变阻尼器。

15.1.1.1 磁流变液选择

磁流变阻尼器阻尼力特性能好坏的关键,在于磁流变液的性能。在选择磁流变液的过程中,主要考虑的因素包括:

(1)化学稳定性。由于磁流变液处于活塞缸体、活塞杆以及密封元件组成的密闭空间内,所以不能与这些材料发生化学作用,并保证长期不变质。

(2)颗粒大小与母液性能。磁流变液颗粒直径越小,其沉淀稳定性越好,越容易扩散。目前,多采用纳米级的磁性颗粒;母液多选用非导磁且性能稳定的混合材料。

(3)较低的零磁场黏度和较高的剪切屈服强度。零磁场环境下,磁流变液应具有良好的流动性,磁场环境下,则黏度变大,流动性变差,剪切屈服强度变大,从而使磁流变阻尼器具有较大的工作范围。

根据上述因素,综合调研市面上已有磁流变液产品,决定选用宁波杉工提供的型号为 SG – MRF2035 的磁流变液。该磁流变液的具体性能指标如表 15.1 所列,剪切屈服应力与磁场强度特性曲线如图 15.1 所示。

表 15.1 磁流变液具体性能指标

序　号	项　　目	规格/型号
1	产品型号	SG – MRF2035
2	母液	二甲基硅油
3	密度/(g/cm^3)	3.09
4	质量固含量/%	81.24
5	表观黏度(30℃、500/s)/(mPa·s)	240
6	使用温度/℃	-40~180
7	热胀系数/(1/℃)	3.4×10^{-4}
8	剪切屈服强度(1.0T)/kPa	55

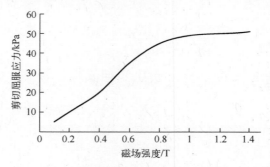

图 15.1 磁流变液 $\tau_y - B$ 特性曲线

15.1.1.2　线动阻尼系统结构设计

根据在轨软接触机构机理模型设计需求,所设计的线动式微型磁流变阻尼器采用剪切阀式工作模式,阻尼器结构选择双出杆。阻尼器由缸体、线圈、活塞杆、固定座、端盖、密封元件组成。缸体由两个固定座连接固定,缸体与固定座之间接触面由 O 形密封圈完成静密封。活塞与缸体之间充满磁流变液,活塞在缸体中可往复运动,并与缸体之间留有阻尼间隙。活塞杆两端穿过固定座,并由 V 形密封圈完成动密封。具体结构与物理样机如图 15.2 所示。

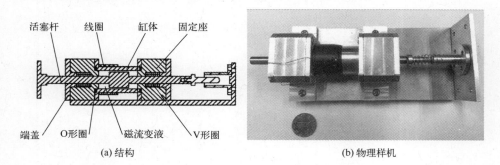

| (a) 结构 | (b) 物理样机 |

图 15.2　直线型磁流变阻尼器结构图与物理样机

1.　材料选择

对于线圈外置式磁流变阻尼器,缸体并不属于磁路的一部分。因此,需选择磁感应强度低的材料,使阻尼间隙的磁感应强度尽可能大,同时还需保证阻尼器结构刚度与强度。铝合金材料的磁导率接近于 1,且刚度和强度也足够满足项目需求。经综合考虑,采用铝合金作为缸体、固定座以及端盖的材料。活塞杆位于磁场内部,故其材料采用导磁性、退磁性强,变化速率快的硅钢材质。

2.　密封元件

由于磁流变液具有液态属性,需通过密封元件实现阻尼器的密封。在缸体与支座结合面处,属于静态密封,采用 O 形密封圈密封。活塞杆与支座结合处,属于滑动密封,采用 V 形圈组合密封。

3.　结构尺寸

在磁场作用下,磁流变液瞬间变为具有一定剪切屈服应力的黏塑性体,阻尼器处于稳态剪切状态。此时磁流变液的应力关系根据宾汉(Bingham)本构关系(图 15.3)可描述为

$$\tau = \tau_y \text{sgn}(\dot{\gamma}) + \eta\dot{\gamma} \tag{15.1}$$

式中:τ 为磁流变液剪切应力;τ_y 为屈服强度,与磁场强度函数相关;η 为动力黏度系数;$\dot{\gamma}$ 为剪切率。

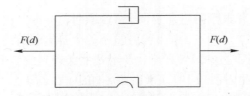

图 15.3　Bingham 模型本构关系示意图

根据 Bingham 本构方程进一步推导,可得阻尼力伪静力学模型为

$$F = F_\eta + F_\tau = \frac{12\eta L A_p^2}{\pi D h^3}\dot{u} + \frac{3L\tau_y}{h}A_p\,\mathrm{sgn}(\dot{u}) \tag{15.2}$$

式中:F_η 为黏滞力;F_τ 为库仑力;D 是缸筒内径;h 为阻尼通道宽度;L 为活塞有效长度;$\dot{u}$ 为活塞与缸体的相对运动速度。式中第一项与速度成正相关,是不可控的黏滞阻尼力,后一项为与磁场有关的库仑力,为磁流变阻尼力当中的可控项。A_p 为活塞有效面积,具体计算公式为

$$A_p = \frac{\pi}{4}(D^2 - d^2) \tag{15.3}$$

可根据式(15.2)推导得出阻尼器增幅系数:

$$\lambda = \frac{F_\tau}{F_\eta + F_f} = \frac{\tau_y D h^2}{\pi(D^2 - d^2)\dot{u} + F_f} \tag{15.4}$$

式中:d 为活塞杆直径;F_f 为机械摩擦力。

由式(15.2)~式(15.4)可知,阻尼器结构对阻尼力影响分别表现在阻尼通道宽度 h、活塞作用面积 A_p 和活塞有效长度 L。具体影响表现为:

(1) 阻尼通道宽度 h 增大,阻尼系数变大;

(2) 活塞直径 D 越大,活塞有效面积 A_p 越大,阻尼力越大,增幅系数变小;

(3) 活塞有效长度越大,阻尼力越大。

经综合考虑,阻尼通道宽度 h 取 1.5mm,活塞直径 D 为 17mm,活塞杆直径 d 为 8mm。故阻尼器缸体内径 $D_1 = D + 2h = 20$mm,缸筒壁厚 δ_c 取 4mm,则缸筒外径 D_2 为 28mm。

15.1.1.3　励磁线圈缠绕方式及匝数选择

线动式微型磁流变阻尼器励磁线圈缠绕方式可分为内置式和外置式。内置式线圈多用于工业级磁流变阻尼器,内置式可以很好地实现磁屏蔽,减小线圈磁场对外部元器件干扰。但是其将线圈缠绕在缸体内部,导致阻尼器整体结构尺寸增大,线圈通电后会发热,且散热性能较差,使得磁流变液温度升高,黏度降低,进而降低阻尼性能。同时,线圈引线导出与缸体内部线圈密封的需求,使得内置式阻尼器结构更加复杂,因而并不适用于在轨软接触机构的设计应用。线

圈外置式磁流变阻尼器结构简单、尺寸小、便于操作,更适用于空间环境的实验研究,所以本章所设计的线动式微型磁流变阻尼器选择线圈外置式。

根据欧姆定律,阻尼器的磁路为

$$NI = \phi\left(\frac{L'}{\mu_1 S_1} + \frac{2h}{\mu_0 S_0}\right) = \phi(R_{m1} + R_{m0}) \tag{15.5}$$

式中:N 为线圈匝数;ϕ 为总磁通量;I 为最大电流;μ_0 为空气磁导率;μ_1 为相对磁导率;R_{m0} 为通道磁阻;R_{m1} 为总磁阻;L' 为有效长度;S_0 为通道平均截面积;S_1 为磁路平均面积。其中

$$\phi = BS_0 \tag{15.6}$$

式中:B 为饱和磁感应强度,由于 $\mu_0 \ll \mu_1$,$R_{m0} \gg R_{m1}$,故式(15.5)可简化为

$$N = \frac{2Bh}{\mu_0 I} \tag{15.7}$$

对于选定的磁流变液以及阻尼通道宽度为 h,设计最大电流为 1.5A。经综合考虑,设定阻尼器励磁线圈匝数为 400 匝。线动式微型磁流变阻尼器具体参数尺寸如表 15.2 所列。

表 15.2　直线式微型磁流变阻尼器主要参数

序　号	项　目	参　数
1	阻尼间隙/mm	1.5
2	缸筒厚度/mm	4
3	活塞杆直径/mm	8
4	活塞杆直径/mm	18
5	活塞有效长度/mm	20
6	励磁线圈匝数/匝	400
7	额定电流/A	1.5

15.1.2　单关节角动柔性可控阻尼构建

角动式微型磁流变阻尼器在在轨软接触机构关节中主要负责旋转方向角动量的缓冲与控制。根据在轨软接触机构机理模型的设计结构与尺寸,设计相应的角动式微型磁流变阻尼器。

15.1.2.1　角动阻尼系统结构设计

角动式微型磁流变阻尼器按阻尼片可分为单盘片与多盘片两类,按励磁线圈安装位置可分为内置和外置两类。多盘片磁流变阻尼器的承载面积比单盘片大,故相同磁场强度下,多盘片角动式磁流变阻尼器产生的阻尼力矩大于单盘片

阻尼器产生的力矩。但是多盘片磁流变阻尼器要求轴向尺寸较大,进而需要更大尺寸的励磁线圈与更高的通电电流。

在同等磁场强度需求下,内置线圈的磁流变阻尼器需要较大的径向尺寸,而外置式阻尼器则需较大的轴向尺寸。考虑到软接触机构关节尺寸的限制,不宜选择较大尺寸的阻尼器,故选择单盘片、励磁线圈外置旋转式微型磁流变阻尼器。具体结构图与物理样机如图15.4所示。

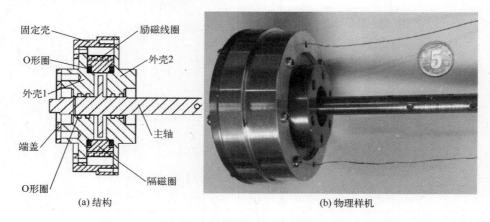

(a) 结构　　　　　　　　(b) 物理样机

图15.4　旋转式微型磁流变阻尼器结构与物理样机

角动式微型磁流变阻尼器由固定壳、外壳、端盖、隔磁圈、线圈主轴、O形密封圈组成。外壳1、外壳2与隔磁圈构成阻尼工作区间,外壳与隔磁圈之间通过O形密封圈完成静密封。阻尼间隙中充满磁流变液,主轴上的阻尼盘处于阻尼间隙中,主轴通过角接触轴承固定于两个外壳之间。外壳与主轴之间通过双层O形密封圈完成动密封,励磁线圈缠绕在隔磁圈外部,缠绕完线圈后,将外壳1与外壳2通过固定壳连接固定。

15.1.2.2　材料选择

与线动式微型磁流变阻尼器相似,材料选择对角动式微型磁流变阻尼器的工作性能有着重要的影响,不同的电磁特性对输出阻尼力矩的影响很大。

(1)角动式微型磁流变阻尼器的外壳、阻尼盘与固定壳需用磁导率高的材料制成。根据调研可知,电工纯铁DT4A是一种高感磁性的软磁材料,具有高磁导率与退磁性,能够提高磁场强度,降低涡流损耗。同时,电工纯铁加工性能很好。因此,外壳、阻尼盘与固定壳的材料采用电工纯铁DT4A。

(2)隔磁圈与主轴需选用磁导率较低的材料。硬铝合金的磁导率低,能够很好地引导磁路,并且也具有较好的加工性能与优良的力学性能。因此,隔磁圈采用硬铝合金。由于主轴承担扭矩的传递与应力支撑,故应选用抗冲击强、抗振性好的材料。45 钢的性能非常适合，且具有良好的加工与热处理性能，因而主轴材料选用 45 钢。

15.1.2.3　特性参数选择

根据 Bingham 模型，描述磁流变液在稳态剪切条件下的力学模型为

$$\tau = \tau_y(B)\,\mathrm{sgn}[\gamma] + \eta\gamma \qquad |\tau| \geqslant \tau_y \tag{15.8}$$

$$\gamma = 0 \qquad |\tau| < \tau_y \tag{15.9}$$

式中：$\tau_y(B)$ 为磁流变液的屈服应力，其随磁感应强度 B 增大而增大；γ 为剪切应变率；η 为磁流变液的黏性系数。其中：

$$\tau_y(B) = \alpha B^n \tag{15.10}$$

$$\gamma = \frac{r\omega}{h} \tag{15.11}$$

式中：α 为常数；n 根据材料的选择，在 $1 \sim 2$ 之间变化（实验得到）；r 为阻尼盘半径；ω 为阻尼器主轴旋转角速度；h 为阻尼间隙宽度。

在磁场作用下，角动式微型磁流变阻尼器的阻尼盘产生的黏性阻尼力矩为

$$M_t(B,\omega) = \iint\limits_S \tau\left(B, \frac{\omega r}{h}\right) r\,\mathrm{d}s = 2\pi \int_0^R \left(B, \frac{\omega r}{h}\right) r^2\,\mathrm{d}r \tag{15.12}$$

式中：R 为阻尼盘的半径。当磁感应强度稍大时，磁流变液产生的剪切阻尼力远大于黏性力，故可将式（15.12）简化为

$$M_t = \frac{2}{3}\pi R^3 \alpha B^n \tag{15.13}$$

由式（15.13）可知，要提升阻尼器输出的阻尼力矩，可增大阻尼盘的直径，提升磁感应强度。同时，由式（15.11）可知，还可通过减小阻尼间隙来提升阻尼力矩。

经综合考虑，角动式微型磁流变阻尼的阻尼盘半径为 18.7mm，阻尼间隙为 0.5mm，阻尼盘厚度为 2.8mm，主轴直径为 10mm，隔磁圈内径为 40.8mm，外径为 55mm。结合角动式微型磁流变阻尼器整体设计，确定额定驱动电流为 1.5A，励磁线圈缠绕匝数为 200。

15.1.3　磁流变阻尼器测试平台设计

通过对微型磁流变阻尼器开展非线性阻尼特性实验，获取磁流变阻尼器阻尼特性参数，为碰撞动量控制提供可控阻尼力和力矩。线动式微型磁流变阻尼器阻尼力分别与阻尼器的结构设计、磁流变液性能、励磁线圈通电电流、活塞杆的运动速度和位移有关；角动式微型磁流变阻尼器阻尼力矩分别与阻尼器结构设计、磁流变液性能、通电电流、阻尼盘角速度有关。所以搭建磁流变阻尼器测

试平台系统,应满足磁流变阻尼器运动控制、电流控制、运动参数采集以及阻尼力和力矩采集的需求。

本章所设计的线动式和角动式微型磁流变阻尼器测试平台系统,如图 15.5 所示。该系统包含机械传动结构、运动控制单元、电流控制单元与阻尼力采集模块。运动控制单元实现线动式微型磁流变阻尼器直线往复运动与角动式微型磁流变阻尼器转动的运动控制;电流控制单元实现磁流变阻尼器励磁线圈电流控制;阻尼力采集模块通过六维力传感器采集得到阻尼器相应的阻尼力/力矩。通过测试平台开展磁流变阻尼器特性实验,获取磁流变阻尼器阻尼力/力矩特性曲线。

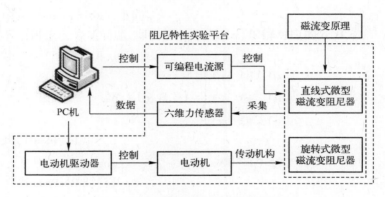

图 15.5 阻尼特性实验平台框架图

15.1.3.1 线动柔性可控阻尼部件测试平台

采用直流无刷伺服电机作为测试平台驱动。对于线动式微型磁流变阻尼器而言,由于电动机的输出为转动,故需要通过相应的机械结构实现将转动转换为直线运动。滚珠丝杠能够将旋转运动转化为直线运动。它由螺杆、螺母、钢珠、反相器、防尘器等零部件组成,具有摩擦力小、高精度、高效率和可逆性的特点。将磁流变阻尼器活塞杆通过阻尼器滑动架与滚珠丝杠螺母固定连接,可使电动机输出的转动转化为磁流变阻尼器活塞杆的往复直线运动。阻尼器滑动架与阻尼器固定架通过滑块、滑轨连接在平台支架上。测试平台具体结构与样机如图 15.6 所示。

(1)滚珠丝杠选用 HIWIN 型号为 R16 - 05T3 - FSI 的滚珠丝杠,该滚珠丝杠导程为 5mm,精度达到 C7,满足实验平台设计需求。

(2)滑轨选用 HIWIN 上银直线导轨,滑块选用型号为 EGH15CA 的滑块。该滑轨、滑块组合精度达到 C 级,满足实验平台设计需求。

(3)伺服电机与丝杠通过联轴器连接。联轴器选用型号为 SFR25 * 30 梅

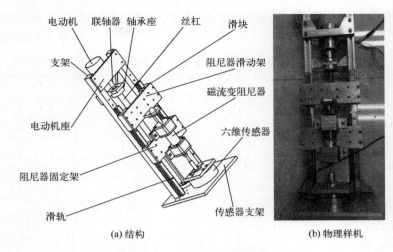

(a) 结构　　　　　　　　(b) 物理样机

图 15.6　直线型磁流变阻尼器测试平台

花联轴器。改联轴器额定扭矩 17.5N·m,最大扭矩 35N·m,满足实验平台设
计需求。

15.1.3.2　角动柔性可控阻尼系统测试平台

在线动式微型磁流变阻尼器测试平台的基础上,通过适当调整,将磁流变
阻尼器的外壳通过法兰连接固定在六维力传感器上;调整电动机位置,通过联
轴器将电动机输出的转动传递至旋转阻尼器的主轴。具体结构与实验平台如
图 15.7 所示。

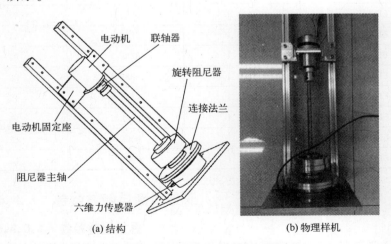

(a) 结构　　　　　　　　(b) 物理样机

图 15.7　旋转式微型磁流变阻尼器测试平台

15.1.3.3　测试配套设备的选择

1. 电动机选型与运动控制

直流无刷伺服电机作为测试平台驱动源,输出转矩应满足测试平台需求。根据磁流变阻尼器设计尺寸可知,线动式微型磁流变阻尼器行程 $S = 20\text{mm}$,阻尼器最大控制电流 $I_{max} = 1.5\text{A}$,滚珠丝杠导程 $s_0 = 5\text{mm}$。阻尼器设计最高速度 $v_{max} = 8\text{mm/s}$,那么可知电动机转速为

$$n = \frac{60v_{max}}{is_0} \tag{15.14}$$

式中:i 为电动机减速比。

选用 PITTMAN – N2311 系列直流无刷伺服电机,该电动机额定转速为 6730r/min,通过式(15.4)计算可得 $i = 0.01426$,约为 1:70。查阅 PITTMAN – N2311 系列选型表可得,减速比可选为 1:65.5。此时,电动机输出额定转速 $n = 1.71\text{r/s}$,则阻尼器可最高直线速度可达到 $v_{max} = ns_0 = 8.55\text{mm/s}$。电动机控制器选用与电动机配套的 Elmo 型号为 HAR – 5/60 的驱动器。

2. 电流控制

磁流变阻尼器控制电流工作范围为 0 ～ 1.5A,且电源需满足指定电流的稳定输出与程序控制。型号为 GPD – 3303S 的可编程直流电源具有稳定性高、输出精度高的特点,且可实现编程控制,因而选用该型号电流源。

3. 阻尼力/力矩采集

在测试平台末端安装 ATI 六维力传感器。该传感器系统采用抗噪声的硅应变技术,具有高硬度和超载自我保护的功能,其安全系数极高,可用于测量六个自由度的力和力矩($F_x, F_y, F_z, T_x, T_y, T_z$)。将磁流变阻尼器基座通过阻尼器固定架与 ATI 传感器连接。当活塞杆受到运动激励时,六维力/力矩传感器会采集得到相应的阻尼力。

该平台通过 PC 机与 HAR – 5/60 驱动器实现电动机控制,进而实现直线式阻尼器的往复直线运动控制与旋转式阻尼器运动控制,并通过变换计算获得阻尼器运动参数;通过 GPD – 3303S 可编程直流电源控制阻尼器励磁线圈电流;通过 PC 机与 ATI 六维力/力矩传感器采集得到阻尼力/力矩。

15.1.4　柔性可控阻尼器部件特性验证

15.1.4.1　线动柔性可控阻尼部件实验验证

通过开展磁流变阻尼器特性实验,采集得到相应的实验数据,从而得到线动式微型磁流变阻尼器阻尼力(F)—速度(v)和阻尼力(F)—位移(S)之间的特性曲线。具体实验方案为:

（1）通过 GPD - 3303S 可编程直流电源给阻尼器分别施加 0A、0.6A、1.0A、1.4A 恒定电流，使阻尼器励磁线圈产生相应的恒定磁场。

（2）通过控制伺服电机，产生幅值为 6.5mm，频率为 0.25Hz 的正弦激励，使阻尼器活塞杆做简谐运动，并根据电动机运动参数换算得到阻尼器活塞杆运动速度 v 和位移 S。

（3）通过安装在测试平台末端的六维力/力矩传感器，采集得到相应的阻尼力/力矩。

（4）将不同电流下采集到的阻尼力和活塞杆运动参数进行整理分析，得到磁流变阻尼器特性曲线，如图 15.8 所示。

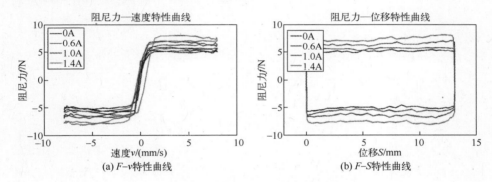

图 15.8　线动式微型磁流变阻尼器特性曲线

通过比较不同电流下线动式微型磁流变阻尼器特性曲线可得出以下结论：

（1）线动式微型磁流变阻尼器的阻尼力在低速区随速度增加快速增长。

（2）线动式微型磁流变阻尼器的阻尼力在高速区趋于稳定，不再随速度增加而增长。

（3）线动式微型磁流变阻尼器的阻尼力随着电流的增加而增长。

（4）线动式微型磁流变阻尼器的力学特性具有非线性滞回特性。

15.1.4.2　角动柔性可控阻尼系统试验验证

调整阻尼器测试平台，开展角动式微型磁流变阻尼器特性试验。采集得到相应的试验数据，得到阻尼器阻尼力矩（M）—角速度（ω）之间特性曲线。具体实验方案为：

（1）通过 GPD - 3303S 可编程直流电源给阻尼器分别施加 0A、0.6A、1.2A、1.6A 恒定电流，使阻尼器励磁线圈产生相应的恒定磁场。

（2）通过控制伺服电机，产生幅值为约为 9.5rad/s，频率为 0.06Hz 的正弦激励，使旋转式微型磁流变阻尼器主轴作简谐运动。

（3）通过测试平台末端的六维力/力矩传感器，采集得到相应的阻尼力/力矩。

（4）将不同电流下采集到的阻尼力/力矩和主轴运动参数进行整理分析，得到磁流变阻尼器特性曲线，如图15.9所示。

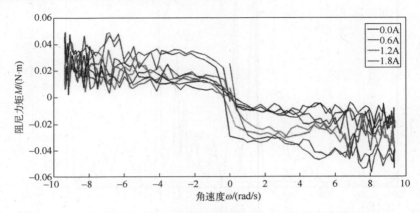

图15.9 角动式微型磁流变阻尼器阻尼力矩特性曲线

通过分析旋转式微型磁流变阻尼器阻尼力矩特性曲线可以得出如下结论：

（1）角动式微型磁流变阻尼器输出阻尼力矩随着励磁线圈通电电流升高而增加。

（2）角动式微型磁流变阻尼器输出阻尼力矩在低速区随角速度增加而迅速增加。

（3）角动式微型磁流变阻尼器输出阻尼力矩在高速区增势明显减缓。

15.2 基于气浮式软接触机构试验系统的构建

本节主要对加入柔性可控阻尼部件后，对在轨软接触机构操控特性进行研究。基于气浮试验系统，模仿空间失重状态，设计在轨软接触机构2关节4自由度具有可控阻尼系统。首先根据在轨软接触机构机理模型验证需求设计相应试验指标，接下来依据指标完成模块化关节的设计，最后完成两关节四自由度具有可控阻尼软接触机构设计。

15.2.1 软接触机构试验系统设计分析

15.2.1.1 试验任务分析

按在轨软接触机构工作环境可分为舱内和舱外两大类。本节探讨的两关节

四自由度具有可控阻尼在轨软接触机构应用环境为舱外在操控,如图 15.10 所示。典型操控任务设计如下:

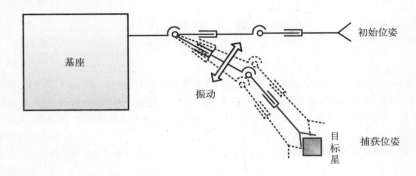

图 15.10　软接触机构主要任务

（1）根据目标卫星姿态与运行轨迹,通过路径规划,使末端机构达到抓捕指定构型。

（2）对目标卫星进行捕获,可控阻尼机构在碰撞动量控制算法下开展捕获,并实现动量缓冲与控制。

根据典型操控任务,在轨软接触机构操作流程具体分为路径规划、伺服驱动、目标抓取、动量控制等。首先,当设定空间抓捕目标后,根据空间目标姿态、飞行轨迹等参数计算得到捕获时在轨软接触机构的最优构型;驱动装置根据路径规划驱动机构末端到达指定位姿;末端手爪按设定任务开展捕获,最后完成捕获,收回机构。在进行捕获任务过程中,手爪捕获瞬间,空间目标将对机构末端产生较大的碰撞冲击,通过在轨软接触机构关节的柔性可控阻尼部件,实现抓捕过程的动量缓冲与控制,可使整个捕获过程柔顺化,从而降低对卫星基座的扰动。任务主要操控流程如图 15.11 所示。

15.2.1.2　试验指标设计

本节主要试验目标是验证平面内的两关节四自由度在轨软接触机构操控特性。设计指标如表 15.3 所列。

表 15.3　软接触机构设计指标

指标分类	指标项目	参数要求	
组成	关节	2	
构型	自由度	刚性	2
		柔性	4

（续）

指标分类	指标项目	参数要求	
尺寸	关节臂杆	250mm	
	软接触机构伸展长度	1m	
	活动范围	旋转	60°
		直线	20mm
质量	整臂质量	20kg	

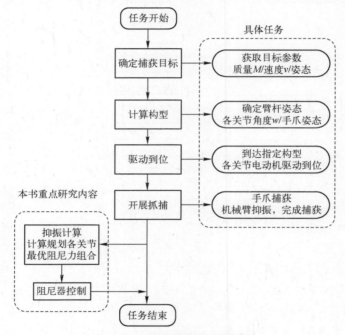

图 15.11 空间捕获的主要流程

具体指标含义如下：

（1）刚性自由度实现机构平面内完成刚性驱动操作。

（2）柔性关节实现软接触机构平面内抓捕碰撞冲击的缓冲和控制。

（3）在轨软接触机构由两个模块化关节组成，每个关节可实现一个刚性偏航方向角动转操作与一轴线方向线动操作以及一角动柔性缓冲。

15.2.2 软接触机构试验系统关节结构设计

15.2.2.1 关节设计分析

根据软接触机构试验验证需求和设计指标，所设计的机构关节具体包含驱动单元、传动模块、可控阻尼部件、传感功能核心模块。

（1）驱动单元由伺服电机及电动机驱动器组成，根据控制算法得到的期望构型，由驱动器控制电动机转动，并带动软接触机构运动至指定构型，为软接触机构提供驱动力。

（2）传动模块将电动机输出的转动传递给机构臂杆，或将臂杆的扰动传递给阻尼器；制动装置在臂杆末端达到指定姿态时，上电锁死，使臂杆达到稳定姿态；通过控制离合器，实现臂杆刚性驱动与柔性工作状态的转换和分离。

（3）柔性可控阻尼部件对空间目标带来碰撞进行缓冲与控制。

（4）传感器时刻监测机构运动姿态，并将运动参数反馈给系统，系统根据运动参数计算得到相应的阻尼力和力矩。

15.2.2.2　关节结构设计

在轨软接触机构关节具有一个刚性转动自由度与两个柔性自由度，柔性自由度分别为绕 Z 轴旋转与沿 X 轴直线方向。电动机驱动实现关节在刚性自由度上指定轨迹旋转；可控阻尼部件实现柔性自由度上的碰撞力缓冲与控制；齿轮组与制动器、离合器构成了关节的传动机构；编码器与光栅尺组成了关节传感测试单元，如图 15.12 所示。

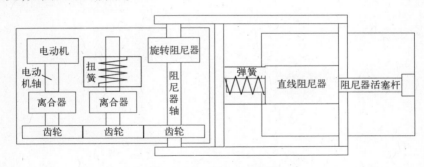

图 15.12　关节结构设计

15.2.2.3　关节单元设计

关节通过齿轮的啮合将电动机输出的驱动传递至连杆，实现关节臂杆之间相互转动，进而完成各关节臂杆的运动。通过阻尼器与弹簧的配合，完成碰撞冲击力的缓冲与控制。关节具体结构设计如图 15.13、图 15.14 所示。

电动机与离合器 A 通过电动机支座固定于关节；编码器与离合器 B 通过扭簧座固定于关节；用于储能的扭簧一端固定于缓冲轴上，另一端固定于扭簧座；齿轮 A、齿轮 B 分别与离合器 A、离合器 B 的输出轴固定；关节固定架与十字轴固定连接，关节滑动架通过电磁制动滑块、滑轨与关节固定架相连；线动阻尼器

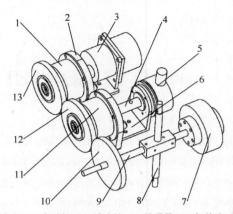

1—离合器A；2—电动机支座；3—电动机；4—缓冲轴；5—编码器；6—扭簧座；7—旋转阻尼器；
8—十字轴；9—阻尼器轴；10—齿轮C；11—离合器B；12—齿轮B；13—齿轮A。

图 15.13　关节旋转部分结构

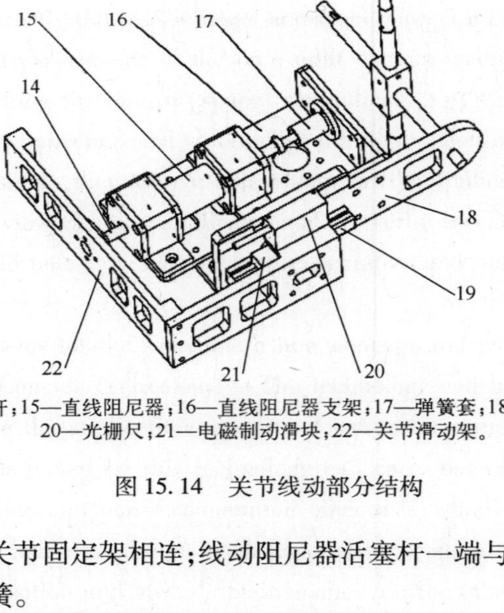

14—直线阻尼器活塞杆；15—直线阻尼器；16—直线阻尼器支架；17—弹簧套；18—关节固定架；19—滑轨；
20—光栅尺；21—电磁制动滑块；22—关节滑动架。

图 15.14　关节线动部分结构

基座通过支架与关节固定架相连；线动阻尼器活塞杆一端与关节滑动架相连，另一端套有直线弹簧。

通过控制离合器 A、离合器 B、电磁制动滑块的上电、掉电，选择臂关节的刚性驱动或柔性软接触两种不同工作状态。

（1）当离合器 A 上电，离合器 B 掉电，电磁制动滑块上电时，齿轮 A 与电动机轴锁死，齿轮 B 与缓冲轴分离，关节滑动架与关节固定架锁死，关节处于刚性驱动工作状态。电动机输出驱动至齿轮 A，经由齿轮 B、齿轮 C 传递至十字轴，十字轴带动关节完成偏航动作。

（2）当离合器 A 掉电，离合器 B 上电，电磁制动滑块掉电时，齿轮 A 与电动机轴分离，齿轮 B 与缓冲轴锁死，关节滑动架与关节固定架相对滑动，关节处于柔性软接触工作状态。抓捕碰撞引起扰动的轴向分量直接由线动阻尼器与直线弹簧缓冲消耗掉，旋转分量经由十字轴传递至旋转阻尼器轴，此时角动阻尼器消耗一部分扰动能量，另一部分能量则由齿轮 C、齿轮 B 传递至扭簧，扭簧储存能量，并由阻尼器逐步消耗掉扰动能量，直到稳定。弹簧与阻尼器这种消耗扰动能量的工作方式，即可实现碰撞瞬间冲击力的缓冲与控制。

15.2.3　软接触机构气浮式试验系统构建

15.2.3.1　试验系统模型

基于气浮试验系统，依据在轨软接触机构设计指标，由两个模块化关节串联构成的软接触机构可满足平面内刚性驱动操作，同时也满足空间目标抓捕碰撞过程中双关节可控阻尼部件耦合力试验验证。两关节四自由度具有可控阻尼软接触机构结构简图如图 15.15 所示。

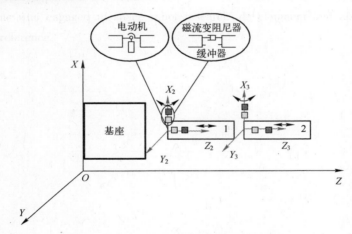

图 15.15　在轨软接触机构结构设计简图

在平面内，每个关节分别具有绕 X 轴偏航旋转的刚性驱动单元，以及绕 X 轴旋转与沿 Z 轴线动方向的可控阻尼部件。利用 SolidWorks 软件完成两关节四自由具有可控阻尼机在轨软接触机构三维建模，如图 15.16 所示。

15.2.3.2　试验系统构建

对在轨软接触机构物理样机搭建试验系统，设计典型空间目标捕获试验方案，通过地面试验进一步开展特性验证。

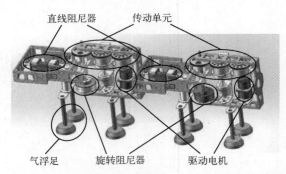

图 15.16　两关节四自由度具有可控阻尼在轨软接触机构试验模型

1. 试验系统设计

两关节四自由度具有可控阻尼软接触机构试验系统由气浮试验系统、PC机、FPGA 控制卡、电动机驱动器、可编程直流源、传感器以及软接触机构物理样机等组成,图 15.17 展示了试验系统总体架构。

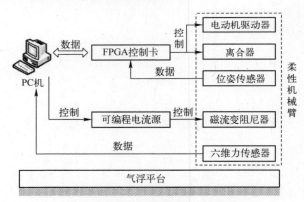

图 15.17　试验系统总体设计框架

2. 关节零部件选择

在试验原型系统设计的过程中:一方面要考虑刚性与柔性工作状态的转换的驱动、传动结构设计;另一方面还需对系统核心零部件合理选型。关于关节驱动、传动结构设计,前文已做了详细的介绍这里不再赘述。这里主要介绍关节零部件的选型。

按试验设计指标,试验验证系统关键零部件具体如表 15.4 所列。

表 15.4　关键零部件的选择

序号	核心零部件	功　　能	主要指标
1	驱动电机	软接触机构刚性驱动	扭矩、转速

（续）

序号	核心零部件	功　　能	主要指标
2	离合器	软接触机构刚性与柔性工作状态转换	锁死力矩
3	编码器	软接触机构关节旋转监测	精度
4	光栅尺	软接触机构轴向直线运动监测	精度

1）驱动电机

电动机作为机构刚性驱动动力源，需在输出转速与输出扭矩上满足试验需求。经仿真分析与筛选，选用 PITTMAN – N2311 系列 24V 直流无刷伺服电机；电动机减速器选用 G51A – WF 减速比为 218.4∶1 的谐波减速器；电动机编码器选择电动机自带 2000 线编码器；电动机驱动器选用 HAR – 5/60 的 Elmo 驱动器，如图 15.18 所示。

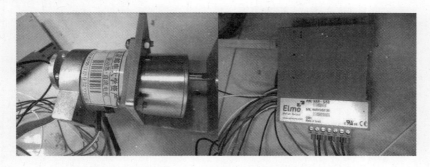

图 15.18　PITTMAN – N2311 直流无刷伺服电机与驱动器

驱动电机具体参数如表 15.5 所列。

表 15.5　驱动电机参数

序　　号	项　　目	参　　数
1	额定电压/V	24
2	额定转矩/（N·m）	0.0777
3	额定电流/A	3.17
4	额定转速/（r/min）	6730
5	减速比	218.4∶1
6	最大可承载扭矩/（N·m）	3.53
7	编码器/线	2000

2）离合器

通过控制关节离合器组的上电与掉电，可实现机构刚性与柔性工作状态的转换。经综合考虑臂杆的尺寸与结构需求,选用南京工诺科技公司提供的型号为 VM - 4 的离合器。该离合器为轴 - 齿轮结构,可满足臂杆操控功能需求,具有质量小、结构简单的特点,如图 15.19 所示。

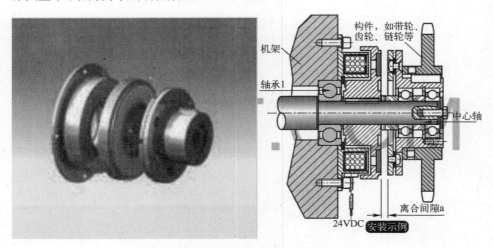

图 15.19　VM - 4 型轴—齿轮结构离合器

VM - 4 型轴—齿轮结构离合器具体参数如表 15.6 所列。

表 15.6　VM - 4 型轴 - 齿轮结构离合器参数

序　号	项　目	参　数
1	动摩擦扭矩/(N·m)	5
2	驱动电压/V	24
3	功率/W	11
4	最高转速/(r/min)	8000
5	离合间隙/mm	0.2 ± 0.05

3)编码器

试验过程中需对关节处角度与角速度进行实时数据采集,故需在关节处安装编码器。根据控制算法要求需设计机构结构尺寸,选用型号为 EAC58P 的标准轴套型绝对值单圈编码器,如图 15.20 所示。

该编码器具有尺寸小、精度高、便于安装的特点,同时具有良好的抗机械损伤性能,能够承受较高的轴向和径向负载。EAC58P 型编码器具体参

图 15.20　EAC58P 标准轴套型
绝对值单圈编码器

数如表 15.7 所列。

表 15.7　旋转编码器参数

序号	项　　目	参　　数
1	轴径/mm	8
2	最大转速/(r/m)	6000
3	防护等级	IP65
4	分辨率	4096

4）光栅尺

根据试验对多臂杆轴向位移与速度采集的需求，采用光栅尺测量臂杆在碰撞过程中的位移和速度。根据试验设计指标，选用 Renishaw 型号为 RH100X30D05A 的光栅尺作为直线运动传感器，如图 15.21 所示。

图 15.21　RH100X30D05A 型光栅尺

RH100X30D05A 型光栅尺具体参数如表 15.8 所列。

表 15.8　RH100X30D05A 型光栅尺参数

序　号	项　　目	参　　数
1	供电电压/V	5
2	最大速度/(m/s)	6
3	防护等级	IP50
4	精度/μm	40

3. 试验系统实现

根据试验验证需求，所设计的 2 关节 4 自由度在轨软接触试验机构安装气浮足，在气浮系统上搭建碰撞试验系统。利用质量块单摆原理碰撞力模拟，具体系统实现如图 15. 22 所示。

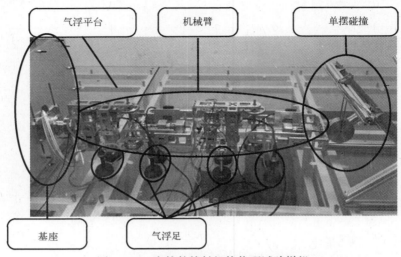

图 15. 22　在轨软接触机构物理试验样机

2 关节 4 自由度物理样机上安装的气浮足可避免机构与地面的直接接触，消除了地面摩擦力，为试验验证提供太空微重力环境模拟。

15. 3　基于气浮式软接触机构的试验验证

15. 3. 1　试验框架设计

通过气浮试验系统，主要完成平面内刚性驱动与空间目标碰撞动量控制两项试验验证，如图 15. 23 所示。

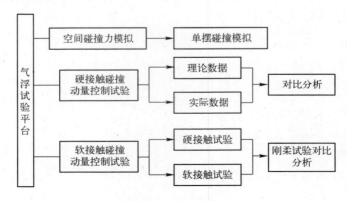

图 15. 23　试验验证内容

15.3.2　空间碰撞力模拟

根据单摆原理,对于固定质量 $m = 2.0\text{kg}$、固定摆长 $l = 203\text{mm}$ 的单摆机构,在初始角度 θ 落下时,质量块在最低点获得的动量为

$$P = m\sqrt{2gl/(1-\cos\theta)} \tag{15.15}$$

当每次落下的初始角度不变时,在轨软接触机构末端受到的碰撞冲击力不变。

15.3.3　硬接触碰撞动量控制试验

刚性驱动试验主要验证物理样机驱动传动结构设计的合理性与准确性。本节开展单关节刚性驱动试验:首先,将软接触机构设置为初始构型,离合器 A 上电,离合器 B 掉电,电磁制动滑块上电,机构处于刚性驱动状态;其次,通过控制电动机驱动器,驱动电机按指定运动轨迹转动,机构转动至指定位姿。通过各关节处旋转编码器采集得到各臂杆实际转动角度。试验结果对比如表 15.9 所列。

表 15.9　软接触机构刚性驱动试验结果对比

试验次数	理论转角/(°)	实际转角/(°)	误差/(°)
1	15	14.76	−0.24
2	−15	−14.68	0.32
3	30	29.69	−0.31
4	−30	−29.72	0.28
5	先 30,再(−60)	−29.45	−0.55

根据刚性驱动试验对比结果可以看出,机构臂杆实际驱动转角相比于理论转动存在一定误差。单方向转动时,转角误差在 ±0.3°左右;正反两方向转动时,转角误差达到 −0.55°。说明所设计的关节齿轮传动结构存在一定间隙。需进一步优化改进传动机构,提升传动效率与传动精度。

15.3.4　软接触碰撞动量控制试验

通过单摆机构模拟机构末端受到的空间目标碰撞力,分别在机构关节刚性状态与关节柔性可控状态下开展碰撞试验,通过固定在臂杆与基座之间的六维力和力矩传感器测得碰撞对卫星基座的扰动力。

1. 单关节碰撞试验

首先,开展单关节对比碰撞试验,如图 15.24 所示。在机构关节刚性状态与关节柔性可控状态下,通过单摆机构给予机构末端相同初始角度 $\theta = 30°$ 的碰撞力。

进行四组碰撞试验,得到两种状态下对卫星基座的干扰力,如图 15.25 所示。

图 15.24　单关节碰撞试验

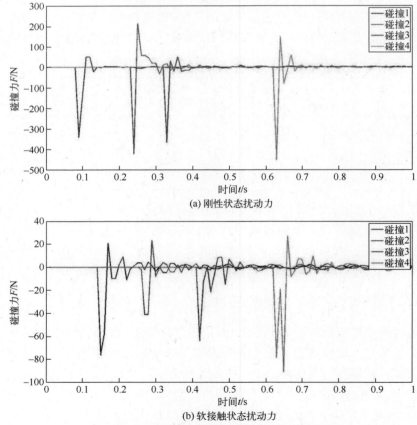

(a) 刚性状态扰动力

(b) 软接触状态扰动力

图 15.25　单关节直线方向对卫星基座的扰动力

由图 15.25 可知,在关节刚性状态下,对卫星基座的扰动力平均达到了 300N 以上,最大值达到 457N;在关节柔性可控状态下,卫星对基座的扰动力平均达到 70N,最大值达到 95N。加入柔性可控阻尼单元的软接触机构可明显降低对卫星基座的扰动。

2. 双关节碰撞试验

进一步开展双关节碰撞试验,如图 15.22 所示。双关节机构末端分别在机构关节刚性状态与关节柔性可控状态下,受到初始角度 $\theta = 30°$ 的碰撞力。进行三组碰撞试验,得到两种状态下对卫星基座的干扰力,如图 15.26 所示。

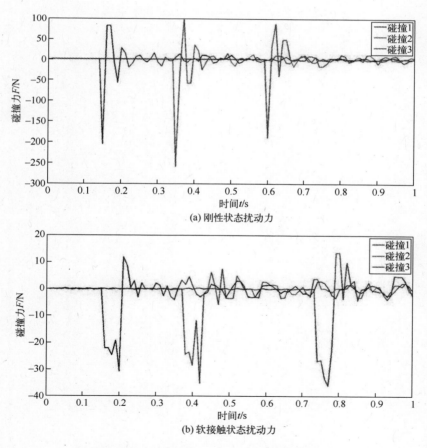

(a) 刚性状态扰动力

(b) 软接触状态扰动力

图 15.26　双关节直线方向对卫星基座的扰动力

由图 15.26 可知，在刚性关节状态下，对卫星基座扰动力平均达到 200N，最大值达到 261N；在柔性可控关节状态下，对卫星基座扰动力平均达到 35N，最大值达到 37.5N。说明加入柔性可控阻尼单元的在轨软接触机构具有明显的缓冲动量控制能力。

第16章 在轨软接触机构动力学在轨等效试验与校验

本章主要利用现有典型空间多体机械臂系统及其所获得的空间试验数据,开展在轨软接触机构的多体动力学在轨验证,为刚柔复合体多体动力学模型校验提供现实数据支撑,也为下一代空间柔性捕获机构工程设计提供理论基础。

16.1 需求分析与试验内容

16.1.1 试验需求分析

在轨软接触机构首先需要具备基本的路径规划能力,可以精确地将机构末端执行器从初始位姿规划到期望位姿,这就需要在在轨软接触机构在路径规划过程中,具备类似于现有空间机械臂系统的多刚体特征;其次需要解决空间目标碰撞动量引入的卫星基座姿态不可控的问题,实现对空间目标平稳安全捕获。因此,在轨软接触机构实施在轨任务应具备三个基本能力:一是空间目标捕获前的路径规划能力;二是空间目标捕获瞬间的接触动量缓冲控制能力;三是空间目标捕获稳定后的带载路径规划能力。归纳来说,一和三属于路径规划的研究范畴,二属于接触动量缓冲控制的研究范畴。在轨软接触机构在进行路径规划过程中,首先,需要具备一定的工作空间能力,能够保证柔性机构对目标卫星的六个表面进行保障操作;其次,需要具备一定的灵活度,能够保证柔性机构以多种构型对空间目标进行操作,以满足某些在轨捕获任务对柔性特定构型的需求;最后,在轨软接触机构路径规划过程应具有较低的控制复杂度,以保证控制过程的稳定性。在轨软接触机构与现有空间多刚体机械臂最大的区别在于具备接触碰撞动量缓冲控制能力,能够实现这一能力的关键在于是否能够建立空间环境下的复杂柔性多体动力学模型,尤其是对于空间目标碰撞动力学模型的精确构建。本章重点针对这一需求和难点,探讨在轨软接触机构在轨动力学等效试验、动力学特征参数校验与模型测试验证等问题。

16.1.2　等效试验框架

针对在轨软接触机构动力学在轨等效试验与校验需求,基于现有空间多刚体机械臂系统开展在轨软接触机构柔性多体动力学模型研究。具体研究可按照三个层次递进展开,即理论与关键技术、系统模型,以及技术验证三个层次,具体等效试验框架与内容如图 16.1 所示。

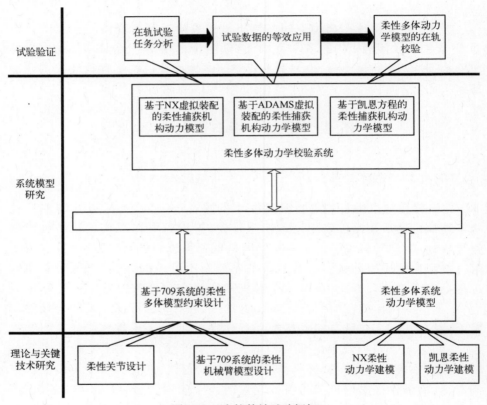

图 16.1　在轨等效试验框架

16.1.3　等效试验流程设计

在轨软接触机构动力学在轨等效试验与校验主要分为三个阶段:一是依据现有的空间多体系统,约束柔性多体模型的设计;二是利用现有在轨接触试验数据开展在轨软接触机构柔性多体系统的等效试验问题研究;三是利用在轨系统试验数据开展所建立的柔性多体动力学方程参数校验问题的研究。总体试验流程与方法如图 16.2 所示。

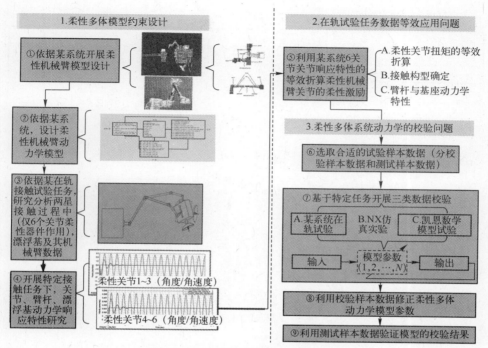

图 16.2　在轨等效试验流程与方法

16.2　在轨等效试验模型构建

16.2.1　在轨软接触机构模型等效设计分析

16.2.1.1　现有空间多刚体机械臂系统分析

现有在轨空间多刚体机械臂系统基本结构由三个完全相同的一体化双关节及碳纤维臂杆组成,具有六自由度,系统基本结构如图 16.3 所示。

在轨空间机械臂系统六自由度 D－H 参数设计如图 16.4 所示,D－H 参数如表 16.1 所列。

表 16.1　在轨空间机械臂 D－H 参数

序　号	α_{i-1}	a_{i-1}	θ_i	d_i
1	0	0	π	0.177
2	$-\pi/2$	0	0	0
3	0	0.985	$\pi/2$	0.000707
4	$\pi/2$	0	0	-0.765

（续）

序　　号	α_{i-1}	a_{i-1}	θ_i	d_i
5	$-\pi/2$	0	0	-0.00079
6	$\pi/2$	0	0	0.382

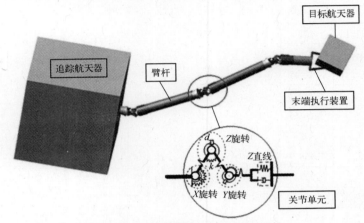

图 16.3　现有在轨空间机械臂系统

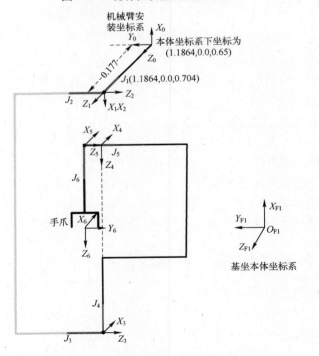

图 16.4　在轨空间机械臂 D - H 参数

名义动力学参数如表 16.2 所列。其中,质心位置为连杆质心相对于各自连杆坐标系的位置矢量,惯性张量为各连杆相对于连杆质心的惯性张量在连杆质心坐标系下的表示,连杆质心坐标系与连杆坐标系平行,但原点在连杆质心处。

表 16.2　6 自由度空间机械臂名义动力学参数

项　目		基座	连杆 1	连杆 2	连杆 3	连杆 4	连杆 5	连杆 6
质量/kg		721	10.9	7.72	11.13	7.73	11.13	12.1
质心位置 r_c/m	r_{cx}	-0.448	0.00112	0.49	0.00303	0.00961	0.00302	0.022
	r_{cy}	-0.002	-0.00068	0.0094	0.0315	0.16	-0.0315	0.000176
	r_{cz}	-1.654	-0.0316	-0.21208	-0.00139	0.317	0.00139	-0.137
惯性张量 I_c/ $(\text{kg} \cdot \text{m}^2)$	I_{cxx}	391	0.135	0.035	0.136	0.616	0.136	0.113
	I_{cyy}	438	0.0629	1.49	0.109	0.54	0.109	0.0996
	I_{czz}	297	0.107	1.49	0.065	0.104	0.065	0.0986
	I_{cxy}	5.1	0.000706	-0.00029	1.96E$-$05	-0.00647	-1.90E-05	7.22×10^{-6}
	I_{cxz}	-1.2	0.000118	-0.00065	0.00141	-0.00065	-0.00141	0.00201
	I_{cyz}	6.6	-0.00154	0.00259	0.0015	0.101	0.0015	-0.00035

16.2.1.2　空间软接触多体机构模型等效设计分析

在接触空间目标瞬间,依据现有空间机械臂系统关节谐波传动机构处于锁死状态下所展现出的柔性多体动力学特征,通过臂杆与关节的等效设计,构建出在轨软接触机构柔性角动和线动可控关节等效模型。柔性角动可控关节主要由关节、回转外套筒、回转内套桶和磁流变液阻尼器等组成。磁流变液阻尼器包括扭簧、外壳、转子、端盖和磁流变液等,如图 16.5 所示。

柔性线动可控关节主要由臂杆、连接套、伸缩外套筒、伸缩内套桶和伸缩磁流变液阻尼器等组成,如图 16.6 所示。在轨软接触机构各臂杆关节模型的质量、质心位置、转动惯量(相对于其质心)与现有空间多体系统动力学参数保持等效一致。

16.2.2　基于凯恩方程的柔性多体动力学等效构建

基于现有空间多刚体机械臂系统,在轨软接触机构除了刚性参数,还包括柔性关节参数。以图 16.7 所示构型的空间多刚体机械臂为例,应用其关节谐波传动机构在锁死状态下所具备的柔性特性,将其等效为具有一定扭转刚度的在轨软接触机构柔性可控关节(可等效为一定刚度系数的弹簧)。因此,等效的在轨

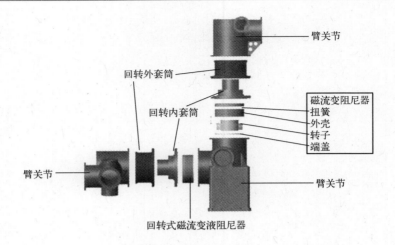

图 16.5　柔性角动可控关节等效模型

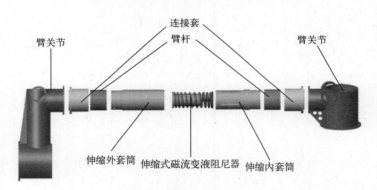

图 16.6　柔性线动可控关节等效模型

软接触机构可视为具有 6 个多自由度柔性关节的空间机械臂系统。

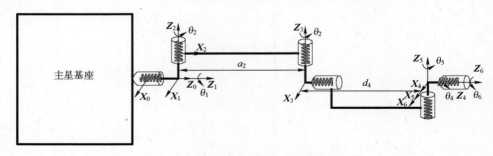

图 16.7　在轨软接触机构模型等效分析

针对以上等效模型设计,在对在轨软接触机构动力学建模时,可将柔性角动/线动可控关节简化为扭簧/弹簧和阻尼系统,将臂杆简化为刚体段。因此,在轨软接触机构动力学模型可离散为由扭簧/弹簧和阻尼系统连接的多刚体段模型,卫星基座有 6 个自由度,可以看作具有 6 个自由度的虚拟臂。在此基础上,根据 8.5 节凯恩方程动力学方程构建方法,将 N 关节 $6N$ 自由度的漂浮基机械臂看作 $(6N+6)$ 个自由度的固定基座机械臂系统,可构建出基于凯恩普适动力学等效方程,结果如下:

$$\boldsymbol{F}_l + \boldsymbol{F}_l^* = 0 \quad l = 1, 2, \cdots, 6N+6 \tag{16.1}$$

式中:广义主动力:$\boldsymbol{F}_l = \sum\limits^{N+1} (\boldsymbol{F}_{kc} \cdot \boldsymbol{v}_{kl} + \boldsymbol{M}_{kc} \cdot \boldsymbol{\omega}_{kl})$;

广义惯性力:$\boldsymbol{F}_l^* = \sum\limits^{N+1} (\boldsymbol{F}_{kc}^* \cdot \boldsymbol{v}_{kl} + \boldsymbol{M}_{kc}^* \cdot \boldsymbol{\omega}_{kl})$;

通过整理(详见 8.5 节推导),具有关节柔性特征参数的 N 关节 $6N$ 自由度在轨软接触机构柔性多体等效动力学方程为

$$\{\dot{y}_\eta\} = [a_{l\eta}]^{-1} \cdot \{f_l\} \tag{16.2}$$

式中:$\dot{y}_\eta$ 为广义速度的导数;

$$
\begin{aligned}
\{f_l\} &= \{F_l\} - \sum_{k=1}^{N+1} v_{kl} \cdot m_k \cdot V_{k\eta} \cdot \{y_\eta\} - \sum_{k=1}^{N+1} \omega_{kl} \cdot [\omega_k^R \times (I_k \cdot \omega_k^R)] \\
&\quad - \sum_{k=1}^{N+1} \omega_{kl} \cdot I_{kc} \cdot W_{k\eta} \cdot \{y_\eta\} \\
&= \sum_{k=1}^{N+1} (F_{kc} \cdot v_{kl} + M_{kc} \cdot \omega_{kl}) - \sum_{k=1}^{N+1} v_{kl} \cdot m_k \cdot V_{k\eta} \cdot \{y_\eta\} - \sum_{k=1}^{N+1} \omega_{kl} \\
&\quad \cdot [\omega_k^R \times (I_k \cdot \omega_k^R)] - \sum_{k=1}^{N+1} \omega_{kl} \cdot I_{kc} \cdot W_{k\eta} \cdot \{y_\eta\} \\
&= \sum_{k=1}^{N+1} [(A_k^R \cdot K_k \cdot s_{k+1}^k - A_{k-1}^R \cdot K_{k-1} \cdot s_k^{k-1} + F_v) \cdot v_{kl} + \\
&\quad (A_k^R \cdot K_k \cdot \theta_{k-1}^k - A_{k-1}^R \cdot K_{k-1} \cdot \theta_k^{k-1} + \tau_v) \cdot \omega_{kl}] \\
&\quad - \sum_{k=1}^{N+1} v_{kl} \cdot m_k \cdot V_{k\eta} \cdot \{y_\eta\} - \sum_{k=1}^{N+1} \omega_{kl} \cdot [\omega_k^R \times (I_k \cdot \omega_k^R)] \\
&\quad - \sum_{k=1}^{N+1} \omega_{kl} \cdot I_{kc} \cdot W_{k\eta} \cdot \{y_\eta\}
\end{aligned}
$$

$$[a_{l\eta}] = \sum_{k=1}^{N+1} v_{kl} \cdot m_k \cdot V_{k\eta} + \sum_{k=1}^{N} \omega_{kl} \cdot I_{kc} \cdot \omega_{k\eta}$$

式(16.2)是 $6N+6$ 个非线性微分方程组,K_k 为对应的弹簧刚度系数,即在轨软接触机构等效模型中需要校验的柔性关节刚度参数。上述方程组包含

$6N+6$ 个广义坐标和 $6N+6$ 个广义速度,共 $12N+12$ 个未知量。

16.3　空间试验任务分析与数据应用

16.3.1　现有在轨试验任务分析

现有空间机械臂末端执行装置对空间目标对接过程如下:

(1)通过控制两个对接卫星相对运动速度,使空间机械臂末端对接机构对目标卫星形成对接包络区域。

(2)慢慢合拢末端对接机构,使得两对接卫星之间能达到刚性连接而不给携带机械臂的主卫星基座带来较大的碰撞动量。在接触目标卫星过程中,两个对接卫星基座本体均处于自由漂浮状态。

通过对两个卫星对接过程中空间机械臂系统碰撞动力学响应数据进行分析和处理,可获得机械臂系统对接过程的重要动力学响应特性,为开展在轨软接触机构多体动力学特征参数校验和测试验证提供在轨试验数据支撑。

16.3.2　试验数据的选用

分析和选取空间机械臂系统在轨对接空间目标试验数据,是开展在轨软接触机构柔性多体动力学参数校验与测试验证的关键环节。以在轨空间机械臂对接空间目标基本构型为初始条件,空间目标距机械臂末端执行机构中心点 30cm,以速度 30mm/s 碰撞机械臂末端作为基本条件,经过采样与数据筛选,现选择两个卫星对接过程中的部分数据作为等效试验数据,空间机械臂系统 6 个关节输入响应如图 16.8 所示。

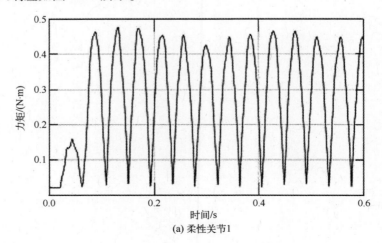

(a) 柔性关节1

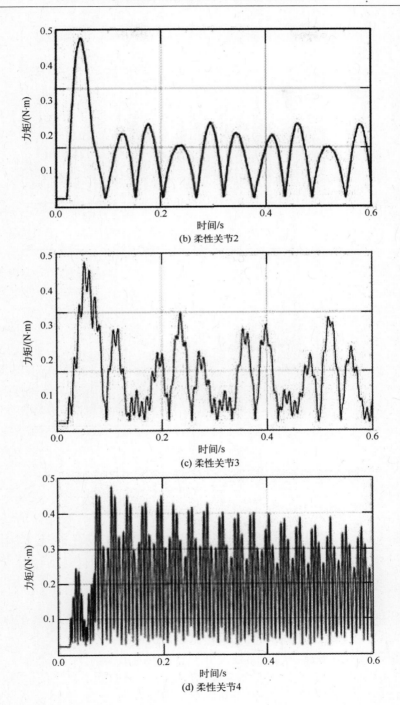

(b) 柔性关节2

(c) 柔性关节3

(d) 柔性关节4

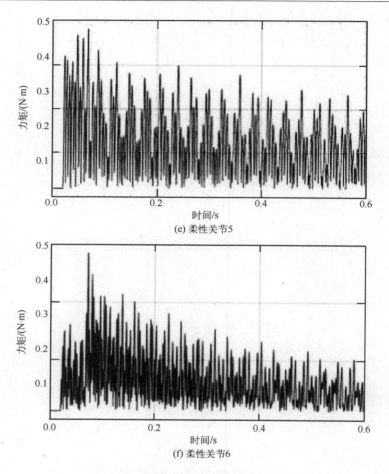

(e) 柔性关节5

(f) 柔性关节6

图 16.8　各柔性关节获取的输入响应

16.4　基于凯恩方程的柔性多体动力学参数在轨校验与验证

16.4.1　在轨校验与测试验证流程设计

利用现有空间机械臂系统在轨系统,开展基于凯恩方程的柔性多体动力学等效试验与参数校验及测试验证,具体流程如图 16.9 所示。

步骤一:在轨软接触机构柔性关节等效参数的获取。

现有空间机械臂系统在抓捕目标过程中,6 关节驱动电机已锁定,但关节内部采用的谐波减速器具有一定扭转刚度的柔性器件,将其柔轮的理论刚度值

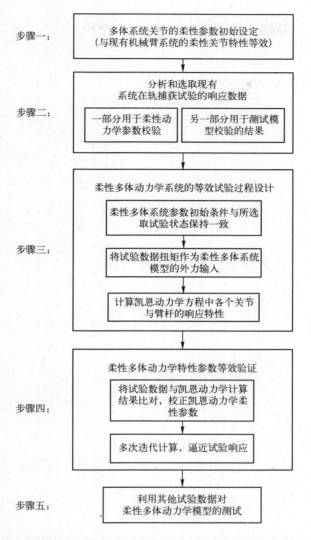

图 16.9　在轨软接触机构柔性多体动力学参数校验与验证流程

（或在轨校验值）作为在轨软接触机构柔性多体系统凯恩方程中的柔性体动力学基本参数。该参数是需要依据空间机械臂系统在轨的实际试验数据开展校验的重要变量。

　　步骤二：分析和选取在轨空间机械臂系统空间试验的动力学响应数据。将在轨试验数据分为两部分：一部分用于柔性动力学参数校验；另一部分用于测试模型校验的结果。柔性动力学参数校验数据选取主要包括各个关节在电动机锁定条件下的线动和角动响应特性参数(线动可通过构型推算),并根据各个关节对应的转动惯量依次计算出各个关节的扭转力矩。

步骤三:在轨软接触机构柔性多体动力学等效试验过程设计。首先,调整柔性多体系统(凯恩动力学方程)中的参数初始条件(包括构型,各关节的线动、角动参数),使其与所选取的现有空间机械臂系统试验状态保持一致;其次,将试验数据计算得出的各个扭转力矩分别施加到柔性多体系统的凯恩动力学方程中(作为外扰力施加到各柔性关节,这与外加末端碰撞动量视为等效)或者折算到机械臂末端碰撞力;最后,计算凯恩动力学方程中各个关节与臂杆的响应特性。

步骤四:在轨软接触机构柔性多体动力学特性参数等效验证。将现有空间机械臂系统试验数据与凯恩动力学方程计算结果进行比对,利用结果差异,校正凯恩动力学方程的柔性特性参数。通过多次迭代,不断逼近在轨系统的输出响应,进而实现利用在轨试验数据对柔性多体动力学方程的修正。

步骤五:在轨软接触机构柔性多体动力学模型的测试验证。利用在轨捕获试验的其他数据,测试所校验在轨软接触机构柔性多体动力学的正确性和有效性。

16.4.2 在轨动力学参数校验方程的求解

16.4.2.1 末端碰撞力的求解

为了研究空间机械臂的操作速度与关节速度之间的关系,可引入雅可比矩阵。机械臂的雅可比矩阵 J 通常是指从关节空间向操作空间运动速度传递的广义传动比,即

$$v = \dot{x} = J(q)\dot{q} \tag{16.3}$$

式中:J 为速度雅可比矩阵;$\dot{x}$ 为机械臂末端速度;$\dot{q}$ 为机械臂关节速度。

由于速度可以看作单位时间内的微分运动,因此,雅可比矩阵也可看作关节空间的微分运动向操作空间微分运动的转换矩阵,即

$$D = J(q)\mathrm{d}q \tag{16.4}$$

式中:D 为指末端微分运动矢量,$\mathrm{d}q$ 为关节微分运动矢量。

由式(16.4)可推出基于速度级的逆运动学方程,即

$$\dot{q} = J^{-1}(q)\dot{x} \tag{16.5}$$

值得强调的是,雅可比矩阵依赖机械臂的形位,因此记为 $J(q)$,是依赖于 q 的线性变换矩阵。$J(q)$ 不一定是方阵,由式(16.5)知变换矩阵行数等于机械臂在操作空间的维数,列数等于机械臂的关节数。因此,具有 n 自由度的空间机械臂的雅可比矩阵 $J(q)$ 是 $6 \times n$ 阶的矩阵。其中前三行代表对机械臂末端的线速度 v 的传递,后三行代表对机械臂末端的角速度 ω 的传递。此外,每一列矢量代

表相应的关节速度对末端线速度和角速度的影响。由上述的两种含义，$J(q)$ 可写成如下两种形式，即

$$\begin{bmatrix} v \\ \omega \end{bmatrix} = \begin{bmatrix} J_{L_1} & J_{L_2} & \cdots & J_{L_n} \\ J_{A_1} & J_{A_2} & \cdots & J_{A_n} \end{bmatrix} \begin{bmatrix} \dot{q}_1 \\ \dot{q}_2 \\ \vdots \\ \dot{q}_n \end{bmatrix} \qquad (16.6)$$

$$J(q) = \begin{bmatrix} J_1 & J_2 & \cdots & J_n \end{bmatrix} \qquad (16.7)$$

由此建立了关节角速度与末端速度之间的映射关系，对末端速度进行积分，即可得到末端位姿。

由上述可知雅可比矩阵 J 通常是指从关节空间向操作空间运动速度传递的广义传动比。常用的雅可比矩阵求解方法为矢量积法。对于移动关节 i，它的运动使机械臂末端产生与 Z_i 轴同向的线速度，且

$$\begin{bmatrix} v \\ \omega \end{bmatrix} = \begin{bmatrix} Z_i \\ 0 \end{bmatrix} q_i \qquad (16.8)$$

可得到，对于移动关节 i，与之有关的雅可比矩阵第 i 列为

$$J_i = \begin{bmatrix} Z_i \\ 0 \end{bmatrix} \qquad (16.9)$$

对于转动关节 i，它的运动在机械臂末端上产生的角速度为

$$\omega = Z_i q_i \qquad (16.10)$$

同时，在机械臂末端上产生的线速度为矢量积，即

$$v = (Z_i \times {}^i P_n^0) q_i \qquad (16.11)$$

可得到，对于转动关节 i，与之有关的雅可比矩阵第 i 列为

$$J_i = \begin{bmatrix} Z_i \times {}^i P_n^0 \\ Z_i \end{bmatrix} = \begin{bmatrix} Z_i \times ({}^0_i R {}^i P_n) \\ Z_i \end{bmatrix} \qquad (16.12)$$

式中：$\times$ 为矢量积符号；${}^i P_n^0$ 为末端抓手坐标系 $\{n\}$ 原点相对坐标系 $\{i\}$ 的位置矢量 ${}^i P_n$ 在基坐标系 $\{0\}$ 中的表示；${}^0_i R$ 为从原点坐标系到 $\{i\}$ 坐标系的旋转矩阵；Z_i 为坐标系 $\{i\}$ 的 Z 轴单位向量，它是在基坐标系 $\{0\}$ 中表示的。

把每个关节对应的那列雅可比矩阵分项求解后，代入式(16.7)即可求得 $J(q)$。

为了便于表示机械臂末端力和力矩（简称为端点广义力 F），可将 $f_{n,n+1}$ 和 $n_{n,n+1}$ 合并写成一个六维矢量：

$$F = \begin{bmatrix} f_{n,n+1} \\ n_{n,n+1} \end{bmatrix} \qquad (16.13)$$

各个关节驱动器的驱动力或力矩可写成一个 n 维矢量的形式,即

$$\boldsymbol{\tau} = \begin{bmatrix} \tau_1 \\ \tau_2 \\ \vdots \\ \tau_n \end{bmatrix} \qquad (16.14)$$

式中:n 为关节的个数;$\boldsymbol{\tau}$ 为关节力矩(或关节力)矢量,简称广义关节力矩。对于转动关节,τ_i 表示关节驱动力矩;对于移动关节,τ_i 表示关节驱动力。

假设关节无摩擦,并忽略各杆件的重力,现利用虚功原理推导机械臂末端力 $\boldsymbol{F}$ 与关节力矩 $\boldsymbol{\tau}$ 的关系。关节虚位移为 δq_i,机械臂末端的虚位移为 $\boldsymbol{\delta X}$,则

$$\boldsymbol{\delta X} = \begin{bmatrix} \boldsymbol{d} \\ \boldsymbol{\delta} \end{bmatrix} \qquad (16.15)$$

$$\boldsymbol{\delta q} = \begin{bmatrix} \delta q_1 & \delta q_2 & \cdots & \delta q_n \end{bmatrix}^{\mathrm{T}} \qquad (16.16)$$

式中:$\boldsymbol{d} = \begin{bmatrix} d_x & d_y & d_z \end{bmatrix}^{\mathrm{T}}$;$\boldsymbol{\delta} = \begin{bmatrix} \delta\varphi_x & \delta\varphi_y & \delta\varphi_z \end{bmatrix}^{\mathrm{T}}$,分别对应于末端执行器的线虚位移和角虚位移;$\boldsymbol{\delta q}$ 为由各关节虚位移 δq_i 组成的机械臂关节虚位移矢量。

假设发生上述虚位移时,各关节力矩为 $\tau_i (i = 1,2,\cdots,n)$,环境作用在机械臂末端上的力和力矩分别为 $-f_{n,n+1}$ 和 $-n_{n,n+1}$。由上述力和力矩所做的虚功可由下式求出:

$$\delta W = \tau_1 \delta q_1 + \tau_2 \delta q_2 + \cdots + \tau_n \delta q_n - f_{n,n+1} d - n_{n,n+1} \delta \qquad (16.17)$$

或者可以写成

$$\delta W = \boldsymbol{\tau}^{\mathrm{T}} \boldsymbol{\delta q} - \boldsymbol{F}^{\mathrm{T}} \boldsymbol{\delta X} \qquad (16.18)$$

根据虚位移原理,机械臂处于平衡状态的充分必要条件是对任意符合几何约束的虚位移 $\delta W = 0$,并注意到虚位移 $\boldsymbol{\delta q}$ 和 $\boldsymbol{\delta X}$ 之间符合杆件的几何约束条件。利用式 $\boldsymbol{\delta X} = \boldsymbol{J}\boldsymbol{\delta q}$,将式(16.18)写成

$$\delta W = \boldsymbol{\tau}^{\mathrm{T}} \boldsymbol{\delta q} - \boldsymbol{F}^{\mathrm{T}} \boldsymbol{J} \boldsymbol{\delta q} = (\boldsymbol{\tau} - \boldsymbol{J}^{\mathrm{T}} \boldsymbol{F})^{\mathrm{T}} \boldsymbol{\delta q} \qquad (16.19)$$

式中:$\boldsymbol{\delta q}$ 为从几何结构上允许位移的关节独立变量。对任意的 $\boldsymbol{\delta q}$,欲使 $\delta W = 0$ 成立,必有

$$\boldsymbol{\tau} = \boldsymbol{J}^{\mathrm{T}} \boldsymbol{F} \qquad (16.20)$$

所以根据关节力矩可以求得末端的碰撞力公式为

根据上面的推导原理结合在轨试验数据,选择机械臂没有扰动状态下和刚刚发生扰动状态下的瞬时碰撞动量可推导出

$$\boldsymbol{F} = (\boldsymbol{J}^{\mathrm{T}})^{-1} \boldsymbol{\tau} \qquad (16.21)$$

关节角度变化 $\Delta\theta$,利用式(16.21)可得到机械臂末端的碰撞力。通过 Matlab 计算所得到的数据如下所示:

$F =$

$1.0e + 03 *$

Columns 1 though 12

0. 0038 0. 0035 0. 0033 0. 0030 0. 0028 0. 0025 0. 0025 0. 0024 0. 0022 0. 0022 0. 0020 0. 0019

0. 0000 0. 0000 0. 0000 0. 0000 0. 0000 0. 0000 0. 0000 0. 0000 0. 0000 0. 0000 0. 0000 0. 0000

－3. 1615 －2. 2665 －1. 8960 －1. 4707 －1. 1781 －0. 8589 －0. 7635 －0. 6866 －0. 5615 －0. 5342 －0. 4474 －0. 3802

0. 0001 0. 0001 0. 0001 0. 0001 0. 0001 0. 0001 0. 0001 0. 0001 0. 0001 0. 0002 0. 0002 0. 0002

0. 0002 0. 0002 0. 0001 0. 0001 0. 0001 0. 0001 0. 0001 0. 0001 0. 0001 0. 0001 0. 0001 0. 0001

0. 0000 0. 0000 0. 0000 0. 0000 0. 0000 0. 0000 0. 0000 0. 0000 0. 0000 0. 0000 0. 0000 0. 0000

16.4.2.2　欧拉角的求解

描述构件的空间姿态最常用的是 3×3 的旋转矩阵 $\boldsymbol{R}$。旋转矩阵 $\boldsymbol{R}$ 表示了与构件固定相连的直角坐标系的三个坐标轴相对于定坐标系的方向余弦,这三个方向余弦是相互正交的,所以在矩阵 $\boldsymbol{R}$ 中的 9 个元素中存在 6 个约束条件(单位正交条件),因而只有 3 个元素是独立的。虽然利用旋转矩阵 $\boldsymbol{R}$ 可以很方便地进行矩阵运算,但用其描述构件的空间姿态并不是很直观,而且实际上表示构件的空间姿态只需要三个参数就足够了。下面介绍本书中用到的另一种构件空间姿态的描述方法(欧拉角 $Z - Y - X$)。

利用 $Z - Y - X$ 欧拉角描述坐标系 $\{B\}$ 的姿态的法则如下:坐标系 $\{B\}$ 的初始方位与坐标系 $\{A\}$ 相同,可看成 $\{A\}$ 与 $\{B\}$ 在初始时刻重合。首先,将 $\{B\}$ 绕坐标系的 $\{B\}$ 的 Z_B 轴旋转 α 角,再绕 Y_B 轴旋转 β 角,最后绕 X_B 轴旋转 γ 角,如图 16.10 所示。

由于上述的三次运动均是相对于运动坐标系进行的,按照"从左到右"的原则,有

$$^{A}_{B}\boldsymbol{R}_{XYZ}(\gamma,\beta,\alpha) = \boldsymbol{R}(Z_B,\alpha)\boldsymbol{R}(Y_B,\beta)\boldsymbol{R}(X_B,\gamma) \tag{16.22}$$

经过计算得

$$^{A}_{B}\boldsymbol{R}_{XYZ}(\gamma,\beta,\alpha) = \begin{bmatrix} c\alpha c\beta & c\alpha s\beta s\gamma - s\alpha c\gamma & c\alpha s\beta c\gamma + s\alpha s\gamma \\ s\alpha c\beta & s\alpha s\beta s\gamma + c\alpha c\gamma & s\alpha s\beta c\gamma - c\alpha s\gamma \\ -s\beta & c\beta s\gamma & c\beta c\gamma \end{bmatrix} \tag{16.23}$$

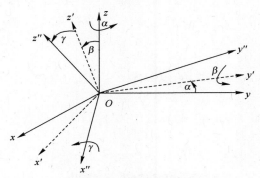

图 16.10　欧拉角旋转变换

式中:$c = \cos$;$s = \sin$。下同。

接下来讨论求解逆问题,即由 ${}_B^A\boldsymbol{R}_{XYZ}(\gamma,\beta,\alpha)$ 求解对应的 α,β,γ。

已知

$$
{}_B^A\boldsymbol{R}_{XYZ}(\gamma,\beta,\alpha) = \begin{bmatrix} r_{11} & r_{12} & r_{13} \\ r_{21} & r_{22} & r_{23} \\ r_{31} & r_{32} & r_{33} \end{bmatrix} \tag{16.24}
$$

由式(16.24)可知

$$
\cos\beta = \sqrt{r_{11}^2 + r_{21}^2} \qquad -90° \leqslant \beta \leqslant 90° \tag{16.25}
$$

(1) 当 $\cos\beta \neq 0$ 时,得

$$
\begin{cases} \beta = a\tan2\left(-r_{31},\sqrt{r_{11}^2 + r_{21}^2}\right) \\ \alpha = a\tan2(r_{21},r_{11}) \\ \gamma = a\tan2(r_{31},r_{33}) \end{cases} \tag{16.26}
$$

式中:$a\tan2$ 为双变量反正切函数,可根据两个变量的符号判定角度的象限。

(2) 当 $\cos(\beta) = 0$,即 $\beta = \pm 90°$ 时,式(16.24)的解退化,通常做法为取 $\alpha = 0$,式(16.24)可简化为

$$
{}_B^A\boldsymbol{R}_{XYZ}(\gamma,\beta,\alpha) = \begin{bmatrix} 0 & s\beta s\gamma & s\beta c\gamma \\ 0 & c\gamma & -s\gamma \\ -s\beta & 0 & 0 \end{bmatrix} \tag{16.27}
$$

易知有 $\gamma = a\tan2(-r_{23},r_{22})$。$\beta$ 的符号由 r_{31} 的符号确定,当 $r_{31} > 0$ 时,$\beta = -90°$,反之 $\beta = 90°$。

综合有

$$
\begin{cases} \beta = -90°(r_{31} > 0) \quad 或 \quad \beta = 90°(r_{31} < 0) \\ \alpha = 0° \\ \gamma = a\tan2(-r_{23},r_{22}) \end{cases} \tag{16.28}
$$

根据 16.5.2 节在轨试验选用的数据,依据欧拉角求解方法,获得的几组欧拉角如表 16.3 所列。

表 16.3　欧拉角的计算结果　　　　　　　　　　　(°)

序　号	α	β	γ
1	−1.9780	1.3814	−0.0001
2	−1.9752	1.3900	−0.0001
3	−1.9723	1.3984	−0.0001
4	1.2445	1.5223	−3.1409
5	1.2472	1.5144	−3.1410
6	1.2499	1.5062	−3.1410
7	1.2525	1.4982	−3.1411
8	1.2553	1.4902	−3.1411
9	1.2580	1.4821	−3.1412
10	1.2608	1.4739	−3.1412
11	1.2637	1.4657	−3.1412
12	1.2665	1.4579	−3.1412
13	1.2693	1.4498	−3.1413
14	1.2720	1.4418	−3.1413
15	1.2748	1.4340	−3.1413
16	1.2776	1.4259	−3.1413
17	1.2804	1.4181	−3.1413
18	1.2832	1.4102	−3.1413
19	1.2858	1.4024	−3.1413
20	1.2886	1.3947	−3.1413
21	1.2912	1.3870	−3.1413
22	1.2938	1.3795	−3.1413
23	1.2964	1.3722	−3.1413
24	1.2990	1.3648	−3.1413

16.4.3　参数校验与测试验证

16.4.3.1　参数校验过程

根据在轨数据(两星对接过程)分析出碰撞点的数据位置,计算没有引起碰撞和引起碰撞瞬间的关节角度变化,由力雅可比公式(式(16.21))换算出空间机械臂末端的碰撞力；根据相应碰撞点在轨数据获得空间机械臂各关节响应的角度，依据式（16.27）计算出姿态欧拉角；将上述碰撞点获得的末端碰撞力与对应计算的关节响应欧拉角代入凯恩方程式（16.2）中进行求解；利用第13章中微粒群优化算法对式（16.2）中关节 K_k 为对应的弹簧刚度系数进行最优寻解，具体求解过程不再赘述。

16.4.3.2 柔性多体动力学在轨测试验证

利用上述校验的谐波减速器的扭转刚度作为在轨软接触机构动力学方程等效柔性参数，利用空间机械臂在轨试验获得其他碰撞数据样本，代入到在轨软接触机构等效的凯恩方程式（16.2）中，计算得到碰撞过程的各个关节转角，与获得的对应在轨各关节响应数据进行比对，以测试验证所建立的在轨软接触机构柔性多体动力学的正确性。经过柔性关节参数校验的在轨软接触机构动力学与现有在轨空间机械臂系统动力学测试验证结果如图16.11~图16.13所示。图中紫线代表碰撞瞬间在轨试验获得的关节响应原始数据，红线代表碰撞瞬间在轨软接触机构柔性多体等效模型关节的响应数据。以关节2为例，图16.14显示了在不同构型下所选用的经过校验的柔性关节动力学参数。图16.15为等效模型测试验证精度误差，等效试验比对结果表明，与现有在轨试验数据相比，经过校验的在轨软接触机构柔性多体动力学模型计算精度误差控制在35%以内。

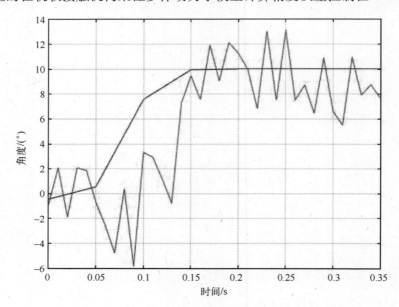

图 16.11　关节 2 碰撞瞬间扭转角度

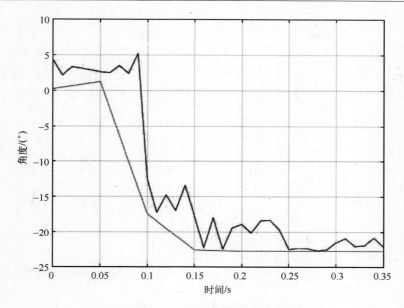

图 16.12 关节 3 碰撞瞬间扭转角度

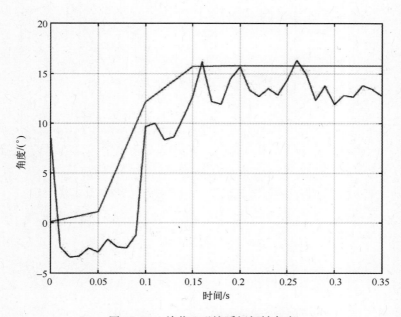

图 16.13 关节 5 碰撞瞬间扭转角度

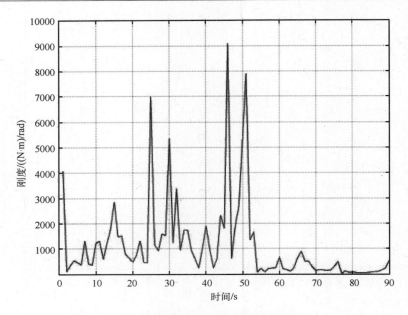

图 16.14　关节 2 碰撞瞬间动刚度

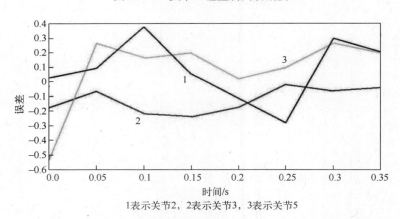

1表示关节2，2表示关节3，3表示关节5

图 16.15　等效模型测试验证误差（碰撞瞬间关节 2/3/5 误差曲线）

参 考 文 献

[1] 王超,董正宏,尹航,等. 空间目标在轨捕获技术研究综述[J]. 装备学院学报,2013,24(4):63-66.

[2] 董正宏,王珏,杨帆. 一种新型空间在轨软接触技术[J]. 装备学院学报,2014,24(6):52-55.

[3] 董正宏,高永明. 空间机器人军事需求与作战应用研究[C]//2011,中国宇航学会年会. 北京:中国宇航学会,2011.

[4] 董正宏. 一种空间蛇形机械臂系统的动力学建模及仿真[C]//2012,中国宇航学会年会. 北京:中国宇航学会,2011.

[5] Wang Chao,Gao Yongming,Du Xiaoping. Parameter Identification of Inertia Properties of Space Robot[C]// Advanced Materials Research. Zurich-Durnten:Trans Tech Publications,2011.

[6] 王超,杜小平,高永明. 基于飞轮控制的空间机器人质量参数辨识[J],航天控制,2012,30(3):123-126.

[7] 王超,董正宏,高永明. 基于遗传算法整定的空间机械臂控制方法[J],火力与指挥控制,2014,39(2):61-63.

[8] Dong Zhenghong. An Innovative Technology For On-Orbit Soft Capture[C]//65th International Astronautical Congress. Toronto:International Astrontical Congress,2014.

[9] Dong Zhenghong,Yang Fan,Zhang Shucai. The Innovative Concept Verification For On-Orbit Soft Capture Using The Space Multi-Arm system[C]//66th International Astronautical Congress. Jerusalem:International Astronantical 2015.

[10] Yang Fan,Dong Zhenghong,Zhang Shucai. Research on the Concept,Mechanism and Modeling of Space Soft Capture Technique in the Area of On-orbit Servicing[C]. Congress,66th International Astronautical Congress 2015.

[11] Dong Zhenghong,Yang Fan,Wang Jue,el al. Space Multi-Rigid Arm System Based Space Flexible Capture Arm Model Constraints Design[C]//67th International Astronautical Congress. Guadalajara:International Astronautical Congress,2016.

[12] 钱震杰,章定国,刘俊,等. 柔性杆柔性铰机器人碰撞动力学建模与仿真[J]. 南京理工大学学报,2013,37(3):415-421.

[13] 蔡洪亮,高永明,邴启军,等. 国外空间非合作目标抓捕系统研究现状与关键技术分析[J]. 装备指挥技术学院学报,2012,21(6):71-77.

[14] 董正宏,王超,王珏,等. 一种新型空间蛇形机械臂运动学特性研究[J]. 装备学院学报,2014,25(6):52-57.

[15] 王超. 空间软接触机构概念模型构建与控制方法研究[D]. 北京:装备学院,2013.

[16] 张宜驰. 基于磁流变原理的柔性机械臂抑振技术研究[D]. 北京:北京邮电大学,2015.

[17] 孟庆川. 面向软接触操作的机械臂关节研制[D]. 北京:北京邮电大学,2015.

[18] 鞠小龙. 具有可控阻尼机械臂软接触特性分析与实验研究[D]. 北京:北京邮电大学,2016.

[19] 贾捷. 基于柔性捕获的机械臂多轴运动系统研制[D]. 北京:北京邮电大学,2016.

[20] 胡健. 软接触机械臂关节控制系统的设计与实现[D]. 北京:北京邮电大学,2016.

[21] 高峰泉. 软接触机械臂动力学性能测试系统研制[D]. 北京:北京邮电大学,2016.

[22] 鞠小龙,褚明,孙汉旭. 基于神经网络的直线式微型磁流变阻尼器模型辨识[EB/OL]. [2015 - 12 - 18]. http://www. paper. edu. cn/releasepaper/content/ 201512 - 997.

[23] 胡健,褚明,孙汉旭. 基于模糊自抗扰的无刷直流电机速度控制系统设计与仿真[EB/OL]. [2016 - 01 - 06]. http://www. paper. edu. cn/html/releasepaper/2016/01/97/.

[24] 张宜驰,褚明,孙汉旭,等. 基于分布可控阻尼的柔性机械臂空间捕获稳定控制[EB/OL]. [2014 - 12 - 18]. http://www. paper. edu. cn/index. php/default/releasepaper/content/201412 - 532.

[25] 褚明,董正宏,孟庆川,等. 基于十字轴结构的软接触关节:CN201410784247. 7[P]. 2014 - 12 - 16.

[26] 董正宏,王珏,秦建军,等. 一种具有动量缓冲控制功能的空间机械臂结构:ZL201510137171. 3[P]. 2016 - 03 - 23.

[27] 董正宏,王珏,张树才,等. 一种基于动静块的软接触关节:ZL201510137950. 3[P]. 2016 - 07 - 06.

[28] 董正宏,王珏,秦建军,等. 一种能够稳定抓捕的空间机械臂结构:ZL201510136533. 7[P]. 2016 - 09 - 14.

[29] 褚明,高峰泉,等. 一种带螺纹结构的直线电磁阻尼器:201510919251. 4[P]. 2015 - 12 - 11.

[30] Chu Ming,Song Jingzhou,Zhang Yanheng,et al. Circular Grating Eccentric Testing And Error Compensation For Robot Joint Using Double Reading Head[J]. Journal of Theoretical and Applied Information Technology,2013,50(1):161 - 166.

[31] Chu Ming,Song Jingzhou,Jia Qingxuan,et al. Intelligent Control For Model - Free Robot Joint With Dynamic Friction Using Wavelet Neural Networks[J]. Journal of Theoretical and Applied Information Technology,2013. 50(1):167 - 173.

[32] Chu Ming,Deng Xia,Jia Qingxuan,et al. The composite control for single - link flexible manipulator using dynamic sliding mode and optimal based on dynamic switching[J]. Applied Mechanics and Materials,2013,275 - 277:707 - 710.

[33] Chu Ming,Chen Gang,Jia Qingxuan,et al. Simultaneous positioning and non - minimum phase vibration suppression of slewing flexible - link manipulator using only joint actuator[J]. Journal of Vibration and Control,2014,20(10):149 - 1488.

[34] 贾庆轩,邓夏,褚明,等. 单杆柔性臂的动态切换滑模 - 最优混合控制[J]. 北京邮电大学学报. 2013,36(4):50 - 54.

[35] 褚明,陈钢,贾庆轩,等. 无模型动态摩擦的自回归小波神经补偿控制[J]. 北京邮电大学学报,2013,36(3):17 - 20.

内 容 简 介

空间自主在轨维修与保障是利用智能空间操作飞行器,自主完成空间在轨操作任务的空间应用。随着空间技术的快速发展,空间自主在轨维修与保障已成为国际战略竞争新的制高点,深化该领域的研究将对推动空间系统体系变革具有重要作用。而空间目标在轨接触作为空间在轨维修与保障的前提和基本环节,是实施在轨维修、在轨装配、在轨碎片清除等空间任务的基础。当前,各航天大国的研究主要集中在对专用对接机构、空间机械臂、绳系终端和飞网、电磁连接等空间目标在轨接触技术开展理论和技术试验。但是上述四类技术应用范畴较为单一,尚不能支撑多类型目标的应用需求。而从在轨服务未来应用的需求来看,更需要提供一种能够同时兼顾合作和非合作目标的在轨接触技术。

本书首次提出一种新的概念和技术方法——"在轨软接触技术"。该技术可突破制约现有在轨操作的技术瓶颈,提升在轨操作的应用能力。由其构建的软接触机构可以对空间合作/非合作目标开展在轨接触操作,这一方面将减缓对相对位姿测量、相对位姿保持等苛刻条件的约束;另一方面将允许主航天器和空间目标在姿轨控制系统正常工作的条件下实施在轨接触操控。以上两个方面能力的提升对于拓展在轨操作实际应用拥有非常重大的意义。

本书包括五篇,共 16 章,第一篇为第 1 章到第 6 章,主要对在轨软接触的技术概念与机理进行论述,并对建立的软接触机理模型开展仿真验证与评价。第二篇为第 7 章和第 8 章,主要对在轨软接触的模型运动学、动力学进行论述。第三篇为第 9 章到第 11 章,主要研究在轨软接触机构路径规划问题和轨迹跟踪控制方法,同时对软接触机构的转动惯量和质量特性参数开展辨识方法探讨。第四篇为第 12 章和第 13 章,主要研究在轨软接触机构与目标卫星碰撞动量刚柔复合控制问题,并建立了两种控制策略和控制算法。第五篇为第 14 章到第 16 章,主要针对在轨软接触技术验证问题,对软接触技术机理模型,软接触机构运动学、动力学以及软接触机构所需的刚柔复合控制技术开展全数值仿真系统、基于气浮式微失重平台试验验证系统,以及相关在轨型号的等效试验验证。

本书适合从事空间机器人研究、开发和应用的科技人员及大专院校师生学习参考。

INTRODUCTION

Space autonomy on – orbit maintenance and support is the space application of completing the space on – orbit operation tasks autonomously by Intelligent space operation aircraft. With the rapid development of space technology, space autonomy on – orbit maintenance and support has become a new commanding point of international strategic competition, and it will play an important role to promote the reform of space system by deepening the research in this field. Space targets on – orbit capture, as the premise and the basic link of the space autonomyon – orbit maintenance and support, is base space missions such as on – orbitmaintenance, on – orbit assembly and on – orbit debris removal. Currently the researches of aerospace powers mainly focus on the theoretical and technical experiments of the on – orbit contact technology of space targets such as special docking mechanism, space manipulator arm, rope terminal and flight net, electromagnetic connection and so on. But the application of these four technologies above is more single, they are not able to support the application of multiple types of target. From the view of future applications of on – orbit services, the on – orbit capturetechnology should take into account both cooperative and non – cooperative objectives.

This book presents for the first time a new concept and technical approach——"On – Orbit Soft – Contact Technology". The technology can break through the bottleneck and enhance the application capacity of on – orbit operation. The soft –contact mechanism constructed by this technology can carry out on – orbit operation on both space cooperation and non – cooperation objectives, which on one hand will reduce constraints on harsh conditions such as relative position and attitude measurement and relative position and attitude maintenance, on the other hand, the on – orbit contact control can be achieved under the normal mode of on – orbitposition and attitude control system of the main spacecraft and space objectives. The improvement of capacitiesof the above two aspects has a very significant significance for the expansion of the space operation on – orbit.

This book consists of five parts with 16 chapters. The first part is Chapter 1 to

Chapter 6, which mainly discusses the technical concept and mechanism of soft – contact on – orbit, and carries on the simulation verification and evaluation to the established soft – contact mechanism model. The second part is Chapter 7 to Chapter 8, which mainly discusses the kinematics and dynamics of the on – orbitsoft – contact model. The third part is Chapter 9 to Chapter 11, which mainly studies the path planning problem and trajectory tracking control method of soft contact mechanism, and discusses the identification method of the moment of inertia and mass characteristic. The fourth part is Chapter 12 to Chapter 13, which mainlystudies the rigid – flexible compound control problem of the collision between the soft contact mechanism and the target satellite, with two control strategies and control algorithms established. The fifth part is chapter 14 to chapter 16, which mainly studies verification of kinematics, dynamicsandrigid – flexible compound control algorithms above based on digital simulation system, Airfoil micro weightlessness platform test verification system and equivalent test of the relevant on – orbitsatellite.

This book is particularly suitable for scientists, engineers and college teachers and students who engaged in space robot research, development and application to study and reference.